高等学校信息工程类“十二五”规划教材

# STM8S 系列单片机原理与应用

## （第二版）

潘永雄　编著

西安电子科技大学出版社

## 内 容 简 介

本书以 ST 公司 STM8S 系列单片机原理与应用为主线，系统介绍了 STM8 内核 MCU 芯片的指令系统，简要描述了其常用内嵌外设结构、功能以及基本的使用方法，详细介绍了基于 STM8S 系列芯片应用系统的硬件组成、开发手段与设备等。在编写过程中，尽量避免过多地介绍程序设计方法和技巧，着重介绍硬件资源及使用方法、系统构成及连接；注重典型性和代表性，以期达到举一反三的效果。在内容安排上，力求兼顾基础性、实用性。

本书可作为高等学校电子信息类专业“单片机原理与应用”、“单片机原理与接口技术”课程的本科教材，亦可供从事单片机技术开发、应用的工程技术人员阅读。

**图书在版编目(CIP)数据**

STM8S 系列单片机原理与应用/潘永雄编著. —2 版. —西安：西安电子科技大学出版社，2015.2

高等学校信息工程类“十二五”规划教材

ISBN 978-7-5606-3671-9

Ⅰ. ① S… Ⅱ. ① 潘… Ⅲ. ① 单片微型计算机—高等学校—教材 Ⅳ. ① TP368.1

**中国版本图书馆 CIP 数据核字(2015)第 033040 号**

策　　划　马乐惠

责任编辑　马乐惠　曹　锦

出版发行　西安电子科技大学出版社(西安市太白南路 2 号)

电　　话　(029)88242885　88201467　　邮　　编　710071

网　　址　www.xduph.com　　电子邮箱　xdupfxb001@163.com

经　　销　新华书店

印刷单位　陕西华沐印刷科技有限责任公司

版　　次　2015 年 2 月第 2 版　2015 年 2 月第 2 次印刷

开　　本　787 毫米×1092 毫米　1/16　　印　　张　23

字　　数　538 千字

印　　数　3001～6000 册

定　　价　40.00 元

ISBN 978-7-5606-3671-9/TP

**XDUP　3963002-2**

***如有印装问题可调换***

# 前　言

自从《STM8S 系列单片机原理与应用》出版后，在三年多的时间里，我们依据单片机技术的新成果、开发工具与开发环境的新突破，以及几年来单片机教学、开发、应用的经验与体会，在保留本书架构的情况下，对其中内容做了全面修改与调整，并逐字逐句地纠正其中模糊或不当的表述，调整或重写了书中大部分例题的驱动程序。本书经修订后，书中绝大部分实例、例题及习题取材于作者三年多来近十个单片机开发与应用的项目，是作者多年来对单片机开发、应用实践的经验总结，具有一定的实用性。

在使用《STM8S 系列单片机原理与应用》的教学与实践中，部分读者希望将书中例题的驱动程序改用 C 语言编写，认为没有必要学习汇编语言，这似乎有一定的道理。但经调研、座谈以及广泛征求各方意见后，作者认为不宜放弃汇编语言，原因是目前国内高校电类专业教学计划中大多已取消了“微机原理”课程，在前导课程中几乎未涉及汇编语言及程序设计知识的情况下，如果在“单片机原理与应用”课程中取消汇编语言程序设计的内容，则会失去该课程的专业基础，导致学生学习的后劲不足。况且在单片机应用系统驱动程序的设计中，有时会因实时性要求高或价格等因素被迫使用低存储量 MCU 芯片，这时非汇编语言编程不能解决设计中遇到的问题；再就是在电子产品设计中，工程师基于保密或迫于价格等因素，有时可能会使用非主流 MCU 芯片，在这种情况下，就不可能指望 IAR 或 Keil 编译器支持所用 MCU 芯片。其实 C 语言与汇编各有所长，C 语言容易上手，但经编译后代码长；而汇编语言的学习难度大一些，但用汇编语言编写的程序编译后具有代码短、所需存储空间小、执行效率高等特点。

非常感谢使用《STM8S 系列单片机原理与应用》的教师，对节中的内容提出了许多的宝贵意见和建议。

尽管我们力求做到尽善尽美，但由于水平有限，书中疏漏实在难免，恳请读者批评指正。

作　者

2015 年 1 月

# 第一版前言

单片机技术作为计算机技术的一个重要分支，广泛应用于工业控制、智能化仪器仪表、家用电器，甚至电子玩具等各个领域。单片机具有体积小、功能多、价格低廉、使用方便、系统设计灵活等优点，受到工程技术人员的重视。国内高等学校的电子技术、电力技术、自动控制、计算机硬件等专业均开设了“单片机原理与应用”课程。

目前，国内多数高校“单片机原理与应用”课程仍以 MCS-51 内核及其兼容芯片作为讲授对象，但是 MCS-51 内核 MCU 芯片技术落后，内嵌外设种类少、功能单一，性价比不高，销量已呈逐年下降趋势，部分 MCS-51 兼容芯片生产商甚至声明不再提供 MCS-51 技术支持。2010 年后，我们尝试用 ST 公司 STM8 内核 8 位 MCU 芯片，作为后 MCS-51 时代电子信息类(包括计算机硬件)本科专业“单片机原理与应用”课程的主讲芯片。这是因为：第一，该系列 MCU 芯片内嵌外设种类多、功能完善，价格低廉，具有很高的性价比；内嵌单线仿真接口(SWIM)部件，降低了开发设备的复杂性。第二，该系列 MCU 芯片内嵌外设与该公司 Cortex M3 内核 32 位 STM32 系列 MCU 芯片兼容，可为后续课程“嵌入式操作系统原理与应用”的学习奠定基础。第三，STM8 内核 CPU 汇编指令与 MCS-51 较接近，容易被接触过 Intel 通用微处理器汇编语言的用户所接受。

本书以单片机在电子技术中的应用为主线，以需要掌握和使用单片机技术的高等学校相关专业学生、工程技术人员作为主要的服务对象，从实用角度出发，力争用通俗易懂的语言，由浅入深，系统、详细地介绍 STM8S 系列单片机的硬件结构、指令系统、程序设计方法、接口技术等方面的基本知识，结合典型应用实例介绍单片机应用系统的开发过程、手段和设备。本书在编写过程中，着重介绍系统的硬件组成及连接、系统调试方法；注重典型性和代表性，以期达到举一反三的效果；在内容安排上，力求兼顾基础性、实用性。

本书在广东工业大学《STM8S 系列单片机原理与接口技术(第二版)》讲义的基础上，按教材体例重新调整、充实了讲义中部分章节内容后形成，全书共分 11 章。考虑到部分读者可能没有学过“计算机原理”方面的基础知识，在第 1 章中先介绍计算机系统的基本结构、工作原理等方面的基础知识，为学习后续章节奠定了基础；第 2 章主要介绍 STM8S 系列 MCU 内部结构、GPIO 引脚功能及控制、时钟单元及切换方法；第 3 章简要介绍 STM8S 系列 MCU 芯片的存储器组织结构与 IAP 编程方法；第 4 章扼要介绍 STM8 内核 CPU 的指令系统；第 5 章介绍汇编语言程序设计与 STVD 开发工具的基本使用方法；第 6 章详细介绍 STM8S 系列 MCU 芯片的中断控制系统；第 7 章主要涉及 STM8S 定时器的基本功能和使用方法；第 8 章介绍 UART 与 SPI 串行通信部件及相关总线技术；第 9 章介绍 STM8S 芯片内嵌 ADC 转换器的功能及使用方法；第 10 章介绍单片机系统常用输入/输出接口电路；第 11 章扼要介绍 STM8S 应用系统的软硬件设计规则。

由于 STM8S 系列 MCU 外设种类繁多，功能完善，外设(如 TIM1 定时器)寄存器数目庞大，致使芯片用户参考手册长达数百页，因此本书不可能一一介绍所有外设的全部功能，也无法详细介绍各外设相关寄存器位的含义，使用时可参阅 STM8 编程指南、用户参考手册、相应型号 STM8S 芯片数据手册等资料。

广东工业大学物理与光电工程学院的周展怀、广州市杜高精密机电有限公司的胡敏强等参与了本书部分内容的编写工作，广东工业大学物理与光电工程学院的研究生利用假期校对了部分书稿，在此一并表示感谢。

由于编者水平有限，书中不当之处恳请读者批评指正。

编著者

2011 年 5 月

# 目　　录


第 1 章　基础知识 ........ 1

1.1　计算机的基本认识 ........ 1

1.1.1　计算机系统的工作过程及其内部结构 ........ 3

1.1.2　指令、指令系统及程序 ........ 8

1.2　寻址方式 ........ 14

1.3　单片机及其发展概况 ........ 14

1.3.1　单片机及其特点 ........ 15

1.3.2　单片机技术现状及将来发展趋势 ........ 16

习题 1 ........ 20

第 2 章　STM8S 系列 MCU 芯片内部结构 ........ 21

2.1　STM8S 系列 MCU 性能概述 ........ 21

2.2　STM8S 系列 MCU 内部结构 ........ 23

2.2.1　STM8 内核 CPU ........ 24

2.2.2　STM8S 系列芯片封装与引脚排列 ........ 26

2.3　通用 I/O 口 GPIO(General Purpose I/O Port) ........ 29

2.3.1　I/O 引脚结构 ........ 30

2.3.2　I/O 端口数据寄存器与控制寄存器 ........ 30

2.3.3　输入模式 ........ 32

2.3.4　输出模式 ........ 32

2.3.5　多重复用引脚的选择 ........ 33

2.3.6　I/O 引脚初始化特例 ........ 33

2.3.7　I/O 引脚负载能力 ........ 34

2.4　STM8S 的电源供电及滤波 ........ 35

2.5　复位电路 ........ 37

2.5.1　复位状态寄存器 RST_SR ........ 38

2.5.2　外部复位电路 ........ 39

2.6　时钟电路 ........ 40

2.6.1　内部高速 RC 振荡器时钟源 HSI ........ 41

2.6.2　内部低速 RC 振荡器时钟源 LSI ........ 42

2.6.3　外部高速时钟源 HSE ........ 42

2.6.4　时钟源切换 ........ 43

2.6.5　时钟安全系统(CSS) ........ 45

2.6.6 时钟输出 ........ 46
2.6.7 时钟初始化过程及特例 ........ 46
习题 2 ........ 47
第 3 章 存储器系统及访问 ........ 48
3.1 存储器结构 ........ 48
3.1.1 随机读写 RAM 存储区 ........ 49
3.1.2 Flash ROM 存储区 ........ 50
3.1.3 数据 EEPROM 存储区 ........ 51
3.1.4 硬件配置选项区 ........ 51
3.1.5 通用 I/O 端口及外设寄存器区 ........ 52
3.1.6 唯一 ID 号存储区 ........ 52
3.2 存储器读写保护与控制寄存器 ........ 52
3.2.1 存储器读保护(ROP)选择 ........ 52
3.2.2 存储器写保护 ........ 52
3.2.3 存储器控制寄存器 ........ 53
3.3 Flash ROM 存储器 IAP 编程 ........ 55
3.3.1 字节编程 ........ 55
3.3.2 字编程 ........ 60
3.3.3 块编程 ........ 66
习题 3 ........ 69
第 4 章 STM8 内核 CPU 指令系统 ........ 70
4.1 ST 汇编语言格式及其伪指令 ........ 70
4.1.1 ST 汇编常数表示法 ........ 70
4.1.2 ST 汇编语言格式 ........ 71
4.1.3 ST 汇编支持的关系运算符 ........ 72
4.1.4 ST 汇编伪指令(Pseudoinstruction) ........ 73
4.2 STM8 寻址方式 ........ 79
4.2.1 立即寻址(Immediate) ........ 79
4.2.2 寄存器寻址 ........ 80
4.2.3 直接寻址(Direct) ........ 80
4.2.4 寄存器间接寻址(Indirect) ........ 80
4.2.5 变址寻址(Indexed) ........ 80
4.2.6 以存储单元作间址的间接寻址方式 ........ 81
4.2.7 复合寻址方式 ........ 82
4.2.8 相对寻址(Relative) ........ 83
4.2.9 隐含寻址(Inherent) ........ 83
4.2.10 位寻址(Bit) ........ 83
4.3 STM8 指令系统 ........ 84
4.3.1 数据传送(Load and Transfer)指令 ........ 84

4.3.2 算术运算(Arithmetic operations)指令 ........ 92
4.3.3 增量/减量(Increment/Decrement)指令 ........ 104
4.3.4 逻辑运算(Logical operations)指令 ........ 105
4.3.5 位操作(Bit Operation)指令 ........ 108
4.3.6 移位操作(Shift and Rotates)指令 ........ 110
4.3.7 比较(Compare)指令 ........ 113
4.3.8 正负或零测试(Tests)指令 ........ 114
4.3.9 控制及转移(Jump and Branch)指令 ........ 114
习题 4 ........ 121
**第 5 章 汇编语言程序设计** ........ 123
5.1 STVD 开发环境与 STM8 汇编语言程序结构 ........ 123
5.1.1 STVD 开发环境中创建工作站文件 ........ 123
5.1.2 STVD 自动创建项目文件内容 ........ 125
5.1.3 完善 STVD 自动创建的项目文件内容 ........ 128
5.1.4 在项目文件中添加其他文件 ........ 132
5.2 STM8 汇编程序结构 ........ 132
5.2.1 子程序与中断服务程序在主模块内 ........ 132
5.2.2 子程序与中断服务程序在各自模块内 ........ 134
5.2.3 子程序结构 ........ 135
5.3 程序基本结构 ........ 136
5.3.1 顺序结构 ........ 136
5.3.2 循环结构 ........ 140
5.3.3 分支程序结构 ........ 140
5.4 并行多任务程序结构及实现 ........ 145
5.4.1 串行多任务程序结构与并行多任务程序结构 ........ 145
5.4.2 并行多任务程序结构 ........ 146
5.5 程序仿真与调试 ........ 150
习题 5 ........ 153
**第 6 章 STM8 中断控制系统** ........ 154
6.1 CPU 与外设通信方式概述 ........ 154
6.1.1 查询方式 ........ 154
6.1.2 中断通信方式 ........ 154
6.2 STM8S 中断系统 ........ 155
6.2.1 中断源及其优先级 ........ 155
6.2.2 中断响应条件与处理过程 ........ 159
6.2.3 外中断源及其初始化 ........ 160
6.2.4 中断服务程序结构 ........ 162
6.2.5 中断服务程序执行时间控制 ........ 162
小结 ........ 163

习题 6 ......163
第 7 章　STM8S 系列 MCU 定时器 ......164
7.1　高级控制定时器 TIM1 结构 ......165
7.2　TIM1 时基单元 ......166
7.2.1　16 位预分频器 TIM1_PSCR ......167
7.2.2　16 位计数器 TIM1_CNTR ......167
7.2.3　16 位自动装载寄存器 TIM1_ARR ......168
7.2.4　计数方式 ......169
7.2.5　重复计数器 TIM1_RCR ......172
7.2.6　更新事件(UEV)与更新中断(UIF)控制逻辑 ......172
7.3　TIM1 时钟及触发控制 ......173
7.3.1　主时钟触发信号 ......174
7.3.2　外部时钟模式 1 ......175
7.3.3　外部时钟模式 2 ......177
7.3.4　触发同步 ......178
7.4　捕获/比较通道 ......178
7.4.1　输入模块内部结构 ......179
7.4.2　输入捕获初始化与操作举例 ......180
7.4.3　输出比较 ......181
7.4.4　输出比较初始化举例 ......185
7.5　定时器中断控制 ......187
7.6　通用定时器 TIM2/TIM3 ......187
7.6.1　通用定时器 TIM2/TIM3 结构 ......188
7.6.2　通用定时器时基单元 ......188
7.6.3　通用定时器输入捕获/输出比较 ......189
7.6.4　通用定时器 TIM2/TIM3 初始化举例 ......190
7.7　窗口看门狗定时器 WWDG ......193
7.7.1　窗口看门狗定时器结构及其溢出时间 ......193
7.7.2　窗口看门狗定时器初始化 ......194
7.7.3　在 Halt 状态下 WWDG 定时器的活动 ......195
7.8　硬件看门狗定时器 IWDG ......195
7.8.1　硬件看门狗定时器结构 ......195
7.8.2　硬件看门狗定时器控制与初始化 ......196
习题 7 ......198
第 8 章　STM8S MCU 串行通信 ......199
8.1　串行通信的概念 ......199
8.1.1　串行通信的种类 ......200
8.1.2　波特率 ......201
8.1.3　串行通信数据传输方向 ......201

8.1.4 串行通信接口的种类 ......202
8.2 UART 串行通信接口 ......202
8.2.1 UART 串行通信波特率设置 ......205
8.2.2 UART 串行通信信息帧格式 ......205
8.2.3 奇偶校验选择 ......206
8.2.4 数据发送/接收过程 ......207
8.2.5 多机通信 ......212
8.2.6 UART 同步模式 ......215
8.2.7 UART 串行通信的初始化步骤 ......217
8.3 RS232C 串行接口标准及应用 ......218
8.3.1 RS232C 的引脚功能 ......218
8.3.2 RS232C 串行接口标准中主信道重要信号的含义 ......219
8.3.3 电平转换 ......219
8.3.4 RS232C 的连接 ......220
8.3.5 通信协议及约定 ......221
8.4 RS422/RS485 总线 ......222
8.4.1 RS422 接口标准 ......223
8.4.2 RS485 标准 ......224
8.4.3 RS422/RS485 标准性能指标 ......224
8.4.4 RS485/RS422 标准接口芯片简介 ......225
8.4.5 RS485/RS422 通信接口实际电路 ......226
8.4.6 避免总线冲突方式 ......227
8.5 串行外设总线接口(SPI) ......229
8.5.1 STM8S 系列芯片 SPI 接口部件结构 ......230
8.5.2 STM8S 系列芯片 SPI 接口部件功能 ......230
8.5.3 STM8S 系列芯片 SPI 接口部件的初始化 ......236
习题 8 ......238
第 9 章 ADC 转换器及其使用 ......239
9.1 ADC 转换器概述 ......239
9.2 ADC 转换器功能选择 ......240
9.2.1 分辨率与转换精度 ......240
9.2.2 转换方式选择 ......241
9.2.3 转换速度设置 ......244
9.2.4 触发方式 ......244
9.3 ADC 转换器初始化过程举例 ......244
9.4 提高 ADC 转换精度与转换的可靠性 ......245
9.5 软件滤波 ......246
9.5.1 算术平均滤波法 ......246
9.5.2 滑动平均滤波法 ......247

9.5.3 中值法......247
9.5.4 数字滤波......247
习题 9......251
第 10 章 数字信号输入/输出接口电路......252
10.1 开关信号的输入/输出方式......252
10.2 I/O 资源及扩展......254
10.2.1 STM8S 系统扩展 I/O 引脚资源策略......254
10.2.2 利用串入并出及并入串出芯片扩展 I/O 口......256
10.2.3 利用 MCU 扩展 I/O......257
10.3 STM8S 与总线接口设备的连接......258
10.4 简单显示驱动电路......260
10.4.1 发光二极管......260
10.4.2 驱动电路......261
10.4.3 LED 发光二极管显示状态及同步......263
10.5 LED 数码管及其显示驱动电路......267
10.5.1 LED 数码管......267
10.5.2 LED 数码显示器接口电路......268
10.5.3 LED 点阵显示器及其接口电路......281
10.6 LCD 模块显示驱动电路......286
10.6.1 以 T6963C 为显示控制芯片的 LCD 模块接口及时序......287
10.6.2 T6963C 操作命令......289
10.6.3 屏幕像点与显示 RAM 之间的对应关系及模块的初始化......295
10.6.4 应用举例......296
10.7 键盘电路......303
10.7.1 按键结构与按键电压波形......303
10.7.2 键盘电路形式......305
10.7.3 键盘按键编码......307
10.7.4 键盘监控方式......308
10.8 光电耦合器件接口电路......321
10.9 单片机与继电器接口电路......323
10.10 电平转换电路......325
10.10.1 高压器件驱动低压器件接口电路......326
10.10.2 低压器件驱动高压器件接口电路......327
10.10.3 非轨对轨运放构成的比较器驱动数字 IC 电路......328
习题 10......329
第 11 章 STM8S 应用系统设计......330
11.1 硬件设计......330
11.1.1 硬件资源分配......332
11.1.2 硬件可靠性设计......333

11.1.3 元器件选择原则 ......334
11.1.4 印制电路设计原则 ......335
11.2 软件设计 ......337
11.2.1 存储器资源分配 ......337
11.2.2 程序语言及程序结构选择 ......338
11.3 STM8 芯片提供的可靠性功能 ......338
11.3.1 提高晶振电路的可靠性 ......339
11.3.2 使用存储器安全机制保护程序代码不被意外改写 ......339
11.3.3 硬件看门狗 ......339
11.4 软件可靠性设计 ......339
11.4.1 PC“跑飞”及其后果 ......340
11.4.2 降低 PC“跑飞”对系统的影响 ......341
11.4.3 PC“跑飞”拦截技术 ......343
11.4.4 检查并消除 STM8 指令码中不需要的关键字节 ......349
11.4.5 提高信号输入/输出的可靠性 ......350
11.4.6 选择合适的判别条件提高软件的可靠性 ......351
11.4.7 增加芯片硬件自检功能 ......352
习题 11 ......353
**参考文献** ......354

# 第1章　基础知识

## 1.1　计算机的基本认识

为理解计算机系统的构成、工作原理及过程，我们先来看用算盘计算如下代数式的过程：

$$12 \times 34 + 56 \div 7 - 8 = 408$$

首先要有算盘作为计算工具，在计算机里用“运算器”(即算术逻辑运算单元)作为计算工具，由它承担算术运算和逻辑运算。在计算机里，除了加、减、乘、除四则运算外，还需要“与、或、非、异或”等逻辑运算。其次需要纸和笔记录算式、计算步骤、中间结果及最终结果。在计算机中，起到纸和笔作用的器件是寄存器和存储器(寄存器在中央处理器内，存取速度快，但数量少，用于存放中间结果；而存储器一般位于中央处理器外，由成千上万个存储单元组成，容量大，与寄存器相比，存取速度慢一些，常用于存放数据、计算步骤)。

在计算上述算式时，先计算 12×34，并把中间结果记录下来；再计算 56÷7，并记录中间结果；接着将上述两步中间结果相加得到和，并记录下来；再减去 8。以上计算步骤由人脑控制，如果改用计算机进行，可用计算机 STM8 汇编语言指令写出如下的计算步骤：

```
LD A,#12        ; 将被乘数 12 送 CPU 内寄存器 A
LD XL, A        ; 寄存器 A 送 XL 寄存器
LD A,#34        ; 将乘数 34 送 CPU 内寄存器 A
MUL X, A        ; 计算 12×34，乘积的高 8 位存放在寄存器 XH 中，低 8 位存放在寄存器 XL 中
LDW R02, X      ; 结果保存到 R02 字存储单元中
CLRW X          ; 16 位寄存器 X 清 0
LD A,#56        ; 将被除数 56 送 CPU 内寄存器 A
LD XL,A         ; 被除数转送 CPU 内寄存器 XL
LD A,#7         ; 除数 7 送 CPU 内寄存器 A
DIV X, A        ; 计算 56÷7，商存放在寄存器 XL 中(XH 肯定为 0)，余数存放在寄存器 A 中
ADDW X, R02     ; 求 12×34+56÷7 的运算结果
SUBW X, #8      ; 再减去 8
LDW R02, X      ; 将结果保存到 R02 字存储单元中
                ; 算式“12×34+56÷7－8”的结果 408 保存在 R02 字存储单元中
```

上述计算步骤存放在存储器中，由计算机内的控制器执行，控制器在时钟信号的控制下，从存储器中取出指令和数据，并根据指令操作码内容发出相应的控制信号。此外，

为向计算机输入数据、指令，还需输入设备，如键盘；为输出处理结果或显示机器的状态，还需输出设备，如各类显示器、指示灯等。因此，计算机系统的基本结构大致如图1-1所示。

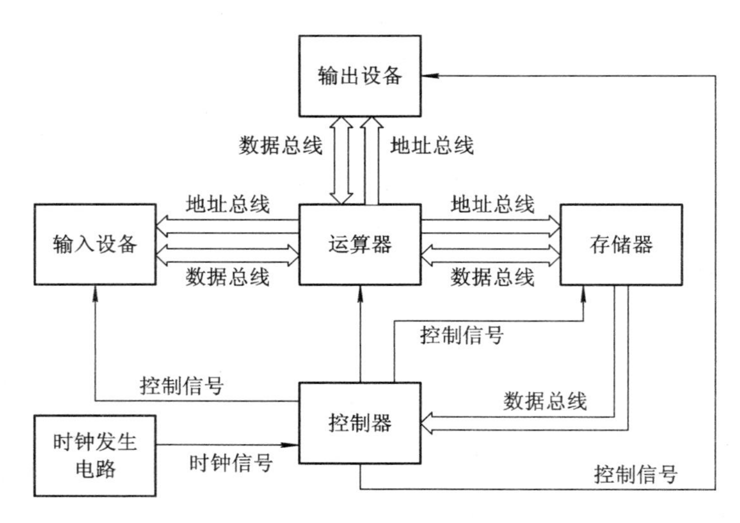


图 1-1　计算机系统的基本结构

在计算机中，往往把运算器、控制器作在同一芯片上，称为中央处理器(Central Processor Unit，简称 CPU)，有时也称为微处理器(Microprocessor Unit，简称 MPU)。为进一步减小电路板的面积，提高系统的可靠性，降低成本，将输入/输出接口电路、时钟电路以及一定容量的存储器、运算器、控制器等部件集成到同一芯片内，就成为单片机(也称为微控制单元，即 Microcontroller Unit，简称 MCU)，其含义是一个芯片就具备了一套完整计算机系统必需的基本部件。为了满足不同的应用需求，将不同功能的外围电路，如定时器、中断控制器、AD 及 DA 转换器、串行通信接口电路(如 UART、SPI、$I^2C$ 或 CAN 等)，甚至 LCD 显示驱动电路等集成在一个管芯内，形成系列化产品，就构成了所谓“嵌入式”单片机控制器(Embedded Microcontroller)。

**1．总线的概念**

我们知道，电路系统总是由元器件通过导线连接而成的。在模拟电路中，器件、部件之间的连线不多，关系也不复杂，一般按“串联”方式连接。但在以微处理器为核心的计算机系统中，器件、部件均要与微处理器相连，所需连线多，如果仍采用模拟电路的串联方式，在微处理器与各器件间单独连线，则所需的连线数量将很多，为此在计算机电路中普遍采用总线连接方式：每一器件的数据线并接在一起，构成数据总线；地址线并接在一起，构成地址总线；然后与 CPU 的数据、地址总线相连，形成“并联”关系。为避免混乱，任何时候最多允许一个设备与 CPU 通信，因此需要用控制线进行控制和选择，使选中芯片的片选信号($\overline{CE}$或$\overline{CS}$)或输出允许信号$\overline{OE}$有效。系统(包括器件)中所有的控制线被称为控制总线。

(1) 地址总线(Address Bus，简称 AB)。地址总线为单向，用于传送地址信息，如图 1-1 中运算器与存储器之间的地址总线，地址总线的数目决定了可以寻址的存储单元。一根地址线有两种状态，即可以区分两个存储单元；两根地址线有四种状态，可以寻址四个存储单元；依此类推，8位微处理器通常有16根地址线，可以寻址$2^{16}$(即64 K)个存储单元。一般存储单元的大小为一个字节，因此8位微处理器的寻址范围通常为64 KB。不过由于90 nm、130 nm线宽工艺已非常成熟、稳定，在同一管芯内集成更多的存储单元已不再困难，因此最近这几年进入市场的8位MCU芯片的寻址能力已突破64 KB，如STM8内核MCU系列芯片的内部地址总线为24位，可直接寻址16 MB的存储空间。

(2) 数据总线(Data Bus，简称DB)。数据总线一般为双向，用于CPU与存储器、CPU与外设，或外设与外设之间传送数据(包括数据及指令码)信息。在计算机中，为了提高数据处理的速度，总是一次处理由多位二进制数组成的信息，即在运算器中，数据线的数目应与待处理的数据位数相同。因此，运算器数据线的数目往往不止一条，一般为4条、8条、16条、32条，甚至64条。运算器内数据线的多少称为微处理器的“字长”。字长是衡量微处理器运算速度及精度的重要指标之一，也是划分微处理器档次的重要依据。根据字长大小，可将微处理器分为1位机、4位机、8位机、16位机、32位机、64位机等。1位机的运算器只有一根数据线，每次只能处理一位二进制数，工业上常用其取代继电器来控制线路的通和断、设备的开和关。4位机有四根数据线，早期多见于家用电器，如电视机、空调机、洗衣机、电话机等的控制电路中。8位、16位、32位机功能强大，既可用于工业控制、家用电器，也可以作为通用微机系统的中央处理器。

(3) 控制总线(Control Bus，简称CB)。控制总线是计算机系统中所有控制信号线的总称，在控制总线中传送的信息是控制信息。

### 2．时钟周期、机器周期及指令周期

(1) 时钟周期。计算机在时钟信号的作用下，以节拍方式工作，因此，必须有一个时钟发生器电路。输入微处理器的时钟信号的周期称为时钟周期。

(2) 机器周期。机器完成一个基本动作所需的时间称为机器周期，一般由一个或一个以上的时钟周期组成。例如，在标准MCS-51系列单片机中，一个机器周期由12个时钟周期组成。随着技术与工艺的进步，目前许多MCU芯片的一个机器周期已缩短为一个时钟周期。

(3) 指令周期。执行一条指令所需的时间称为指令周期，它由一个或数个机器周期组成。在采用复杂指令系统的微处理器中，指令周期的长短取决于指令的类型，即指令将要进行的操作及复杂程度：简单指令，如INC A(累加器A内容加1)一般只需一个机器周期，而复杂指令，如MUL(乘)、DIV(除)指令往往需要数个机器周期。

## 1.1.1 计算机系统的工作过程及其内部结构

### 1．CPU的内部结构

运算器和控制器构成了中央处理器核心部件，8位通用微处理器内部基本结构可用图1-2描述，它由算术逻辑运算单元ALU(Arithmetic Logic Unit)、累加器A(8位)、寄存器B(8位)、程序状态字寄存器PSW(8位)、程序计数器PC(也称为指令指针，即IP，16位)、地址寄存器AR(16位)、数据寄存器DR(8位)、指令寄存器IR(8位)、指令译码器ID、控制器等部件组成。

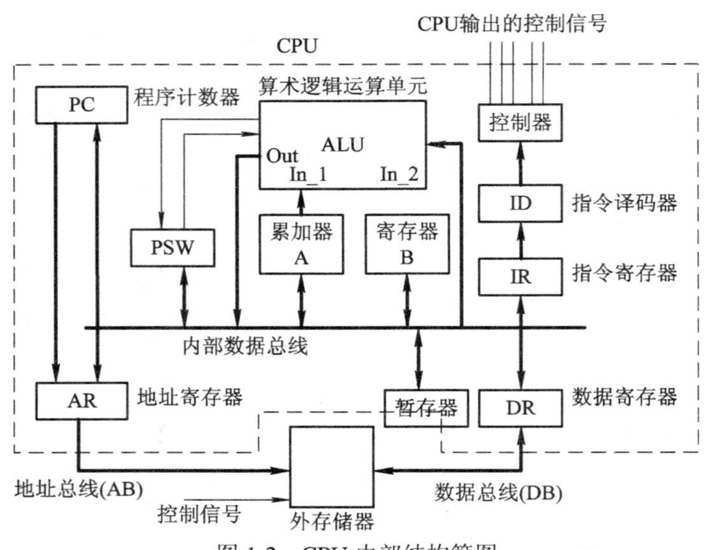


图 1-2 CPU 内部结构简图

(1) 程序计数器 PC(Program Counter)是 CPU 内部的寄存器，用于记录将要执行的指令码所在存储单元的地址编码。一般来说，PC 的长度与 CPU 地址线的数目一致，例如 8 位微机 CPU 一般具有 16 根地址线(A15～A0)，PC 的长度也是 16 位。复位后，PC 具有确定值，例如在 MCS-51 系列单片机中，复位后，PC = 0000H，即复位后将从程序存储器的 0000H 单元读取第一条指令码。由于复位后 PC 的值就是第一条指令码存放的单元地址，因此在程序设计时，必须了解复位后 PC 的值是什么，以便确定第一条指令码从存储器哪一个存储单元开始存放。PC 具有自动加 1 功能，即从存储器中读出一个字节的指令码后，PC 会自动加 1，并指向下一个存储单元。

(2) 地址寄存器 AR(Address Register)用于存放将要寻址的外部存储器单元的地址信息，指令码所在存储单元的地址编码一般由程序计数器 PC 产生，而指令中操作数所在存储单元的地址码由指令的操作数给定。地址寄存器 AR 通过地址总线 AB 与外部存储器相连。

(3) 指令寄存器 IR(Instruction Register)用于存放取指阶段读出的指令代码的第一字节，即操作码。存放在 IR 中的指令码经指令译码器 ID 译码后，输入控制器并产生相应的控制信号，使 CPU 完成指令规定的动作。

(4) 数据寄存器 DR(Data Register)用于存放写入外部存储器或 I/O 端口的数据信息。数据寄存器 DR 对输出数据具有锁存功能，数据寄存器与外部数据总线 DB 直接相连。

(5) 算术逻辑运算单元 ALU 主要用于算术(加、减、乘、除)、逻辑(与、或、非以及异或)运算。由于 ALU 内部没有寄存器，因此参加运算的操作数必须放在累加器 A 中(运算结果也存放在累加器 A 中)。例如执行

```
ADD A,B        ; A←A + B
```

指令时，累加器 A 的内容通过输入口 In_1 输入 ALU，寄存器 B 的内容通过内部数据总线经输入口 In_2 输入 ALU，A + B 的结果通过 ALU 的输出口 Out 经内部数据总线送回累加器 A。

(6) 程序状态字寄存器 PSW 用于记录运算过程中的状态，如是否溢出、进位等。假设累加器 A 的内容为 83H，执行指令

```
ADD A,#8AH            ; 累加器 A 与立即数 8AH 相加，并把结果存在 A 中
```

将产生进位，因为 83H+8AH 的结果为 10DH，而累加器 A 长度只有 8 位，只能存放低 8 位，即 0DH，无法存放结果中的最高位。因此，在 CPU 内设置一个进位标志 C，当执行加法运算出现进位时，进位标志 C 为 1。

程序状态字寄存器中各标志位的含义与 CPU 的类型有关，在 2.2.1 节中将详细介绍 STM8 内核 CPU 内各标志位的含义。

2．存储器

存储器是计算机系统中必不可少的存储设备，主要用于存放程序(指令)和数据。尽管寄存器和存储器均用于存储信息，但 CPU 内的寄存器数量少，存取速度快，主要用于临时存放参加运算的操作数和中间结果；而存储器一般在 CPU 外(单片机 CPU 例外，其内部一般均含有一定容量的存储器)，单独封装。在存储器芯片内，存储单元数目多，从几千字节到数千兆字节，能存放大量信息，但存取速度比 CPU 内部的寄存器要慢得多。目前，存储器的存取速度已成为制约计算机运行速度的关键因素之一。

存储器的种类很多，根据存储器能否随机读写，可将存储器分为两大类：只读存储器(Read Only Memory，简称 ROM)和随机读写存储器(Random Access Memory，简称 RAM)。根据存储器存储单元结构和信息保存方式的不同，又可将随机读写存储器分为静态 RAM(由多个双极型晶体管或 MOS 管构成，存取速度快，无需刷新，但组成一个存储单元所需的晶体管数目较多，集成度低，价格略高)和动态 RAM(依靠 MOS 管栅极与衬底之间的寄生电容保存信息，多为单管结构，集成度高，但寄生电容容量小，漏电大，信息保存时间短，仅为毫秒级，需要刷新电路，致使动态 RAM 存储器系统电路复杂化，不适合用于仅需少量存储容量的单片机系统)。

只读存储器中“只读”的含义是信息写入后，只能读出，不能随机修改，适合存放系统监控程序。

在单片机应用系统中，所需的存储器容量不大，外围电路应尽可能简单，因此几乎不使用动态 RAM，常使用 PROM(可编程只读存储器)、EPROM(紫外光可擦写只读存储器，目前已被 OTP ROM、Flash ROM 取代)、OTP ROM(一次性编程只读存储器，内部结构、工作原理与 EPROM 相似，是一种没有擦除窗口的 EPROM)、EEPROM(也称为 $E^2$PROM，是一种电可擦写的只读存储器，结构与 EPROM 类似，但绝缘栅很薄，高速电子可穿越绝缘层而中和浮栅上的正电荷，起到擦除目的，也就是说可通过高电压擦除)、Flash ROM(电可擦写只读存储器，写入速度比 EEPROM 快，也称为闪烁存储器)等只读存储器作为程序存储器，使用 SRAM(静态存储器)作随机读写 RAM，使用 $E^2$PROM 或 FRAM(铁电存储器，读写速度快，操作方式与 SRAM 相似)作非易失的数据存储器。尽管这些存储器的工作原理不同，但内部结构基本相同。

$E^2$PROM 与 Flash ROM 的区别在于：$E^2$PROM 可重复擦写 30 万次以上，远大于 Flsah ROM(一般为 1 万次)；$E^2$PROM 可单字节擦除、写入，而 Flsah ROM 只能按块方式擦除、写入。因此，在 MCU 系统中，Flsah ROM 常用于存放系统控制程序代码，而将 $E^2$PROM 作为非易性数据存储器使用。

1) 内部结构

EPROM、EEPROM、Flash ROM、SRAM、FRAM 等存储器内部结构可以用图 1-3 描

述，由地址译码器、存储单元、读写控制电路等部分组成。

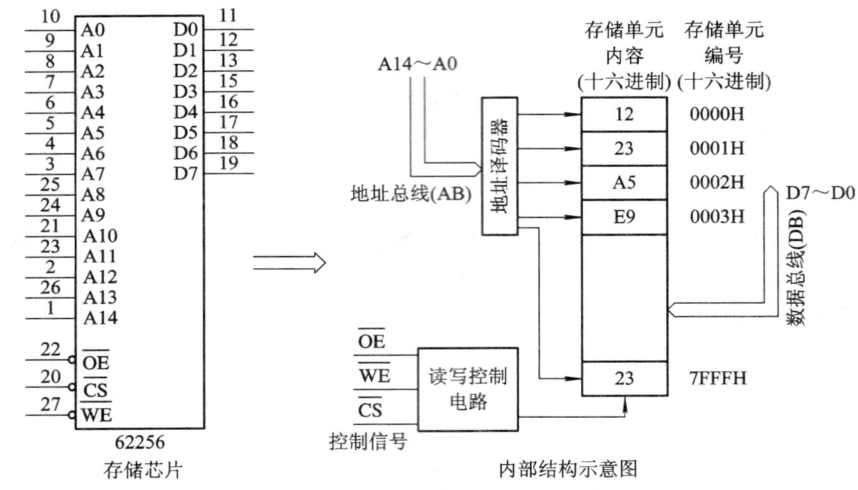


图 1-3　存储器芯片及内部结构

寄存器或存储器中的一个存储单元等效于一组触发器，每个触发器有两个稳定状态，可以记录一位二进制数。每一存储单元包含的触发器的个数称为存储单元的字长。对于并行存取的存储器芯片，存储单元内包含的触发器的个数与存储器芯片的数据线条数相同。

例如，由 8 个触发器并排在一起构成的存储单元的字长为 8 位，可以存放一个 8 位二进制数，即一个字节。在计算机中，为提高数据处理的速度，一次操作(如数据传送或运算)往往要同时处理多位二进制数，因此，在并行存取的存储器芯片中，一个存储单元的容量通常为 8 位。

存储器芯片内的存储单元数目与存储器芯片的地址线条数有关。例如，图 1-3 中的 62256 随机读写静态存储器芯片含有 15 根地址线(A14～A0)，可以寻址 $2^{15}$ 共 32K 个存储单元。为了便于存取，给每个存储单元编号(通常用存储器地址线的状态编码作为存储单元的编号)，图 1-3 中的 32K 个存储单元的地址编码为 0000H～7FFFH。该芯片的每个存储单元可以容纳一个 8 位二进制数，即该芯片的存储容量为 32 KB。

存储单元的长度可以大于或小于 8 位，例如 PIC16C56 单片机内的程序存储器容量为 1 K × 12 位，即共有 1024 个存储单元，每个存储单元可以存放 12 位二进制数，即存储单元的字长为 12 位。

存储单元地址编码与存储单元中的内容是两个不同的概念，存储单元地址编码的长度由存储器芯片所包含的存储单元的个数决定。例如，6264 存储器芯片含有 8K 个(13 根地址线)存储单元，地址编码为 0 0000 0000 0000B～1 1111 1111 1111B(用十六进制表示时，地址编码为 0000H～1FFFH)，每个存储单元的长度为 8 位。因此，每个存储单元的内容可以是 00H～FFH 之间的二进制数。又例如，图 1-3 中的 62256 存储器含有 32K 个(15 根地址线)存储单元，地址编码为 000 0000 0000 0000B～111 1111 1111 1111B(用十六进制表示时，地址编码为 0000H～7FFFH)，每个存储单元的长度也是为 8 位，图中 0000H 单元的内容为 12H，0001H 单元的内容为 23H，而 0002H 单元的内容为 0A5H。PIC16C56 单片机程序存储器容量为 1K × 12 位，存储单元地址编码为 00 0000 0000B～11 1111 1111B(用十六进制表示时，地址编码为 000H～3FFH)，每个存储单元的长度为 12 位。因此，每个存储单元的内容可以是 000H～FFFH 之间的二进制数。在内置 128 字节 RAM 的 MCS-51 单片机芯片中，内部 RAM 存储单元的地址编码为 00H～7FH，每个单元的内容可以是 00H～FFH 之间的二进制数。

2) 存储器工作状态

存储器芯片的工作状态由存储器控制信号的电平状态决定，如表 1-1 所示。

表 1-1 存储器工作状态

| 工作模式 | 控制信号 | | | 输出 |
|---|---|---|---|---|
| | 片选信号 $\overline{CS}$ | 输出允许 $\overline{OE}$ | 写允许信号 $\overline{WE}$ | |
| 读 | L | L | H | 数据输出 |
| 输出禁止 | L | H | H | 高阻态 |
| 待用(功率下降) | H | × | × | 高阻态 |
| 写入 | L | H | L | 数据输入 |

3) 存储器读操作

下面以 CPU 读取存储器中地址编号为 0000H 的存储单元的内容为例，说明 CPU 读存储器中某一个存储单元信息的操作过程，如图 1-4 所示，具体步骤如下：

① CPU 地址寄存器 AR 给出将要读取的存储单元地址信息，即 0000H；

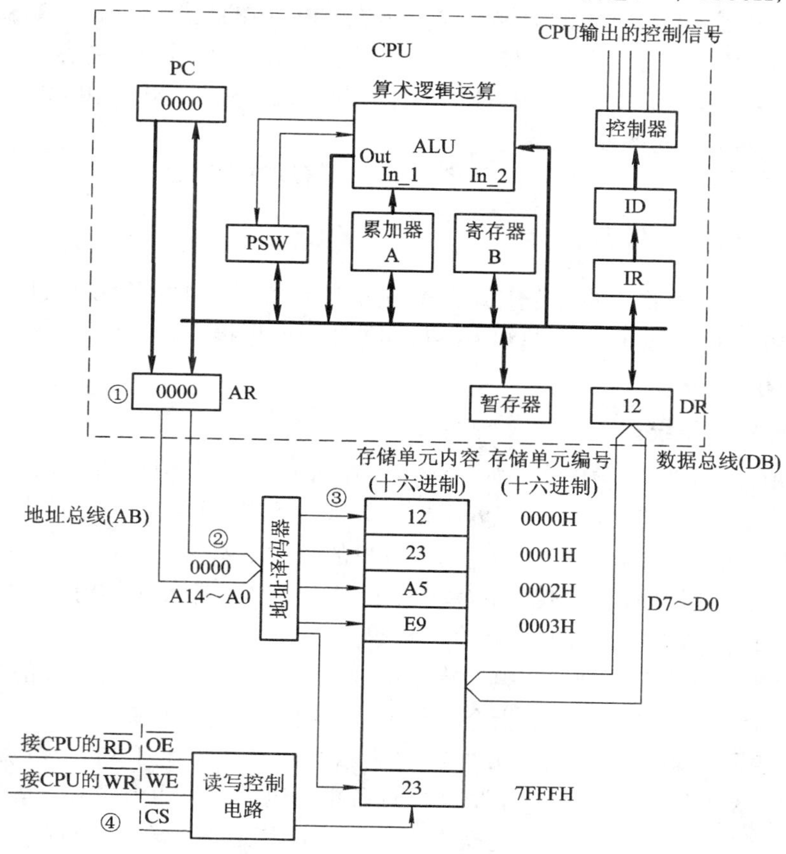


图 1-4 CPU 读取存储器操作过程示意图

② 存储单元地址信息通过地址总线 A15～A0 输入到存储器芯片的地址线上(CPU 地址总线与存储器地址总线相连)；

③ 存储器芯片内的地址译码器对存储器地址信号 A14～A0 进行译码，并选中 0000H 单元；

④ CPU 给出读控制信号 $\overline{\text{RD}}$ (接存储器的 $\overline{\text{OE}}$ 端)，将选中的 0000H 存储单元内容输出到数据总线 D7～D0(存储器数据总线与 CPU 数据总线相连)，因此 0000H 单元的内容 12H 就通过存储器数据总线输入到 CPU 内部的数据寄存器 DR 中，然后送到 CPU 内部某一个特定寄存器或暂存器内，这样便完成了存储器的读操作过程。

对于存储器来说，执行读操作后，被读出的存储单元信息将保持不变。

4) 存储器写操作

在图 1-4 中，把某一个数据，如 55H 写入存储器内某一个存储单元，假设为 0003H 单元，操作过程如下：

① CPU 地址寄存器 AR 给出待写入的存储单元的地址编码，如 0003H，通过地址总线 A15～A0 输入到存储器芯片的地址线 A14～A0 上；

② 存储器芯片内的地址译码器对存储器地址信号 A14～A0 进行译码，并选中 0003H 单元；

③ 在写操作过程中，写入的数据 55H 存放在 CPU 内的数据寄存器 DR 中，当 CPU 写控制信号 $\overline{\text{WR}}$ 有效时(与存储器写允许信号 $\overline{\text{WE}}$ 相连)，DR 寄存器中的内容 55H 就通过数据总线 D7～D0 传输到存储器中被选中的 0003H 存储单元，因此 0003H 单元的内容即刻变为 55H，完成了存储器的写操作过程。

可见，执行写操作后，被写入的存储单元原有信息将不复存在。

### 1.1.2 指令、指令系统及程序

计算机通过执行一系列的指令来完成复杂的计算、判断、控制等操作过程。从 CPU 内部结构看，CPU 的所有工作均可归纳为：从存储器中取出指令码和数据，经过算术或逻辑运算后，输出相应的结果。

**1. 指令及指令系统**

将 CPU 所能执行的各种操作，如从指定的存储单元中取数据、将 CPU 内特定寄存器的内容写入存储器某一指定的存储单元中以及算术或逻辑运算等操作，用命令形式记录下来，就称为指令(Instruction)。一条指令与计算机的一种基本操作相对应。当然，指令只能用二进制代码表示，例如，在 MCS-51 系列单片机中，累加器 A 中的内容除以寄存器 B 中的内容(即 A ÷ B)的操作用 84H 作为指令的代码。

为使计算机能够准确地理解和执行指令所规定的动作，不同操作对应的指令要用不同的指令代码表示，或者说，不同的指令代码表示不同的操作。例如，在 MCS-51 系列单片机中，“E4H”表示将累加器 Acc 清 0；“F4H”表示将累加器 Acc 内容按位取反；“74H xxH”表示将立即数“xxH”传送到累加器 Acc 中(这条指令码长度为两个字节，其中，“74H”表示将立即数传送到累加器 Acc 中，是操作码；而 xxH 就是要传送的立即数)。在计算机中，所有指令的集合称为指令系统。

一条指令通常由操作码和操作数两部分组成：操作码(Operation code)决定了指令要执行的动作，一般用一个字节表示，除非指令数目很多，才需要用两个字节表示(用一个字节表示指令操作码时，最多可以表示256种操作，即256条指令；操作数(Operand)指定了参加操作的数据或数据所在的存储单元的地址。

不同的计算机指令系统所包含的指令种类、数目、指令代码对应的操作等由CPU设计人员指定，因此，不同种类的CPU具有不同的指令系统。一般来说，不同系列CPU的指令系统不一定相同，除非它们彼此兼容。根据计算机指令系统的特征，可将计算机指令系统分为两大类，即复杂指令系统(Complex Instruction Set Computer，CISC)和精简指令系统(Reduced Instruction Set Computer，RISC)。

采用复杂指令结构的计算机系统，如MCS-51、STM8系列单片机具有如下特点：

(1) 指令机器码长短不一。简单指令码只有一个字节，而复杂指令可能需要两个或两个以上的字节描述。如空操作指令，仅有操作码(如00H)，没有操作数，指令码仅为一个字节。此外某些指令使用了约定的操作数，例如，在MCS-51系列单片机中，操作码E4H规定的动作是将累加器Acc清0，操作对象明确，无须再指定，这类指令码也只用一个字节表示，或者说，这类指令的操作数隐含在操作码字节中。而有些指令，如将立即数送累加器Acc，就必须给出操作数，这样的指令需要用两个字节表示，第一字节表示指令的操作码，第二字节表示操作数，该指令表示为74H(操作码)、xxH(操作数)。还有些指令含有两个操作数，如在MCS-51系列单片机中，CPU内不同存储单元之间的数据传送指令码为85H(操作码)、xxH(存储单元地址)、yyH(另一个存储单元地址)，可见，这样的指令需要用三个字节表示。

在上面列举的指令中，指令的操作码和操作数均用二进制代码表示，且指令格式约定为：

操作码(第一字节) + 操作数(第二、三字节表示操作数或操作数所在存储单元的地址)

由于指令的操作码和操作数均存放在存储器中，而每条指令占用的字节数(长短)不同，因此，指令中的操作码不仅指明了该指令所要执行的操作，而且隐含了指令占用的字节数。根据指令代码的长短，可将指令分为

单字节指令：这类指令仅有操作码，没有操作数，或者操作数隐含在操作码字节中。

双字节指令：这类指令第一字节为操作码，第二个字节为操作数。

多字节指令：这类指令第一字节为操作码，第二、三字节为操作数或操作数所在的存储单元地址。

(2) 可选择两条或两条以上指令完成同一操作，程序设计灵活性大，但缺点是指令数目较多(这类CPU一般具有数十条～百余条指令)。例如，在MCS-51系列单片机中，将累加器Acc内容清0，可以选择下列指令之一实现：

```
CLR A            ；直接将累加器A清0
MOV A,#00H       ；将立即数00H写入累加器A中
ANL A,#00H       ；用立即数00H与累加器A内容相与，使累加器A内容变为0
```

(3) CISC指令内核结构复杂，元件数目较多，功耗较大。采用精简指令技术的计算机指令系统情况刚好相反：完成同一种操作，一般只有一条指令可供选择，指令数目相对较少，尤其是采用了精简指令的单片机CPU，如PIC系列、Atmel的AVR系列单片机，指令数目仅为数十条，但程序设计的灵活性相对较差。另外，在采用精简指令技术的计算机系

统中，指令机器码长度相同，例如 PIC16C54 单片机任意一条指令的机器码长度均为 12 位(1.5 字节)。由于所有指令码长度相同，取指、译码过程中不必做更多的判断，因而指令执行速度较快。

无论采用何种类型的指令系统，任何 CPU 的指令系统都包含：数据传送指令、算术及逻辑运算指令、控制转移指令等基本类型。此外，在单片机系统中，可能还具有位操作指令，以简化控制系统的程序设计。

用二进制代码表示的指令称为机器语言指令，其中的二进制代码称为指令的机器码。机器语言指令是计算机系统唯一能够理解和执行的指令。正因如此，才形象地将二进制代码形式的指令称为机器语言指令。

### 2. 程序

程序(Program)就是指令的有机组合，是完成特定工作所用到的指令(这些指令当然是某个特定计算机系统的指令)的总称。一段程序通常由多条指令组成，程序中所包含的指令数目及种类由程序的功能决定，短则数十行、数百行，长则可达数万行以上。

用机器语言指令码编写的程序就称为机器语言程序。例如：

```
机器语言指令        含义(即对应汇编语言指令)
A6  AA            ; LD A, #0AAH
4F                ; CLR A
45 40 30          ; MOV 30H,40H
```

### 3. 汇编语言及汇编语言程序

机器语言指令中的操作码和操作数均用二进制数表示、书写，没有明显的特征，一般人很难理解和记忆，使程序编写工作成了一件非常困难和乏味的事。为此，人们想出了一个办法：将每条指令操作码所要完成的动作用特定符号表示，即用指令功能的英文缩写替代指令操作码，形成了指令操作码的助记符；并将机器语言指令中的操作数也用 CPU 内的寄存器名、存储单元地址或 I/O 端口号代替，形成了操作数助记符——这样就获得了汇编语言指令。例如，将累加器 A 内容清 0，记为“CLR A”；用“MOV”作为数据传送指令的助记符。于是，将立即数 23H 传送到累加器 A 中的指令，就可以用“MOV A,#23H”(#是立即数标志)表示；将存储器 4FH 单元中的内容传送到累加器 A 中，就用“MOV A, 4FH”表示。可见，汇编语言指令比机器语言指令更容易理解和记忆。

用指令助记符(由操作码助记符和操作数助记符组成)表示的指令称为汇编语言指令。由汇编语言指令构成的程序称为汇编语言程序(也称为汇编语言源程序)。可见，汇编语言程序容易理解、可读性强，方便了程序的编写和维护。

由于汇编语言指令与机器语言指令一一对应，而机器语言指令中每一指令码的含义由 CPU 决定，因此不同计算机系统汇编语言指令的格式、助记符等不一定相同。例如，在 STM8 内核 CPU 中，将立即数 55H 送累加器 A 的汇编语言指令记作：

```
LD A, #$55
```

其中，#表示立即数；$表示随后的 55 为十六进制数(采用 Motorola 汇编语言格式)。

在 Intel MCS-51 系列单片机芯片中，将立即数 55H 送累加器 A 的操作表示为

```
MOV A,#55H
```

在 Motorola M6805 系列单片机中，表示为

LDAA $55

在 PIC 系列单片机中，表示为

MOVLW 0x55

其中，MOVLW 是“MOV Literal to W”的缩写，含义是操作数传送到工作寄存器 W 中(在 PIC 系列单片机 CPU 内，工作寄存器 W 与 STM8 以及 MCS-51 CPU 内累加器 A 的地位、作用相同)；0x 表示随后的数是十六进制数。

当然，计算机只能理解和执行二进制代码形式的机器语言指令，不能理解和执行汇编语言指令。但是，可以通过专门软件或手工查表方式，将汇编语言源程序中的汇编语言指令逐条翻译成对应的机器语言指令。将汇编语言程序转换为机器语言程序的过程称为汇编(或编译)过程；将汇编语言指令转换为机器语言指令的程序称为汇编程序。可见，汇编程序的功能就是逐一读出汇编语言源程序中的汇编语言指令，再通过查表、比较方式，将其中的汇编语言指令逐一转换成相应的机器语言指令。当然这个过程也可以由人工查表完成，即所谓的人工汇编。

### 4．伪指令(Pseudoinstruction)

在汇编语言源程序中，除了包含可以转化为特定计算机系统的机器语言指令所对应的汇编语言指令外，还可能包含一些伪指令，如“EQU”、“END”等。“伪”者，假也，尽管不是计算机系统对应的指令，汇编时也不产生机器码，但汇编语言程序中的伪指令并非可有可无。伪指令的作用是：指导汇编程序对源程序进行汇编。

伪指令不是 CPU 指令，汇编时不产生机器码。显然，伪指令与 CPU 类型无关，仅与汇编程序(也称为汇编器)版本有关，因此，程序中引用某一伪指令时，只需考虑用于将“汇编语言源程序”转化为对应 CPU 机器语言指令的“汇编程序”是否支持所用的伪指令。

STM8 内核 CPU 支持的汇编语言伪指令，可参阅第 4 章有关内容。

### 5．汇编语言指令的一般格式

Intel 系列 CPU、STM8 内核 CPU 的汇编语言指令格式为

[标号：] 指令操作码助记符 [第一操作数] [，第二操作数] [，第三操作数] [；注释]

指令操作码助记符是指令功能的英文缩写，必不可少。例如，用“MOV”作为数据传送指令的操作码助记符。

指令操作码助记符之后是操作数，不同指令所包含的操作数的个数不同。有些指令，如空操作指令“NOP”就没有操作数。有些指令仅含有一个操作数，操作数与操作码之间用“空格”隔开，如累加器 A 内容加 1 指令，表示为“INC A”，其中 INC 为指令的助记符，是英文“Increase”的缩写；A 是操作数，即累加器 Acc 的简称。有些指令含有两个操作数，例如，将立即数 55H 传送到累加器 A 中的指令表示为“MOV A,#55H”，其中 MOV 是指令操作码助记符；第一操作数为累加器 A；第二操作数为 55H，#表示立即数。有些指令含有三个操作数，如“当累加器 A 不等于某一个数时，转移”指令，用“CJNE A,#55H,LOOP”，其中 CJNE 是指令操作码助记符；LOOP 是标号，即相对地址。在多操作数指令中，各操作数之间用“，”(逗号)隔开。

“；”(分号)后的内容是注释信息。在指令后加注释信息是为了提高指令或程序的可读

性，以方便阅读、理解该指令或其以下程序段的功能。汇编时，汇编程序不处理分号后的注释内容，换句话说，加注释信息不影响程序的汇编和执行，因此，注释信息可以加在指令后，也可以单独占据一行。尽管注释内容可有可无，但为了提高程序的可读性，方便程序的维护，在指令后加适当的注释信息是必要的。

标号是符号化的地址码，在分支程序中经常用到。

### 6. 指令的执行过程

程序中的指令机器码顺序存放在存储器中。例如，将存储器 0020H 单元与 0021H 单元中的内容相加，结果存放在 002FH 单元中，可以用如下指令实现：

```
MOV A,0020H        ; 将存储器 0020H 单元中的内容传送到累加器 A 中
                   ; 该指令对应的机器码为 E5 20 00
ADD A,0021H        ; 将存储器 0021H 单元中的内容与累加器 A 的内容相加，和存放在
                   ; 累加器 A 中该指令对应的机器码为 25 21 00
MOV 002FH,A        ; 将结果传送到存储器 002FH 单元中。该指令对应的机器码为 F5 2F 00
```

假设这些指令的机器码从存储器 0000H 单元开始存放，如图 1-5 所示。对于特定的 CPU 来说，复位后，程序计数器 PC 的值是固定的。为方便起见，假设复位后，PC 的值正是这个小程序第一条指令所在的存储单元地址，即 0000H。

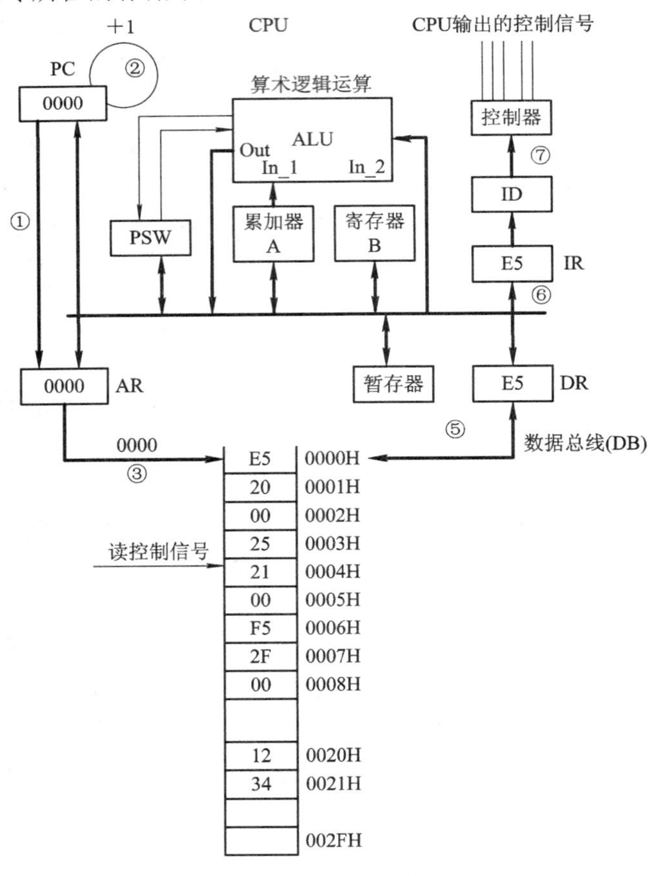


图 1-5 指令执行过程示意图

下面是计算机执行存储单元中指令代码的操作过程：

① 将程序计数器 PC 中的内容，即第一条指令所在的存储单元地址 0000H，通过内部地址总线送地址寄存器 AR 中。

② 当 PC 中的内容可靠地传送到 AR 后，PC 内容自动加 1，指向下一个存储单元。

③ 地址寄存器 AR 中的内容，通过外部地址总线 AB 将 0000H 单元地址信息送到存储器地址总线上。

④ 存储器芯片内的地址译码器对地址信号进行译码，并选中存储器芯片内的 0000H 单元。

⑤ CPU 给出存储器读控制信号，0000H 单元中的内容“E5”经存储器和 CPU 之间的数据总线 DB 送到 CPU 内部的数据寄存器 DR 中。

⑥ 由于指令第一字节是操作码，不是操作数(CPU 设计时约定)，因此进入数据寄存器 DR 中的 E5H，即指令的第一字节将送入指令寄存器 IR 中保存，这样就完成了第一条指令操作码的取出过程。

⑦ 指令译码器 ID 对指令寄存器 IR 中的内容(即操作码)进行译码，以确定指令所要执行的操作，指示 CPU 内的控制器给出相应的控制信号，这样就完成了指令的译码过程。译码后，就知道了该指令有无操作数以及存放位置，同时也就知道了指令的字节数。

译码后，得知操作码为 E5 的指令是三字节指令，操作码 E5 之后的两个字节是操作数所在的存储单元地址(假设低 8 位地址在前，因此 0020H 单元地址编码在存储器中的存放顺序是 20 00)，需要取出随后的两个字节。

⑧ 将程序计数器 PC 内容(当前为 0001H)传送到地址寄存器 AR 中，同时程序计数器 PC 自动加 1，指向下一存储单元，即 0002H 单元。

⑨ 地址寄存器 AR 内容(目前为 0001H)通过外部地址总线 AB 输出到存储器地址总线上。存储器芯片内的地址译码器对地址信号进行译码，并选中存储器芯片内的 0001H 单元。

⑩ CPU 给出存储器读控制信号，结果 0001H 单元中的内容“20”经存储器和 CPU 之间的数据总线 DB 送到 CPU 内部的数据寄存器 DR 中。

由于第二字节是指令操作数所在存储单元地址的低 8 位，因此数据寄存器 DR 中的内容通过内部数据总线送入暂存器中。

重复⑧～⑩的操作过程，取出指令第三字节，即操作数所存在存储单元地址的高 8 位，并存放在数据寄存器 DR 中。

⑪ 进入指令执行阶段。由于这条指令第二、三字节是操作数所在存储单元地址，因此，在执行阶段将存放在 DR 中的高 8 位内容送地址寄存器 AR 的高 8 位，将存放在暂存器中的低 8 位送 AR 的低 8 位，形成操作数的 16 位地址码，经 AR 输出。AR 输出的地址信号经存储器芯片内的地址译码器译码后，在存储器读信号的控制下，将 0020H 单元中的内容 2FH 经存储器数据总线 DB 输入 CPU 内部数据寄存器 DR，然后传送到累加器 A 中，这样就完成了指令的执行过程。

可见，一条指令的执行过程包括了：取操作码(取指令第一字节)→译码(对指令操作码进行翻译，指示控制器给出相应的控制信号)→取操作数(取出指令第二、三字节，指令第一字节，即操作码字节将告诉 CPU 该指令的长短)→执行指令规定的操作。然后，不断重复“取操作码→译码→取操作数→执行”的过程，执行随后的指令，直到程序结束为止。

在指令取出的过程中，程序计数器 PC 每输出一个地址编码到地址寄存器 AR 后，PC 的内容自动加 1，指向下一个存储单元。

## 1.2 寻址方式

指令由操作码和操作数组成，确定指令中操作数所在存储单元地址的方式，就称为寻址方式。只有操作码的指令，不存在寻址方式问题。对于双操作数指令来说，每一个操作数都有自己的寻址方式。例如，在含有两个操作数的指令中，第一操作数(也称为目的操作数)有自己的寻址方式，第二操作数(称为源操作数)也有自己的寻址方式。在现代计算机系统中，为减少指令码的长度，对于算术、逻辑运算指令，一般将第一操作数和第二操作数的运算结果经 ALU 数据输出口回送 CPU 内部数据总线，再存放到第一操作数所在的存储单元(或 CPU 内某一寄存器)中。例如，累加器 A 内容(目的操作数)加寄存器 B(源操作数)内容，所得的“和”将存放到累加器 A 中，这样就不必为运算结果指定另一个存储单元地址，缩短了指令码的长度。当然，运算后，累加器 A 中的原有信息(即被加数)将不复存在。如果在其后的指令中还需要用到指令执行前目的操作数中的信息，可先将目的操作数保存到 CPU 内另一寄存器或存储器的某一存储单元中。

指令中的操作数只能是下列内容之一：

(1) CPU 内某个寄存器名，如累加器 A、通用寄存器 B、堆栈指针 SP 等。CPU 内含有什么寄存器由 CPU 的类型决定。例如，在 MCS-51 系列单片机 CPU 内，就含有累加器 A、通用寄存器 B、堆栈指针 SP、程序状态字寄存器 PSW 以及工作寄存器组 R7～R0。而在 PIC16C5X 系列 CPU 内，含有工作寄存器 W(类似于其他 CPU 的累加器 A)、状态寄存器 STATUS(类似于其他 CPU 的程序状态字寄存器 PSW)、特殊功能寄存器 SFR、端口控制寄存器 TRISA、TRISB、TRISC 等。

(2) 存储单元。存储单元地址的范围由 CPU 寻址能力及实际安装的存储器容量、连接方式决定。

(3) I/O 端口号。在通用微机系统中，I/O 地址空间与存储器地址空间相互独立。在单片机系统中，I/O 端口地址空间往往与外存储器地址空间连在一起，不再区分。

(4) 常数。常数的类型及范围也与 CPU 的类型有关。

STM8 内核 CPU 支持的寻址方式，可参阅第 4 章的有关内容。

## 1.3 单片机及其发展概况

目前，计算机硬件向巨型化、微型化和单片化三个方向高速发展。自 1975 年美国德克萨斯仪器公司(Texas Instruments)第一块单片微型计算机芯片 TMS-1000 问世以来，在短短的三十多年间，单片机技术已发展成为计算机技术一个非常有前途的分支，它有自己的技术特征、规范、发展道路和应用领域。单片机芯片具有体积小、个性突出、价格低廉等优点。一方面，单片机芯片是自动控制系统的核心部件，广泛应用于工业控制、智能化仪器仪表、通信终端设备、家用电器、高档电子玩具等领域；另一方面，由于模拟技术的局限性——模拟信号在传输、存储、重现过程中不可避免地存在失真以及保密性差等无法克服的缺点，在高速ADC与DAC器件、数字信号处理技术的推动下，电子技术正逐步向数字化方向发展，而电子技术数字化的关键和核心是数字信号的处理，单片机正是电子技术数字化三类可选的核心部件之一。

### 1.3.1 单片机及其特点

在通用微机中央处理器的基础上，将输入/输出(I/O)接口电路、时钟电路以及一定容量的存储器等部件集成在同一个芯片上，再加上必要的外围器件，如晶体振荡器，就构成了一个较为完整的计算机硬件系统。由于这类计算机系统的基本部件均集成在同一芯片内，因此被称为单片微控制器(Single-Chip-Micro Controller，简称单片机)、微控制单元(MicroController Unit，简称MCU)或嵌入式控制器(Embedded Controller)。

对于通用微处理器来说，其主要任务是数值计算和信息处理，在运算速度和存储容量方面的要求是速度越快越好，容量越大越好，因此它沿着高速、大容量方向发展：字长由8位(如8085)、16位(如8086、80286)，迅速向32位(如80486)、64位(如Pentium系列CPU，Pentium系列CPU内部数据总线为32位，对外数据总线为64位，因而Pentium还不是真正意义上的64位微处理器)过渡，时钟信号的频率由最初的4.77 MHz向33 MHz、66 MHz、100 MHz、200 MHz、400 MHz、600 MHz、1 GHz、2 GHz、3 GHz，甚至更高频率过渡。而单片机主要面向工业控制，8位字长已足够(在工业控制中，一般仅需要控制线路的通、断，触点的吸合与释放，有时4位单片机也能胜任)，尽管也有16位、32位的单片机芯片，但这些高档单片机芯片主要用于语音及图像处理、Internet及局域网系统；时钟信号频率也不高，一般在数十兆赫兹以内。

单片机芯片作为控制系统的核心部件，除了具备通用微机CPU的数值计算功能外，还必须具有灵活、强大的控制功能，以便实时监测系统的输入量、控制系统的输出量，实现自动控制功能。单片机主要面向工业控制，工作环境比较恶劣，常有高温、强电磁干扰，甚至含有腐蚀性气体，在太空中工作的单片机控制系统，还必须具有一定的抗辐射功能，因而决定了单片机CPU与通用微机CPU相比，具有如下的技术特征和发展方向：

(1) 抗干扰性强，工作温度范围宽(按工作温度分类，有民用级、工业级、汽车级及军用级)。而通用微机CPU一般只要求在室温下工作(与民用级单片机芯片工作温度大致相同)，抗干扰性能也较差。

(2) 可靠性高。在工业控制中，任何差错都可能造成极其严重的后果，因此在单片机芯片中普遍采用硬件看门狗技术，通过定时“复位”方式唤醒处于“失控”状态下的单片机芯片。

(3) 电磁辐射量小。高可靠性和低电磁辐射指标决定了单片机系统时钟频率比通用微处理器低得多。为此，单片机芯片一般采用Harvard双总线结构，指令和数据存储器空间相互独立，并通过各自的数据总线与CPU相连，使取指、读写数据能同时进行，以提高数据的吞吐率，以便在不降低数据吞吐率的条件下，能使用更低的时钟频率。而通用微处理器一般采用传统的冯·诺依曼(Von Neumann)结构，指令、数据位于同一个存储空间内，共用同一条数据总线，取指、读写数据不同时进行，只能通过提高时钟频率方式来提高数据的吞吐率。

(4) 控制功能很强，数值计算能力相对较差。而通用微机 CPU 具有很强的数值运算能力，但控制能力相对较弱，将通用微机用于工业控制时，一般需要增加一些专用的接口电路，如承担 AD/DA 转换任务的数据采集卡等。

(5) 指令系统比通用微机系统简单。

(6) 单片机芯片往往不是单一的数字电路芯片，而是数字、模拟混合电路系统，即单片机芯片内常集成了一定数量的模拟比较器，1～2 路的多个通道 8 位、10 位或 12 位分辨率的 AD 及 DA 转换电路。

目前，内置 8 位或 10 位分辨率 ADC 转换器的 8 位、32 位 MCU 芯片比比皆是，如 MCS-51 兼容芯片中的 P89LPC900 系列、AT89LPC21×系列、STC12C54××AD 系列等；而 STM8 内核 8 位 MCU 芯片均集成了 10 位或 12 位多个通道的 ADC 转换器；ARM 内核的 32 位 MCU 芯片几乎均带有 10 位或 12 位的 ADC 转换器。

(7) 采用嵌入式结构。尽管同一系列内品种、规格繁多，但彼此差异却不大。

(8) 更新换代速度比通用微处理器慢得多。Intel 公司 1980 年推出标准 MCS-51 内核 8051(HMOS 工艺)、80C51(HCMOS 工艺)单片机芯片后，持续生产、使用了十余年，直到 1996 年 3 月才被增强型 MCS-51 内核 8XC5×芯片取代。

### 1.3.2 单片机技术现状及将来发展趋势

目前，单片机芯片系列、品种、规格繁多，先后经历了 4 位机、8 位机、16 位机、新一代 8 位机、32 位机等几个具有代表性的发展阶段。4 位机主要用在家用电器，如电视机、空调机、洗衣机中。随着 8 位机价格的下降，在家用电器中已开始大量采用 8 位机，以便在家用电器中采用一些新技术，如模糊控制、变频调速等，以提升家用电器的智能化、自动化程度，降低系统的能耗。16 位机具有较强的数值运算能力和较快的反应速度，常用在需要实时控制、处理的系统中，尽管 16 位单片机进入市场也有十余年，但一直未能取代 8 位机芯片而成为主流品种，目前已被强化了控制接口功能的新一代 8 位机和数值运算能力更强的 32 位嵌入式单片机芯片所取代。32 位嵌入式单片机芯片具有很强的数值计算能力，在语音识别、图像处理、机器人控制、Internet 接入设备需求的刺激下，32 位嵌入式单片机芯片的销量也在迅速上升。在今后一段时期内，8 位、16 位和 32 位嵌入式单片机芯片销量的绝对值可能会有不同程度的增长，但在目前，甚至今后相当长，如 5 年、10 年时间内，8 位单片机芯片，尤其是强化了控制接口功能的新一代 8 位单片机，如 STM8 内核芯片、PIC 系列、Freescale(飞思卡尔，前身为 Motorola 公司的半导体事业部，2004 年从 Motorola 公司独立出来)的 RS08(即 MC9RS08×××)与 HCS08(MC9S08×××)系列、Atmel 的 AVR 系列等，依然是单片机芯片的主流品种。

#### 1. 新一代 8 位单片机芯片

8 位单片机先后经历了三个发展阶段。

第一代 8 位单片机芯片(如 Intel 公司的 MCS-48 系列)功能较差，它实际上是 8 位通用微处理器单元电路和基本 I/O 接口电路、小容量存储器、中断控制器等部件的简单组合。这类芯片没有串行通信功能，不带 AD、DA 转换器，中断控制和管理能力也较弱，功耗大，因而应用范围受到了很大的限制。

为提高单片机的控制功能，拓宽其应用领域，在 20 世纪 80 年代初，Intel、Motorola 等公司在第一代 8 位单片机电路的基础上，嵌入了通用串行通信控制和管理接口部件(UART)，强化中断控制器功能，增加定时/计数器个数，更新存储器种类，扩展存储器容量，部分系列、型号芯片内还集成了 AD、DA 转换接口电路，形成了第二代 8 位 MCU 芯片，如 Intel 公司的 MCS-51 系列、Motorola 公司的 6801 及 6805 系列、Zilog 公司的 Z8 系列，以及 NEC 公司的 uPD7800 系列等 MCU 芯片。第二代 8 位单片机芯片投放市场后，迅速取代了第一代 8 位单片机芯片，成为当时单片机芯片的主流，并持续了十余年。

第二代 8 位单片机芯片的特点是通用性强，但个性依然不突出，控制功能也有限，仍不能满足不同应用领域、不同测控系统的需求。20 世纪 90 年代后，各大芯片生产厂商，如 Intel、NXP(恩智蒲，前身为 Philips 公司半导体事业部，2006 年末从 Philips 公司独立出来)、Winbond、Atmel、SST(即 Silicon Storage Technology)、Microchip、Freescale、Temic Semiconductor Technology 等，在第二代 8 位单片机 CPU 内核的基础上，除了进一步强化原有的功能(如在串行接口部件中增加帧错误侦测和地址自动识别功能)外，针对不同的应用领域，将不同功能、用途的外围接口电路嵌入到第二代单片机 CPU 内，形成了规格、品种繁多的新一代 8 位单片机芯片，如 NXP、Atmel、Silicon Laboratories、SST，Winbond 公司的 MCS-51 系列，ST 公司的 ST7 以及最近两年进入市场的 STM8 系列，Freescale 的 RS08(即 MC9RS08×××芯片)与 HCS08(MC9S08×××芯片)系列，MicroChip 公司的 PIC 系列等。

新一代 8 位单片机芯片系列品种繁多，主流品种有：

(1) ST 公司的 STM8 内核系列。

ST(意法半导体)公司的 STM8 内核 MCU 是最近两年进入市场的 MCU 芯片，包括 STM8S(标准系列)、STM8L(低压低功耗系列)、STM8A(汽车专用系列)三个子系列，采用 0.13 μm 工艺、CISC 指令系统，是目前 8 位 MCU 市场上功能较完备、性价比较高的主流品种之一。其主要特点是功耗低、集成的外设种类多，且与 ST 公司生产的 ARM Cortex-M3 内核的 STM32 芯片兼容，内嵌单线仿真接口电路(开发设备简单)、可靠性高、价格低廉。此外，该系列芯片加密功能完善，被破解的风险小，在工业控制、智能化仪器仪表、家用电器等领域具有广泛的应用前景，是中低价位控制系统的首选芯片之一。

(2) Freescale 的 RS08、HCS08 内核系列。

Freescale 的 RS08(即 MC9RS08×××)与 HCS08(MC9S08×××，飞思卡尔 8 位 MCU 的主流芯片)系列，以及已经停产的原 Motorola 公司的 MC68HC05、MC68HC11、MC68HC12 系列，其特点是在相同的处理速度下所用的时钟频率较 MCS-51 内核芯片低得多，因而高频噪声低、抗干扰能力强，特别适合在工业控制领域及恶劣环境下使用。

(3) MicroChip 公司的 PIC 系列及兼容芯片。

MicroChip(微芯科技)公司 8 位单片机主要包括 PIC10F、PIC12C/F、PIC 16C/16F、PIC17C、PIC18C/18F 等系列，也是目前国内 8 位 MCU 芯片的主流品种之一。其特点是采用 RISC 指令系统，指令数目少、运行速度快、工作电压低、功耗小、I/O 引脚支持互补推挽输出方式，驱动能力较强，任意一个 I/O 口均可直接驱动 LED 发光二极管。该系列 MCU 芯片最大缺点是，集成的外设种类不多，功能有限，即性价比不高，适用于用量大、档次低、价格敏感的电子产品，在办公自动化设备、电子通信、智能化仪器仪表、汽车电子、金融电子、工业控制等领域有一定的优势。

PIC 系列兼容芯片主要有台湾 MICON(麦肯)公司的 MDT20××系列、台湾义隆电子股份有限公司的 EM78 系列(与 Microchip 公司的 PIC16C××系列引脚兼容)，其主要特点是价格低廉，甚至比中小规模数字 IC 芯片高不了多少。

(4) MCS-51 系列及兼容芯片。

MCS-51 系列最先由 Intel 公司开发，后来其他公司通过技术转让、技术交换等方式获得了 MCS-51(包括 8051 与 80C51)内核技术的使用权，生产厂家众多，目前主要生产商有 NXP、Atmel、Winbond(W78、W77、W79 系列)、SST、STC、Infineo(XC886 系列)、Silicon Laboratories (C8051F×××系列)、LG(GMS90 系列)等。其特点是通用性较强，采用 CISC 指令系统，指令格式与 Intel 公司 8 位微处理相同或相近。MCS-51 进入市场时间早，总线技术开放，开发设备多，芯片及其开发设备价格低廉，操作速度较快，电磁兼容性也较好，曾经是国内 8 位单片机芯片的主流品种之一。

尽管 MCS-51 系列问世初期，给人的印象是功能少、性价比不高，但经历数十年的改进后，现在的 MCS-51 兼容芯片无论是功能，还是性能指标都有了质的飞跃。例如 Silicon Laboratories 的 C8051F×××系列功能很强，开发环境也有较大的改善，只是价格偏高。当然由于其内部架构的限制，MCS-51 内核兼容芯片性价比不可能太高，功耗也较大。也正因如此，最近一两年来，许多知名的 MCU 芯片生产商不再推出新的 MCS-51 兼容芯片(甚至一些公司已停止 MCS-51 的技术支持)。随着非 MCS-51 内核 8 位 MCU 芯片、32 位内核 MCU 芯片开发工具的不断成熟，开发环境的不断完善，MCS-51 内核芯片在不久的将来也许会逐渐消失。

(5) ATMEL 公司的 AVR 系列。

AVR 系列单片机采用增强型 RISC 结构，在一个时钟周期内可执行复杂指令，每兆赫兹具有 1M IPS(每秒指令数)的处理能力。AVR 单片机工作电压为 2.7～6.0 V，功耗小，广泛应用于计算机外部设备、工业实时控制、仪器仪表、通讯设备、家用电器、宇航设备等领域。

### 2. 16 位单片机

16 位单片机操作速度及数据吞吐能力等性能指标比 8 位机有较大的提高，但市场占有率远没有 8 位、32 位 MCU 芯片高，生产厂家也少，目前主要有 RENESAS(日本瑞萨科技)的 H8S、H8SX、R8C、MC16C 系列，Freescale 的 S12、S12X、HC16 系列，Microchip 公司的 PIC24F、PIC24H、dsPIC30F、dsPIC33D 系列，Infineon 的 C166/XC166 系列，TI(德州仪器)的 MSP430 系列，凌阳科技的 SPMC75 系列。

16 位单片机主要应用于工业控制、汽车电子、医疗电子、智能化仪器仪表、便携式电子设备等领域。其中，TI 的 MSP430 系列以其超低功耗的特性广泛应用于低功耗场合。

### 3. 32 位单片机

由于 8 位、16 位单片机数据吞吐率有限，因此在语音、图像、工业机器人、Internet 以及无线数字传输技术需求的驱动下，开发、使用 32 位单片机芯片就成了一种必然趋势。目前，各大芯片厂家纷纷推出各自的 32 位嵌入式单片机芯片，主要有 Freescale、TOSHIBA、HITACH、NEC、EPSON、MITSUBISHI、SAMSUNG、Atmel、NXP、NuvoTon(Winbond

关联企业)等，其中以ARM内核32位MCU、RENESAS的M32C与R32C内核的32位MCU、Microchip的PIC32M系列、Freescale ColdFire内核的MCF5×××系列32位MCU应用较为广泛，产量也较大。

ARM(Advanced RISC Machines)是微处理器行业的名企，但它本身并不生产芯片，而是通过转让设计的方式由合作伙伴来生产各具特色的芯片。ARM公司设计了大量高性能、廉价、耗能低的RISC(精简指令)处理器、相关产品及软件。目前，包括Intel、IBM、SAMSUNG、OKI、LG、NEC、SONY、NXP等公司在内的30多家半导体公司与ARM签订了硬件技术使用许可协议。

ARM处理器有6个系列(ARM7、ARM9、ARM9E、ARM10、ARM11和SecurCore)的数十种型号。进一步产品来自合作伙伴，例如Intel Xscale微体系结构和StrongARM产品。ARM7、ARM9、ARM9E、ARM10是4个通用处理器系列，每个系列提供一套特定的性能来满足设计者对功耗、性能、体积的需求。SecurCore是第5个产品系列，专门为安全设备设计。

ARM已成为移动通信、手持计算器、多媒体数字消费等嵌入式产品解决方案的RISC标准，广泛应用在信息电器，如掌上电脑、个人数字助理(PDA)、可视电话、移动电话、TV机顶盒、数码相机等嵌入式产品中。ARM内核芯片广泛应用在如下领域：

(1) 无线产品：手机、PDA。

(2) 汽车产品：车载娱乐系统、车载安全装置、导航系统等。

(3) 消费娱乐产品：数字视频、Internet终端、交互电视、机顶盒、网络计算机、数字音频播放器、数字音乐板、游戏机等。

(4) 数字影像产品：如信息家电、数码照相机、打印机等。

(5) 工业设备：机器人控制、工程机械、冶金控制等。

(6) 网络产品：PCI网络接口卡、ADSL调制解调器、路由器、无线LAN访问点等。

(7) 安全产品：电子付费终端、银行系统付费终端、智能卡、32位SIM卡等。

(8) 存储产品：PCI到Ultra2 SCSI64位RAID控制器、硬盘控制器等。

在32位单片机芯片中，基于ARM7、ARM9、ARM9E架构的芯片最为丰富，生产厂家众多。其中，基于ARMv7-M架构的Cortex-M3以及Cortex-M4 (集成了DSP部件，数学处理能力比Cortex-M3强)、基于ARMv6-架构的Cortex-M0内核芯片主要面向工业控制，有可能成为32位MCU芯片的主流。它采用哈佛3级流水线结构，支持Thumb-2指令集，内置了32位单周期硬件乘法、除法部件。Cortex-M3内核芯片主要有ST公司的STM32F1XX系列、NXP的LPC1300与LPC1700系列，以及Luminary Micro(流明诺瑞，已被TI公司并购)的Stellaris(群星)系列；基于Cortex-M0的内核芯片主要有NXP公司的LPC1100及LPC1200系列芯片、NuvoTon公司的NuMicro NUC100系列以及NuMicro M051系列(设计定位是期望取代传统的MCS-51内核芯片，支持总线接口功能)。其他厂家，如ST、TOSHIBA等表示在2011年内推出基于Cortex-M0的内核芯片，也许未来几年内Cortex-M0内核会成为一个通用的MCU内核。这类芯片速度快、功能完善、价格低廉，功耗也不高，在某些应用领域大有取代8位、16位MCU芯片的趋势。

# 习 题 1

1-1 假设某 CPU 含有 16 根地址线，8 根数据线，则该 CPU 最大寻址能力为多少 KB?

1-2 在计算机里，一般具有哪三类总线？请说出各自的特征(包括传输的信息类型、单向传输还是双向传输)。

1-3 时钟周期、机器周期、指令周期三者的关系如何？CISC 指令系统 CPU 所有指令的周期均相同吗？

1-4 计算机字长的含义是什么？

1-5 ALU 的作用是什么？一般能完成哪些运算操作？

1-6 CPU 的内部结构包含了哪几部分？单片机(MCU)芯片与通用微机 CPU 有什么异同？

1-7 在单片机系统中常使用哪些存储器？

1-8 指令由哪几部分组成？

1-9 什么是汇编语言指令？为什么说汇编语言指令比机器语言指令更容易理解和记忆？通过什么方式可将汇编语言程序转化为机器语言程序？

1-10 汇编语言程序和汇编程序的含义相同吗？

1-11 单片机的主要用途是什么？新一代 8 位单片机芯片具有哪些主要技术特征？列举目前应用较为广泛的 8 位、32 位单片机芯片品种。

# 第 2 章　STM8S 系列 MCU 芯片内部结构

STM8 内核 MCU 包括了 STM8S(标准系列，电源电压为 3.0～5.0 V)、STM8L(低压、低功耗系列，电源电压为 1.8～3.6 V)、STM8A(汽车专用系列，电源电压为 3.0～5.0 V)三个系列，采用 0.13 μm 生产工艺，融合了 MCU 领域近年来开发的许多新技术，性价比高。该内核 CPU 采用 CISC 指令系统，指令长度为 1～5 字节，程序设计灵活；一个机器周期为一个时钟周期，CPU 内核最高时钟频率为 24 MHz，指令周期一般为 1～4 个机器周期(除法指令除外)，而多数指令执行时间仅为 1～2 个机器周期，速度快。其指令格式与 ST 公司早期的 ST7 系列基本相似，甚至兼容，内嵌单线仿真接口模块，支持 SWIM 仿真方式，降低了开发工具的成本；内嵌外设种类多，且多数外设的内部结构、使用方法与 32 位嵌入式 Cortex-M3 内核的 STM32 系列 MCU 基本相同或相似。该系列 MCU 芯片功耗不高，功能完善，价格低廉，具有很高的性价比，可广泛应用于家用电器、电源控制与管理、电机控制、智能化仪器仪表等领域，是 8 位 MCU 控制系统较为理想的升级换代控制芯片。

## 2.1　STM8S 系列 MCU 性能概述

STM8 内核 MCU 的主要特性如下：

(1) 支持 16 MB 线性地址空间。所有 RAM、EEPROM、Flash ROM 以及与外设有关的寄存器地址均统一安排在 16 MB 线性地址空间内，无论是 RAM、EEPROM、Flash ROM，还是外设寄存器，其读写的指令格式完全相同，即指令操作码助记符、操作数寻址方式等均相同。

(2) I/O 引脚输入/输出结构可编程选择。可根据外部接口电路特性将 I/O 引脚编程设置为悬空输入、带上拉输入、推挽输出、OD 输出等方式，极大地简化了外围接口电路设计。对于同一型号的芯片来说，I/O 引脚数目与封装方式有关，20 引脚封装芯片，通用 I/O 引脚为 16 个；80 引脚封装芯片，通用 I/O 引脚高达 68 个。

(3) 不同引脚封装芯片，同一种功能引脚之间没有交叉现象，硬件扩展方便。

(4) 抗干扰能力强。在每一个输入引脚与内部总线之间均设有施密特触发器。

(5) 可靠性高。除了双看门狗(独立硬件看门狗、窗口看门狗)外，许多外设关键控制寄存器均设有原码寄存器与反码寄存器，这两个寄存器中任何一个出现错误都会触发芯片复位。在指令译码阶段，增加了非法操作码检查功能，一旦发现非法操作码，即刻触发 CPU 芯片复位。

(6) 外设种类多、功能完善。所有外中断输入引脚触发方式均可编程选择下沿触发、上沿触发或上下沿触发等多种触发方式。定时/计数器具有上下沿触发、捕获以及 PWM 输出功能。更为重要的是绝大部分外设的内部结构、操作方式与 STM32 系列相似或相同，只要掌握了其中任意一个系列外设的使用方法，也就等于掌握了另一个系列外设的使用技能。另外，串行总线接口种类多，除了 UART、SPI、$I^2C$ 等常用串行总线接口部件外，在增强型版本中还内置了 CAN 总线。

(7) 内置了 HSI(16 MHz，误差为 1%)、LSI(128 kHz，误差为 14%)两种频率的 RC 振荡电路。在精度要求不高的情况下，可省掉外部晶振电路，从而进一步简化了系统的外围电路，降低了成本。

(8) 提供了基本型(内核最高工作频率为 16 MHz)和增强型(内核最高工作频率为 24 MHz)两类芯片。这两类芯片区别不大，增强型除了 Flash ROM、RAM、EEPROM 容量较大之外，还增加了 CAN 总线及第二个 UART 接口。

(9) 运行速度快。尽管 STM8S 属于 8 位 MCU，但具有 16 位数据传送、算术、逻辑运算指令，因此实际的数据处理速度介于 8 位与 16 位 MCU 芯片之间。

(10) 内置了高速中分辨率的 10 位 ADC 转换器，其通道数与封装引脚数目有关(STM8L152 芯片内置了 12 位分辨率的 AD 及 DA 转换器)。

(11) 2010 年 4 月以后出厂的 STM8S 系列芯片均带有 96 位的唯一器件 ID 号。

STM8S 系列 MCU 芯片的主要性能指标如表 2-1 所示。

**表 2-1 STM8S 系列 MCU 芯片的主要性能指标**

| 型号 | Flash ROM | RAM | $E^2PROM$ | 定时器个数(IC/OC/PWM) | | ADC(10 位)通道 | I/O | 串行口 |
|---|---|---|---|---|---|---|---|---|
| | | | | 16 位 | 8 位 | | | |
| STM8S208×× | 128 KB | 6 KB | 2 KB | 3 | 1 | 16 | 52～68 | CAN，SPI，2×UART，$I^2C$ |
| STM8S207×× | 32～128 KB | 2～6 KB | 1～2 KB | 3 | 1 | 7～16 | 25～68 | SPI，2×UART，$I^2C$ |
| STM8S105×× | 16～32 KB | 2 KB | 1 KB | 3 | 1 | 10 | 25～38 | SPI，UART，$I^2C$ |
| STM8S103×× | 2～8 KB | 1 KB | 640 B | 2 | 1 | 4 | 16～28 | SPI，UART，$I^2C$ |
| STM8S903×× | 8 KB | 1 KB | 640 B | 2 | 1 | 7 | 28 | SPI，UART，$I^2C$ |
| STM8S003×× | 8 KB | 1 KB | 128 B | 2 | 1 | 5 | 16～28 | SPI，UART，$I^2C$ |
| STM8S005×× | 32 KB | 2 KB | 128 B | 3 | 1 | 10 | 25～38 | SPI，UART，$I^2C$ |
| STM8S007×× | 64 KB | 6 KB | 128 B | 3 | 1 | 7～16 | 25～28 | SPI，UART，$I^2C$ |

由表 2-1 可看出以下几点：

(1) 与 STM8S207 相比，STM8S208 集成了 CAN 总线，即该子系列集成了 STM8S 系列芯片的全部外设。

(2) STM8S207、STM8S208 芯片集成的 ADC 部件为 ADC2；STM8S105、STM8S103 芯片集成的 ADC 部件为 ADC1，其功能比 ADC2 略有扩展，没有第二个 UART 串行接口。

(3) 32 引脚封装的 STM8S207 芯片没有第二个 UART 串行接口。

(4) STM8S003××、STM8S005××、STM8S007××芯片分别与 STM8S103××、STM8S105××、STM8S207××芯片兼容，它们之间的差别在于：STM8S00×系列的 EEPROM 容量小，只有 128B，且擦写次数仅为 10 万次(而 STM8S103、105、207 子系列为 30 万次)；没有 ID 号；只提供工业级芯片，没有军用级芯片。

## 2.2　STM8S 系列 MCU 内部结构

STM8S 系列 MCU 由一个基于 STM8 内核的 8 位中央处理器、存储器(包括了 Flash ROM、RAM、EEPROM)以及常用外设电路(如复位电路、振荡电路、高级定时器 TIM1、通用定时器 TIM2 及 TIM3、看门狗计数器、中断控制器、UART、SPI、多通道 10 位 ADC 转换器)等部件组成。STM8S2×× MCU 的内部结构如图 2-1 所示。

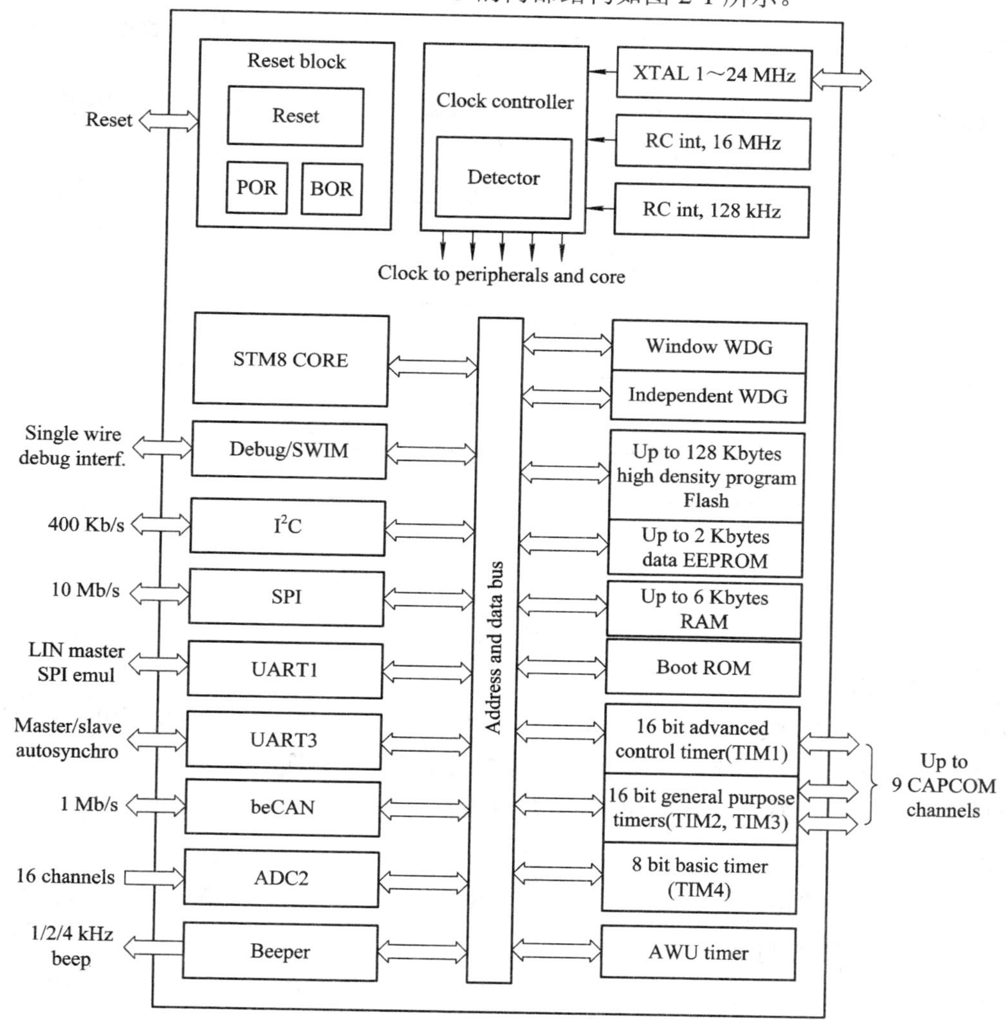


图 2-1　STM8S2××　MCU 的内部结构

将不同种类、容量的存储器与 MCU 内核(即 CPU)集成在同一个芯片内是单片机芯片的主要特征之一。STM8S 系列 MCU 芯片内部集成了不同容量的 Flash ROM(4～128 KB)、RAM(1～6 KB)，此外，还集成了容量为 640 B～2 KB 的 EEPROM。

将一些基本的、常用的外围电路，如振荡器、定时/计数器、串行通信接口电路、中断控制器、I/O 接口电路，与 MCU 内核集成在同一个芯片内是单片机芯片的又一个特征。STM8S 系列 MCU 芯片外设种类繁多，包括了定时/计数器、片内振荡器及时钟电路、复位电路、串行通信接口电路、模数转换电路等。

由于定时/计数器、串行通信、中断控制器等外围电路集成在 MCU 芯片内，因此 STM8S 系列 MCU 芯片内部也就包含了这些外围电路的控制寄存器、状态寄存器以及数据输入/输出寄存器。外设电路接口寄存器构成了 STM8S 系列 MCU 芯片数目庞大的外设寄存器(外设寄存器数量与芯片所属子系列、封装引脚数量等有关)。

## 2.2.1 STM8 内核 CPU

STM8 内核 CPU 内部结构与第 1 章介绍的 CPU 内部结构基本相同，核心部件为算术逻辑运算单元 ALU。

STM8 CPU 包含了累加器 A(8 位)、条件码寄存器 CC(Code Condition)、堆栈指针 SP(16 位)、两个索引寄存器 X 与 Y(16 位)、程序计数器 PC(24 位)等 6 个寄存器，如图 2-2 所示。

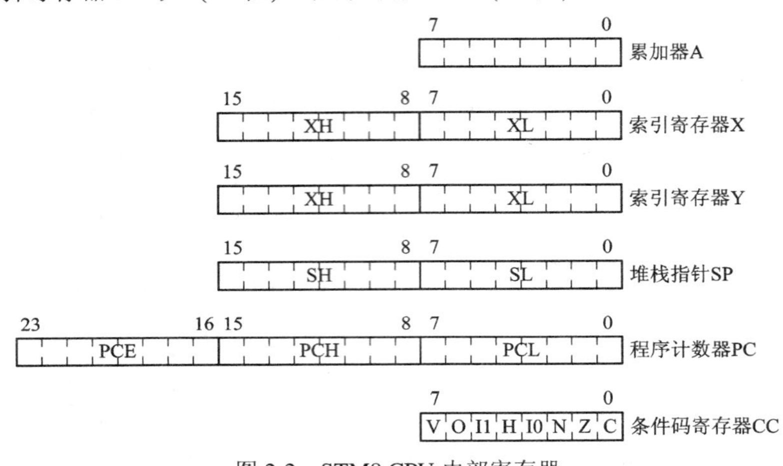


图 2-2　STM8 CPU 内部寄存器

### 1. 程序计数器 PC

程序计数器 PC 为 24 位，这意味着 STM8 内核 CPU 可直接寻址 16 MB 的线性地址空间。PC 指针保存了下一条指令的地址，具有自动更新功能，即取出一条指令码后，PC 指针自动递增 n 字节(n 为取出指令码的字节数)，指向下一条指令码的首地址。

### 2. 累加器 A

累加器 A 是一个 8 位的通用寄存器，常出现在算术运算、逻辑运算、数据传送指令中。

### 3. 索引寄存器 X 与 Y

索引寄存器 X、Y 均是 16 位的寄存器。在 STM8 内核 CPU 指令系统中，主要作变址寄存器使用。不过，CPU 内两个索引寄存器 X、Y 的地位并不完全等同，使用索引寄存器 X 的指令码比使用索引寄存器 Y 指令码少一个字节(使用索引寄存器 Y 的指令码多了一个字节的前缀码)。

### 4. 堆栈指针 SP

堆栈指针 SP 是一个 16 位的寄存器，这意味着堆栈可安排在 000000H～00FFFFH 空间内的任意一个 RAM 存储区中。

在计算机内，需要一块具有“先进后出”(First In Last Out，简称 FILO)特性的 RAM 存储区，用于存放子程序调用(包括中断响应)时程序计数器 PC 的当前值，以及需要保存的 CPU 内各寄存器的值(即现场)，以便子程序或中断服务程序执行结束后能正确返回主程序断点处，继续执行随后的指令系列。这个存储区被称为堆栈区。为了正确存取堆栈区内的数据，需要用一个寄存器来指示最后进入堆栈的数据所在存储单元的地址，堆栈指针 SP 寄存器就是为此目的设计的。

在 STM8 系统中，堆栈被安排在 RAM 空间的最上端，下向生长，且为空栈结构，即执行“PUSH #$33”指令时，(SP)←33H，然后 SP←SP－1。复位后堆栈指针 SP 寄存器的内容与芯片内部 RAM 的容量有关。含有 6 KB RAM 的 STM8S 芯片，复位后 SP 为 0017FFH；含有 2 KB RAM 的 STM8S 芯片，复位后 SP 为 0007FFH；含有 1 KB RAM 的 STM8S 芯片，复位后 SP 为 0003FFH。

随着入栈数据的增多，堆栈指针 SP 不断减小，当 SP 小于堆栈段起点时，出现下溢(SP 指针自动回卷到最大值)——其后果不可预测。因此，在设置堆栈段起点时，必须确保堆栈最大深度。子程序或中断嵌套层数越多，所需的堆栈深度就越大。

由于入堆指令与出堆指令一一对应，因此一般情况下不会出现上溢现象。但当 SP 指针已指向堆栈段最大值时，如果再执行出堆栈指令 POP，就会出现上溢，SP 指针也会自动回卷到最小值(栈顶)，同样会造成堆栈混乱，出现不可预测的后果。

### 5. 条件码寄存器 CC

CC 寄存器实际上是一个 8 位的标志寄存器，主要包含了溢出标志 V(用于指示当前有符号数运算结果是否溢出)、负数标志 N、结果为零标志 Z、进位标志 C、半进位标志 H 以及当前 CPU 所处的优先级(包括主程序以及中断服务程序的优先级)标志 I1 和 I0。

(1) 进位标志 C。在执行加法运算时，当最高位，即 b7 位有进位；或执行减法运算，最高位有借位时，则进位标志 C 为 1，反之为 0。

例如，当“ADD A, mem”加法指令执行后，进位标志

$$C = A_7M_7 + A_7\overline{R_7} + M_7\overline{R_7}$$

其中，$A_7$表示目的操作数累加器 A 的 b7 位；$M_7$表示源操作数存储单元 mem 的 b7 位；$R_7$表示运算结果的 b7 位。当 $A_7$、$M_7$均为 1 时，肯定出现进位；当 $A_7$、$M_7$之一为 1(即 1 + 0 或 0 + 1)时，如果运算结果的 b7(即 $R_7$)为 0，说明 b6 位向 b7 位进位，出现“1 + 0 + [1](来自 b6 的进位)”或“0 + 1 + [1](来自 b6 的进位)”相加的情况，结果 $R_7$ 为 0，并产生了进位。

(2) 半进位标志 H。在进行加法运算时，当 b3 位有进位；或执行减法运算，b3 位有借位时，则 H 为 1，反之为 0。设置半进位标志 H 的目的是便于 BCD 码算术运算的调整。

(3) 溢出标志 V。在计算机内，带符号数一律用补码表示。在 8 位二进制中，补码所能表示的范围是 –128～+127，而当运算结果超出这一范围时，V 标志为 1，即溢出；反之为 0。两个同号数相加，结果可能溢出，溢出条件是：两个同号数相加，结果符号位相反——两个正数相加，结果为负数(肯定错！)；两个负数相加，结果为正数(也肯定错！)。例如，对于“ADD A, mem”加法指令执行后，溢出标志

$$V = A_7M_7\overline{R_7} + \overline{A_7M_7}R_7$$

(4) 负数标志 N。当算术、逻辑、数据传送指令的执行结果为负数(最高位 MSB 为 1)时，N 标志为 1。

(5) 零标志 Z。当算术、逻辑、数据传输指令(并非所有数据传输指令都会影响 Z 标志)的执行结果为 0 时，Z 标志置 1，反之为 0。

在条件转移指令中，将根据条件码寄存器 CC 内的有关标志位确定程序的流向——是转移还是顺序执行下一条指令。

(6) 优先级标志 I1 与 I0。I1、I0 共同确定了 CPU 当前所处的优先级，如果某一中断源的中断优先级高于 I1、I0 定义的优先级，则该中断请求有可能被 CPU 响应，否则等待。I1、I0 定义的优先级如表 2-2 所示。

**表 2-2　CPU 当前优先级**

| CC 寄存器 I1、I0 当前值 | | 级别 | 备注 |
|---|---|---|---|
| I1 | I0 | | |
| 1 | 0 | 0(最低) | 主程序所属级别 |
| 0 | 1 | 1(次低) | 可分配给中断源 |
| 0 | 0 | 2(次高) | 可分配给中断源 |
| 1 | 1 | 3(最高) | 可分配给中断源 |

## 2.2.2　STM8S 系列芯片封装与引脚排列

不同型号的 STM8S 系列 MCU，采用 LQFP-80、LQFP-64、LQFP-48、LQFP-44、LQFP-32、TSSOP20 等多种封装形式，如图 2-3(a)～(f)所示；引脚逻辑如图 2-4 所示，引脚功能的详细说明可参阅相应型号的数据手册(datasheet.pdf)。

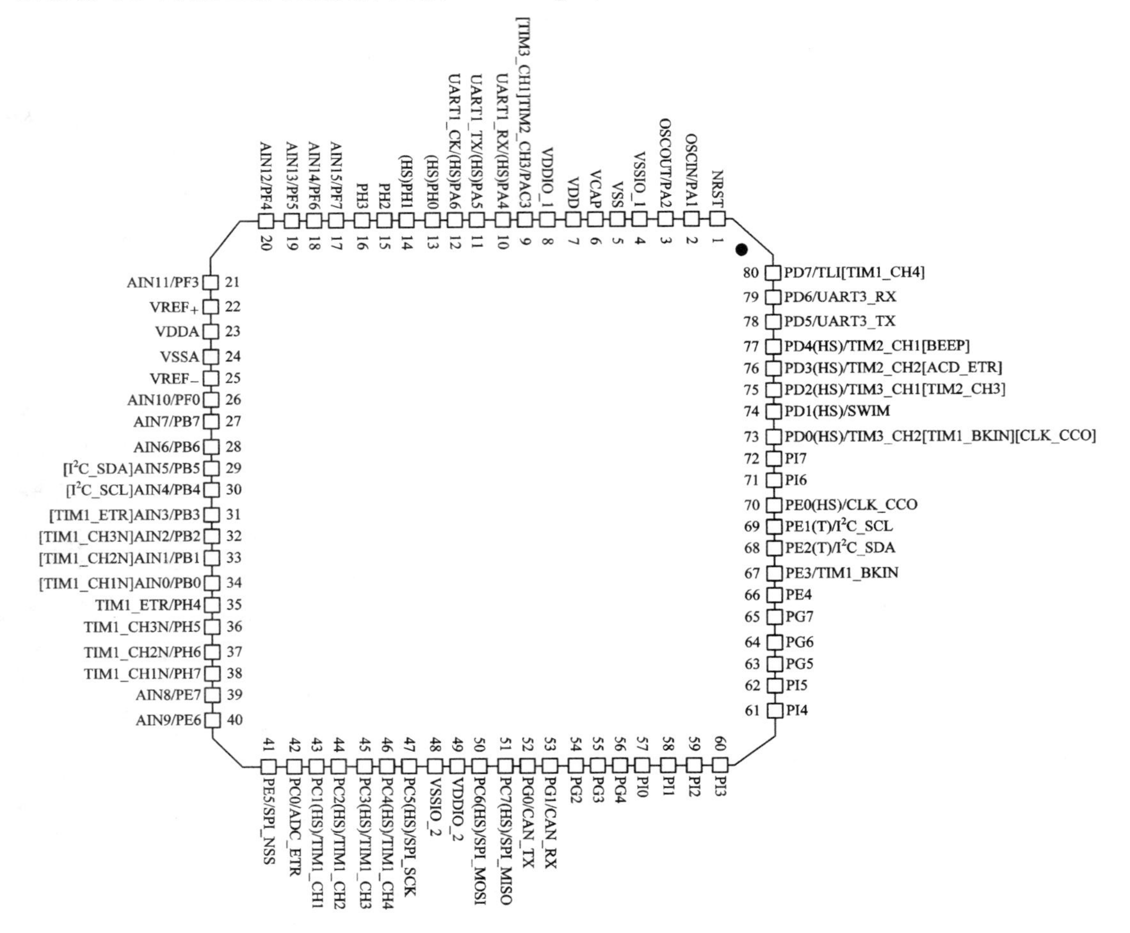


(a) LQFP-80

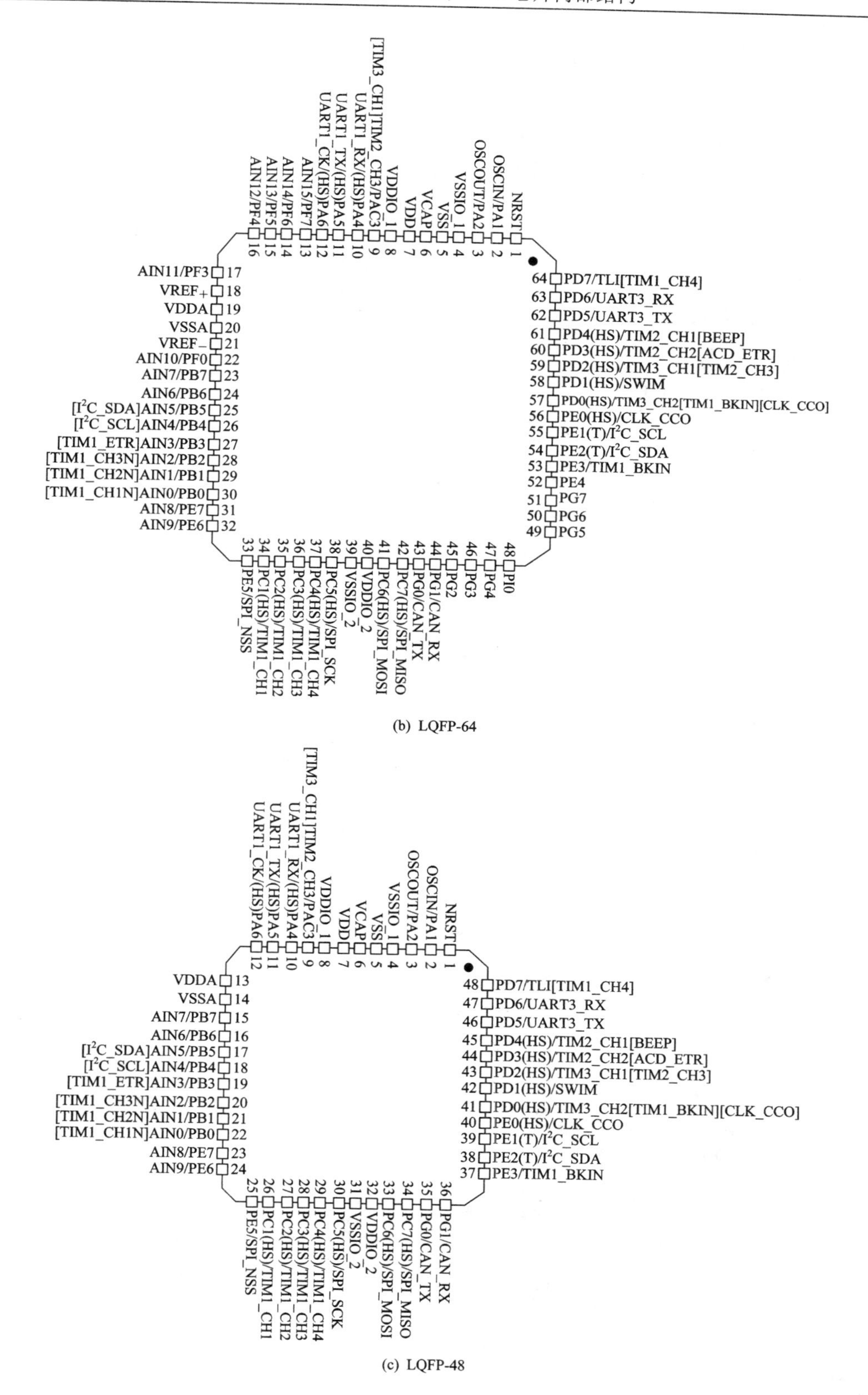


(b) LQFP-64



(c) LQFP-48

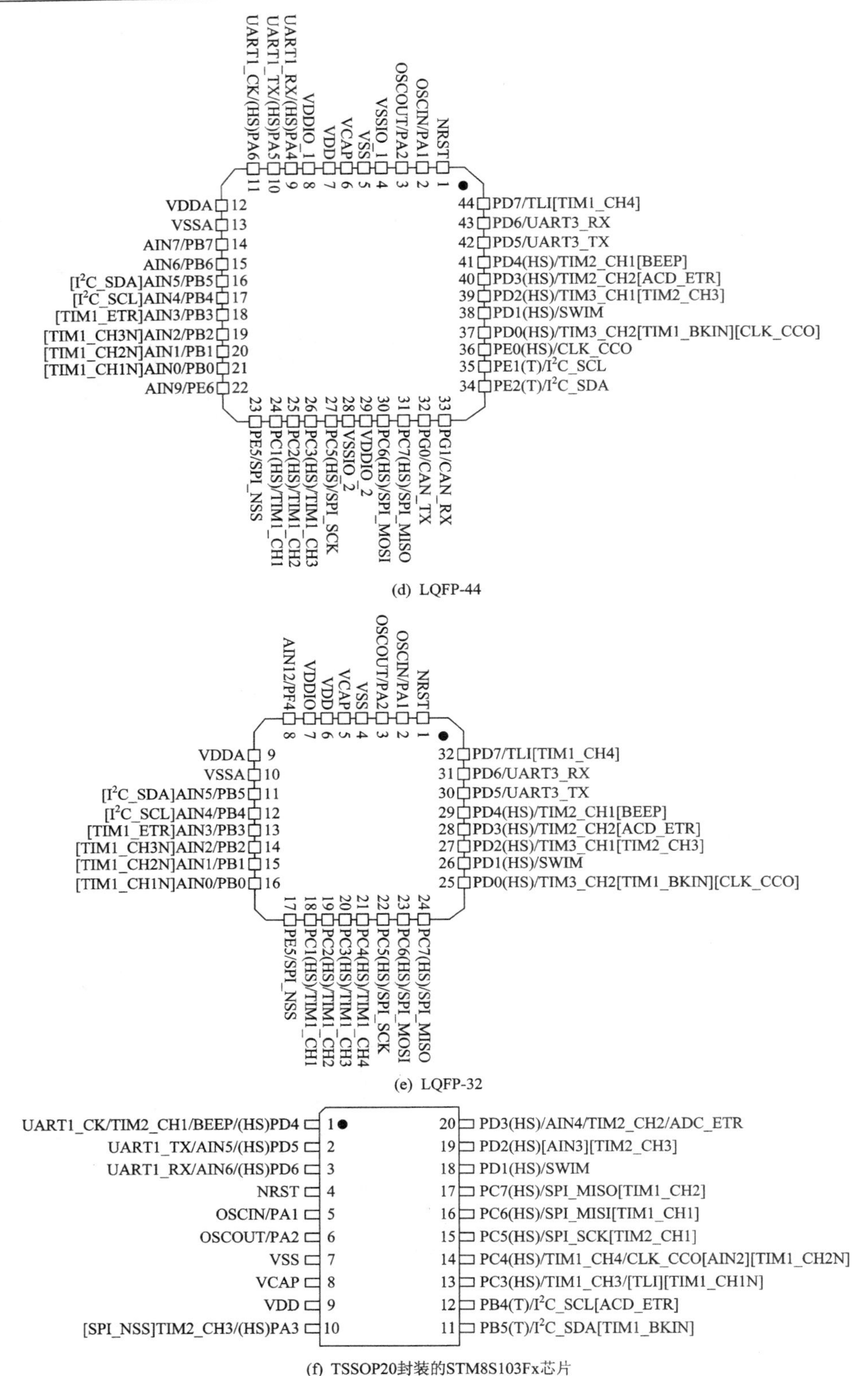


图 2-3 STM8S 封装形式及引脚排列

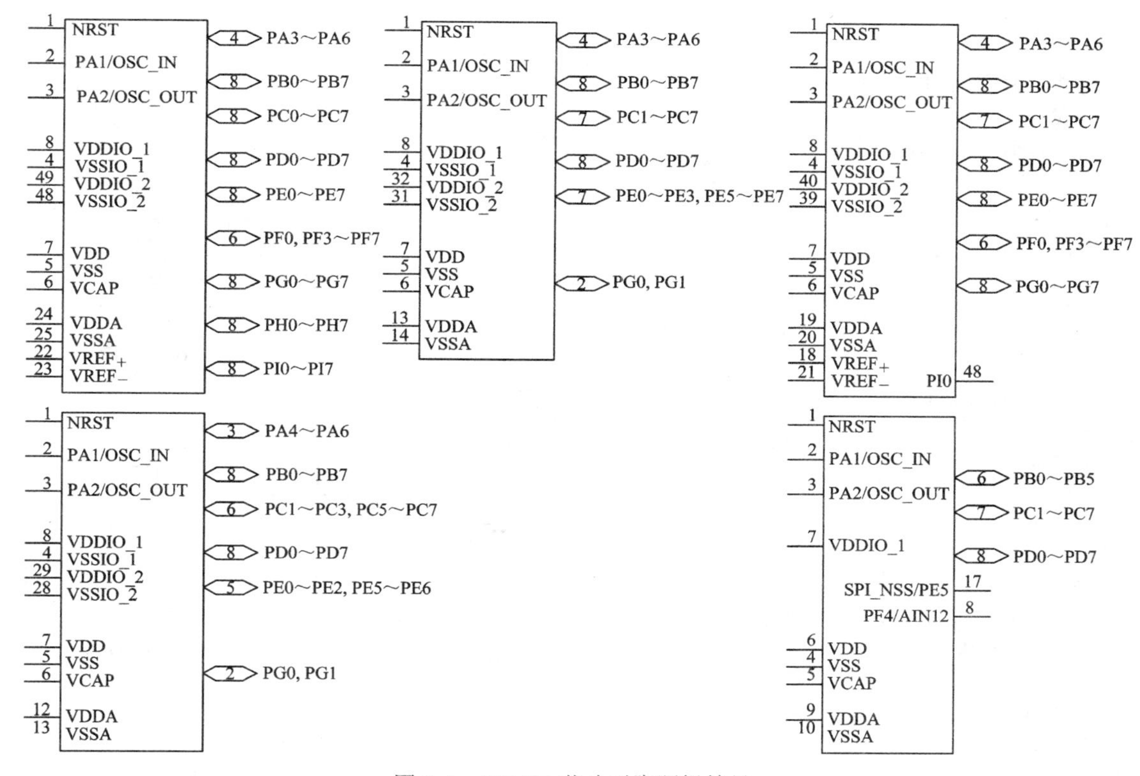


图 2-4　STM8S 芯片引脚逻辑符号

注：(1) 除 PE1、PE2 引脚外，任何一个 I/O 引脚均可以定义为互补推挽输出(Push pull，简称 PP 方式)方式、带保护二极管的 OD 输出方式。只有当 PE1、PE2 引脚处于输出状态时，才属于真正意义上的 OD 输出引脚，既没有内部保护二极管，也没有上拉的 P 沟 MOS 管。换句话说，这两个引脚没有互补推挽输出方式。

(2) 任何一个引脚均可以定义为悬空输入或带弱上拉输入方式。输入引脚都带有施密特特性，为防止电磁感应干扰、降低功耗，未用的 I/O 引脚最好定义为低电平状态的输出方式(OD 或 PP 方式)，而不宜定义为悬空输入方式(CMOS 器件输入引脚处于悬空状态时，电磁感应会使输入端电平不确定——引脚内部门电路状态会翻转，引起额外功耗)或上拉输入方式(上拉电阻只有 45 kΩ，下拉保护二极管漏电流较大)。

## 2.3　通用 I/O 口 GPIO(General Purpose I/O Port)

STM8 系列 MCU 提供了多达 9 个通用 I/O 口，分别以 PA、PB、…、PI 命名(各 I/O 口引脚数目与芯片封装引脚数目有关)。每个 I/O 口、同一个 I/O 口内的任意一个 I/O 引脚电路结构完全相同，可通过编程方式设置为：

(1) 浮空输入方式(复位后的缺省状态)。输入阻抗高，输入漏电流小于 1 μA(实际上是输入保护二极管漏电流)。

(2) 弱上拉输入方式(如矩阵键盘的输入引脚)。上拉电阻在 30～60 kΩ 之间，典型值为 45 kΩ。

(3) OD 输出方式。

(4) 推挽输出方式。

### 2.3.1　I/O 引脚结构

STM8 系列 MCU 通用 I/O 引脚内部结构大致如图 2-5 所示。

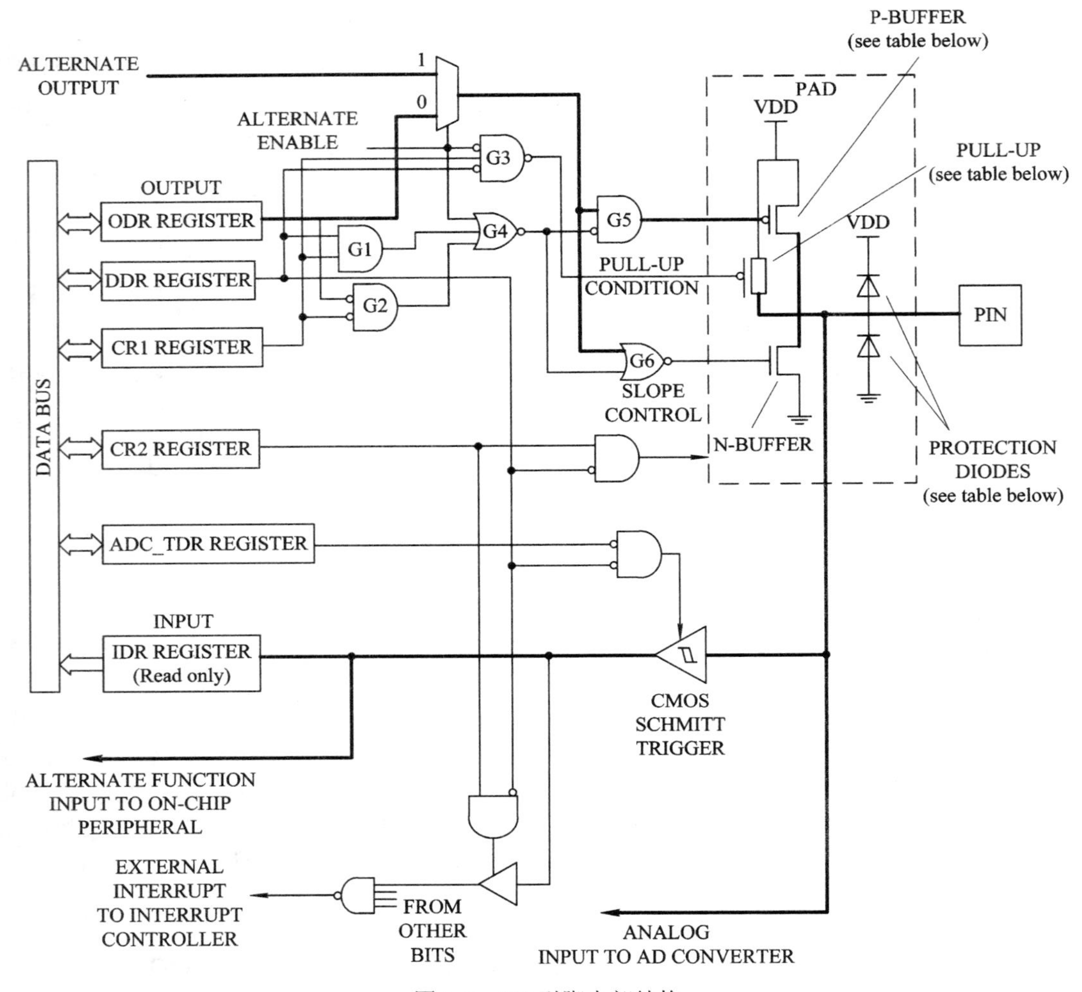


图 2-5　I/O 引脚内部结构

### 2.3.2　I/O 端口数据寄存器与控制寄存器

各 I/O 端口控制寄存器、数据寄存器如表 2-3 所示。

任意一个 I/O 引脚特性由相应 I/O 端口的数据传输方向寄存器 Px_DDR、配置寄存器 Px_CR1 和 Px_CR2 对应位定义。例如，PC 口的 PC0 引脚的特性由 PC_DDR[0]、PC_CR1[0]、PC_CR2[0]位定义，PC1 引脚的特性由 PC_DDR[1]、PC_CR1[1]、PC_CR2[1]位定义，PC2 引脚的特性由 PC_DDR[2]、PC_CR1[2]、PC_CR2[2]位定义，依次类推，PC7 引脚的特性由 PC_DDR[7]、PC_CR1[7]、PC_CR2[7]位定义，如表 2-4 所示。

**表 2-3　I/O 端口寄存器**

| 寄存器名 | 用　途 | 含　义 | 读写特性 | 复位初值 |
|---|---|---|---|---|
| Px_ODR | 锁存输出数据 | 锁存输出数据 | r/w(读/写) | 00H |
| Px_IDR | 引脚输入寄存器 | 引脚输入寄存器(读该寄存器总能了解到引脚电平状态，而不管引脚处于输入还是输出状态) | r(只读) | 00H |
| Px_DDR | 输入/输出选择 | 0，输入；1，输出 | r/w(读/写) | 00H |
| Px_CR1 | 选择 I/O 引脚输入/输出外特性 | 在输入状态下，关闭(0)/接通(1)上拉电阻；在输出状态下，作为 OD(0)/推挽(1)选择 | r/w(读/写) | 00H |
| Px_CR2 | 选择 I/O 引脚输入/输出外特性 | 在输入状态下，禁止(0)/允许(1)外中断输入；<br>在输出状态下，用于选择输出信号边沿斜率(0，低速；1，高速) | r/w(读/写) | 00H |

**表 2-4　I/O 引脚控制寄存器内容与引脚特性的关系**

| 输入/输出 | 控制寄存器位 | | | 特　性 | 上拉电阻 | P 沟缓冲 |
|---|---|---|---|---|---|---|
| | Px_DDR.n | Px_CR1.n | Px_CR2.n | | | |
| 输入(Input) | 0 | 0 | 0 | 悬空输入(禁止外中断输入)(复位后的状态) | 关 | 关(与输入状态无关) |
| | 0 | 1 | 0 | 带上拉电阻输入(禁止外中断输入) | 开 | |
| | 0 | 0 | 1 | 悬空输入(允许外中断输入) | 关 | |
| | 0 | 1 | 1 | 带上拉电阻输入(允许外中断输入) | 开 | |
| 输出(Output) | 1 | 0 | 0 | OD(开漏)输出 | 关(与输出状态无关) | 关 |
| | 1 | 1 | 0 | 互补推挽 | | 开 |
| | 1 | X | 1 | 输出信号频率上限小于 10 MHz[①] | | 开漏/推挽方式由 Px_CR1 寄存器位选择 |

STM8S 系列 MCU 复位后各端口寄存器全为 0，复位后各 I/O 引脚处于禁止中断功能的悬空输入方式。因此，复位后期望某个引脚处于低电平状态时，必须外接下拉电阻(电阻值上限为 820 kΩ)。

在 STM8 应用系统中，对于未使用的 I/O 引脚，理论上，复位后可通过软件方式定义为带上拉的输入方式，使引脚电平处于确定状态，但上拉电阻典型值仅为 45 kΩ，而引脚输入漏电流最大为 1 μA，功耗会大一些。为减小功耗，最好将未使用引脚初始化为低电平的推挽或 OD 输出方式。

---

① STM8S 引脚输出信号速率分为四类，多数引脚只有 O1 输出速率(即输出信号最高频率为 2 MHz)，只有部分引脚具有 O3、O4 速率可供选择。对于仅支持 O1 速率引脚，在输出状态下，Px_CR2 寄存器位没有意义。

## 2.3.3 输入模式

在输入状态下，引脚特性与输出数据寄存器 Px_ODR 无关。

### 1. I/O 引脚配置寄存器(Px_DDR、Px_CR1、Px_CR2)的设置

(1) 令 Px_DDR[n] = 0，强迫 I/O 引脚处于输入方式。

(2) 根据与之相连的外设电路输出特性，配置 Px_CR1[n]寄存器位，允许/禁止弱上拉功能。作为输入引脚使用时，可以选择弱上拉(上拉电阻为 30～60 kΩ，典型值为 45 kΩ)或悬空两种输入方式之一。

显然，当 DDR 为 0 时，与非门 G3 的输出仅受 CR1 控制。当 CR1 = 0 时，与非门 G3 输出为 1，上拉电阻断开，输入引脚处于悬空状态；当 CR1 = 1 时，与非门 G3 输出为 0，上拉电阻接通，输入引脚处于上拉状态。

(3) 具有外部中断输入功能引脚，必须设置 Px_CR2[n]寄存器位，禁止/允许外中断输入。

(4) 对于某些与 ADC 转换器模拟信号输入复用的引脚，还必须初始化 ADC_TDRL、ADC_TDRH 寄存器对应位，允许/禁止施密特触发器。对于数字输入引脚来说，关闭施密特触发器，则输入噪声将增大；而作为 ADC 转换器模拟信号输入引脚时，最好禁止施密特输入，以减小芯片的功耗。

通过读数据输入寄存器 Px_IDR，即可把输入引脚状态读入累加器 A 或 RAM 单元中，例如：

```
LD A, PB_IDR                ; 把 PB 口引脚状态读入累加器 A
MOV $10, PB_IDR             ; 把 PB 口引脚状态读入 RAM 的 10H 单元
```

当然，也可以通过位测试转移指令来判别 I/O 口中的指定引脚的状态，例如：

```
BTJT PB_IDR, #2, NEXT1      ; PB 口的 PB2 引脚为高电平时转移
  ⋮
NEXT1:
```

### 2. 复用输入引脚(第二输入功能)的初始化

为减少引脚数目，许多外设(如定时计数器的计数输入端、串行接收引脚等)的外部信号输入与通用 I/O 共用同一个引脚。

内嵌外设部件输入引脚使用前，须通过 Px_DDR、Px_CR1 寄存器将 I/O 引脚置为悬空或弱上拉输入方式，否则不一定能实现输入；同时，通过 Px_CR2 寄存器禁止外中断输入(作第二功能输入引脚使用时，一般不需要该引脚的外中断输入功能)。对于模数转换 AINx 输入引脚，理论上可选择不带中断的悬空输入方式或上拉输入方式，但最好不用上拉输入方式，这是因为上拉电阻的存在可能会影响 AD 输入引脚的电平，产生不必要的 AD 转换误差。

## 2.3.4 输出模式

### 1. I/O 引脚配置寄存器(Px_DDR、Px_CR1、Px_CR2)的设置

(1) 令 Px_DDR[n] = 1，强迫 I/O 引脚处于输出方式。

显然，当 DDR 寄存器位为 1(处于输出状态)时，与非门 G3 输出高电平，上拉电阻 $R_{PU}$ 关闭，与上拉电阻 $R_{PU}$ 无关。

(2) 设置 Px_CR1.n 寄存器位，选择 OD(漏极开路)或 CMOS 兼容的互补推挽输出方式。

● 漏极开路输出(Px_CR1[n] = 0)

当 DDR 寄存器位为 1、配制寄存器 CR1 为 0 时，与门 G1 = 0，G2、G4 的状态与输出数据寄存器 ODR 位有关。当 ODR = 0(输出数据为 0)时，G2 = 1，G4 = 0，导致与非门 G5 = 1→上拉 P 沟 MOS 管截止，或非门 G6 = 1，下拉 N 沟 MOS 管导通→引脚输出低电平。

当 ODR = 1(输出数据为 1)时，G2 = 0，G4 = 1(G1 = 0、G2 = 0，第二输出功能允许 Alternate Enable 为 0)，导致与非门 G5 = 1→上拉 P 沟 MOS 管截止，或非门 G6 = 0，下拉 N 沟 MOS 管也截止→引脚处于悬空状态。这正是漏极开路(OD)输出特征——输出低电平时，下拉 N 沟 MOS 管导通；输出高电平时，上拉 MOS 管截止，导致输出引脚悬空。

● 互补推挽输出(Px_CR1[n] = 1)

当 DDR 寄存器位为 1、配制寄存器 CR1 为 1 时，与门 G1 = 1，G4 = 0，结果 G5、G6 解锁。当 ODR = 0(输出数据为 0)时，G5 = 1→上拉 P 沟 MOS 管截止；G6 = 1→下拉 N 沟 MOS 管导通。反之，当 ODR = 1(输出数据为 1)时，G5 = 0→上拉 P 沟 MOS 管导通；G6 = 0→下拉 N 沟 MOS 管截止——这正是互补推挽输出特征。

(3) 设置 Px_CR2[n] 寄存器位，选择输出信号边沿斜率(即上升沿、下降沿时间)。

根据负载的输入特性，选择输出信号边沿斜率。在缺省状态下，Px_CR2[n] = 0，输出信号最高频率为 2 MHz(适合慢信号)，输出信号边沿过渡时间较长，但上下过冲幅度小，电磁辐射 EMI 小。而对于某些外设，如 SPI 总线(内部核心电路为由 D 型触发器组成的串行移位寄存器)，要求时钟信号边沿尽可能陡。为此，除了选择互补推挽方式外(CR1 = 1)，还需令 Px_CR2[n] = 1，此时输出信号上限频率最高为 10 MHz。

**2. 复用输出引脚(第二输出功能)**

当内嵌外设处于使能状态时，对应输出引脚的 Px_DDR 寄存器位被强制置“1”(强制将对应引脚置为输出状态)，同时外设自动接管 Px_ODR 寄存器对应位，作为自己的输出锁存器。换句话说，无论引脚处于何种状态，只要相应外设使能，复用输出功能自动生效(这与复用输入功能需要手工切换不同)。

作第二输出功能使用时，可通过配置 Px_CR1 寄存器位选择是推挽输出方式，还是 OD 输出方式；可通过配置 Px_CR2 寄存器选择输出信号边沿斜率(高速还是低速)。

### 2.3.5 多重复用引脚的选择

部分引脚具有多重复用功能，既是通用 I/O 引脚，同时还是两个内嵌外设的外部输入或输出引脚。例如，PB5 引脚作为 GPIO 时，是 PB 口的 b5 位；同时又是 ADC 转换器的模拟信号输入通道 5，即 AIN5；还可作为 $I^2C$ 总线的 SDA 引脚。

对于具有多重复用功能的引脚，由选项配置字节 OPT2 定义(在 STM8S 中，共有 8 根这样的引脚)，通过选项字节 OPT2 选择两个外设中的一个作为第二输入或输出引脚。

### 2.3.6 I/O 引脚初始化特例

由于同一个端口上的 I/O 引脚有的作输入，而有的作输出，因此，可用 AND、OR 指令(或位操作指令清 0、置 1)通过“读—改—写”方式对 Px_DDR、Px_CR1、Px_CR2 寄存器进行设置，如

```
; 初始化 DDR 寄存器相应位
LD A, PD_DDR        ; 读
AND A, #XXH
OR   A, #XXH        ; 改
LD PD_DDR, A        ; 写

LD A, PD_CR1        ; 初始化 CR1 寄存器相应位
AND A, #XXH
OR   A, #XXH
LD PD_CR1, A

LD A, PD_CR2        ; 初始化 CR2 寄存器相应位
AND A, #XXH
OR   A, #XXH
LD PD_CR2, A
```

不过使用位操作指令对所有引脚逐个进行配置，源程序的可读性可能会更好，也便于维护。

```
BSET PA_DDR, #3                   ; 1(输出)，假设 PA3 引脚作 Pw_con 控制信号
BSET PA_CR1, #3                   ; 1(推挽)
BRES PA_CR2, #3                   ; 0(低速)
#define Pw_con  PA_ODR, #3        ; 通过伪指令 #define 将“PA_ODR, #3”定义为字符串
                                  ; Pw_con，以便在主程序中直接引用
BSET      Pw_con                  ; 1(开始为高电平)
```

以上每条指令长度为 4 字节，即一个引脚初始化需要 4 × 4 字节的存储空间，对于 64、80 引脚封装芯片，引脚初始化指令代码需要近 1 KB 的存储空间。

### 2.3.7 I/O 引脚负载能力

根据负载能力的大小，处于输出状态的 STM8S 引脚分为两类：标准电流负载引脚与大电流负载(即 HS)引脚，具体情况可参阅相应型号芯片的数据手册。

作输出引脚(采用 OD 或推挽输出方式)使用时，在电源电压为 5.0 V 的情况下，任意一个标准负载引脚拉电流与灌电流最大值为 10 mA；任意一个大电流负载引脚拉电流与灌电流最大值为 20 mA；而物理上 OD 结构输出引脚也可以承受 20 mA 的灌电流。但是，受 MCU 芯片封装散热条件限制，所有引脚灌电流总和 $\sum I_{IO}$ 不能超过 2 × 80 mA(即一个 VSSIO 引脚最大电流为 80 mA)与拉电流总和 $\sum I_{IO}$ 不能超过 2 × 100 mA(即一个 VDDIO 引脚最大电流为 100 mA)。因此 I/O 引脚不能直接驱动大电流负载：一方面，输出高电平时，拉电流大，会使输出高电平电压 $V_{OH}$ 下降(当 $I_{OH}$ 为 10 mA 时，$V_{OH}$ 最小值为 2.8 V，已接近了 0.5VDD)；输出低电平时，灌电流大，会使输出低电平电压 $V_{OL}$ 升高(当 $I_{OL}$ 为 10 mA 时，

$V_{OL}$ 最大值为 2.0 V，也接近了 0.5VDD)，这会降低后续电路输入信号的噪声容限。另一方面，即使单个引脚输出电流不是很大，但若所有引脚电流总和接近 $\sum I_{IO}$ 极限值时，也会使 MCU 芯片温度偏高，造成 MCU 芯片内部电路工作不可靠，如引起 PC 指针“跑飞”、内部 RC 振荡器频率漂移等不良后果。一般情况下，对于电平输出信号来说，只有驱动电流在 2 mA 以下时，才可以使用图 2-6(a)所示的直接驱动方式。当驱动电流在 2 mA 以上时，最好在输出引脚后加输出缓冲器(如 7406、7407 芯片，74HC、CD4000 系列门电路等)，如图 2-6(b)所示，将 MCU 芯片温度控制在合理范围内，以提高 MCU 的稳定性。

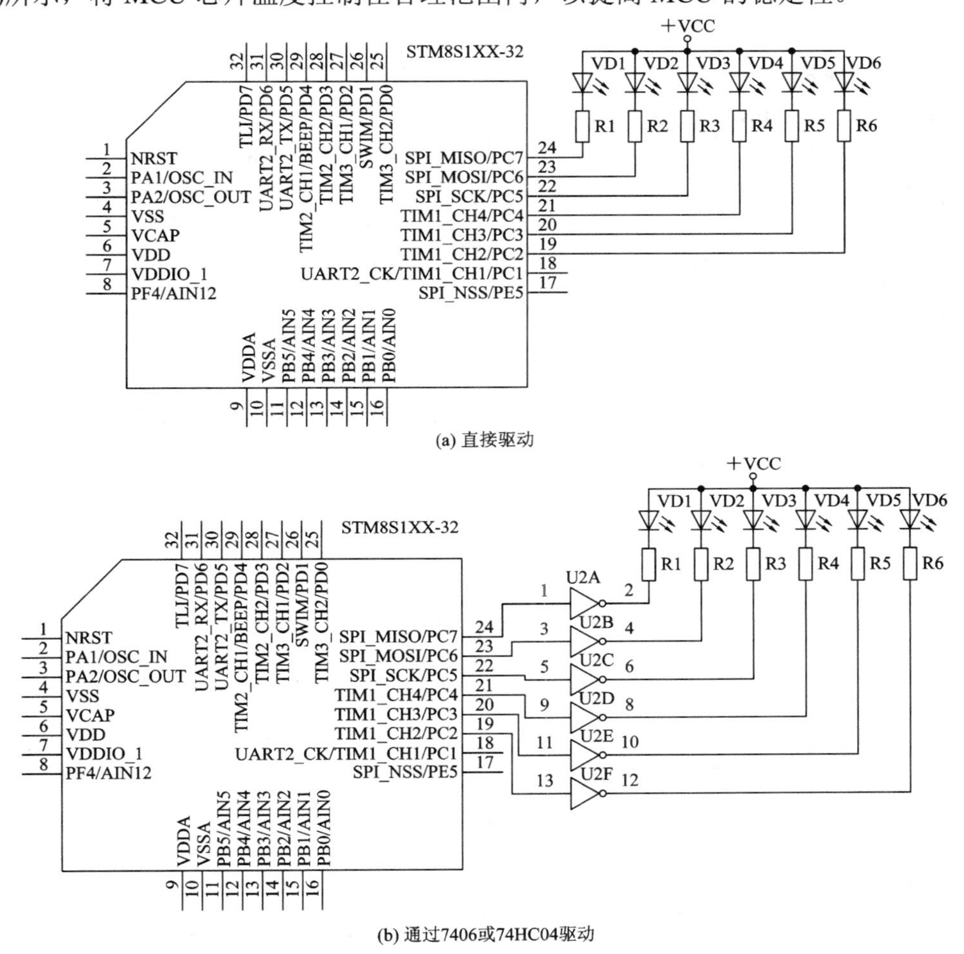


(a) 直接驱动

(b) 通过7406或74HC04驱动

图 2-6　灌电流较大时的驱动方式

## 2.4　STM8S 的电源供电及滤波

STM8 MCU 有四组相对独立的供电电源：

(1) VDD/VSS：主电源(3～5.5 V)。VDD/VSS 引脚用于给内部主电压调节器(MVR)和内部低功耗电压调节器(LPVR)供电。这两个电压调节器的输出连接在一起，向 MCU 内核

(CPU、Flash ROM、EEPROM 和 RAM)提供 1.8 V 电源(V18)。在低功耗模式下，系统自动将供电电源从 MVR 切换到 LPVR，以减少 MCU 内核的功耗。为了稳定 MVR，必须在 VCAP 引脚连接一个容量在 0.47～3.3 μF 的高频滤波电容。该电容必须具有较低的等效串联电阻值(ESR)和等效串联电感(小于 15 nH)，在实际电路中可以使用 2～3 个 0.47 μF(474)或 1～3 个 1 μF(105)的贴片电容，通过并联方式构成 VCAP 引脚的滤波电容。

(2) VDDIO/VSSIO：I/O 接口供电电源(3～5.5 V)。根据封装的大小，可能有一对或两对特定的 VDDIO/VSSIO 来给 I/O 接口电路供电，即 VDDIO_1/VSSIO_1(VDD 与 VDDIO1 引脚相邻，可共用一个电源去耦电容)和 VDDIO_2/VSSIO_2。

(3) VDDA/VSSA：模拟部分供电电源。

(4) $VREF_+/VREF_-$：ADC 参考电源。

为保证电磁兼容 EMC 性能指标，ST 官方网站建议，以上电源和地线连接方式采用图 2-7 所示方式，电源线、地线以及滤波电容的实际布局可按图 2-8 所示方式进行(在双面中，元件面内 MCU 下方的填充区与 VDD 相连，而焊锡面内 MCU 下方与地线网相连)。

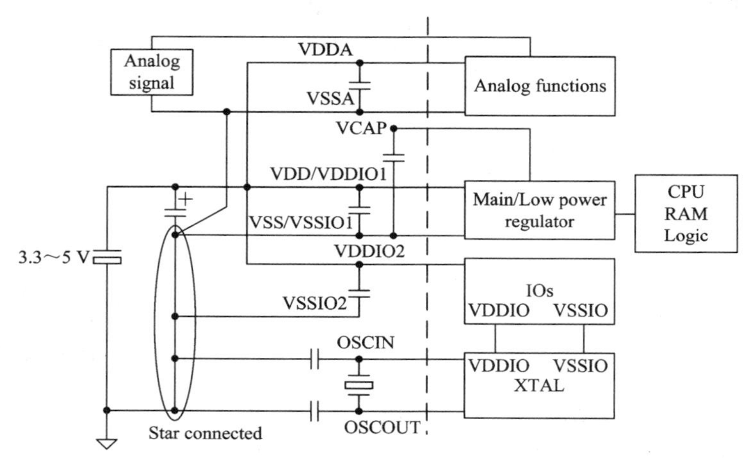


图 2-7　电源连接原理图

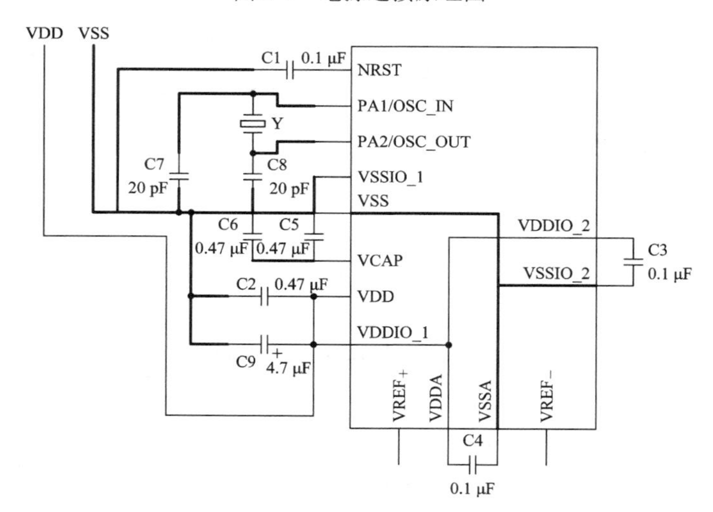


图 2-8　电源线、地线以及电源滤波电容在 PCB 板上布局示意图

晶体振荡器(简称晶振)、VDD、VCAP、VDDA、VDDIO2 滤波电容实际排版结果如图 2-9 所示，其中内核电源 VCAP 引脚滤波电容由容量为 1 μF 的 C5 承担；电源 VCC 滤波电容由 C2(0.1 μF)、C9(10 μF)承担。

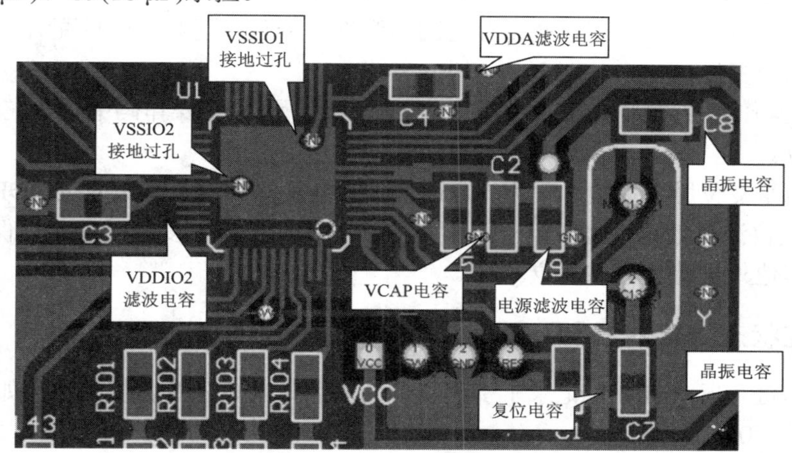


图 2-9　电源线、地线以及电源滤波电容在 PCB 板上排版结果参考图

在 PCB 板上要特别留意 VSSIO 引脚的接地处理，为提高接地的可靠性，一般不能仅依靠滤波电容的接地过孔，最好在元件内侧就近接地。

## 2.5 复位电路

STM8S 采用低电平复位，具有 9 个复位源(1 个外部复位源和 8 个内部复位源)，其内部结构如图 2-10 所示。

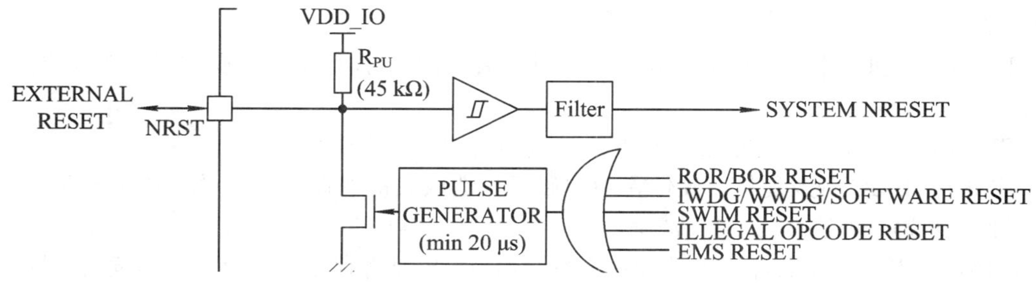


图 2-10　内部复位电路

(1) NRST 复位引脚上的外部低电平信号。从图 2-10 所示的复位电路可以看出，外部负脉冲复位信号经施密特触发器整形、滤波后作为内部复位信号，因此对外部复位信号的边沿要求不高。

(2) 上电复位 POR。

(3) 掉电复位(BOR)。

(4) 软件复位(在窗口计数器 WWDG 处于激活状态下，在应用程序中直接将 WWDG_CR 寄存器的 T6 位清 0，将立即触发复位)。

(5) 独立看门狗计数器溢出复位(IWDG)。

(6) 窗口看门狗计数器复位(WWDG)。

(7) SWIM 复位。

(8) EMS 复位。为提高可靠性，STM8S 的许多硬件配置寄存器均含有反码寄存器，在运行过程中，系统会自动检查这些寄存器的匹配性。一旦发现某一硬件配置寄存器失配，将立即触发系统复位。

(9) 非法操作复位。当 CPU 执行了一个非法操作码(指令操作码中不存在的代码)时，立即触发复位。

外部低电平复位脉冲最短时间为 500 ns，而上电复位 POR、掉电复位 BOR、软件复位等其他 8 个复位源有效时，将在复位引脚产生 20 μs 的低电平复位脉冲，以保证与 NRST 引脚相连的其他外设芯片可靠复位。

### 2.5.1　复位状态寄存器 RST_SR

复位状态寄存器 RST_SR 记录了引起复位的原因，其表示及各位的含义如下：

偏移地址：00H

复位后初值：XXH(不确定)

| b7　b6　b5 | b4 | b3 | b2 | b1 | b0 |
|---|---|---|---|---|---|
| Reserved | EMCF | SWIMF | ILLOPF | IWDGF | WWDGF |
| 硬件强制置为 0 | rc_w1 | rc_w1 | rc_w1 | rc_w1 | rc_w1 |

其中，b7～b5 未定义；b4～b0 分别记录除上电、掉电复位外的其他内部复位原因。

WWDGF：窗口看门狗复位标志。硬件置 1(表示窗口看门狗溢出引起复位)，可软件写“1”清除。

IWDGF：独立看门狗复位标志。硬件置 1(表示独立看门狗溢出引起复位)，可软件写“1”清除。

ILLOPF：执行非法操作码复位标志。硬件置 1(表示执行了非法操作码引起复位)，可软件写“1”清除。

SWIMF：SWIM 触发复位。硬件置 1，可软件写“1”清除。

EMCF：EMC 触发复位。硬件置 1(电磁干扰造成关键寄存器与其对应的反码寄存器失配而触发复位)，可软件写“1”清除。

STM8 内核 MCU 芯片许多外设状态寄存器位、控制寄存器位具有不同的读写特性，如表 2-5 所示。

由于复位状态寄存器没有上电、掉电复位标志，因此，在 STM8S 应用程序中可用一个内部 RAM 单元存放上电、掉电复位标志，例如：

```
LD A, Power_Up_F     ；读上电、掉电复位标志
CP A, #5AH           ；判别是否为特征值 5AH(上电后，RAM 单元内容不确定，而 5AH、
                     ；AAH、55H、A5H 特征值规律性很强，出现这种情况的可能性不大)
JREQ MAIN_NEX1
；不是特征值，可判定为上电或掉电复位
⋮
```

```
    MOV Power_Up_F, #5AH          ; 定义上电、掉电复位标志
MAIN_NEX1:
    ; 非上电、掉电复位，可检查复位原因，并进行相应处理
    ⋮
    MOV RST_SR, #1FH              ; 写“1”清除复位标志
```

**表 2-5　读 写 特 性**

| 特　性 | 简　称 | 说　　明 |
|---|---|---|
| read/write | rw | 软件可读、写 |
| readonly | r | 软件只读 |
| write only | w | 软件只写 |
| read/write once | rwo | 软件可读/软件只能一次写入(即复位前再次写入无效) |
| read/clear | rc_w1 | 软件可读，写“1”实现清 0 |
| read/clear | rc_w0 | 软件可读，写“0”清 0 |
| read/set | rs | 软件读后自动置 1(写操作无效) |
| read/clear by read | rc_r | 这类状态位往往由硬件置“1”，软件读操作时自动清 0。在仿真状态下，观察这类状态位获得的值总是 0，原因是已被读过。如果一个状态寄存器中含有两个以上这类状态位，则只能通过字节读(LD 或 MOV)方式将整个字节读到 A 或 RAM 单元中，然后判别。不宜用 BTJT、BTJF 位测试指令直接对状态寄存器中的目标位进行判别，否则，CPU 将自动清除该状态寄存器中具有 rc_r 特性的所有位 |

## 2.5.2　外部复位电路

由于 STM8S 复位引脚 NRST 上拉电阻 $R_{PU}$ 电阻值为 30～60 kΩ(典型值为 45 kΩ)，只要外部低电平的复位脉冲维持时间不小于 500 ns，就能保证芯片可靠复位。因此，只需在 NRST 引脚外接一个 68～150 nF(典型值为 100 nF)的小电容就能构成 STM8S 应用系统的外部复位电路，如图 2-11(a)所示，其中复位电容 C 不宜太大，否则当内部复位源有效时，可

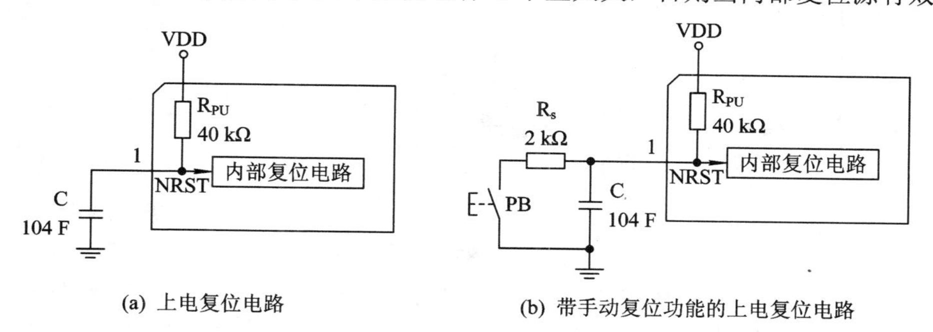


(a) 上电复位电路　　(b) 带手动复位功能的上电复位电路

图 2-11　STM8 外部复位电路

能会造成内部 N 沟 MOS 过流。增加一只 1～3.9 kΩ 电阻和一个无锁按钮后，可构成带手动复位功能的外部复位电路，如图 2-11(b)所示。手动复位按纽被按下时，电容 C 通过外部电阻 $R_s$ 放电。在稳定状态下，$R_s$ 阻值远小于上拉电阻 $R_{PU}$，NRST 引脚为低电平，触发芯片复位。

## 2.6 时钟电路

可以选择内部高速 RC 振荡器 HSI(High Speed Internal clock signal)输出信号(16 MHz±1%)、内部低速 RC 振荡器 LSI(Low Speed Internal clock signal)输出信号(128 kHz ± 14%)、外部高速晶振 HSE OSC(High Speed External crystal OSCillator，晶振频率为 1～24 MHz)或外部高速输入信号 HSE Ext(0～24 MHz)之一，作为 STM8S 系统的主时钟信号 $f_{MASTER}$。$f_{MASTER}$ 时钟是内置外设时钟，再经 7 位分频器分频后作为 CPU 时钟，如图 2-12 所示。

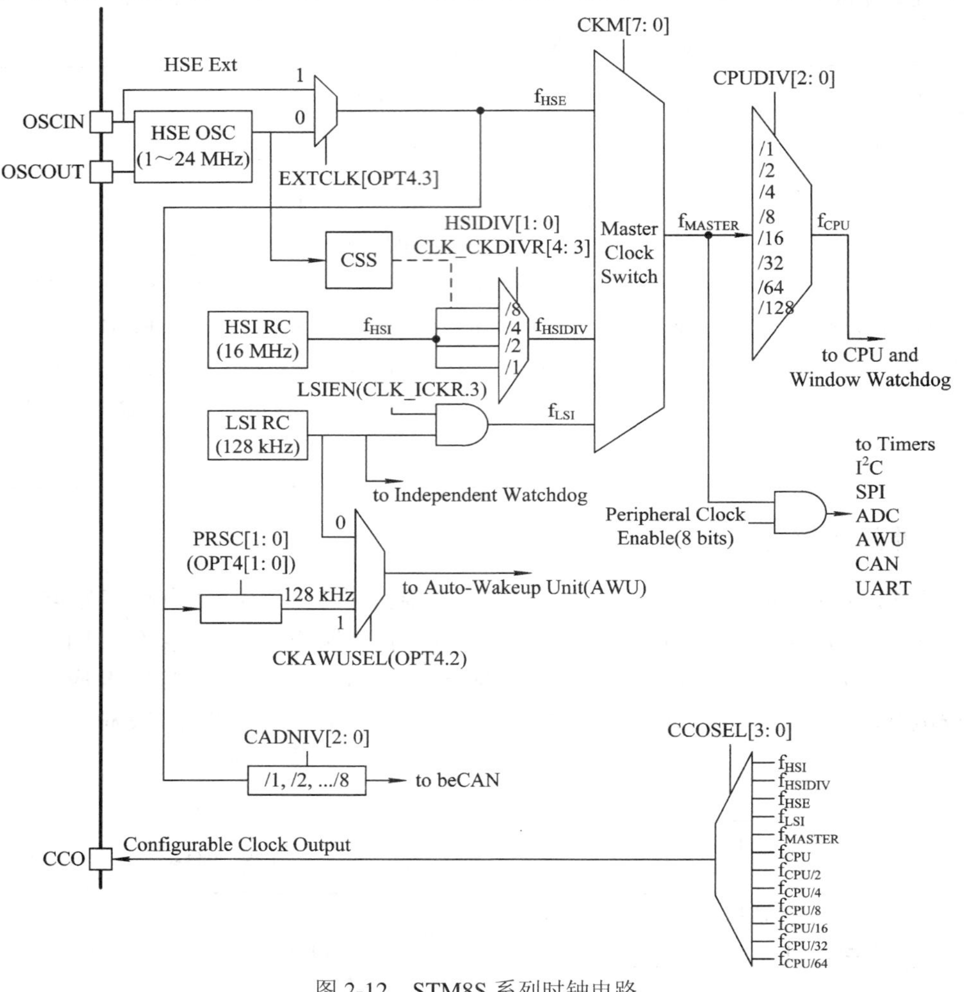


图 2-12　STM8S 系列时钟电路

在 STM8S 系统中，外设时钟频率等于主时钟频率 $f_{MASTER}$，而 CPU 时钟频率 $f_{CPU}$ 可小于外设时钟频率。这样就可以在程序中动态地调整 CPU 时钟频率，在程序执行速度与芯片功耗之间取得最佳平衡。例如，为加快中断服务程序内指令的执行，可在中断服务程序入口处修改 CLK_CKDIVR 寄存器 b2～b0 位(即 CPUDIV[2:0])以较快速度执行中断服务程序，离开中断服务程序后，用较低速度运行外部主程序。

当 CPU 主频相同时，使用 HSE 外部晶振时钟功耗最大，使用 HSE 外部输入时钟信号次之，使用内部高速 RC(即 HSI)时钟较低，使用内部低速 RC(即 LSI)时钟功耗最低。

### 2.6.1　内部高速 RC 振荡器时钟源 HSI

内部高速时钟 HSI 是振荡频率为 16 MHz(±1%)的内部 RC 振荡器输出信号，经可变分频器(1、2、4、8)分频后送主时钟切换电路，形成主时钟信号 $f_{MASTER}$。$f_{MASTER}$ 信号再经 CPU 分频器分频后，作为 CPU 时钟信号 $f_{CPU}$。

HSI 振荡器启动后未稳定前，HSI 时钟不被采用。HSI 时钟是否已稳定由内部时钟寄存器 CLK_ICKR 的 HSIRDY 位(CLK_ICKR[1])指示。HSI RC 时钟可通过设置内部时钟寄存器 CLK_ICKR 中的 HSIEN 位(CLK_ICKR[0])打开或关闭。复位后，HSIEN 位为 1，自动选择 HSI 时钟的 8 分频作为主时钟信号 $f_{MASTER}$。

HSI 时钟频率离散性大、稳定性较差，它与芯片电源电压 VDD(VDD 越大，频率越高)、芯片工作温度有关(温度升高，频率略有下降)。

芯片出厂时，HSI 时钟已校准(校正电压为 5.0 V、环境温度为 25℃)。芯片复位后，HSI 频率校正值自动装入内部校准寄存器(该寄存器属于内部寄存器，程序员不能访问)中，以保证 HSI 时钟频率的误差小于 1%。必要时用户可通过 HSI 时钟修正寄存器(CLK_HSITRIMR)做进一步微调(高密度存储器，即 Flash ROM 容量不小于 64 KB 的芯片，具有 3 位校正值；中、低密度存储器芯片，可使用 3 位或 4 位校正值，由选项字节决定)。复位后，HSI 时钟修正寄存器 CLK_HSITRIMR 为 0，该校正值采用补码形式表示，如图 2-13 所示。单位校正值可使频率增加或降低约 0.5%，校正值越大，HSI 频率越小。例如，对于 3 位校正值芯片(模为 8)，当 CLK_HSITRIMR 取 3 时，HSI 频率最小；当 CLK_HSITRIMR 取 −4 时，HSI 频率最大。采用 CLK_HSITRIMR 校准后，可使 HSI 频率误差小于 0.5%。

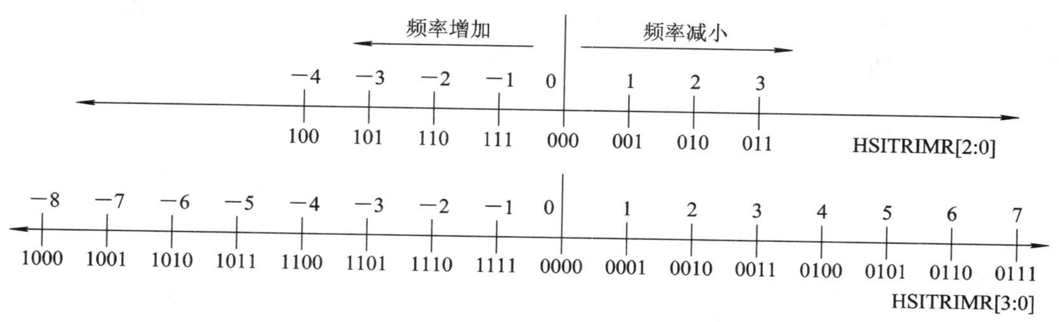


图 2-13　HSI 修正值与 HSI 时钟频率关系

根据 HSI 时钟特性，当电源为 3.3V 时，如果不校正，则 HSI 时钟频率比标称值小，误差超过 1%。实验表明，对 CLK_HSITRIMR 进行校正(校正值为 −1 或 −2)后，频率误差小于 1%。

在具有日历功能的应用系统中，尽管经过校正后，HSI 系统时钟频率误差小于 0.5%，但 24 小时的误差还可能高达 $24 \times 60 \times 0.5\% = 7$ 分钟。为此可通过如下方法进一步将宏观误差减小。

(1) 启动时钟输出功能，用示波器或频率计在 PE0 引脚测量 HSI 时钟或其分频信号。

(2) 通过 CLK_HSITRIMR 修正寄存器，找到正负偏差最小的两个补偿值。例如在某系统中，期望的主时钟信号频率为 8.000 MHz。多次测试后发现，当 CLK_HSITRIMR 为 0(不修正)时，HSI 分频信号为 7.9613 MHz(小于 0.5%的负偏差)；而当 CLK_HSITRIMR 为 111 时，HSI 分频信号为 8.0367 MHz(小于 0.5%的正偏差)。

(3) 在日历时钟程序中，每秒(或分)修改一次时钟修正寄存器，则正负误差会相互抵消。在宏观上，24 小时的误差就会进一步减小。理论上，当正负偏差相同时，可完全抵消。(2)中的例子经过这样处理后，实践表明，24 小时误差只有 0.18 分钟，在 11 秒以内。

复位后，主时钟切换寄存器 CLK_SWR 初值为 E1H，自动选择了 HSI 分频器的输出信号作为主时钟；而时钟分频寄存器 CLK_DIVR 寄存器为 18H，HSI 分频系数为 8、CPU 分频系数为 1。也就是说，复位后主时钟频率 $f_{MASTER}$ 为 16/8，即 2 MHz；CPU 时钟频率等于主时钟频率 $f_{MASTER}$，为 2 MHz。

### 2.6.2 内部低速 RC 振荡器时钟源 LSI

低功耗的 LSI RC 时钟振荡频率为 128 kHz(±14%)，既可作为主时钟源，也可作为在停机(Halt)模式下维持独立看门狗和自动唤醒单元(AWU)运行的低功耗时钟源。

LSI 振荡器启动后未稳定前，LSI 时钟不被采用。LSI 时钟是否已处于稳定状态由内部时钟寄存器 CLK_ICKR 的 LSIRDY 位(CLK_ICKR[4])提示。LSI RC 时钟可通过设置内部时钟寄存器 CLK_ICKR 中的 LSIEN 位(CLK_ICKR[3])打开或关闭。

把内部 LSI 时钟作为系统主时钟使用时，必须在编程时将选项字节 OPT3 的 LSI_EN 位置 1。LSI 时钟出厂时已校准，用户不能修改。

### 2.6.3 外部高速时钟源 HSE

复位后，待外部时钟稳定后，可以使用外部高速晶振 HSE(High Speed External crystal oscillator，1～24 MHz)或外部高速输入信号(0～24 MHz)之一，作为 STM8S 系统的主时钟信号，以便获得更高精度的时钟信号，如图 2-14 所示。

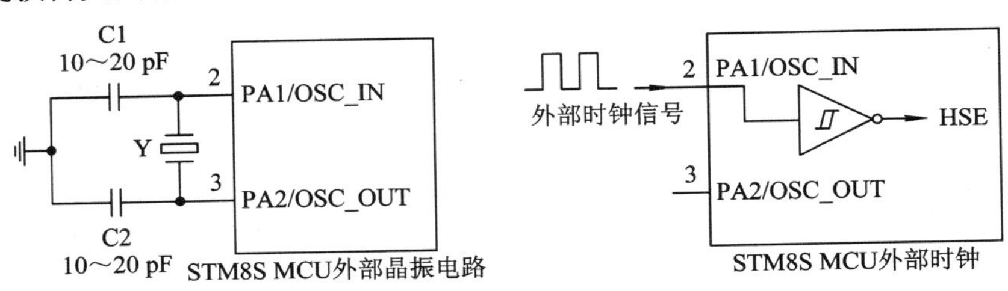


图 2-14　HSE 时钟电路

电容 C1、C2 以及晶体振荡器 Y 与芯片内部的反相放大器构成了克拉泊电容三点式振荡器。晶振频率在 1～24 MHz 之间，电容 C1、C2 典型值为 10～20 pF。为保证电路可靠起振，晶振频率高，振荡电容 C1、C2 的容量可相应减小：当晶振频率为 24 MHz 时，C1、C2 最小，可取 10 pF；当晶振频率为 1 MHz 时，C1、C2 最大，可取 20 pF。

晶振频率最小值为 1 MHz，当晶振频率低于 1 MHz 时，晶体振荡电路可能无法起振。

因此，当希望得到更低的时钟频率时，只能通过外部输入时钟信号实现。

外部晶振状态由外部时钟寄存器(CLK_ECKR)定义，即由 HSEEN(CLK_ECKR[1])位控制外部晶振开与关，当外部晶振稳定时，HSERDY(CLK_ECKR[0])位置 1。外部晶振稳定前，不被采用。外部晶振时钟稳定时间由选项寄存器 OPT5 决定，缺省时为 2048 个时钟。当晶振频率较低时，可在编程时指定较少的延迟时钟。

当使用外部信号作 HSE 时钟时，外部信号必须从 OSC-IN 引脚输入，OSC-OUT 引脚可作为一般的 I/O 引脚使用。在缺省状态下，不用外部时钟作为 HSE 信号源。当使用外部时钟作为 HSE 信号源时，编程时必须将 OPT4 的 EXT_CLK 位置 1。

当外部时钟频率大于 16 MHz，在编程(写片)时必须将 OPT7 选项字节置为 01(NOPT7 置为 FE)，即在访问 Flash ROM 时插入一个机器周期的等待时间。因此，CPU 时钟频率一般以 16 MHz 为限，这是因为在时钟频率大于 16 MHz 后，访问 Flash ROM 时需要插入一个等待状态，指令吞吐率增加幅度有限，反而增加了 CPU 内核的功耗。

当不使用外部晶振、外部时钟时，OSC_IN 引脚可作一般 I/O 引脚使用，OSC_OUT 引脚也可作一般 I/O 引脚使用。

### 2.6.4　时钟源切换

STM8S 复位后，自动使用内部高速 HSI 的 8 分频作为主时钟。待主时钟稳定后，用户可根据需要切换到相应的时钟源。STM8S 提供了自动切换和手动切换两种时钟切换方式。

#### 1. 自动切换

主时钟自动切换过程(在 SWEN 位为 1 的条件下，将目标时钟识别码写入时钟切换寄存器 CLK_SWR)如下：

```
    BSET CLK_SWCR, #1      ; 将时钟切换寄存器 CLK_SWCR 的 SWEN 位置 1，允许切换时钟
    BSET CLK_SWCR, #2      ; 将时钟切换寄存器 CLK_SWCR 的 SWIEN 位置 1，允许切换时钟
                           ; 成功中断(如果允许时钟切换结束中断的话)
    MOV CLK_SWR, #XXH      ; 向主时钟切换寄存器 CLK_SWR 写入相应时钟源代码，选择目标
                           ; 时钟源。E1H：选择 HSI 时钟；D2H：选择 LSI 时钟；B4H：选择
                           ; HSE 时钟
```

这时，CLK_SWCR 寄存器的 SWBSY 位被硬件置 1，表示时钟切换正在进行(此时 CLK_SWCR 处于写保护状态，直到 SWBSY 被硬件或软件清 0)，启动目标时钟源，一旦目标时钟稳定后，系统自动将时钟切换寄存器 CLK_SWR 的内容复制到主时钟状态寄存器 CLK_CMSR 中，并自动清除 SWBSY 位。如果允许时钟切换成功中断 SWIEN 位为 1，时钟切换寄存器 CLK_SWCR 的 SWIF(时钟切换中断标志)自动置 1——表示时钟切换结束。

例如，启动后用自动方式将主时钟切换到 HSE 时钟的程序段如下：

```
    BSET CLK_SWCR, #1      ; SWEN 位为 1，启动时钟切换
    BRES CLK_SWCR, #2      ; SWIEN 位为 0，用查询方式确定时钟切换是否已完成
    MOV CLK_SWR, #0B4H     ; 目标时钟为 HSE 晶振
CLK_SW_WAIT1:              ; 等待时钟切换中断标志 SWIF 有效
    BTJF CLK_SWCR, #3, CLK_SW_WAIT1
```

```
    BRES CLK_SWCR, #3          ; 清除时钟切换中断标志 SWIF
    BRES CLK_SWCR, #1          ; SWEN 位为 0，禁止时钟切换操作
    BRES CLK_ICKR, #0          ; 关闭 HSI 时钟，以减小系统功耗
```

利用类似的方法，可以将系统时钟从 HSE 时钟切换到 HSI 时钟，程序段如下：

```
    BSET CLK_SWCR, #1          ; SWEN 位为 1，即启动时钟切换
    BRES CLK_SWCR, #2          ; SWIEN 位为 0，即用查询方式确定切换是否已完成
    MOV CLK_SWR, #0E1H         ; 目标时钟为 HSI 晶振
CLK_SW_WAIT1:                  ; 等待时钟切换中断标志 SWIF 有效
    BTJF CLK_SWCR, #3, CLK_SW_WAIT1
    BRES CLK_SWCR, #3          ; 清除时钟切换中断标志 SWIF
    BRES CLK_SWCR, #1          ; SWEN 位为 0，禁止时钟切换操作
    BRES CLK_ECKR, #0          ; 关闭 HSE 时钟，以减小系统功耗
```

### 2. 手动切换

手动切换过程(在 SWEN 位为 0 的条件下，将目标时钟识别码写入时钟切换寄存器 CLK_SWR)需要更多的指令，如下所示：

```
    BSET CLK_SWCR, #2      ; 将时钟切换寄存器 CLK_SWCR 的 SWIEN 位置 1，允许切换时钟
                           ; 成功中断(如果允许时钟切换结束中断的话)
    MOV CLK_SWR, #XXH      ; 向主时钟切换寄存器 CLK_SWR 写入特定值，选择相应时钟
                           ; E1H：选择 HSI 时钟；D2H：选择 LSI 时钟；B4H：选择 HSE 时钟
```

这时，CLK_SWCR 寄存器的 SWBSY 被硬件置 1，启动目标时钟源，但依然采用原时钟源工作。用户可以通过软件方式查询时钟切换寄存器 CLK_SWCR 的 SWIF 位，确定目标时钟是否已稳定。若该位为 1，表示目标时钟已经稳定。当然，如果 SWIEN 为 1，则会产生中断。

在适当时刻将时钟切换控制寄存器 CLK_SWCR 中的 SWEN 位置 1，启动时钟切换过程。一旦时钟切换结束，CLK_SWCR 寄存器的 SWBSY 位被硬件清 0，表示时钟切换完成。

必要时通过软件方式关闭原时钟，以降低系统的功耗。

例如，启动后用手动方式将主时钟切换到 HSE 时钟的程序段如下：

```
    BRES CLK_SWCR, #2          ; SWIEN 位为 0，即用查询方式确定目标时钟是否已稳定
    MOV CLK_SWR, #0B4H         ; 目标时钟为 HSE 晶振
CLK_SW_WAIT1:                  ; 等待目标时钟稳定(手动查询通过中断标志 SWIF 指示目
                               ; 标时钟状态)
    BTJF CLK_SWCR, #3, CLK_SW_WAIT1
    BRES CLK_SWCR, #3          ; 清除时钟切换中断标志 SWIF
    ⋮                          ; 在时钟切换前，可以执行其他指令系列
    BSET CLK_SWCR, #1          ; 在目标时钟稳定后，可在适当时刻将 SWEN 位置 1，启
                               ; 动时钟切换
    NOP                        ; 延迟数个机器周期
    NOP
    BRES CLK_SWCR, #1          ; 禁止时钟切换
```

```
    BTJF CLK_SWCR, #0, CLK_SW_WAIT2
    BRES CLK_SWCR, #0          ；如果时钟切换失败，则软件强迫清除 SWBSY 位状态，恢
                               ；复原时钟
    JRT CLK_SW_WAIT3
CLK_SW_WAIT2:
    BRES CLK_ICKR, #0          ；关闭 HSI 时钟，以减小系统功耗
CLK_SW_WAIT3:
```

无论是自动操作还是手动操作，如果切换失败，可用软件方式将 SWBSY 位清 0，取消时钟切换操作，从而恢复原时钟。

### 2.6.5　时钟安全系统(CSS)

STM8S 系统提供了时钟失效检测、切换功能。当使用 HSE 外晶振时钟作为系统主时钟时，如果某种原因造成 HSE 时钟失效，则系统将自动切换到 HSI 的 8 分频，以保证系统继续运行。

#### 1．时钟安全系统的启动条件

在使用 HSE 时钟作为系统主时钟的情况下，如果 CLK_CSSR 寄存器的 CSSEN 位为 1，则系统时钟安全就处于使用状态，一旦检测到 HSE 时钟失效，将自动切换到 HSI 时钟。

(1) 外部时钟寄存器 CLK_ECKR 中的 HSEEN 位为 1(外晶振处于使用状态)。

(2) HSE 振荡器被置为石英晶体状态。

(3) 时钟系统安全寄存器 CLK_CSSR 的 CSSEN 位为 1(时钟安全功能处于允许状态)。

#### 2．HSE 时钟失效时产生的动作

(1) 将时钟安全系统寄存器 CLK_CSSR 中的 CSSD 位置 1(表示检测到 HSE 时钟失效)。如果 CSSIEN 位为 1，则产生一个时钟中断。

(2) 复位主时钟状态寄存器 CLK_CMSR、时钟切换寄存器 CLK_SWR，以及 CLK_CKDIVR 中的 HSIDIV[1:0]，同时将内部时钟寄存器 CLK_ICKR 中的 HSIEN 置 1，即将 HSI 时钟作为主时钟。

(3) 清除外部时钟寄存器 CLK_ECKR 中的 HSEEN 位，即关闭外晶振时钟。

(4) AXU 位置 1，指示辅助时钟源 HSI/8 被强制使用。

如果外部晶振频率不等于 HSI/8，即 2 MHz，则在启动时钟安全系统时最好将 CLK_CSSR 寄存器的 CSSDIE 位(允许时钟失效中断)置 1。在时钟中断服务程序中，检测到 CSSD 位有效时，在清除了 CSSD 标志后，修改 HSIDIV[1:0]位的值，使 HSI 分频器输出信号的频率与外晶振频率一致。

由于 HSI 的振荡频率为 16 MHz，分频因子为 1(16 MHz)、2(8 MHz)、4(4 MHz)、8(2 MHz)，为使 HSE 时钟失效后切换到 HSI 时钟时频率保持一致，因此外晶振频率最好也选 2 MHz、4 MHz、8 MHz、16 MHz 之一。

当 HSE 不是主时钟时，检测到 HSE 失效将不执行时钟切换操作，而仅仅产生下列动作：

- 清除外部时钟寄存器 CLK_ECKR 中的 HSEEN 位——关闭外晶振时钟。
- 将时钟安全系统寄存器 CLK_CSSR 中的 CSSD 位置 1——提示检测到 HSE 时钟失

效。如果 CSSIEN 位为 1，则产生一个时钟中断。

### 2.6.6 时钟输出

STM8S 支持时钟输出功能，由时钟输出寄存器 CLK_CCOR 控制。当时钟输出 CCOEN(CLK_CCOR 的 b0 位)处于允许状态时，可在 PE0 引脚(缺省时选择 PE0 引脚；用选项字节 OPT2 选择 PD0)输出选定的时钟信号(由 CCOSEL[3:0]位确定)。

时钟输出引脚必须配置为推挽输出方式，即将 Px_CR1 寄存器对应位置 1，根据时钟输出信号频率大小，设置 Px_CR2 寄存器的相应位。

```
Mov CLK_CCOR, #000xxxx1B    ；选择指定的时钟输出信号，同时启动时钟输出功能
```

该指令执行后，CCOBSY 位即 CLK_CCOR 的 b6 位变为 1，表示时钟输出操作正在进行中。如果指定的时钟源处于关闭状态，将自动开启对应的时钟源，同时 CCOSEL[3:0]位处于写保护状态，直到时钟输出操作准备就绪，CCORDY 位为 1，即指定的时钟信号已经出现在时钟输出引脚。

### 2.6.7 时钟初始化过程及特例

STM8S 时钟初始化过程大致如下：

(1) 从复位状态下的 HSI/8 时钟切换到目标时钟。当系统采用 HSI 时钟运行时，则无须切换，也无须启动 CSS，但需要初始化时钟分频寄存器 CLK_CKDIVR，选择主时钟频率、CPU 时钟频率。必要时设置 HSI 时钟修正寄存器，以保证 HSI 时钟的精度。

(2) 如果系统主时钟为 HSE 时钟，则最好打开时钟安全系统(CSS)，并完成相应的时钟中断初始化。

(3) 初始化时钟分频寄存器(CLK_CKDIVR)，选择 HSI 时钟分频系数(如果使用 HSI 时钟作为主时钟，设置 HSIDIV[1:0]位的值)、CPU 时钟分频系数(设置 CPUDIV[2:0]的值)。

注：当 CPU 时钟频率大于 16 MHz 时，在程序下载时一定设置选项字节 OPT7，使访问 Flash ROM 时必须等待一个机器周期。

为便于在 STVD 状态下仿真、调试，可先启动 STVP，在“OPTION BYTE”标签窗口内将“WAITESTATE”(等待状态)选项设为“1 wait state”，执行下载操作后退出。当然，也可以在时钟切换操作前先通过 IAP 编程方式将 OPT7 选项字节置为 01H，将其反码 NOPT7 置为 FEH 来实现。

(4) 初始化内部时钟寄存器(CLK_ICKR)，设置停机、活动停机状态下电压调节器的状态。

(5) 初始化设时钟门控寄存器(CLK_PCKENR1、CLK_PCKENR2)，关闭不用外设时钟(缺省状态下，外设时钟输入端与系统主时钟处于连通状态)，以减小系统功耗。

复位后，将 HSI/8 缺省时钟切换到频率为 4 MHz 的外部晶振时钟的程序段如下：

```
; ------时钟切换------
BSET CLK_SWCR, #1          ; SWEN 位为 1，即启动时钟切换
     BSET CLK_SWCR, #2     ; SWIEN 位为 1，用中断方式确认，避免晶振失效时出现死循环
     MOV CLK_SWR, #0B4H    ; 目标时钟为 HSE 晶振
; ------启动时钟安全系统------
MOV CLK_CSSR, #05H         ; CSSEN 为 1，启动了时钟安全；允许 CSSD 中断
```

```
    ; ------设置 CPU 分频系数------
    MOV CLK_CKDIVR, #10H        ; CPU 时钟分频系数为 000，即 1 分频 HSI 分频因子为 4
    ; ------关闭不用的外设时钟------
    MOV CLK_PCKENR1, #XXH
    MOV CLK_PCKENR2, #XXH
    ; ------设置停机与活动停机状态下的电源------
```

外部晶体振荡器失效后，设置时钟分频寄存器，使主时钟频率、CPU 时钟频率与使用的外部晶振时钟相同，相应的时钟中断服务程序段如下：

```
    interrupt CLK_Interrupt_proc
CLK_Interrupt_proc.L
    BTJF CLK_SWCR,#3,CLK_Interrupt_proc_NEXT1
    BRES CLK_SWCR,#3            ; 清除时钟切换中断标志
    BRES CLK_SWCR,#1            ; 禁止时钟切换
    BRES CLK_ICKR,#0            ; 关闭 HSI 时钟，以减小系统功耗
    IRET
CLK_Interrupt_proc_NEXT1.L
    MOV CLK_CKDIVR, #10H        ; CPU 时钟分频系数为 000，HSI 分频因子为 4，即 16/4 = 4 MHz
    BRES CLK_CSSR, #3           ; 清除时钟失败标志
    IRET
```

## 习　题　2

2-1　STM8 内核 MCU 芯片采用什么类型的指令系统？最长指令机器码为几个字节？请举例说明。

2-2　堆栈区有什么作用？简述 STM8 内核堆栈操作的特征。

2-3　STM8S 系列 MCU 芯片采用低电平复位方式还是高电平复位方式？画出外部上电复位电路，并说明元件参数的选择依据。

2-4　STM8S 内核电源电压是多少？从哪个引脚可以测量出该电压值？

2-5　画出 STM8S 最小应用系统，并给出相关元件的参数。

2-6　在 STM8S 芯片中，除哪两个引脚外均编程为悬空输入、带上拉输入、OD 输出以及推挽输出？而这两个引脚由于什么原因没有推挽输出方式？

2-7　请写出将 PC3 引脚定义为 OD 输出方式的指令系列和将 PC2 定义为不带中断功能的上拉输入方式的指令系列。

2-8　在 STM8S 系列 MCU 中，如何判别是上电或掉电复位？

2-9　将 STM8S 某个引脚作为内嵌外设输入端前，需要注意什么？请举例说明。

2-10　对于具有多重复用功能的引脚，如何将该引脚作为可选外设的输入或输出引脚？

2-11　分别指出 STM8S 复位后的主时钟频率、CPU 时钟频率，并写出将时钟切换到外部高速时钟源的指令系列。

# 第 3 章　存储器系统及访问

## 3.1　存储器结构

在 STM8 内核系列 MCU 中，RAM 存储区、EEPROM 存储区、引导 ROM 存储区、Flash ROM 存储区，以及与外设有关的寄存器(包括外设控制寄存器、状态寄存器、数据寄存器)均统一安排在 16 MB 线性地址空间内，即内部地址总线为 24 位，如图 3-1 所示。这样，无论是 RAM、EEPROM、Flash ROM，还是外设寄存器，其读、写指令的格式与操作数的寻址方式等完全相同。

High density

| 地址 | 存储区 |
| --- | --- |
| 00 0000H～00 17FFH | RAM (up to 6 KB)；1024 Bytes Stack |
| 00 1800H～00 3FFFH | Reserved |
| 00 4000H～00 47FFH | up to 2 KB Data EEPROM |
| 00 4800H～00 487FH | Option bytes |
| 00 4900H～00 4FFFH | Reserved |
| 00 5000H～00 57FFH | GPIO and peripheral registers |
| 00 5800H～00 5FFFH | Reserved |
| 00 6000H～00 67FFH | 2 KB Boot ROM |
| 00 6800H～00 7EFFH | Reserved |
| 00 7F00H～00 7FFFH | CPU/SWIM/Debug/ITC Registers |
| 00 8000H～00 807FH | 32 Interrupt Vectors |
| 00 8080H | Flash program memory (64～128 KB) |

Medium density

| 地址 | 存储区 |
| --- | --- |
| 00 0000H～00 07FFH | RAM (2 KB)；512 Bytes Stack |
| | Reserved |
| 00 4000H～00 43FFH | 1 KB Data EEPROM |
| 00 4400H～00 47FFH | Reserved |
| 00 4800H～00 487FH | Option bytes |
| 00 4900H～00 4FFFH | Reserved |
| 00 5000H～00 57FFH | GPIO and periph.reg. |
| 00 5800H～00 5FFFH | Reserved |
| 00 6000H～00 67FFH | 2 KB Boot ROM |
| 00 6800H～00 7EFFH | Reserved |
| 00 7F00H～00 7FFFH | CPU/SWIM/Debug/ITC Registers |
| 00 8000H～00 807FH | 32 Interrupt Vectors |
| ～00 FFFFH | Flash program memory (16～32 KB) |
| 01 0000H | |

Low density

| 地址 | 存储区 |
| --- | --- |
| 00 0000H～00 03FFH | RAM (1 KB)；512 Bytes Stack |
| | Reserved |
| 00 4000H～00 427FH | 640 B Data EEPROM |
| 00 4280H～00 47FFH | Reserved |
| 00 4800H～00 483FH | Option bytes |
| 00 4880H～00 4FFFH | Reserved |
| 00 5000H～00 57FFH | GPIO and periph.reg. |
| 00 5800H | Reserved |
| 00 7EFFH | |
| 00 7F00H～00 7FFFH | CPU/SWIM/Debug/ITC Registers |
| 00 8000H～00 807FH | 32 Interrupt Vectors |
| ～00 9FFFH | Flash program memory (8 KB) |
| 00 A000H | Reserved |

图 3-1　STM8S 存储器组织

在图 3-1 中，16 MB 线性地址空间以段(Section)形式组织，每段大小为 64 KB。内部地址总线 b23～b16(最高 8 位)被视为段号；而 b15～b0 被视为段内存储单元的偏移地址，即地址形式为 00XXXXH～FFXXXXH。为减小指令码长度，RAM、EEPROM 存储区被安排在 00 段内，这样堆栈指针 SP 长度就可以缩减为 16 位。位于 00 段内的各存储单元也能用 16 位地址形式访问。另外，16 MB 地址空间也可以按页(Page)形式组织，每页大小为 256 B。这时，内部地址总线 b23～b8(高 16 位)被视为页号；而 b7～b0 被视为页内存储单元的偏移地址，即地址形式为 0000XXH～FFFFXXH。这样位于 0000 页内的存储单元(即 RAM 空间内的前 256 字节)就可用 8 位地址形式访问。RAM 地址空间为 000000H～003FFFH，目前容量在 1～6 KB 之间(000000H～0017FFH)，未来最大可以扩充到 16 KB，即 001800H～003FFFH 的地址空间目前保留。EEPROM 地址空间为 004000H～0047FFH，目前容量在 640 B～2 KB 之间。

与硬件配置有关的选项字节(Option Bytes)以 Flash ROM 作为存储介质，地址空间在 004800H～00487FH 之间，共计 128 字节。内嵌外设(包括通用 I/O 口、定时器、串行通信口以及 AD 转换器等)的控制寄存器、状态寄存器以及数据寄存器的映像地址，位于 005000H～0057FFH 之间，可用 16 位地址形式访问。引导 ROM 存储区(Boot ROM)位于 006000H～0067FFH，大小为 2 KB，主要存放硬件复位引导程序，即 006000H 单元是 STM8 内核 CPU 复位入口地址。

程序存储器(Flash ROM)地址从 008000H 单元开始。这意味着，对于容量在 32 KB 以内的芯片，Flash ROM 地址空间为 008000H～00FFFFH，即全部位于 00 段内，可使用 16 位地址形式访问；而对于 32 KB 以上 Flash ROM 容量的芯片，将被迫使用 24 位地址形式访问。

在 STM8 系统中，存储单元内字、双字(由四个字节组成)等的存放规则是低字节存放在高地址中，高字节存放在低地址中，即采用“大端”方式。

字存储单元起始于字的低位地址，对应于字存储单元的高位字节。字可以按“对齐”方式存放，字低位地址起始于 0、2、4、6 等偶地址字节；也可以按“非对齐”方式存放，字低位地址起始于 1、3、5、7 等奇地址字节。例如：

```
LDW X, 0100H  ；将 0100H 单元内容送 XH 寄存器，将 0101H 单元内容送 XL 寄存器——对齐
LDW X, 0101H  ；将 0101H 单元内容送 XH 寄存器，将 0102H 单元内容送 XL 寄存器——非对齐
```

可见，字低位地址字节的 a7～a0 对应于字的高 8 位 b15～b8，字高位地址字节的 a15～a8 对应于字的低 8 位 b7～b0。

### 3.1.1 随机读写 RAM 存储区

STM8S 内置 RAM 容量在 640 B～6 KB 之间，起始地址为 0000H，终了地址与芯片内 RAM 存储器容量有关，可作为用户 RAM 存储区与堆栈区。RAM 存储区内各单元地位相同，即读写指令、寻址方式相同，只是前 256 字节(00H～FFH)支持 8 位地址形式，指令码短一些。例如：

```
LD $10, A       ；累加器 A 送 10H(8 位地址)单元，指令码为 B710(两字节)
LD $100, A      ；累加器 A 送 0100H(16 位地址)单元，指令码为 C70100(三字节)
```

STM8S 堆栈区位于 RAM 存储区高端，特征是堆栈下向生长，数据压入堆后，堆栈指针 SP 减小；且为空栈结构，数据先入堆，后修改堆栈指针 SP。例如执行“PUSH　#$33”

指令时，(SP)←33H，然后 SP←SP－1。复位后，堆栈指针 SP 内容与芯片内部 RAM 容量有关：含有 6 KB RAM 的 STM8S 芯片，复位后 SP 为 017FFH；含有 2 KB RAM 的 STM8S 芯片，复位后 SP 为 007FFH；含有 1 KB RAM 的 STM8S 芯片，复位后 SP 为 03FFH，即堆栈被安排在 RAM 存储区的上端。

### 3.1.2 Flash ROM 存储区

STM8S 系列 Flash ROM 存储器数据总线为 32 位，即以 4 个字节作为一个基本的存储单元——字(字起始地址最低两位为 00)，一次可同时访问 4 个字节，但也可以只访问其中的一个字节。Flash ROM 存储区起始地址为 008000H，终了地址与 Flash ROM 存储器容量有关。其中中断向量表占用 128 个字节，每个中断向量占用 4 个字节，用户监控程序可从 008080H 单元开始存放。为保护用户关键程序代码，以及中断向量不因意外被误写，STM8S 引入了用户启动代码区 UBC(User Boot Code)保护机制。因此，Flash ROM 存储区可分为 UBC(具有二级保护功能)和主程序区(只有一级保护功能)。为调节这两个存储区的相对大小，在 Flash ROM 中引入了“Page”(页)的概念，将整个 Flash ROM 存储区视为由若干页组成，页的大小与存储器容量有关。为方便快速擦除，Flash ROM 存储区被分成若干块(Block)，块的大小与片内 Flash ROM 存储器容量有关，如表 3-1 所示。

表 3-1　Flash ROM 存储器页、块大小与容量的关系

| 芯片 Flash ROM 容量 | Page(页) | | Block(块) | |
|---|---|---|---|---|
| | 总页数 | 每页容量 | 总块数 | 每块容量 |
| 8 KB(低密度) | 128 | 64 B | 128 | 64 B |
| 16～32 KB(中等密度) | 32～64 | 512 B | 128～256 | 128 B |
| 64～128 KB(高密度) | 128～256 | 512 B | 512～1024 | 128 B |

#### 1. UBC 存储区

UBC 存储区起始于 008000H 单元，它是有还是没有以及其值的大小(即 UBC 存储区包含的 Page 数目)由选项字节 OPT1 定义，如表 3-2 所示。

表 3-2　UBC 存储区大小与 OPT1 选项字节内容的关系

<table>
<tr><th>芯片 Flash ROM 容量 / OPT1[7:0]</th><th>8 KB(低密度)</th><th>16～32 KB(中等密度)</th><th>64～128 KB(高密度)</th></tr>
<tr><td>00H</td><td>无 UBC 存储区</td><td colspan="2">无 UBC 存储区</td></tr>
<tr><td>01H</td><td>0 页(64 B)</td><td colspan="2">0～1 页(1 KB)</td></tr>
<tr><td>02H～7EH</td><td>n=OPT[7:0](页)<br>{0～(OPT1[7:0]－1)}页</td><td colspan="2" rowspan="3">n=OPT[7:0]+2 (页)<br>(0～OPT1[7:0]+1)页</td></tr>
<tr><td>7FH</td><td>128 页<br>(0～127)页</td></tr>
<tr><td>80H～FEH</td><td>—</td></tr>
<tr><td>FFH(保留)</td><td>未定义</td><td colspan="2">未定义</td></tr>
</table>

当 OPT1[7:0]取 00H、FFH 以外的值时，UBC 存储区存在，大小与芯片 Flash ROM 存

储器容量有关。例如，对于 STM8S207R8 芯片来说，当希望把 8000H～DFFFH 之间存储区作为 UBC 存储区时(共计 24 KB，即 48 页)，OPT1[7:0]内容应为 46，即 2EH。

鉴于 UBC 存储区具有二级保护功能，可将中断向量表、无须在运行过程中修改的程序代码及数表划入 UBC 区，而将需要通过 IAP 编程方式改写的代码、数据放在主存储区内。

**2. 主存储区**

UBC 存储区外的 Flash ROM 存储区称为主程序区。如果没有定义 UBC，则主程序区起始地址为 008080H 单元，即中断入口地址表外的所有 Flash ROM 单元均属于主程序区。如果定义了 UBC 存储区，则 UBC 存储区之上的所有 Flash ROM 单元属于主程序区。

## 3.1.3 数据 EEPROM 存储区

数据 EEPROM 存储区起始于 004000H 单元，大小在 640 B～2 KB 之间，组织方式与 Flash ROM 相同，即 EEPROM 中页、块的大小与 Flash ROM 相同。它主要用于存放需要经常改写的非易失性数据，可重复擦写 30 万次以上，远高于 Flash ROM 存储器(1 万次)。

## 3.1.4 硬件配置选项区

硬件配置选项字节位于 004800H～00487FH，共计 128 B。存储介质也是 Flash ROM 存储器，即具有非易失特性。它主要用于存放系统硬件配置信息，包括存储器读保护字节 ROP 以及与硬件配置有关的 8 个选项寄存器及其反码寄存器，如表 3-3 所示。

**表 3-3　硬件配置选项字节**

| 地址 | 选项字节含义 | 选项字节名 | 选项位 7 | 6 | 5 | 4 | 3 | 2 | 1 | 0 | 缺省值 |
|---|---|---|---|---|---|---|---|---|---|---|---|
| 4800H | Read out protection (ROP) | OPT0 | ROP[7:0] | | | | | | | | 00H |
| 4801H | User boot Code(UBC) | OPT1 | UBC[7:0] | | | | | | | | 00H |
| 4802H | | NOPT1 | NUBC[7:0] | | | | | | | | FFH |
| 4803H | Alternate function remapping (AFR) | OPT2 | AFR7 | AFR6 | AFR5 | AFR4 | AFR3 | AFR2 | AFR1 | AFR0 | 00H |
| 4804H | | NOPT2 | NAFR7 | NAFR6 | NAFR5 | NAFR4 | NAFR3 | NAFR2 | NAFR1 | NAFR0 | FFH |
| 4805H | Watchdog option | OPT3 | Reserved | | | HSI TRIM | LSI _EN | IWDG _HW | WWDG _HW | WWDG _HALT | 00H |
| 4806H | | NOPT3 | Reserved | | | NHSI TRIM | NLSI _EN | NIWDG _HW | NWWDG _HW | NWWDG _HALT | FFH |
| 4807H | Clock option | OPT4 | Reserved | | | | EXT CLK | CKAWU SEL | PRS C1 | PRS C0 | 00H |
| 4808H | | NOPT4 | Reserved | | | | NEXT CLK | NCKAWU SEL | NPR SC1 | NPR SC0 | FFH |
| 4809H | HSE clock startup | OPT5 | HSECNT[7:0] | | | | | | | | 00H |
| 480AH | | NOPT5 | NHSECHT[7:0] | | | | | | | | FFH |
| 480BH | Reserved | OPT6 | Reserved | | | | | | | | 00H |
| 480CH | | NOPT6 | Reserved | | | | | | | | FFH |
| 480DH | Flash wait states | OPT7 | Reserved | | | | | | | Wait state | 00H |
| 480EH | | NOPT7 | Reserved | | | | | | | Nwait state | FFH |
| 487EH | Bootloader | OPTBL | BL[7:0] | | | | | | | | 00H |
| 487FH | | NOPTBL | NBL[7:0] | | | | | | | | FFH |

在表 3-3 中：

(1) OPT0 为 ROP(Read-Out Protection)。当该选项字节为 0AAH 时，EEPROM、Flash ROM 存储器中的信息就处于读保护状态。

(2) OPT1 定义了 UBC 代码区的有无与大小。

(3) OPTBL 选项字节定义了复位后启动方式，是执行位于 6000H 开始的引导程序，还是执行复位向量定义的指令码。

(4) 在中、低密度芯片中，OTP3 字节的 b4 位为"HSI TRIM"。当其缺省时为 0(即 CLK_HSITRIMR 寄存器为 3 位)；当该位为 1 时，CLK_HSWITRIMR 为 4 位。

值得注意的是，清除 Flash ROM 及 EEPROM 存储器读保护选项 OPT0 内容时，其他硬件配置选项内容不受影响，除非用户重新定义了对应选项的内容。为提高系统的可靠性，STM8 内核 MCU 除了 OPT0 项外，其他选项均安排有原码寄存器与反码寄存器，若两寄存器内容"与"操作结果不为 0，则系统会复位，因此在写入时必须同时进行初始化。

### 3.1.5 通用 I/O 端口及外设寄存器区

STM8S 通用 I/O 端口与外设寄存器(包括外设控制寄存器、状态寄存器以及数据寄存器)的地址均位于 005000H～0057FFH 之间。

### 3.1.6 唯一 ID 号存储区

STM8S 系列 MCU 芯片提供了可按字节方式读取，长度为 96 bit(12 Bytes)的唯一器件的 ID 号。该 ID 号可作为设备识别码，为程序加密、升级提供了身份验证。不同系列 STM8S 芯片 ID 号存放位置略有差异，其中 STM8S105、STM8S207、STM8S208 系列芯片的 ID 号位于 0048CDH～0048D8H 之间，而 STM8S103 系列芯片的 ID 号位于 004865H～004870H 之间。

## 3.2 存储器读写保护与控制寄存器

### 3.2.1 存储器读保护(ROP)选择

在 ICP 编程状态下，如果选项字节 OPT0(ROP)被编程为 AAH，则 EEPROM(DATA 区)、Flash ROM(包括 UBC 和主程序区)均处于读保护状态。用户可在 ICP 编程状态下，重新指定选项字节 OPT0 的内容(置为 00H)，以解除存储器的读保护状态。不过，一旦取消存储器读保护状态，芯片将自动擦除 EEPROM(DATA 区)、Flash ROM 中的全部信息。

### 3.2.2 存储器写保护

芯片复位以后，Flash 区、DATA 区、选项字节就自动处于写保护状态，避免意外写入造成数据丢失。当需要对这些区域进行编程时，可按下述方式解除其写保护状态。

通过 IAP 方式对 UBC 存储区以外的主程序区进行编程前，必须向 FLASH_PUKR 寄存器连续写入两个 MASS 密钥值(56H、AEH)，解除主程序存储区的写保护状态。如果输入的 MASS 密钥值不正确，则复位前主程序区就一直处于写保护状态，再向 FLASH_PUKR 寄存器写入的操作无效，即 STM8S 主存储区写保护采用"一错即锁"方式，以保证数据的可靠性。

通过 IAP 方式对 EEPROM 数据区写入前，必须向 FLASH_DUKR 寄存器连续写入两个 MASS 密钥值(AEH、56H)，解除 EEPROM 存储区的写保护状态。

当需要对选项字节进行编程时，必须向 FLASH_DUKR 寄存器连续写入两个 MASS 密钥值(AEH、56H)，解除选项字节的写保护状态。在 Flash ROM 状态寄存器 FLASH_CR2 的 OPT 为 1、其反码 FLASH_NCR2 的 NOPT 为 0 的情况下，即可对选项字节编程。

值得注意的是，存储器读保护与写保护特性相互独立，即读保护有效与写保护是否有效无关，反之亦然。

## 3.2.3　存储器控制寄存器

Flash 存储器的特性、编程操作由下列寄存器控制。

### 1. 控制寄存器 1(Flash_CR1)

Flash_CR1 寄存器主要控制 Flash 存储器在不同状态的供电。其表示及各位的含义如下：

寄存器名：FLASH_CR1

偏移地址：0X00H；　复位初值：0X00H

| b7 | b6 | b5 | b4 | b3 | b2 | b1 | b0 |
|---|---|---|---|---|---|---|---|
| Reserved | | | | HALT | AHALT | IE | FIX |
| 硬件强制置为 0 | | | | rw | rw | rw | rw |

HALT：在 HALT 状态下，Flash ROM 电源状态选择。该位由软件置 1 或清 0，若其为 0，当 MCU 处于停机状态时，Flash 处于掉电状态(功耗小一些)；若其为 1，MCU 处于停机状态下，Flash 处于加电状态(功耗大一些)。

AHALT：在 AHALT(活跃停机)状态下，Flash ROM 电源状态选择。该位由软件置 1 或清 0，若其为 0，MCU 处于活跃停机状态时，则 Flash 处于掉电状态(功耗小一些)；若其为 1，MCU 处于活跃停机状态下，则 Flash 处于加电状态(功耗大一些)。

IE：Flash 中断允许。该位由软件置 1 或清 0，若其为 0，禁止 MCU 响应 Flash 编程结束 EOP 中断、向保护页写操作错误 WR_PG_DIS 中断请求(可采用查询方式)；若其为 1，允许 MCU 响应这两个中断请求。

FIX：编程周期选择。若其为 0，由 MCU 自动确定编程时间：当待写入目标单元空白时，自动跳过擦除操作过程，编程时间只有正常时间的 1/2；若其为 1，无论目标单元是否空白，均执行擦除操作，编程时间长。这一项最好设为 0，即由 MCU 自动选择编程时间。

### 2. Flash 控制寄存器 2(Flash_CR2 与 Flash_NCR2)

Flash_CR2 寄存器主要涉及 Flash 存储器编程方式的选择，该寄存器具有反码寄存器 Flash_NCR2。其表示及各位的含义如下：

寄存器名：FLASH_CR2

偏移地址：0X01H；　复位初值：0X00H

| b7 | b6 | b5 | b4 | b3 | b2 | b1 | b0 |
|---|---|---|---|---|---|---|---|
| OPT | WPRG | ERASE | FPRG | Reserved | | | PRG |
| rw | rw | rw | rw | 000 | | | rw |

OPT：选项字节编程选择位(0 禁止；1 允许)。该位由软件置 1 或清 0。

WPRG：Data EEPROM 和 Flash 主存储区字编程选择位(0 禁止；1 允许)。该位可由软件置 1，字编程结束后由硬件自动清 0。

ERASE：块擦除操作选择位(0 禁止；1 允许)。该位可由软件置 1，块擦除结束后由硬件自动清 0。

FPRG：快速块编程操作选择位(0 禁止；1 允许)。该位可由软件置 1，快速块编程结束后由硬件自动清 0。

PRG：标准块编程操作选择位(0 禁止；1 允许)。该位可由软件置 1，标准块编程结束后由硬件自动清 0。

由于任何时候只能进行一种操作，因此，最好用“MOV”指令初始化 Flash_CR2 与 Flash_NCR2 寄存器。

### 3. Flash ROM 主存储器写解锁密钥寄存器 FLASH_PUKR

复位后，Flash ROM 主存储器处于写保护状态(PUL 位为 0)，向该寄存器顺序写入 56H、AEH 密钥后，可解除其写保护状态。

### 4. Data EEPROM 存储器写解锁密钥寄存器 FLASH_DUKR

复位后，Data EEPROM 存储器、选项字节等均处于写保护状态(DUL 位为 0)，向该寄存器顺序写入 AEH、56H 密钥后，可解除其写保护状态。

### 5. Flash 存储器状态寄存器(FLASH_IAPSR)

FLASH_IAPSR 寄存器记录了 Flash 存储器的当前状态。其表示及各位的含义如下：

寄存器名：FLASH_IAPSR

偏移地址：0X05H；复位初值：0X40H

| b7 | b6 | b5 | b4 | b3 | b2 | b1 | b0 |
|---|---|---|---|---|---|---|---|
| Reserved | HVOFF | Reserved | | DUL | EOP | PUL | WR_PG-DIS |
| | r | | | rc_w0 | r_cr | rc_w0 | rc_r |

HVOFF：编程高压结束标志。该位只读，硬件自动置 1 与清 0。若其为 1，表示编程高压已经关闭；若其为 0，表示编程正在进行中。

DUL：“Data EEPROM area unlocked flag”的简称。该位具有“硬件置 1，软件清 0”的特征。若其为 0，表示 Data EEPROM 存储区处于写保护状态；用户通过 MASS 方式解除该存储区写保护状态后，该位被硬件置 1，表明 Data EEPROM 存储区处于非保护状态。

PUL：“Flash Program memory unlocked flag”的简称。该位具有“硬件置 1，软件清 0”的特征。若其为 0，表示 Flash ROM 主存储区处于写保护状态；用户通过 MASS 方式解除该存储区的写保护状态后，该位被硬件置 1，表明 Flash ROM 主存储区处于非保护状态。

EOP：编程结束标志，“End of programming (write or erase operation) flag”的简称。该位具有“硬件置 1，软件读清 0”的特征。当该位为 1 时，表示编程结束；为 0 时，表示没有编程结束事件发生。

WR_PG_DIS：企图向保护页执行写操作错误标志，“Write attempted to protected page flag”的简称。该位具有“硬件置 1，软件读清 0”的特征。当该位为 1 时，表示向保护页执行了写操作。

# 3.3　Flash ROM 存储器 IAP 编程

Flsah ROM 内的主程序区与 EEPROM 存储区均支持单字节、字(4 字节)、块(64 字节或 128 字节)擦除及编程。其中每一种编程方式又可分为标准编程方式和快速编程方式：当待写入的目标存储单元不是空白时，先擦除再写入，编程时间包括了擦除时间与写入时间，这就是所谓的“标准编程方式”；而当待写入的目标存储单元为空白时，无须擦除就可以直接写入，编程时间缩短了一半，这就是所谓的“快速编程方式”。

此外，STM8S105、STM8S207、STM8S208 系列芯片的 EEPROM 还支持“读同时写”(RWW)操作功能，即允许在程序执行过程中进行写操作。注意：Falsh ROM 主程序区没有 RWW 功能。

由于 Flash ROM 一个基本存储单元为字(4 字节)，因此字节编程时间与字编程时间相同。耗时最小的编程操作是预先擦除将要编程字节(字)所在块，然后从最低地址开始，一次同时写 4 字节。

各种编程方式的特征如表 3-4 所示。

**表 3-4　编 程 特 征**

<table>
<tr><th rowspan="2">操作对象<br>编程方式</th><th colspan="2">EEPROM (Data Flash ROM)存储区</th><th colspan="2">Flash ROM 内的主程序存储区</th></tr>
<tr><th>编程代码存放位置</th><th>编程时应用程序状态</th><th>编程代码存放位置</th><th>编程时应用程序状态</th></tr>
<tr><td>字节</td><td>没有限制</td><td rowspan="4">不停(有 RWW)；停止运行(没有 RWW)</td><td>没有限制</td><td>停止运行</td></tr>
<tr><td>字(4 个字节)</td><td>没有限制</td><td>没有限制</td><td>停止运行</td></tr>
<tr><td>块编程</td><td>必须在 RAM 中</td><td>必须在 RAM 中</td><td rowspan="2">停止运行，硬件自动屏蔽中断请求</td></tr>
<tr><td>块擦除</td><td>必须在 RAM 中</td><td>必须在 RAM 中</td></tr>
</table>

## 3.3.1　字节编程

STM8S Flash ROM 主程序区、Data Flash ROM(EEPROM)存储区，均支持单字节擦除与编程操作。

### 1．Data Flash ROM 存储区字节编程

Data Flash ROM 存储区单字节编程操作，可采用查询方式确定编程操作是否结束，而对于支持 RWW 操作的 STM8S105、STM8S207、STM8S208 子系列芯片，也可以采用中断方式确定编程操作是否结束。对于支持 RWW 功能的芯片，即使采用查询写入 EEPROM 方式，但在写入过程中依然可以响应中断请求。Data Flash ROM 存储区单字节编程步骤如下：

(1) 初始化编程控制寄存器 FLASH_CR1 选择编程结束检测方式：是查询方式，还是中断方式。

(2) 向 EEPROM 写保护寄存器 FLASH_DUKR 连续写入 AEH、56H，解除 EEPROM 的写保护状态，使 Flash ROM IAP 状态寄存器 FLASH_IAPSR 的 DUL 位为 1。

(3) 向指定的 EEPROM 单元写入新内容即可。如果指定单元内容空白，则立即启动写

操作，写操作时间较短；如果指定单元内容不是空白，擦除后再写入，只是时间较长(包含了擦除时间)。

(4) 可用中断或查询方式确定写入操作是否结束。

(5) 必要时，对写入信息进行校验。

(6) 清除 Flash IAP 编程寄存器 FLASH_IAPSR 的 DUL 位，避免误写入。

值得注意的是，对 EEPROM、Option Bytes、Flash ROM 进行 IAP 编程时，在调试中不能用单步执行方式，否则操作无效。

**例 3-1** 以查询方式确定编程操作是否结束的 DATA Flash ROM 字节编程操作子程序。

```
 ; ------入口参数:
 ;            :EEPROM 目标地址在索引寄存器 X 中
 ;            :写入内容在累加器 A 中
 ; ------出口参数:操作成功, IAP_OK_Symbol 单元不是 0
 ; ------使用资源:索引寄存器 X,累加器 A 单元
 .EEPROM_BYTE_WIRE.L                   ; 入口地址标号定义为 L 类型，以便能在 64 KB 外调用
 CP A,(X)                              ;写入信息与存储单元内容比较
 JREQ eeprom_byte_write_return         ;相同则直接退出
    BTJT FLASH_IAPSR, #3, eeprom_byte_write_next1
    ; 0, 即状态寄存器 FLASH_IAPSR 的 DUL(b3)位=0，EEPROM 处于写保护状态，先解除写保护状态
    MOV FLASH_DUKR, #0AEH              ; 向 EEPROM 写保护寄存器 FLASH_DUKR 连续写入
                                       ; AEH、56H，解除写保护
    MOV FLASH_DUKR, #56H
eeprom_byte_write_next1:
    MOV IAP_OK_Symbol, #4              ; 定义重复操作的最大次数
    MOV FLASH_CR1, #00                 ; IE 为 0，即查询方式；FIX 为 0，自动选择编程周期
eeprom_byte_write_LOOP1:
    LD (X), A
eeprom_byte_write_wait1:
    BTJF FLASH_IAPSR,#2, eeprom_byte_write_wait1 ; 查询等待编程操作结束
    ; ------校验写入信息----
    CP A, (X)
    JREQ eeprom_byte_write_exit        ; 校验正确，则退出
    ; 不正确，则重新写入
    DEC IAP_OK_Symbol
    JRNE eeprom_byte_write_LOOP1       ; 减 1，不等于 0，则继续
eeprom_byte_write_exit:
    BRES    FLASH_IAPSR,#3             ; 清除 DUL 位，恢复写保护状态
eeprom_byte_write_return:
    RETF
    RETF
```

```
RETF
RETF
RETF
```

### 2. Flash ROM 主存储区字节编程

由于 Flash ROM 主存储区编程操作执行时，CPU 停止了应用程序的执行，因此对主存储区进行编程操作时，完全可采用查询方式判别编程操作是否结束。操作步骤与 Data Flash ROM 字节编程类似，具体如下：

(1) 初始化编程控制寄存器 1(FLASH_CR1)选择查询方式确定编程操作是否结束。

(2) 向 Flash ROM 写保护寄存器 FLASH_PUKR 连续写入 56H、AEH，解除 Flash ROM 主存储区的写保护状态(使 Flash ROM IAP 状态寄存器 FLASH_IAPSR 的 PUL 位为 1)。

(3) 向 Flash ROM 主存储区目标单元写入新内容即可。如果指定单元内容空白，则立即启动写操作，写时间短；如果指定单元的内容不是空白，自动擦除后再写入，只是时间较长(包含了擦除时间)。

(4) 查询编程操作是否结束。

(5) 检查 FLASH_IAPSR 的 b0(WR_PG_DIS)是否为 0，否则表明出现向保护页写错误。

(6) 必要时，对写入信息进行校验。

(7) 清除 Flash IAP 编程寄存器 FLASH_IAPSR 的 PUL 位，避免误写入。

**例 3-2**　Flash ROM 主存储区字节编程操作子程序。

```
; ------入口参数:
;          :Flash ROM 主存储区目标地址在 IAP_First_ADR 中
;          :写入内容在累加器 A 中
; -------出口参数: 操作成功,IAP_OK_Symbol 单元不是 0 与 80H (向保护页进行写操作标志)
; -------使用资源:累加器 A,IAP_OK_Symbol 单元
;IAP_First_ADR         ds.b  3        ; 存放 Flash ROM 字首地址
;IAP_OK_Symbol         ds.b  1        ; IAP 编程成功标志，成功时 IAP_OK_Symbol 不为 0

.Flash ROM_Byte_Write.L                ; 入口地址定义为 L 类型，可使用 CALLF 指令调用
   PUSH R00
   LD R00, A                           ; 写入信息暂时保存到 R00 中
   LDF A, [IAP_First_ADR.e]            ; 读取目标单元内容
   CP A.R00                            ; 与写入信息进行比较
   JREQ FlashROM_byte_write_return     ; 相同，则无须再执行写入操作
   BTJT FLASH_IAPSR, #1, FlashROM_byte_write_next1
   ; 0, 即状态寄存器 FLASH_IAPSR 的 PUL(b1)位=0，Flash ROM 处于写保护状态，先解除写
   ; 保护状态
   MOV FLASH_PUKR, #56H                ; 向 Flash ROM 解保护寄存器 FLASH_DUKR 连续写入
                                       ; 56H、AEH，解除写保护
   MOV FLASH_PUKR, #0AEH
```

```
FlashROM_byte_write_next1:
    MOV IAP_OK_Symbol, #4                ；定义可重复操作的最大次数
    MOV FLASH_CR1, #00                   ；IE 为 0，即查询方式；FIX 为 0，自动选择编程周期
FlashROM_byte_write_LOOP1:
    LD A, R00                            ；从 R00 单元中读取写入信息
    LDF [IAP_First_ADR.e], A             ；装载，启动写入过程
FlashROM_byte_write_wait1:
    LD A, FLASH_IAPSR
    BCP A, #01H                          ；仅保留 b0 位
    JREQ FlashROM_byte_write_wait2       ；b0 位为 0，目标单元没有处于写保护状态
    ;b0(WR_PG_DIS)为 1，表示向保护页写入，操作错误
    MOV IAP_OK_Symbol, #80H              ；设置错误标志
    JRT FlashROM_byte_write_exit
FlashROM_byte_write_next2:
    BCP A, #04H                          ；仅保留 b2 位
    JREQ FlashROM_byte_write_next1       ；b2 为 0，说明编程操作尚未结束，等待！
    ；校验
    LDF A,[IAP_First_ADR.e]
    CP A, R00
    JREQ FlashROM_byte_write_exit
    ；校验不正确
    DEC IAP_OK_Symbol
    JRNE FlashROM_byte_write_LOOP1
FlashROM_byte_write_exit:
    BRES    FLASH_IAPSR,#1                     ；清除 PUL 位,恢复写保护状态
FlashROM_byte_write_return:
    POP R00
    RETF
    RETF
    RETF
    RETF
    RETF
```

当需要向 Flash ROM 主存储区写入一个字节信息时，可按如下步骤初始化后，执行 CALLF 指令即可。

```
    MOV {IAP_First_ADR+0}, #XXH          ；初始化 Flash ROM 字节地址高 16 位
    MOV {IAP_First_ADR+1}, #XXH          ；初始化 Flash ROM 字节地址高 8 位
    MOV {IAP_First_ADR+2}, #XXH          ；初始化 Flash ROM 字节地址低 8 位
    LD A, #xxH                           ；初始化写入内容
    CALLF FlashROM_Byte_Write            ；调用 FlashROM 字节编程子程序
```

### 3. 选项字节编程

选项字节编程操作类似于 Data EEprom 字节编程，唯一区别是它需要通过 FLASH 控制寄存器 FLASH_CR2、FLASH_NCR2 开放选项字节编程操作。

**例 3-3**　以查询方式确定编程操作是否结束的选项字节编程操作子程序。

```
; ------入口参数：
;           :选项字节地址在索引寄存器 X 中
;           :写入内容在累加器 A 中
; ------出口参数:操作成功，IAP_OK_Symbol 单元不是 0
; ------使用资源:索引寄存器 X，累加器 A
.OPTION_BYTE_WIRE.L
    CP A, (X)                         ; 写入信息与存储单元内容比较
    JREQ option_byte_write_return     ; 相同，则无须执行写入操作

    BTJT FLASH_IAPSR, #3, option_byte_write_next1
    ; 0, 即状态寄存器 FLASH_IAPSR 的 DUL(b3)位=0，EEPROM 处于保护状态，先解除写保护状态
    MOV FLASH_DUKR, #0AEH        ; 向 EEPROM 写保护寄存器 FLASH_DUKR 连续写入
                                 ; AEH、56H，解除写保护
    MOV FLASH_DUKR, #56H
option_byte_write_next1:
    MOV IAP_OK_Symbol, #4      ; 定义重复操作的最大次数
    MOV FLASH_CR1, #00         ; IE 为 0，即查询方式；FIX 为 0，自动选择编程周期
    MOV FLASH_CR2, #80H        ; 将 FLASH_CR2 寄存器的 b7 位(OPT)置 1，选择选项编程方式
    MOV FLASH_NCR2, #7FH       ; 将 FLASH_NCR2 寄存器的 b7 位(NOPT)清 0，选择选项编程方式
option_byte_write_LOOP1:
    LD (X), A
option_byte_write_wait1:
    BTJF FLASH_IAPSR,#2, option_byte_write_wait1      ; 查询等待编程操作结束
    ;------校验写入信息------
    CP A, (X)
    JREQ option_byte_write_exit           ; 校验正确，则退出
    ;不正确，则继续
    DEC IAP_OK_Symbol
    JRNE option_byte_write_LOOP1          ; 减 1，不等于 0，则继续
option_byte_write_exit:
    BRES FLASH_IAPSR,#3                   ; 清除 DUL 位，恢复写保护状态
    BRES FLASH_CR2, #7      ; 将 FLASH_CR2 寄存器的 b7 位(OPT)清 0，禁止选项编程方式
    BSET FLASH_NCR2, #7     ; 将 FLASH_NCR2 寄存器的 b7 位(NOPT)置 1，禁止选项编程方式
option_byte_write_return:
    RETF
```

```
    RETF
    RETF
    RETF
    RETF
```

这样就可以通过以下指令对指定选项字节进行编程：

```
    LD A, #XXH                        ; 写入内容
    LDW X, #XXXXH                     ; 指定选项字节对应地址
    CALLF OPTION_BYTE_WIRE            ; 调用选项字节编程子程序，完成对应项字节编程
```

## 3.3.2 字编程

字编程操作与字节编程操作规则相同，通过 FLASH 控制寄存器 FLASH_CR2、FLASH_NCR2 选择字编程后，可一次连续写入 4 个字节，其目标地址必须始于字的首地址，即末位地址必须为 00B 或十六制的 0H、4H、8H、CH，装入时必须从字的首地址开始。

### 1. 查询方式

**例 3-4** EEPROM 存储区字编程操作子程序。

```
; ------入口参数:
;           eeprom 字首地址在索引寄存器 X 中(操作结束后首地址不变)
;           写入内容在写入缓冲区 IAP_write_data_buffer
; ------出口参数：操作成功，IAP_OK_Symbol 单元不是 0
; ------使用资源:索引寄存器 X,累加器 A,IAP_OK_Symbol 单元
; IAP_OK_Symbol     ds.b   1          ; IAP 编程成功标志(成功时 IAP_OK_Symbol 不为 0)
; IAP_write_data_buffer DS.B 128      ; 缓冲区大小为 128 字节
.eeprom_WORD_WIRE.L                   ; 写入内容在写入缓冲区 IAP_write_data_buffer 中 eeprom 字
                                      ; 首地址在索引寄存器 X 中
    BTJT FLASH_IAPSR, #3, eeprom_word_write_next1
    ; 0, 即状态寄存器 FLASH_IAPSR 的 DUL(b3)位=0，EEPROM 处于保护状态，先解除保护状态
    MOV FLASH_DUKR, #0AEH             ; 向 EEPROM 写保护寄存器 FLASH_DUKR 连续写入
                                      ; AEH、56H，解除写保护
    MOV FLASH_DUKR, #56H
eeprom_word_write_next1:
    MOV IAP_OK_Symbol, #4             ; 定义重复操作的最大次数
    MOV FLASH_CR1, #00                ; IE 为 0，即查询方式；FIX 为 0，自动选择编程周期
eeprom_word_write_LOOP1:
    MOV   FLASH_CR2, #40H             ; 将 FLASH_CR2 寄存器的 b6 位(WPRG)置 1，选择字编程方式
    MOV   FLASH_NCR2, #0BFH           ; 将 FLASH_NCR2 寄存器的 b6 位(NWPRG)清 0，选择字编程方式
    ; ------装载------
    LD A, {IAP_write_data_buffer+0}                ; 取第 0 字节
    LD (0,x), A
```

```
    LD A, {IAP_write_data_buffer+1}                        ; 取第 1 字节
    LD (1,x), A
    LD A, {IAP_write_data_buffer+2}                        ; 取第 2 字节
    LD (2,x), A
    LD A, {IAP_write_data_buffer+3}                        ;取第 3 字节
    LD (3,x), A
    ; ------装载结束，内部自动启动写操作------
eeprom_word_write_next2:
    BTJF FLASH_IAPSR,#2, eeprom_word_write_next2           ; 查询等待
    ; ------校验------
    LD    A, (0,X)                                         ; 取 0 号单元
    XOR A, {IAP_write_data_buffer+0}
    JRNE eeprom_word_write_next3
    LD    A, (1,X)                                         ; 取 1 号单元
    XOR A, {IAP_write_data_buffer+1}
    JRNE eeprom_word_write_next3
    LD    A, (2,X)                                         ; 取 2 号单元
    XOR A, {IAP_write_data_buffer+2}
    JRNE eeprom_word_write_next3
    LD    A, (3,X)                                         ; 取 3 号单元
    XOR A, {IAP_write_data_buffer+3}
    JREQ eeprom_word_write_exit                            ; 最后一个字节校验正确
eeprom_word_write_next3:
    ; 校验错误，重新装入
    DEC IAP_OK_Symbol
    JRNE eeprom_word_write_LOOP1
eeprom_word_write_exit:
    BRES    FLASH_IAPSR,#3                                 ; 清除 DUL 位，恢复写保护状态
    RETF
    RETF
    RETF
    RETF
    RETF
```

当需要向 EEPROM 存储区写入字信息时，可按如下步骤初始化后执行 CALLF 指令即可。

```
    ; 初始化写入缓冲区
    MOV {IAP_write_data_buffer+0}, #XXH
    MOV {IAP_write_data_buffer+1}, #XXH
    MOV {IAP_write_data_buffer+2}, #XXH
```

```
MOV {IAP_write_data_buffer+3}, #XXH
; 初始化 eeprom 字首地址
LDW X, #XXXXH                    ; EEPROM 字首地址送寄存器 X (EEPROM 地址空间在
                                 ; 64 KB 范围内，可采用 16 位地址形式)
CALLF eeprom_WORD_WIRE           ; 调用 eeprom 字编程
```

对 Flash ROM 主存储区字写入操作，只需将 DataFlash 控制寄存器(位)更换为对应的 Flash ROM 控制寄存器(位)。不过 Flash ROM 存储区地址范围可能超过 64 KB，需要使用 24 位地址表示，参考程序如例 3-5 所示。

**例 3-5**　Flash ROM 存储区字编程操作子程序。

```
; ------入口参数:
;          Flash ROM 字首地址在 IAP_First_ADR 中(操作结束后首地址不变)
;          写入内容在写入缓冲区 IAP_write_data_buffer
; -----出口参数：操作成功,IAP_OK_Symbol 单元不是 0
; -----使用资源:累加器 A,IAP_OK_Symbol 单元
; IAP_First_ADR            ds.b  3        ; 存放 Flash ROM 块首地址
; IAP_OK_Symbol    ds.b  1                ; IAP 编程成功标志(成功时 IAP_OK_Symbol 不为 0)
; IAP_write_data_buffer DS.B 128          ; 缓冲区大小为 128 字节
.FlashROM_WORD_WIRE.L                     ; 写入内容在写入缓冲区 IAP_write_data_buffer 中
                                          ; Flash ROM 字首地址在 IAP_First_ADR 中
 PUSH R00                                 ; 下面编程操作指令中使用了 R00 存储单元
 BTJT FLASH_IAPSR, #1, FlashROM_word_write_next1
 ; 0, 即状态寄存器 FLASH_IAPSR 的 PUL(b1)位 = 0，Flash ROM 处于保护状态，先解除保护状态
 MOV FLASH_PUKR, #56H             ; 向 Flash ROM 解保护寄存器 FLASH_PUKR 连续写入
                                  ; 56H、AEH，解除写保护
     MOV FLASH_PUKR, #0AEH
FlashROM_word_write_next1:
     MOV IAP_OK_Symbol, #4        ; 定义重复操作的最大次数
     MOV FLASH_CR1, #00           ; IE 为 0，即查询方式；FIX 为 0，自动选择编程周期
     MOV   FLASH_CR2, #40H        ; 将 FLASH_CR2 寄存器的 b6 位(WPRG)置 1，选择字编程方式
     MOV   FLASH_NCR2, #0BFH      ; 将 FLASH_NCR2 寄存器 b6 位(NWPRG)清 0，选择字编程方式

     MOV R00, {IAP_First_ADR+2}          ; 把首地址低 8 位保存在 R00 单元中
 Flash ROM_word_write_LOOP1:
     ; ------装载------
     LD A, {IAP_write_data_buffer+0}      ; 取第 0 字节
     LDF [IAP_First_ADR.e], A
     LD A, {IAP_write_data_buffer+1}      ; 取第 1 字节
     INC {IAP_First_ADR+2}
     LDF [IAP_First_ADR.e], A
```

```
        LD A, {IAP_write_data_buffer+2}              ；取第 2 字节
        INC {IAP_First_ADR+2}
        LDF [IAP_First_ADR.e], A
        LD A, {IAP_write_data_buffer+3}              ；取第 3 字节
        INC {IAP_First_ADR+2}
        LDF [IAP_First_ADR.e], A
        ；------装载结束，内部自动启动写操作------
Flash ROM_word_write_next2:
        BTJF FLASH_IAPSR,#2, Flash ROM_word_write_next2      ；查询等待
        MOV {IAP_First_ADR+2}, R00                   ；取首地址低 8 位
        ；------校验------
        LDF A, [IAP_First_ADR.e]                     ；取 0 号单元
        XOR A, {IAP_write_data_buffer+0}
        JRNE Flash ROM_word_write_next3
        INC {IAP_First_ADR+2}                        ；下移一个 Flash 存储单元，指向 1 号单元
        LDF A, [IAP_First_ADR.e]
        XOR A, {IAP_write_data_buffer+1}
        JRNE FlashROM_word_write_next3
        INC {IAP_First_ADR+2}                        ；下移一个 Flash 存储单元，指向 2 号单元
        LDF A, [IAP_First_ADR.e]
        XOR A, {IAP_write_data_buffer+2}
        JRNE FlashROM_word_write_next3
        INC {IAP_First_ADR+2}                        ；下移一个 Flash 存储单元，指向 3 号单元
        LDF A, [IAP_First_ADR.e]
        XOR A, {IAP_write_data_buffer+3}
        JRNE Flash ROM_word_write_next3
        ；------校验正确
        MOV {IAP_First_ADR+2}, R00                   ；取首地址低 8 位
        JRT Flash ROM_word_write_exit
Flash ROM_word_write_next3:
        MOV {IAP_First_ADR+2}, R00                   ；取首地址低 8 位
        DEC IAP_OK_Symbol
        JRNE FlashROM_word_write_LOOP1
Flash ROM_word_write_exit:
        BRES    FLASH_IAPSR,#1                       ；清除 PUL 位，恢复写保护状态
        POP R00
        RETF
        RETF
        RETF
```

当需要向 Flash ROM 主存储区写入一个字信息时，按下述步骤初始化后，执行 CALLF 指令即可。

```
MOV {IAP_write_data_buffer+0}, #XXH        ; 初始化缓冲区
MOV {IAP_write_data_buffer+1}, #XXH
MOV {IAP_write_data_buffer+2}, #XXH
MOV {IAP_write_data_buffer+3}, #XXH
; ------初始化 Flash ROM 字首地址
MOV {IAP_First_ADR+0}, #XXH                ; 字首地址高 16 位
MOV {IAP_First_ADR+1}, #XXH                ; 字首地址高 8 位
MOV {IAP_First_ADR+2}, #XXH                ; 字首地址低 8 位
CALLF FlashROM_WORD_WIRE                   ; 调用 Flash ROM 字编程
```

### 2. 中断方式

以上例子通过查询方式确认编程操作是否结束，由于 EEPROM 写入速度慢，因此也可以采用中断方式确定编程操作是否结束。不过在每次 EEPROM 写入前，必须检查 HVOFF 标志位，避免上一次编程高压操作未结束时，又启动新的编程进程，造成数据丢失，参考程序如例 3-6 所示。

**例 3-6**　EEPROM 存储区字编程操作子程序(中断方式)。

```
IAP_First_ADR        ds.b  3         ; 存放 EEPROM 字首地址
IAP_OK_Symbol        ds.b  1         ; IAP 编程成功标志(成功时 IAP_OK_Symbol 不为 0)
IAP_write_data_buffer ds.b 4         ; 缓冲区大小为 4 字节
; EEPROM 字编程操作通过中断确认方式编程操作是否结束子程序
; ------入口参数:
;          EEPROM 字首地址在 IAP_First_ADR 字存储单元中
;          写入内容在写入缓冲区 IAP_write_data_buffer
; ------出口参数：操作成功, IAP_OK_Symbol 单元不是 0
; ------使用资源:累加器 A
.EEPROM_Int_WORD_WIRE.L
eeprom_Int_word_write_next1:
    BTJF FLASH_IAPSR,#6, eeprom_Int_word_write_next1   ; 检查 HVOFF 标志是否为 1(高压操作结
; 束)编程高压操作结束，可以启动新的编程进程
    MOV IAP_OK_Symbol, #4          ; 定义可重复操作的最大次数
    BTJT FLASH_IAPSR, #3, eeprom_Int_word_write_next2
; 0, 即状态寄存器 FLASH_IAPSR 的 DUL(b3)位=0，EEPROM 处于保护状态，先解除保护状态
    MOV FLASH_DUKR, #0AEH          ; 向 EEPROM 写保护寄存器 FLASH_DUKR 连续写入
                                   ; AEH、56H，解除写保护
    MOV FLASH_DUKR, #56H
eeprom_Int_word_write_next2:
    MOV FLASH_CR1, #02H          ; IE 为 1，即中断方式；FIX 为 0，自动选择编程周期
```

```
    MOV FLASH_CR2, #40H       ；将 FLASH_CR2 寄存器的 b6 位(WPRG)置 1，选择字编程方式
    MOV FLASH_NCR2, #0BFH     ；将 FLASH_NCR2 寄存器的 b6 位(NWPRG)清 0，选择字编程方式
；------装载------
    PUSHW X
    LDW X, IAP_First_ADR}             ；写入 EEPROM 首地址存放在 IAP_First_ADR 字单元中
    LD A, {IAP_write_data_buffer+0}       ；取第 0 字节
    LD (0,x), A
    LD A, {IAP_write_data_buffer+1}       ；取第 1 字节
    LD (1,x), A
    LD A, {IAP_write_data_buffer+2}       ；取第 2 字节
    LD (2,x), A
    LD A, {IAP_write_data_buffer+3}       ；取第 3 字节
    LD (3,x), A                           ；送最后一个字节，启动写入操作过程
    POPW X
    RETF
    RETF
    RETF
    RETF
    RETF
```

相应的 EEPROM 中断服务参考程序如下：

```
    Interrupt EEPROM_Int_Proc
EEPROM_Int_Proc.L
    BTJF FLASH_IAPSR,#2, EEPROM_Int_Proc_exit ；不是编程结束标志 EOP 引起，退出
    ；编程结束 EOP 标志为 1 引起(在读标志位同时，清除了 EOP 标志)
；------校验------
    LDW X, IAP_First_ADR              ；写入 EEPROM 字首地址存放在 IAP_First_ADR 字单元中
    LD A, (0,X)
    XOR A, {IAP_write_data_buffer +0}
    JRNE EEPROM_Int_Proc_next1
    LD A, (1,X)
    XOR A, {IAP_write_data_buffer +1}
    JRNE EEPROM_Int_Proc_next1
    LD A, (2,X)
    XOR A, {IAP_write_data_buffer +2}
    JRNE EEPROM_Int_Proc_next1
    LD A, (3,X)
    XOR A, {IAP_write_data_buffer +3}
    JREQ EEPROM_Int_Proc_exit             ；校验正确跳转
EEPROM_Int_Proc_next1.L
```

```
        DEC IAP_OK_Symbol                       ; 写入次数减 1
        JREQ EEPROM_Int_Proc_exit
        ; 重新装入，再次启动写操作
        LDW X, IAP_First_ADR                    ; 写入 EEPROM 首地址存放在 IAP_First_ADR 字单元中
        LD A, {IAP_write_data_buffer +0}        ; 取第 0 字节
        LD (0,X), A
        LD A, {IAP_write_data_buffer +1}        ; 取第 1 字节
        LD (1,X), A
        LD A, {IAP_write_data_buffer +2}        ; 取第 2 字节
        LD (2,X), A
        LD A, {IAP_write_data_buffer +3}        ; 取第 3 字节
        LD (3,X), A                             ; 送最后一个字节，启动写入操作过程
        IRET
        IRET
        IRET
        IRET
        IRET
    EEPROM_Int_Proc_exit.L
        BRES    FLASH_IAPSR,#3                  ; 清除 DUL 位，恢复写保护状态
        IRET
        IRET
        IRET
        IRET
        IRET
```

### 3.3.3 块编程

Data EEPROM 和 Flash ROM 均支持块编程，效率比字节、字编程要高得多，毕竟一次可同时写入一块(64 字节或 128 字节)。所不同的是块编程要求执行编程操作的程序代码必须部分，甚至全部均位于 RAM 中，给程序编写带来了一定的难度。

STM8 支持三种块编程方式：标准块编程、快速块编程(要求编程前块内容为空白)以及块擦除，彼此之间差别不大。下面以 Flash ROM 标准块编程为例，介绍块编程思路与具体实现方法。

对于中高密度芯片来说，块大小为 128 B，需要在 RAM 空间堆栈段前使用 256 字节作为写入缓冲区与写入代码取存放区，程序段如下：

```
        IAP_First_ADR          ds.b  3          ; 存放 FlashROM 块首地址
        IAP_OK_Symbol          ds.b  1          ; IAP 编程成功标志(成功时 IAP_OK_Symbol 不为 0)
        segment byte at D00-DFF 'ram2'          ; 将 D00H～DFFH 定义为 ram2 段
        IAP_write_data_buffer DS.B 128          ; 缓冲区大小为 128 字节
```

```
        FlashROM_Block_WIRE_CODE.L DS.B 128        ; Flash ROM 块编程代码区(必须控制在 128 B
                                                   ; 内)起始位置
```

接着，在程序初始化部分将位于 Flash ROM 中的块编程代码拷贝到 ram2 段中 Flash ROM 块写入操作码起始位置，参考程序如下：

```
        ; 编程代码转移指令系列
        LDW X, #FlashROM_Block_WIRE
        LDW Y, #FlashROM_Block_WIRE_CODE
    main_FlashROM_Block_W_COPY1:
        LD A, (X)
        LD (Y), A
        CPW X, #FlashROM_Block_WIRE_END
        JREQ main_FlashROM_Block_W_COPY2
        INCW Y
        INCW X
        JRT main_FlashROM_Block_W_COPY1
    main_FlashROM_Block_W_COPY2:
```

位于 Flash ROM 标准块编程指令系列(不能含有绝对跳转指令，如 JP、JPF 等)如下：

```
; Flash ROM 块编程操作子程序
; ------入口参数:
;           FlashROM 块首地址在 IAP_First_ADR 中
;           写入内容在写入缓冲区 IAP_write_data_buffer
; ------出口参数：操作成功，IAP_OK_Symbol 单元不是 0
; ------使用资源：累加器 A,R00,R01 单元
BLOCK_SIZE EQU 128                  ; 块大小(中高密度为 128 B、低密度为 64 B)
FlashROM_Block_WIRE:                ; 写入内容在写入缓冲区 IAP_write_data_buffer
                                    ; Flash ROM 块首地址在 IAP_First_ADR 中
    PUSHW X
    BTJT FLASH_IAPSR, #1, FlashROM_Block_write_next1
    ; 0，即状态寄存器 FLASH_IAPSR 的 PUL(b1)位=0，Flash ROM 处于保护状态，先解除保护状态
    MOV FLASH_PUKR, #56H            ; 向 Flash ROM 写保护寄存器 FLASH_PUKR 连续写入
                                    ; 56H、AEH，解除写保护
    MOV FLASH_PUKR, #0AEH
FlashROM_Block_write_next1:
    MOV IAP_OK_Symbol, #4           ; 定义可重复的最大次数
    MOV FLASH_CR1, #00              ; IE 为 0，即查询方式；FIX 为 0，自动选择编程周期。
    MOV    FLASH_CR2, #01H          ; 将 FLASH_CR2 寄存器的 b0 位(PRG)置 1，选择块编程方式
    MOV    FLASH_NCR2, #0FEH        ; 将 FLASH_NCR2 寄存器的 b0 位(NPRG)清 0，选择块编程方式

    MOV R01, {IAP_First_ADR+2}      ; 记录块首地址
```

```
FlashROM_Block_write_LOOP1:
    ; ------装载------
    MOV R00, #BLOCK_SIZE            ; 要装载的字节数
    LDW X, #IAP_write_data_buffer   ; 缓冲区首地址送寄存器 X 中
FlashROM_Block_write_LOOP11:
    LD A, (X)                       ; 取操作数
    LDF [IAP_First_ADR.e],A         ; Flash ROM 地址范围可能超出 FFFFH，采用 24 位地址格式
    INC {IAP_First_ADR+2}           ; 块大小只有 128 B(对中高密度芯片)或 64 B(对低密度芯片)
                                    ; 即块地址单元中低 8 位为 x0000000B 或 xx000000B

    INCW X
    DEC R00
    JRNE FlashROM_Block_write_LOOP11
    ; 装载结束
FlashROM_Block_write_next2:
    BTJF FLASH_IAPSR,#2, FlashROM_Block_write_next2       ; 查询等待写操作结束
    ; ------校验------
    MOV {IAP_First_ADR+2}, R01          ; 恢复块首地址
    MOV R00, #BLOCK_SIZE                ; 要校验的字节数
    LDW X, #IAP_write_data_buffer       ; 缓冲区首地址送寄存器 X 中
FlashROM_Block_write_LOOP12:
    LDF A, [IAP_First_ADR.e]
    XOR A, (X)
    JRNE    FlashROM_Block_write_next3
    ; 本单元校验正确
    INC {IAP_First_ADR+2}            ; 块大小只有 128 B(对中高密度芯片)或 64 B(对低密度芯片)
                                     ; 即块地址单元中低 8 位为 x0000000B 或 xx000000B

    INCW X
    DEC R00
    JRNE FlashROM_Block_write_LOOP12
    ; 整个模块校验正确
    MOV {IAP_First_ADR+2}, R01              ; 恢复块首地址
    JRT FlashROM_Block_write_exit           ; 校验正确!
FlashROM_Block_write_next3:
    ;校验错误，恢复块收地址后重新装入，再写
    MOV {IAP_First_ADR+2}, R01              ; 恢复块首地址
    DEC IAP_OK_Symbol
    JRNE FlashROM_Block_write_LOOP1
FlashROM_Block_write_exit:
    BRES    FLASH_IAPSR,#1                  ; 清除 PUL 位，恢复写保护状态
```

```
        POPW X                          ; 恢复寄存器 X 内容
        RETF
        RETF
        RETF
        RETF
FlashROM_Block_WIRE_END:
        RETF
```

当需要执行块写入时，可按照如下方式调用，执行标准块写入操作：

```
        LDW X, #IAP_write_data_buffer
        LD (X), #XXH                    ; 初始化缓冲区
        MOV {IAP_First_ADR+0}, #XXH     ; 初始化块首地址高 16 位
        MOV {IAP_First_ADR+1}, #XXH     ; 初始化块首地址高 8 位
        MOV {IAP_First_ADR+2}, #XXH     ; 初始化块首地址低 8 位
        CALLF FlashROM_Block_WIRE_CODE  ; RAM2 段中定义的标准块编程代码首地址标号
```

当每次写入内容小于块容量时，可采用读(把整块读入缓冲区内)→改(改写指定的字节)→写(再写入 Flash ROM 对应块)方式进行。

# 习　题　3

3-1　STM8 内核存储单元采用大端存储方式，请指出立即数 1234H 在 0100H 存储单元中的存放规则。

3-2　UBC 存储区具有什么特征？可包含什么类型的信息？对于 STM8S207 芯片来说，如果 OPT1 内容为 34H，请指出 UBC 存储区地址的范围、大小。

3-3　简述 STM8S 系列芯片读保护(ROP)特性及操作方法。

3-4　用 IAP 方式对 Flash ROM 进行编程操作时，如何判别 FLASH_IAPSR 寄存器中的 EOP 及 FLASH_ IAPSR？

3-5　通过中断方式确定编程是否结束时，需要注意什么？

3-6　对 Flash ROM 进行 IAP 编程时，为什么无须采用中断方式判别编程是否结束？

3-7　EEPROM、Flash ROM 块编程操作代码存放位置有什么要求？

3-8　写出 EEPROM IAP 标准块编程子程序(用中断方式判别编程是否已结束)。

# 第 4 章　STM8 内核 CPU 指令系统

本章在介绍 STM8 内核 CPU 指令系统时，为方便叙述，使用下列符号及约定：

(1) #Byte：8 位立即数；#Word：16 位立即数。其中，“#”是立即数标识符，常用于初始化 RAM 单元、CPU 内核寄存器以及外设寄存器。

(2) reg：表示 CPU 内寄存器，在字节操作指令中，可以是 A、XL、XH、YL、YH；在字操作指令中，可以是 X、Y 或 SP。

(3) mem：表示支持直接、间接、变址等多种寻址方式的存储单元。其中，shortmem 为 8 位直接地址，即 0000 页内的存储单元；longmem 为 16 位直接地址，即 00 段内的存储单元；extmem 表示 24 位直接地址，即 16 MB 存储空间内 000000～FFFFFFH 之间的任一存储单元。

(4) shortoff 为 8 位(1 字节)偏移地址，longoff 为 16 位(2 字节)偏移地址，extoff 为 24 位(3 字节)偏移地址。

(5) rr 表示补码形式的 8 位相对偏移量，范围在 –128～+127。

(6) 指令执行时间用“机器周期”度量。例如，“LD A, XL”指令的执行时间为一个机器周期。在 STM8 内核 CPU 中，一个机器周期仅包含 1 个时钟周期。当 CPU 时钟频率为 8 MHz 时，一个机器周期只有 1/8 μs，即 125 ns；当 CPU 时钟频率为 16 MHz 时，一个机器周期只有 1/16 μs，即 62.5 ns；而当 CPU 时钟频率为 24 MHz —— STM8S2××系列 MCU 允许的最高时钟频率时，一个机器周期只有 1/24 μs，即 41.67 ns。

(7) 指令机器码一律用十六进制书写。

(8) CPU 内寄存器名，如累加器 A，索引寄存器 X、Y 等，大小写均可；而外设寄存器名一律用大写，原因是 ST 官方网站提供的外设寄存器定义文件中均用大写形式表示。

(9) 指令操作码助记符、伪指令助记符可以大写，也可以小写。但为便于区分小写字母“l”与数字“1”，指令操作码助记符、伪指令助记符一般建议用大写。

## 4.1　ST 汇编语言格式及其伪指令

### 4.1.1　ST 汇编常数表示法

在缺省情况下，ST 汇编语言数制表示方式与 Motorola 汇编语言格式相同，与 Intel 汇编语言表示方式不同。其中，二进制、十六进制、十进制数表示方式如下：

%10100101 —— 二进制数表示方式(用“%”作前缀，指示随后的数为二进制数)。

$5A —— 十六进制数表示方式(用“$”作前缀，指示随后的数为十六进制数)。

12 —— 十进制数表示方式(没有前、后缀指示符)。

*——表示程序计数器 PC 的当前值。

不过，如果程序员习惯了 Intel 汇编语言数制表示方式，则可在程序中使用 Intel 伪指令，指示程序中随后的数据格式采用 Intel 汇编语言格式表示。例如：

```
    Intel            ; 指示随后的指令系列采用 Intel 格式数制
```

即

10100101B——二进制数表示方式(用“B”作后缀，指示该数为二进制数)。

5AH——十六进制数表示方式(用“H”作后缀，指示该数为十六进制数；对于 A～F 打头的十六进制数，尚需要加前导标志“0”，如 A5H 应写为 0A5H)。

12——十进制数表示方式(没有前、后缀指示符)。

$——表示程序计数器 PC 的当前值。

### 4.1.2　ST 汇编语言格式

ST 汇编语言格式与 Intel 汇编语言格式基本相同，如下所示。

```
    [标号[:]] 操作码助记符 [第一操作数], [第二操作数], [第三操作数]      [;注释]
```

举例：

```
Next: ADD A, $10                ; 累加器 A 与 10H 单元内容相加，结果保存到 A 中
      BTJT $1000, #2, LOOP1     ; 若 1000H 单元的 b2 位为 1，则跳转到 LOOP1 标号处执行
```

操作码助记符是指令功能的英文缩写，必不可少。例如，用“ADD”作为加法指令的操作码助记符；用“BTJT”作为“位测试为真”转移指令的操作码助记符，“BTJT”就是“Bit Test and Jump if True”的英文缩写。

指令操作码助记符后是操作数，不同指令所包含的操作数个数不同：有些指令，如空操作指令“NOP”就没有操作数；有些指令仅含有一个操作数，操作数与操作码之间用“空格”隔开，如累加器 A 内容加 1 指令，表示为“INC A”，其中 INC 为指令操作码助记符，是英文“Increase”的缩写，A 是操作数；有些指令含有两个操作数，例如，将立即数 55H 传送到累加器 A 中的指令表示为“LD A, #$50”，其中 LD 是指令操作码助记符，第一操作数为累加器 A，第二操作数为“$50”，#表示立即数；有些指令含有三个操作数，如“当某存储单元指定位为 1 时转移”指令，用“BTJT $1000, #2, LOOP1”表示，其中 BTJT 是指令操作码助记符，LOOP1 是标号，即相对地址。在多操作数指令中，各操作数之间用“,”(逗号)隔开。

在双操作数指令中，第一操作数有时称为目的操作数，第二操作数有时称为源操作数。

“;”(分号)后的内容是注释信息。在指令后加注释信息是为了提高程序的可读性，以方便阅读、理解该指令或其以下程序段的功能。汇编时，汇编程序不理会分号后的注释内容，换句话说，加注释信息不影响程序的汇编和执行，因此，注释信息可以加在指令行后，也可以单独占据一行。

标号是符号化了的地址码，在分支程序中经常用到。标号由英文字母(大写、小写)、数字(0～9)及“_”(下划线)构成，最长为 30 个字符。注意：“数字”不能作为标号的第一个字符。例如，“task1_next1”是合法标号；而“8ye_next1”不是合法标号，原因是首字符为数字 8。另外，在 ST 汇编中，要严格区分标号的大小写。

在 ST 汇编中，位于 00 段内的地址标号后可带“:”(冒号)，也可以不带冒号，且标号

一律顶格书写。

标号分为三大类：公共标号(Public)，由本模块定义，在整个项目内有效，项目内另一个模块引用时须用 Extern 伪指令申明；局部标号，仅在本模块内有效；外部标号(Extern)，由另一个模块定义且声明为公共标号。此外，标号还具有长度属性——字节，00 页内的标号，带后缀 .B；字标号，00 段内的标号，带后缀 .W；长标号，存放位置没有限制，带后缀.L。不带后缀长度属性说明符的标号默认为字标号，即 .W 类型。

### 4.1.3　ST 汇编支持的关系运算符

ST 汇编指令中的常数可以是二进制、十六进制、十进制常数，也可以是表 4-1 所示的运算符及其组合。

**表 4-1　关系运算符**

| 关系式 | | 含　义 |
|---|---|---|
| 逻辑运算 | -a | 求 a 的补码 |
| | a AND b | a∧b(逻辑与运算) |
| | a OR b | a∨b(逻辑或运算) |
| | a XOR b | a ⊕ b(逻辑异或运算) |
| | a SHR b | 对 a 右移位 b 次，高位补 0 |
| | a SHL b | 对 a 左移位 b 次，低位补 0 |
| 布尔运算 | a LT b | If a < b，结果为 1；反之为 0 |
| | a GT b | If a > b，结果为 1；反之为 0 |
| | a EQ b | If a = b，结果为 1；反之为 0 |
| | a GE b | If a ≥ b，结果为 1；反之为 0 |
| | a NE b | If a ≠ b，结果为 1；反之为 0 |
| 求整取余运算 | HIGH a | 取 a 的高 8 位，即 INT(a/256) |
| | LOW a | 取 a 的低 8 位，即 MOD(a/256) |
| | SEG a | 取 a 的高 16 位，即 INT(a/65536) |
| | OFFSET a | 取 a 的低 16 位，即 MOD(a/65536) |
| 取反运算 | BNOT a | 对 a 的低 8 位取反 |
| | WNOT a | 对 a 的低 16 位取反 |
| | INOT a | 对 a 的 32 位取反 |
| 符号扩展 | SEXBW a | 将 8 位(字节)有符号数扩展为 16 位有符号数 |
| | SEXBL a | 将 8 位(字节)有符号数扩展为 32 位有符号数 |
| | SEXWL a | 将 16 位(字)有符号数扩展为 32 位有符号数 |
| 算术运算 | a*b(a MULT b) | a × b[1] |
| | a/b(或 a DIV b) | a ÷ b[2] |
| | a – b | a – b |
| | a + b | a + b |

① 尽管有时“ * ”与 MULT 等效，但使用 MULT 作为乘运算符更加可靠。
② 尽管有时“ / ”与 DIV 等效，但使用“a DIV b”表示方式更加可靠。

在表 4-1 中：

(1) a、b 均为非负整数。

(2) 当指令中的常数为关系运算式的结果时，必须用“{}”(花括号)将关系运算符括起来。例如：

```
LD A, #{HIGH 1234H}        ；该指令的含义将 1234H 常数的高 8 位 12H 送 A
LDW X, #{45 MULT 36}       ；将 45 × 36 送索引寄存器 X
```

(3) 由于 STM8S 汇编指令中没有位赋值指令，因此“布尔运算符”仅出现在条件汇编伪指令中。

### 4.1.4　ST 汇编伪指令(Pseudoinstruction)

在汇编语言源程序中，除了包含可以转化为特定计算机系统的机器语言指令所对应的汇编语言指令外，还可能包含一些伪指令，如“#define”、“EQU”、“END”等。“伪”者，假也，尽管它不是计算机系统对应的指令，汇编时也不产生机器码，但汇编语言源程序中的伪指令并非可有可无。

伪指令的作用是：指导汇编程序(或编译器)对源程序进行汇编。

伪指令不是 CPU 指令，汇编时不产生机器码。显然，伪指令与 CPU 类型无关，而与汇编程序(也称为汇编器或编译器)的版本有关。在汇编语言源程序中引用某一条伪指令时，只需考虑用于将“汇编语言源程序”转化为对应 CPU 机器语言指令的“汇编程序”是否支持所用的伪指令。

下面简要介绍 ST 汇编程序各版本支持的、常见的伪指令。

#### 1. 插入外部代码文件定义伪指令#include

插入外部代码文件伪指令格式如下：

```
#include <文件名>
```

#### 2. 常数、变量定义伪指令

在 ST 汇编中，对常量、变量、标号等字符串的大小写要严格区分，例如，“VAR1”与“var1”被认为是两个不相关的字符串。

1) 符号常数定义伪指令 #define

符号常数、寄存器、寄存器中指定位以及 I/O 引脚重命名等，均可用 #define 伪指令定义为某一字符串形式。

ST 汇编最多支持 4096 条 #define 指令，格式如下：

```
#define 常量名 值              ;位于程序头内
```

例如：

```
#define VAR1 $30                ；常量 VAR1 为 30H
```

如果在程序头中使用下列 Define 伪指令：

```
#Define TELE_DDR PD_DDR, #3     ；“PD_DDR, #3”被定义为 TELE_DDR 字符串
#Define TELE_CR1 PD_CR1, #3     ；“PD_CR1, #3”被定义为 TELE_CR1 字符串
#Define TELE_CR2 PD_CR2, #3     ；“PD_CR2, #3”被定义为 TELE_CR2 字符串
#Define TELE_In PD_IDR, #3      ；“PD_IDR, #3”被定义为 TELE_In 字符串
```

对 PD3 引脚控制寄存器、数据输入寄存器进行重命名后，就可以在程序中直接引用，如下所示：

```
BRES TELE_DDR                 ; 与“BRES PD_DDR, #3”指令等效
BSET TELE_CR1                 ; 与“BSET PD_CR1, #3”指令等效
BRES TELE_CR2                 ; 与“BRES PD_CR2, #3”指令等效
BTJT TELE_In, NEXT1           ; 与“BTJT PD_IDR, #3, NEXT1”指令等效
```

这种做法的好处非常明显，由于某种原因 TELE_In 信号不从 PD3 引脚输入，而是从其他引脚输入，则仅需更换程序头中 Define 指令所指的寄存器名与引脚编号即可。

不过，很少需要在程序中更改引脚输入/输出属性的情况，因此也可以不重定义 Px_DDR、Px_CR1、Px_CR2 寄存器位，而仅定义数据输出寄存器 Px_ODR 位(输出引脚)、数据输入寄存器 Px_IDR 位(输入引脚)，如下所示：

```
;输出引脚
BSET PD_DDR, #2                    ; 1(输出)，输出允许 OE/CE，在 PD 口的 b2 位
BSET PD_CR1, #2                    ; 1，互补推挽方式
BRES PD_CR2, #2                    ; 0，选择低速方式
#define OE_HT9170 PD_ODR, #2       ; 将 PD_ODR, #2 定义为“OE_HT9170”
BSET OE_HT9170                     ; 1，开始时 OE 置为 1(允许 HT9170 解码输出)
;输入引脚
BRES PD_DDR, #7                    ; 0(输入)，解码有效 DV，在 PD 口的 b7 位
BSET PD_CR1, #7                    ; 1，带上拉输入方式
BSET PD_CR2, #7                    ; 1(允许中断)
#Define DV_HT9170 PD_IDR, #7       ; 将“PD_IDR, #7”引脚定义为“DV_HT9170”
```

也可以用#define 指令定义外设控制寄存器、状态寄存器中的位，来提高源程序的可读性。例如：

```
#define RST_SR_IWDGFRST_SR,#1    ; 将“RST_SR,#1”用“RST_SR_IWDGF”字符串取代
#define RST_SR_ILLOPFRST_SR,#2   ; 将“RST_SR,#2”用“RST_SR_ILLOPF”字符串取代
```

由于#define 定义的符号常量不支持重定义功能，既不能用另一条 #define 指令再定义同一字符常量，也不能用 EQU 伪指令再赋值。

2) EQU 与 CEQU 伪指令

用 EQU(不支持重定义)以及 CEQU(可重定义)伪指令可以定义标号常量与变量，按标号定义与书写。

在 ST8 汇编中，将 EQU、CEQU 定义的常量、变量视为标号。例如：

```
var2 EQU $30    ; 把 var2 定义为 30H,var2，既可以视为常量，也可以视为变量；作变量时，是
                ; 存储单元地址
LD A, #var2     ; 立即数寻址，作常量
LD A, var2      ; 直接寻址，即存储单元地址，视为变量。该指令与“LD A, $30”指令等效
```

CEQU 伪指令用法与 EQU 相似，唯一区别是用 CEQU 定义的标号常数、变量允许用另一条“CEQU”伪指令重新定义。

由 EQU、CEQU 伪指令定义的标号常量、变量可以放在 RAM、ROM、EEPROM 段中，不过最好放在程序头部分。

3) 标号属性说明伪指令 PUBLIC 与 EXTERN

无论是常量、变量定义标号，还是程序中转移目标地址标号，均存在三个属性：标号长度(字节标号、字标号、长标号)、作用范围(局部标号、全局标号以及外部标号)、关联性(绝对标号与相对标号)。

标号长度属性可用“.B”(字节标号)、“.W”(字标号)、“.L”(长标号，三个字节)后缀符逐一指定，如下所示：

```
Labe_2.b        EQU $30        ；字节标号
Labe_1.w        EQU $30        ；等同于“Labe_1 EQU $30”，字标号
Labe_2.L        EQU $1230      ；长标号(三字节)
```

也可以用“Bytes”、“Words”或“Longs”伪指令指定多个同一种长度类型标号，如下所示：

```
Bytes
R00   DS.B   1
R01   DS.B   1
R02   DS.B   1
Words
R10   DS.B   1
R11   DS.B   1
R12   DS.B   1
```

凡是没有特别说明的标号，均属于局部标号，只在本模块内有效。对于全局标号，须用“PUBLIC”伪指令说明或“.label”(带前缀.)声明。例如：

```
PUBLIC task_1          ；用 BUPLIC 伪指令声明
.task_1                ；直接用前缀点“.”定义全局标号 task_1(推荐使用这种方式)
.task_2                ；直接用前缀点“.”定义全局标号 task_2
```

本模块调用另一个模块定义的全局标号，应在模块头用“EXTERN”伪指令说明该标号来自另一个模块。例如：

```
EXTERN task_1, task_2    ；说明这两个标号来自另一个模块
```

绝对标号常用于定义常量，程序没有汇编时，标号的值是确定的，如用 EQU 或 #define 指令定义的常量标号。相对标号包括转移指令中的地址标号、在 RAM 或 EEPROM 存储区内用 DS(DS.B、DS.W、DS.L)伪指令定义的变量，相对标号的值，即对应的存储单元地址，必须经过编译、连接后才能确定。

4) 标号长度定义伪指令

位于特定段内的标号地址长度可以是 Byte、Word、Long，缺省时标号地址长度为 Word，可以重新指定标号的地址长度。

例如，在起始地址为 0100 的 RAM 段中，标号地址长度为 16 位，可以用 Long 指定为 24 位(3 字节)。例如：

```
segment 'ram1'
⋮
Variable.L                    ; 标号 Variable 的长度定义为 long(后缀 .L)
    dc.b $50
```

不能在起始地址为 0100H 的段内将标号定义为 Byte，原因是其物理地址至少为 16 位；同理，不能将位于 10000H 单元后的标号定义为 .W 类型，原因是其物理地址为 24 位，只能定义为 .L 类型。

### 3. 段定义伪指令 Segment

段是一个非常重要的概念，段与存储区关联。在 ST 汇编中，没有 ORG xxxxH 伪指令，只能通过段定义指示指令码或数表从存储区哪一单元开始存放。

对于 ST 汇编程序，段定义格式如下：

```
[<name>] segment [<align>] [<combine>] 'class' [cod]
```

其中：

(1) name 为段名(最长为 12 个字符)，可选。

(2) align 为定位类型：可以是 Byte(字节，其始于任意一个地址)、Word(字，起始于 0、2、4 等偶数地址)、Long(4 个字节，起始于 0、4、8、C)等。

(3) combine 为组合类型：可以为 at:x[-y](段的起始地址与终了地址)、command(公共段)。

(4) class 为段的别名。引号内为别名，最长为 30 个字节，不能省略。

例如：

```
BYTES                              ; 8 位地址形式标号
segment byte at 00-FF 'ram0'       ; 起始地址、终了地址均默认为十六进制，无须加“H”或“$”
WORDS                              ; 16 位地址形式标号
segment byte at 1000-13FF 'ram1'
WORDS                              ; 16 位地址形式标号
segment byte at 1400-17FF 'stack'
WORDS                              ; 16 位地址形式标号
segment byte at 4000-47FF 'eeprom'
WORDS                              ; 16 位地址形式标号
segment byte at 8080-27FFF 'rom'
WORDS                              ; 16 位地址形式标号
segment byte at 8000-807F 'vectit'
```

在 ST 汇编中，一个模块内最多可定义 128 个段，但至少需要定义一个代码段。

可采用如下的段定义伪指令，强迫其后定义的变量从字边界开始存放。

```
segment Long 'eeprom'       ; 定位类型为 Long，即从 4 字节边界开始。该段起始地址由前面
                            ; 别名相同的段指定
Var2 ds.b 2                 ; Var2 的地址末位为 0、4、8 等
```

### 4. 中断服务程序定义伪指令 interrupt

中断服务程序定义伪指令结构如下：

```
Interrupt 中断入口标号
中断入口标号.L
        IRET                  ; 中断返回指令
```

然后，把中断服务程序地址标号填入中断入口地址表中。

**5．常用条件汇编伪指令**

ST 汇编支持条件汇编伪指令，常用条件汇编伪指令的结构如下：

(1) 第一种：

```
#IF {表达式}               ; 表达式为真，则汇编随后的指令系列
   ⋮
#ELSE                     ; ELSE 可选
   ⋮
#ENDIF
```

(2) 第二种：

```
#IFdef <变量、标号或字符串>  ; 含义是指定的变量、标号或字符串存在，则
                          ; 汇编随后的指令(不支持运算符)
   ⋮
#ELSE                     ; ELSE 可选
   ⋮
#ENDIF
```

**6．其他**

1) DC 伪指令

在 ST 汇编中，DC 伪指令用于在 ROM 段中定义字节、字、双字常数表，包括了：

```
DC.B n1,n2,n3,…           ; 字节常数(8 位整数)定义伪指令，将随后的一串 8 位二进制数
                          ; (字节，彼此间用逗号隔开)连续存放在 ROM 存储区中用于定义
                          ; 字节常数表
DC.W nn1,nn2,nn3…         ; 字常数(16 位整数)定义伪指令，将随后的一串 16 位二进制数
                          ; (两个字节，彼此间用逗号隔开)连续存放在 ROM 存储区中用于
                          ; 定义字常数表
```

在 STM8 系列 CPU 中，字、双字(由四个字节组成)等的存放规则是：低字节存放在高地址中，高字节存放在低地址中，即采用“大端”方式。假设在 9000H 开始的单元中，用

```
DC.W 0F012H,5678H
```

定义两个字常数，则这两个 16 位二进制数的存放规则是：9000H 单元的内容为 0F0H(高位字节)，9001H 单元的内容为 12H(低位字节)；9002H 单元的内容为 56H(高位字节)，9003H 单元的内容为 78H(低位字节)。

字存储单元起始于字的低位地址，对应字存储单元的高位字节。例如，在

```
LDW X, 0100H
```

指令中，将 0100H 单元内容送寄存器 XH，将 0101H 单元内容送寄存器 XL。

字可以按“对齐”方式存放，字地址起始于 0、2、4、6 等偶字节，也可以按“非对齐”

方式存放，字地址起始于 1、3、5、7 等奇字节。

```
DC.L $82000000        ; 长标号(4 字节，即 32 位整数)定义伪指令。将随后的一串 32 位二进制数(四
                      ; 个字节，彼此间用逗号隔开)连续存放在存储器中用于定义 4 字节常数表
```

注意：不能在 RAM、EEPROM 段中用 DC 指令定义变量，原因是变量赋值只能在代码段中用“MOV”指令实现。

2) DS 伪指令

在 ST 汇编中，用 DS 伪指令在 RAM、EEPROM 存储区(段)中定义字节、字、双字变量。

```
DS.B n                ; 保留 n 个字节存储单元(8 位)伪指令
DS.W n                ; 保留 n 个字存储单元(16 位)伪指令
DS.L n                ; 保留 n 个双字存储单元(32 位)伪指令
```

例如：

```
segment 'ram1'
    ⋮
Data2 ds.b 2          ; 在 RAM1 段内定义了字节变量 Data2(预留了两个字节)
```

在程序中，可以使用如下两种方式之一访问：

```
LDW X, #Data2         ; 变量地址送索引寄存器 X
LD A, #$5a
LD (X),A              ; 通过间接寻址方式访问
INCW X                ; X 加 1，指向下一个存储单元
LD (X),A
```

或

```
LD A, #$5a
LD Data2, A           ; 用直接寻址方式读写
LD {Data2+1}, A       ; 用直接寻址方式读写下一个单元
```

位于 RAM 存储区内的字节变量最好用“标号(变量名) ds.b n”伪指令定义；字变量最好用“标号(变量名) ds.w n”伪指令定义，尽量避免用绝对标号 EQU 或 CEQU 定义。这是因为相对标号地址浮动，不会出现资源冲突，这在模块化程序中尤为重要。

不过，用 DS.W、DS.L 定义字变量、4 字节变量时均不能按字节访问，反而不方便，不如将 DS.W 定义的字变量用 DS.B 定义 2 个字节变量方便。例如：

```
VAR1   DS.W   1           ; VAR1 为字变量，只能按字方式访问
```

改为

```
VAR1   DS.B   2           ; VAR1 为字节变量，既可以按字节访问，也可以按字访问
```

将

```
VAR2   DS.W   2           ; VAR1 为字变量，只能按字方式访问
```

改为

```
VAR2   DS.B 2 MUL 2       ; VAR1 为字节变量，既可以按字节访问，也可以按字访问
```

3) END 伪指令

END 伪指令表示汇编结束。该指令将告诉汇编程序，下面没有需要汇编的指令。在 ST

汇编中，每一个模块最后一条指令必须为“END”伪指令。

## 4.2　STM8 寻址方式

指令由操作码和操作数组成，确定指令中操作数在哪一个寄存器或存储单元中的方式，就称为寻址方式。对于只有操作码的指令，如 NOP、TRAP 等，不存在寻址方式问题；对于双操作数指令来说，每一个操作数都有自己的寻址方式。例如，在含有两个操作数的指令中，第一操作数(也称为目的操作数)有自己的寻址方式；第二操作数(又称为源操作数)也有自己的寻址方式。

在现代计算机系统中，为减少指令码的长度，对于算术、逻辑运算指令，一般将第一操作数和第二操作数的运算结果经 ALU 数据输出口回送 CPU 内部数据总线，再存放到第一操作数所在的存储单元或 CPU 内某一个寄存器中。例如，累加器 A 内容(目的操作数)与某一个存储单元内容(源操作数)相加，所得的“和”将存放到累加器 A 中，这样就不必为运算结果指定另一个存储单元地址，缩短了指令码的长度。当然，运算后，累加器 A 中的原有信息(被加数)将不复存在。如果在其后的指令中还需用到指令执行前目的操作数的信息，可先将目的操作数保存到 CPU 内另一个寄存器或存储器的某一个存储单元中。

指令中的操作数只能是下列内容之一：

(1) CPU 内某一个寄存器名。CPU 内含有什么寄存器由 CPU 的类型决定。在 STM8 内核单片机 CPU 内，就含有累加器 A、索引寄存器 X 和 Y、堆栈指针 SP、条件码寄存器 CC(标志寄存器)；而在 MCS-51 内核单片机 CPU 内，含有累加器 A、通用寄存器 B、堆栈指针 SP、程序状态字寄存器 PSW 以及工作寄存器组 R7～R0。

(2) 存储单元。存储单元地址范围由 CPU 寻址能力及实际存在的存储器容量、连接方式决定。

(3) 外设寄存器包括外设的控制寄存器、状态寄存器与数据寄存器。在 STM8 系统中，与 PA 口有关的寄存器有 PA_DDR(数据传输方向控制寄存器)、PA_CR1 与 PA_CR2(特性控制寄存器)、PA_ODR(输出数据锁存器)、PA_IDR(输入数据寄存器)。

(4) 常数。常数类型及范围也与 CPU 类型有关。

下面以 STM8 内核 CPU 为例，介绍在计算机系统中常见的寻址方式。

### 4.2.1　立即寻址(Immediate)

当指令的第二操作数(源操作数)为 8 位或 16 位常数时，就称为立即寻址方式。其中的常数称为立即数，例如：

```
LD A,#$5A
```

其中，“#”是立即寻址标识符；$5A 为十六进制数 5A。

在立即寻址方式中，立即数包含在指令码中，取出指令码时也就取出了可以立即使用的操作数(也正因如此，该操作数被称为“立即数”，并把这种寻址方式形象地称为“立即寻址”方式)。

### 4.2.2 寄存器寻址

在寄存器寻址方式中，指令中的操作数为 CPU 内的某一个寄存器。例如：

```
LD A, XL        ; 源操作数为 CPU 内索引寄存器 X 的低 8 位 XL，属于寄存器寻址
                ; 目的操作数为累加器 A，属于寄存器寻址
LDW X,#$12      ; 目的操作数为索引寄存器 X，属于寄存器寻址
LDW SP, X       ; 源操作数为 CPU 内索引寄存器 X，属于寄存器寻址
                ; 目的操作数为堆栈指针 SP，属于寄存器寻址
```

在 CISC 指令系统中，采用寄存器寻址方式的操作数地址往往隐含在操作码字段(字节)中。其特点是，指令中的一个或两个操作数采用寄存器寻址方式时，指令的机器码短。例如，“LD A, #23H”指令似乎为 3 个字节，实际上第一操作数 A 属于寄存器寻址，操作数 A 地址隐含在操作码字段中，因此该指令机器码为 B6H、23H，只有两个字节。而“LDW SP, X”指令的机器码为 94H，只有一个字节，原因是该指令中的两个操作数均属寄存器寻址。

值得注意的是，MCU 内的外设寄存器是直接寻址，而不是寄存器寻址(其实 MCU 中的外设寄存器位于 CPU 外，并不是 CPU 内核寄存器，理所当然地属于直接寻址方式)。例如，“MOV PA_ODR, #0FFH”指令编译后与“MOV 5000H,#0FFH”指令等效，即指令中的 PA_ODR(PA 口数据输出寄存器)操作数为直接寻址，而不是寄存器寻址。

### 4.2.3 直接寻址(Direct)

在指令中直接给出操作数所在的存储单元地址。例如：

```
LD A, $50        ; 把 50H 单元内容送累加器 A，其中源操作数 50H 为存储单元地址，属于直接寻址
LD A, $5000      ; 把 5000H 单元内容送累加器 A，其中源操作数 5000H 为存储单元地址(16 位地址)
LDF A, $015000   ; 把 015000H 单元内容送累加器 A，其中源操作数 015000H 为存储单元
                 ; 地址(24 位地址)
```

注：在程序中，一般不宜使用直接地址，而是通过相对标号方式将其定义为一字符串，即变量名，以方便程序的维护与升级。

### 4.2.4 寄存器间接寻址(Indirect)

在寄存器间接寻址中，操作数所在存储单元的地址存放在 CPU 内某一个特定寄存器中。也就是说，寄存器内容是存储单元地址。在 STM8 内核 CPU 中，索引寄存器 X、Y 均可作为间接寻址寄存器。例如：

```
LDW X, #tabdata     ; 其中 tabdata 为先前已定义过的标号
LD A, (X)           ; 把寄存器 X 内容对应的存储单元信息送累加器 A
LD (Y), A           ; 把累加器 A 的内容送寄存器 Y 指定的存储单元
```

指令中的“()”是间接寻址的标识符。

### 4.2.5 变址寻址(Indexed)

STM8 内核 CPU 支持以 X、Y、SP 作变址的寻址方式，如

```
LD A, (labtab1,x)
```

```
LD A, (labtab1,y)
LD A, (labtab1,sp)
LDF A, ($010000,x)
```

其中，labtab1 为标号，即基地址；x、y、sp 为变址寄存器。

在 STM8 汇编中，对于变址寻址方式，在“基址, 变址”形式中，逗号( , )与变址之间不能加“空格”。例如，(LED_Data, X)是合法的地址，而(LED_Data, X)是非法的地址。该规则同样适用于复合寻址方式的地址格式，例如，([50H.W], x)是合法的复合地址，而([50H.W], x)属于非法的复合地址。

例如，假设标号 labtab1 的地址为 9000H，而变址寄存器 x 为 120H，则“LD A, (labtab1, x)”指令的含义是把 9000H + 120H = 9120H 单元内容传送到寄存器 A 中。

基地址可以是 8 位地址形式，即 0000 页内的 RAM 单元；16 位地址形式，即 00 段内的 RAM 单元、Flash ROM、EEPROM 单元或外设寄存器；24 位地址形式，即 00～FF 段内的 Flash ROM 单元。

在变址寻址方式中，标号可以用直接地址取代。实际上，在编译、连接后标号会以实际地址形式出现。

这类指令编译后，指令操作码、指令长度与基地址长度、索引寄存器有关。例如：

```
LD A, ($50,X)        ；指令码为 E6 XX(两字节)，其中 E6 为操作码，XX 为 8 位基地址
LD A, ($100,X)       ；指令码为 D6 XX XX(三字节)，其中 D6 为操作码，XXXX 为 16 位基地址
LD A, ($50,Y)        ；指令码为 90 E6 XX(三字节)，其中 90 E6 为操作码，XX 为 8 位基地址
```

可见，在 STM8 中，使用索引寄存器 X 的指令比使用索引寄存器 Y 的指令的机器码少了一个字节。

源操作数支持变址寻址方式。当操作对象为 RAM 存储区，可随机读写的外设寄存器时，目的操作数也支持变址寻址方式。例如：

```
LD ($50, X), A
```

变址寻访方式在查表操作时非常有用。例如，通过变址寻址方式，可将共阳 LED 数码管笔段码取出。

```
    CLRW X
    LD XL, A
    LD A, (LED_Data,X)      ；利用变址寻址方式将累加器 A 内容对应的笔段码取出
        ⋮
LED_Data:
    ;   0,   1,   2,   3,   4,   5,   6,   7,   8,   9,   A,   B,   C,   D,   E,   F
    DC.B 0C0H,0F9H,0A4H,0B0H,099H,092H,082H,0F8H,080H,090H,088H,083H,0C6H,0A1H,086H,08EH
```

当需要取出数表某一个特定项时，如第 3 字节，即数码 3 对应的笔段码时，也可用直接寻址方式实现：

```
LD A, {LED_Data+3}      ；利用直接寻址方式将数码“3”对应的笔段码取出
```

### 4.2.6　以存储单元作间址的间接寻址方式

以存储单元作间址的间接寻址方式是 STM8 CPU 特有的一种间接寻址方式。操作数所

在存储单元的地址存放在 00 段内另一个存储单元中，16 位地址形式带后缀 .W；24 位地址形式带后缀 .E。换句话说 000000H～00FFFFH 之间任意一个存储单元均可作为间接寻址单元。例如：

```
LD [$50.W], A          ; 目的操作数地址存放在 50H、51H 单元中
```

假设[50H，51H]=0100H，则该指令的含义是将累加器 A 送 0100H 单元中。

```
LDF A, [$50.e]         ; 源操作数地址存放在 50H、51H、52H 单元中
```

假设[50H，51H,52H]=010008H，则该指令的含义是将 010008H 单元内容送累加器 A 中。

在源程序中，物理地址一般用某一个变量名代替。例如：

```
var1 dc.w tabled1`     ; 字变量 var1 的初值定义为 tabled1，而编译后标号 tabled1 的值确定
      ⋮
LD [var1.W], A         ; 把 A 送到以字变量 var1 内容指定的存储单元中
tabled1: DC.B $03, $02
```

不过，在 00 段内最好用寄存器 X、Y 作间址寄存器，这样代码长度会短一些。利用存储单元作为间址时，初始化间址单元需要 8 个字节，如下所示：

```
MOV R00, #{HIGH tabled1}        ; 4 字节
MOV R01, #{LOW tabled1}         ; 4 字节
LD A, [R00.W]                   ; 3 或 4 字节
```

上述三条指令若改用寄存器 X 作间址，则代码短了许多，如下所示：

```
LDW X, # tabled1                ; 3 字节
LD A , (X)                      ; 1 字节
```

或

```
LD A,( tabled1,X)               ; 3 字节或 2 字节，取决于 tabled1 标号的物理地址
```

在 Flash ROM IAP 编程指令中，一般只能使用以存储单元作间址的寻址方式，这是因为 24 位地址形式的 Flash ROM 目标地址只能存放在 3 个 RAM 单元中，通过间址方式完成 Flash ROM 字节、字、块的加载。例如，在 ram0 段中定义了 IAP_First_ADR 变量，如下所示：

```
IAP_First_ADR  ds.b       3
```

则在 Flash ROM IAP 编程指令系列中可用如下指令完成加载：

```
LDF [IAP_First_ADR.e], A
```

### 4.2.7 复合寻址方式

复合寻址方式是变址寻址与以存储单元作间址的寻址方式的组合，也是 STM8 CPU 特有的一种间接寻址方式。例如：

```
LD ([$50.W],x), A
```

目的操作数基地址存放在 50H、51H 单元中，基地址内容加上变址寄存器内容就是操作数对应的存储单元的物理地址。假设 [50H，51H] = 0100H，而变址寄存器 x 的内容为 0005H，则该指令的含义是将累加器 A 送 0100H + 0005H = 0105H 单元中。

```
LDF A, ([$9000.e],x)
```

24 位源操作数基地址存放在 9000H、9001H、9002H 单元中，基地址内容加上变址寄存器内容就是操作数对应的存储单元的物理地址。假设 [9000H～9002H] = 011620H，而变址

寄存器 x 的内容为 0001H，则该指令的含义是将 011620H + 0001H = 011621H 单元内容送累加器 A。

在程序中，定义下列标号地址后，可使用如下寻址方式访问位于 010000H 以上单元的数表：

```
LDF A, ([Data_ADR.e],X)          ; 用复合寻址方式访问
    ⋮
Data_ADR.W
    DC.B {SEG Data_TAB}, {HIGH Data_TAB}, {LOW Data_TAB}
    ⋮
Data_TAB.L                       ; 数表
    DC.B 05H, 07H, …,
```

### 4.2.8　相对寻址(Relative)

相对寻址的含义是，以程序计数器 PC 的当前值加上指令中给出的相对偏移量 rel 作为程序计数器 PC 的值。这种寻址方式用在条件转移指令中，如

```
JRC next
```

其中，next 为目标地址标号，其含义是如果进位标志 C 为 1，则转到 next 处执行。

### 4.2.9　隐含寻址(Inherent)

隐含寻址也称为固有寻址。有些指令操作码约定使用特定的操作数，如 RIM 指令(开中断)的操作对象默认为中断优先级标志位 I1、I0，即操作码 9AH(RIM 指令操作码)指令的操作数固定为 I1、I0。换句话说，指令操作数隐含在操作码字段中。例如：

```
MUL X, A        ; X←XL × A
```

该指令码为 42H(单字节)，似乎只有操作码 42H，没有操作数。实际上，在字节乘法指令中，操作数固定为 XL(被乘数)、A(乘数)，无须在指令码中给出操作数地址。4.2.2 节介绍的寄存器寻址就属于隐含寻址范畴。例如：

```
PUSH A          ; (SP)←A，SP←SP + 1
```

指令码为 88H(单字节)，其操作数 A 隐含在操作码字节中。

```
LD A, 20H       ; 将 20H 单元内容送累加器 A 中
```

该指令码似乎为三个字节，但指令码为 B6H、20H，只有两个字节，原因是操作数 A 隐含在操作码字节中。

### 4.2.10　位寻址(Bit)

MCU 芯片一般均提供位操作指令，以方便位操作。STM8 内核 CPU 中 00 段内任意一个存储单元均可按位寻址。例如：

```
BTJT 200H, #2, NEXT     ; 若 200H 单元的 b2 位为 1 转移，位测试
BSET 200H, #2           ; 将 200H 单元的 b2 位置 1，位置 1
BRES 200H, #2           ; 将 200H 单元的 b2 位清 0，位清 0
BCPL 200H, #2           ; 将 200H 单元的 b2 位取反(b2←/b2)，位取反
```

# 4.3　STM8 指令系统

STM8 内核单片机采用复杂指令系统，共有 80 种操作码助记符，支持立即寻址、寄存器寻址、直接寻址、间接寻址、变址寻址、隐含寻址、相对寻址、位寻址等多种寻址方式。不同指令操作码助记符与操作数不同寻址方式之间的组合，构成了 STM8 内核单片机 CPU 的指令系统，数目众多。按功能可将这些指令分成数据传送、算术运算、加减 1 操作、逻辑运算、比较与测试、控制转移、位操作等大类，每一类型指令又包含若干条指令。这使许多初学者无所适从，觉得很难掌握，其实只要理解每类指令的功能、助记符及其支持的寻址方式，就可从 STM8 指令表中迅速找出完成特定操作所需的、最适合的汇编语言指令。

## 4.3.1　数据传送(Load and Transfer)指令

数据传送是计算机系统中最常见、最基本的操作。数据传送指令在计算机指令系统中占有非常重要的位置，指令条数众多，其任务是实现计算机系统内不同存储单元之间的信息传送，如图 4-1 所示。

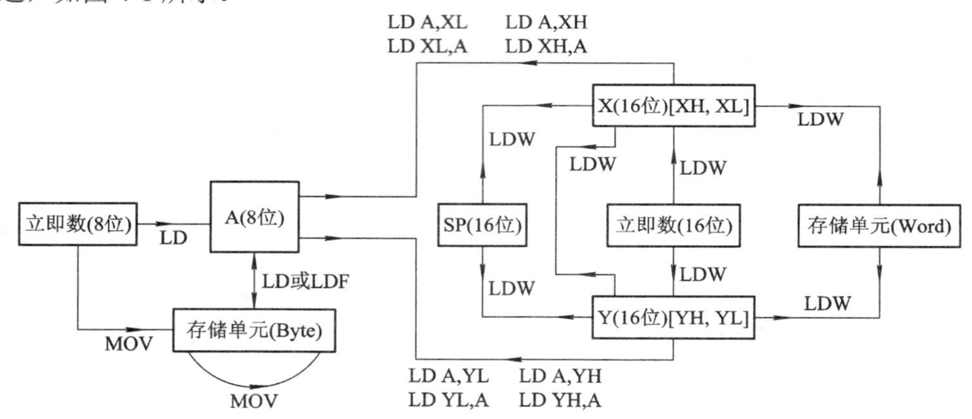


图 4-1　STM8 内核 CPU 不同存储区之间数据传送示意图

由此可见：

(1) 在 STM8 指令系统中，立即数不能直接送堆栈指针 SP，当需要初始化堆栈指针 SP 时，只能先将 16 位立即数送寄存器 X 或 Y，再将寄存器 X 或 Y 的内容送 SP。

(2) 尽管寄存器 X、Y 分别由两个 8 位寄存器组成，但不能直接将 8 位立即数送 XL、XH、YL 或 YH 中，换句话说“LD XL, #XX”指令不存在。

(3) 在数据传送指令中，当源操作数或目的操作数之一为 CPU 内某一个寄存器(A、X、Y)时，使用 LD(字节)、LDW(字)指令、LDF(24 位地址形式的字节传送)作为指令操作码助记符；当源操作数与目的操作数均不含寄存器 A、X、Y 时，使用 MOV 指令(字节传送)。因此，字(16 位)存储单元之间不能直接传送。

(4) 数据传送指令一般不影响条件码寄存器 CC 中的标志位，仅影响 N(负号)、Z(零)标志，如表 4-2 所示。

**表 4-2　数据传送指令对标志位的影响**

| 指令操作码助记符 | 目的操作数 | 源操作数 | 标志寄存器 CC | | | | | | | |
|---|---|---|---|---|---|---|---|---|---|---|
| | | | V | — | I1 | H | I0 | N | Z | C |
| LD | A | #Byte | — | | — | — | — | N | Z | — |
| | reg | mem | — | | — | — | — | N | Z | — |
| | mem | reg | — | | — | — | — | N | Z | — |
| | reg | reg | — | | — | — | — | — | — | — |
| LDW | Reg(X,Y) | #Word | — | | — | — | — | N | Z | — |
| | Reg(X,Y) | Mem | — | | — | — | — | N | Z | — |
| | mem | reg(X,Y) | — | | — | — | — | N | Z | — |
| | Reg | Reg | — | | — | — | — | — | — | — |
| LDF | A | Mem | — | | — | — | — | N | Z | — |
| | mem | A | — | | — | — | — | N | Z | — |
| MOV | mem | #Byte | — | | — | — | — | — | — | — |
| | mem | mem | — | | — | — | — | — | — | — |
| EXG | A | XL/YL | — | | — | — | — | — | — | — |
| | A | mem | — | | — | — | — | — | — | — |
| EXGW | X | Y | — | | — | — | — | — | — | — |
| SWAP | A | | — | | — | — | — | N | Z | — |
| | Mem | | — | | — | — | — | N | Z | — |
| SWAPW | Reg(X,Y) | | — | | — | — | — | N | Z | — |
| PUSH/PUSHW | | | — | | — | — | — | — | — | — |
| POP/POPW | | | — | | — | — | — | — | — | — |

(1) 堆栈操作指令一般不影响标志位，除非指令将堆栈内容弹到条件码寄存器 CC 本身，即只有“POP CC”指令才影响标志位。

(2) 在 LD、LDW 指令中，CPU 内核寄存器之间的数据传送指令不影响任何标志位。

(3) 数据交换指令 EXG、EXGW 指令也不影响标志位。

例如：

```
LD A, XL            ；执行后对 CC 寄存器没有任何影响
```

(4) MOV 数据传送指令不影响任何标志位。例如：

```
MOV 50H, #55H       ；执行后对 CC 寄存器没有任何影响
MOV 50H, 100H       ；执行后对 CC 寄存器没有任何影响
```

(5) 在 LD、LDF、LDW、MOV、SWAP 指令中，当写入或清除对象为存储单元时，在非 IAP 编程装载状态下，不能是 EEPROM、Flash ROM 存储区，原因是 EEPROM、Flash ROM 只读，不能随机写入。例如：

```
MOV 100H，#55H      ；写入对象为 RAM 单元，合理
MOV 9000H, #55H     ；写入对象为 Flash ROM 存储单元，在非 IAP 编程装载状态下无效
LD 9000H, A         ；写入对象为 Flash ROM 存储单元，在非 IAP 编程装载状态下无效
```

### 1. LD 指令(字节装载指令)

LD 字节装载指令的格式、机器码以及执行时间如表 4-3 所示。

**表 4-3　LD 字节装载指令的格式、机器码以及执行时间**

| 目的操作数 | 源操作数 | 举　例 | 执行时间 | 操 作 码 | | | | | 长度 |
|---|---|---|---|---|---|---|---|---|---|
| A | #Byte | LD A,#$5A | 1 | | A6 | XX | | | 2 |
| A | shortmem | LD A,$50 | 1 | | B6 | XX | | | 2 |
| A | longmem | LD A,$5000 | 1 | | C6 | MS | LS | | 3 |
| A | (X) | LD A,(X) | 1 | | F6 | | | | 1 |
| A | (shortmem,X) | LD A,($50,X) | 1 | | E6 | XX | | | 2 |
| A | (longmem,X) | LD A,($5000,X) | 1 | | D6 | MS | LS | | 3 |
| A | (Y) | LD A,(Y) | 1 | 90 | F6 | | | | 2 |
| A | (shortmem,Y) | LD A,($50,Y) | 1 | 90 | E6 | XX | | | 3 |
| A | (longmem,Y) | LD A,($5000,Y) | 1 | 90 | D6 | MS | LS | | 4 |
| A | (shortmem,SP) | LD A,($50,SP) | 1 | | 7B | XX | | | 2 |
| A | [shortptr.w] | LD A,[$50.W] | 4 | 92 | C6 | XX | | | 3 |
| A | [longptr.w] | LD A,[$5000.W] | 4 | 72 | C6 | MS | LS | | 4 |
| A | ([shortptr.w],X) | LD A,([$50.W],X) | 4 | 92 | D6 | XX | | | 3 |
| A | ([longptr.w],X) | LD A,([$5000.W],X) | 4 | 72 | D6 | MS | LS | | 4 |
| A | ([shortptr.w],Y) | LD A,([$50.W],Y) | 4 | 91 | D6 | XX | | | 3 |
| shortmem | A | LD $50,A | 1 | | B7 | XX | | | 2 |
| longmem | A | LD $5000,A | 1 | | C7 | MS | LS | | 3 |
| (X) | A | LD (X),A | 1 | | F7 | | | | 1 |
| (shortmem,X) | A | LD ($50,X),A | 1 | | E7 | XX | | | 2 |
| (longmem,X) | A | LD ($5000,X),A | 1 | | D7 | MS | LS | | 3 |
| (Y) | A | LD (Y),A | 1 | 90 | F7 | | | | 2 |
| (shortmem,Y) | A | LD ($50,Y),A | 1 | 90 | E7 | XX | | | 3 |
| (longmem,Y) | A | LD ($5000,Y),A | 1 | 90 | D7 | MS | LS | | 4 |
| (shortmem,SP) | A | LD ($50,SP),A | 1 | | 6B | XX | | | 2 |
| [shortptr.w] | A | LD [$50.W],A | 4 | 92 | C7 | XX | | | 3 |
| [longptr.w] | A | LD [$5000.W],A | 4 | 72 | C7 | MS | LS | | 4 |
| ([shortptr.w],X) | A | LD ([$50.W],X),A | 4 | 92 | D7 | XX | | | 3 |
| ([longptr.w],X) | A | LD ([$5000.W],X),A | 4 | 72 | D7 | MS | LS | | 4 |
| ([shortptr.w],Y) | A | LD ([$50.W],Y),A | 4 | 91 | D7 | XX | | | 3 |
| XL | A | LD XL,A | 1 | | 97 | | | | 1 |
| A | XL | LD A,XL | 1 | | 9F | | | | 1 |
| YL | A | LD YL,A | 1 | 90 | 97 | | | | 2 |
| A | YL | LD A,YL | 1 | 90 | 9F | | | | 2 |
| XH | A | LD XH,A | 1 | | 95 | | | | 1 |
| A | XH | LD A,XH | 1 | | 9E | | | | 1 |
| YH | A | LD YH,A | 1 | 90 | 95 | | | | 2 |
| A | YH | LD A,YH | 1 | 90 | 9E | | | | 2 |

在 STM8 CPU 指令系统中，不能通过 LD、MOV 指令读出条件码寄存器 CC。当需要将 CC 寄存器的内容传到累加器 A 或某一 RAM 存储单元时，只能通过堆栈操作指令实现。例如：

```
PUSH CC        ; 把 CC 寄存器压入堆栈
POP A          ; 弹到 A 寄存器中
```

**例 4-1**　在 STVD 开发环境下，用单步方式执行下列指令，观察指令执行前后，相关 RAM 单元内容和条件码寄存器 CC 中 V、I1、H、I0、N、Z、C 等标志位的变化，了解数据传送指令对标志位的影响。

```
MOV 30H, #01H      ; 把立即数 01H 传送到 30H 单元
LD A, #5AH         ; 把立即数 5AH 送累加器 A
LD A, 30H          ; 30H 单元内容送累加器 A
LD XL, A           ; 累加器 A 送索引寄存器 X 的低 8 位 XL
```

### 2. LDW 指令(字装载指令)

LDW 字装载指令的格式、机器码以及执行时间如表 4-4 所示。

**表 4-4　LDW 字装载指令的格式、机器码以及执行时间**

| 目的操作数 | 源操作数 | 举　例 | 执行时间 | 操 作 码 | | | | | 长度 |
|---|---|---|---|---|---|---|---|---|---|
| X | #Word | LDW X,#$5A5A | 2 | | AE | MS | LS | | 3 |
| X | shortmem | LDW X,$50 | 2 | | BE | XX | | | 2 |
| X | longmem | LDW X,$5000 | 2 | | CE | MS | LS | | 3 |
| X | (X) | LDW X,(X) | 2 | | FE | | | | 1 |
| X | (shortmem,X) | LDW X,($50,X) | 2 | | EE | XX | | | 2 |
| X | (longmem,X) | LDW X,($5000,X) | 2 | | DE | MS | LS | | 3 |
| X | (shortmem,SP) | LDW X,($50,SP) | 2 | | 1E | XX | | | 2 |
| X | [shortptr.w] | LDW X,[$50.W] | 5 | 92 | CE | XX | | | 3 |
| X | [longptr.w] | LDW X,[$5000.W] | 5 | 72 | CE | MS | LS | | 4 |
| X | ([shortptr.w],X) | LDW X,([$50.W],X) | 5 | 92 | DE | XX | | | 3 |
| X | ([longptr.w],X) | LDW X,([$5000.W],X) | 5 | 72 | DE | MS | LS | | 4 |
| shortmem | X | LDW $50,X | 2 | | BF | XX | | | 2 |
| longmem | X | LDW $5000,X | 2 | | CF | MS | LS | | 3 |
| (X) | Y | LDW (X),Y | 2 | | FF | | | | 1 |
| (shortmem,X) | Y | LDW ($50,X),Y | 2 | | EF | XX | | | 2 |
| (longmem,X) | Y | LDW ($5000,X),Y | 2 | | DF | MS | LS | | 3 |
| (shortmem,SP) | X | LDW ($50,SP),X | 2 | | 1F | XX | | | 2 |
| [shortptr.w] | X | LDW [$50.W],X | 5 | 92 | CF | XX | | | 3 |
| [longptr.w] | X | LDW ([$5000.W],X) | 5 | 72 | CF | MS | LS | | 4 |
| ([shortptr.w],X) | Y | LDW ([$50.W],X), Y | 5 | 92 | DF | XX | | | 3 |
| ([longptr.w],X) | Y | LDW ([$5000.W],X),Y | 5 | 72 | DF | MS | LS | | 4 |
| Y | #Word | LDW Y,#$5A5A | 2 | 90 | AE | MS | LS | | 4 |
| Y | shortmem | LDW Y,$50 | 2 | 90 | BE | XX | | | 3 |
| Y | longmem | LDW Y,$5000 | 2 | 90 | CE | MS | LS | | 4 |
| Y | (Y) | LDW Y,(Y) | 2 | 90 | FE | | | | 2 |

续表

| 目的操作数 | 源操作数 | 举　例 | 执行时间 | 操 作 码 | | | | | 长度 |
|---|---|---|---|---|---|---|---|---|---|
| Y | (shortmem,Y) | LDW Y,($50,Y) | 2 | 90 | EE | XX | | | 3 |
| Y | (longmem,Y) | LDW Y,($5000,Y) | 2 | 90 | DE | MS | LS | | 4 |
| Y | (shortmem,SP) | LDW Y,($50,SP) | 2 | | 16 | XX | | | 2 |
| Y | [shortptr.w] | LDW Y,[$50.W] | 5 | 91 | CE | XX | | | 3 |
| Y | ([shortptr.w],Y) | LDW Y,([$50.W],Y) | 5 | 91 | DE | XX | | | 3 |
| shortmem | Y | LDW $50,Y | 2 | 90 | BF | XX | | | 3 |
| longmem | Y | LDW $5000,Y | 2 | 90 | CF | MS | LS | | 4 |
| (Y) | X | LDW (Y),X | 2 | 90 | FF | | | | 2 |
| (shortmem,Y) | X | LDW ($50,Y),X | 2 | 90 | EF | XX | | | 3 |
| (longmem,Y) | X | LDW ($5000,Y),X | 2 | 90 | DF | MS | LS | | 4 |
| (shortmem,SP) | Y | LDW ($50,SP),Y | 2 | | 17 | XX | | | 2 |
| [shortptr.w] | Y | LDW [$50.W],Y | 5 | 91 | CF | XX | | | 3 |
| ([shortptr.w],Y) | X | LDW ([$50.W],Y),X | 5 | 91 | DF | XX | | | 3 |
| Y | X | LDW Y,X | 1 | 90 | 93 | | | | 2 |
| X | Y | LDW X,Y | 1 | | 93 | | | | 1 |
| X | SP | LDW X,SP | 1 | | 96 | | | | 1 |
| SP | X | LDW SP,X | 1 | | 94 | | | | 1 |
| Y | SP | LDW Y,SP | 1 | 90 | 96 | | | | 2 |
| SP | Y | LDW SP,Y | 1 | 90 | 94 | | | | 2 |

(1) 在 STM8 内核 CPU 中，字(16 位)传送指令非常丰富，但也并非所有寻址方式的组合都属于有效指令。例如，在 X、Y 与(X)、(Y)组合的字传送指令中可有 10 种组合，但只有 6 种组合有效，而其他 4 种组合并不存在，具体情况如下：

| 组合形式 | 有效性 |
|---|---|
| LDW X,(X) | 有效(合法指令) |
| LDW (X),Y | 有效(合法指令) |
| LDW (Y),X | 有效(合法指令) |
| LDW Y,(Y) | 有效(合法指令) |
| LDW X,Y | 有效(合法指令) |
| LDW Y,X | 有效(合法指令) |
| | |
| LDW X,(Y) | 无效(非法指令) |
| LDW (X),X | 无效(非法指令) |
| LDW (Y),Y | 无效(非法指令) |
| LDW Y,(X) | 无效(非法指令) |

由此不难判断，在变址寻址方式中，只有如下 4 种组合有效：

| | |
|---|---|
| LDW X,(100,X) | 有效(合法指令) |
| LDW (100,X),Y | 有效(合法指令) |
| LDW (100,Y),X | 有效(合法指令) |

LDW Y,(100,Y)　　　　有效(合法指令)

进一步不难判断，在复合寻址方式中，只有如下 4 种组合有效：

LDW X,([100.W],X)　　　　有效(合法指令)

LDW ([100.W],X),Y　　　　有效(合法指令)

LDW ([100.W],Y),X　　　　有效(合法指令)

LDW Y,( [100.W],Y)　　　　有效(合法指令)

(2) 寻址方式越复杂，指令的执行时间就越长。因此，在指令中尽可能避免使用复杂寻址方式。

### 3. LDF 指令(24 位地址形式的字节装载指令)

LDF 字节装载指令的格式、机器码以及执行时间如表 4-5 所示。

**表 4-5　LDF 字节装载指令的格式、机器码以及执行时间**

| 目的操作数 | 源操作数 | 举　例 | 执行时间 | 操 作 码 | | | | | 长度 |
|---|---|---|---|---|---|---|---|---|---|
| A | extmem | LDF A,$500000 | 1 | | BC | ExtB | MS | LS | 4 |
| A | (ext0ff,X) | LDF A,($500000,X) | 1 | | AF | ExtB | MS | LS | 4 |
| A | (ext0ff,Y) | LDF A,($500000,Y) | 1 | 90 | AF | ExtB | MS | LS | 5 |
| A | ([longptr.e],X) | LDF A, ([$5000.e],X) | 5 | 92 | AF | MS | LS | | 4 |
| A | ([longptr.e],Y) | LDF A, ([$5000.e],Y) | 5 | 91 | AF | MS | LS | | 4 |
| A | [longptr.e] | LDF A, [$5000.e] | 5 | 92 | BC | MS | LS | | 4 |
| extmem | A | LDF $500000,A | 1 | | BD | ExtB | MS | LS | 4 |
| (ext0ff,X) | A | LDF ($500000,X),A | 1 | | A7 | ExtB | MS | LS | 4 |
| (ext0ff,Y) | A | LDF ($500000,Y),A | 1 | 90 | A7 | ExtB | MS | LS | 5 |
| ([longptr.e],X) | A | LDF ([$5000.e],X),A | 5 | 92 | A7 | MS | LS | | 4 |
| ([longptr.e],Y) | A | LDF ([$5000.e],Y),A | 5 | 91 | A7 | MS | LS | | 4 |
| [longptr.e] | A | LDF [$5000.e],A | 5 | 92 | BD | MS | LS | | 4 |

### 4. MOV 指令(字节传送指令)

MOV 字节传送指令的格式、机器码以及执行时间如表 4-6 所示。

**表 4-6　MOV 字节传送指令的格式、机器码以及执行时间**

| 目的操作数 | 源操作数 | 举　例 | 执行时间 | 操 作 码 | | | | | 长度 |
|---|---|---|---|---|---|---|---|---|---|
| longmem | #Byte | MOV $1000, #$55 | 1 | | 35 | XX | MS | LS | 4 |
| shortmem | shortmem | MOV $20,$50 | 1 | | 45 | XX2 | XX1 | | 3 |
| longmem | longmem | MOV $2000,$5000 | 1 | 55 | MS2 | LS2 | MS1 | LS1 | 5 |

MOV 指令用于：

(1) 对 00 段内任一存储单元进行赋值。例如：

MOV 2FH, #$55；把 55H 立即传送到 2FH 单元中

该指令与“MOV 002FH, #$55”等效。

(2) 完成 00 段内任意两个存储单元之间的数据传送。例如：

MOV 20H, 34H　　；把 00 页内的 34H 单元内容送到 00 页内的 20H 单元，该指令为 3 个字节

MOV 20H, 1034H　　；把 00 段内 1034H 单元内容送到 00 页内 20H 单元，该指令为 5 个字节

在 MOV 指令中，如果两存储单元地址中任一单元地址在 00 页外，则两操作数均采用 16 位地址形式。

值得注意的是：

(1) MOV 指令中的存储单元仅支持直接寻址方式，不支持间接、变址等其他寻址方式。

(2) 可对 EEPROM、Flash ROM 存储区进行读操作，而不能对其进行写操作。例如：

MOV $1000, $9000　　; (1000H)(RAM 存储区)←(9000H)(Flash ROM)

属合法指令。而

MOV $9000, $1000　　; (9000H)(Flash ROM 存储区)←(1000H)(RAM)

在非 IAP 编程装载状态下，属非法指令，编译时没有给出警告信息，在执行时后果难料。

(3) MOV 指令不支持 01 及以上段存储单元的读写操作，原因是 STM8 CPU 最长指令码为 5 字节。

### 5. EXG 指令(字节交换)与 EXGW(X 与 Y 交换)

EXG 字节交换指令的格式、机器码以及执行时间如表 4-7 所示。交换与传送的区别在于交换后目的操作数与源操作数内容对调，并没有覆盖目的操作数原来的内容。

**表 4-7　EXG 字节交换指令与 EXGW 字交换指令的格式、机器码以及执行时间**

| 目的操作数 | 源操作数 | 举　例 | 执行时间 | 操 作 码 | | | | | 长度 |
|---|---|---|---|---|---|---|---|---|---|
| A | XL | EXG A, XL | 1 | | 41 | | | | 1 |
| A | YL | EXG A, YL | 1 | | 61 | | | | 1 |
| A | longmem | EXG A,$1000 | 3 | | 31 | MS | LS | | 3 |
| X | Y | EXGW X,Y | 1 | | 51 | | | | 1 |

尽管在交换指令中，“A 与 XL 交换”和“XL 与 A”交换效果相同，但却没有“EXG XL, A”指令，A 也不能与 XH 或 YH 交换，原因是内部硬件连线不支持。累加器 A 可以与 00 段内任意一个存储单元(16 位直接地址形式)交换。

**例 4-2**　假设累加器 A 的内容为 55H，XL 的内容为 0AAH，则执行

EXG A,XL

指令后，累加器 A 的内容为 0AAH，XL 的内容为 55H，即 A 和 XL 的内容交换了。这与数据传送指令不同，数据传送指令执行后，源操作数的内容覆盖了目的操作数原来的内容。

### 6. SWAP 指令(半字节交换)与 SWAPW(X 或 Y 高低字节对调)指令

半字节交换指令 SWAP 与 EXG 指令不同，执行 SWAP 指令后，指令中给定操作数(字节)的高 4 位与低 4 位对调。例如，假设(10H)单元为 5AH，则执行

SWAP $10

指令后，(10H)单元变为 A5H。

同理，执行“SWAPW X”指令后，寄存器 X 的高 8 位与低 8 位对调。

在 STM8 内核 MCU 中，CPU 内的累加器 A，以及 00 段内任一 RAM 存储单元均支持半字节交换操作；而索引寄存器 X 与 Y 支持高低字节交换操作。

SWAP 半字节交换指令与 SWAPW 字节交换指令格式、机器码以及执行时间如表 4-8 所示。

表 4-8　SWAP(半字节)与 SWAPW(字节)交换指令格式、机器码以及执行时间

| 操 作 数 | 举　例 | 执行时间 | 操 作 码 | | | | | 长度 |
|---|---|---|---|---|---|---|---|---|
| A | SWAP A | 1 | | 4E | | | | 1 |
| shortmem | SWAP $50 | 1 | | 3E | XX | | | 2 |
| longmem | SWAP $5000 | 1 | 72 | 5E | MS | LS | | 4 |
| (X) | SWAP (X) | 1 | | 7E | | | | 1 |
| (shortoff,X) | SWAP ($50,X) | 1 | | 6E | XX | | | 2 |
| (longoff,X) | SWAP ($5000,X) | 1 | 72 | 4E | MS | LS | | 4 |
| (Y) | SWAP (Y) | 1 | 90 | 7E | | | | 2 |
| (shortoff,Y) | SWAP ($50,Y) | 1 | 90 | 6E | XX | | | 3 |
| (longoff,Y) | SWAP ($5000,Y) | 1 | 90 | 4E | MS | LS | | 4 |
| (shortoff,SP) | SWAP ($50,SP) | 1 | | 0E | XX | | | 2 |
| [shortptr.w] | SWAP [$10] | 4 | 92 | 3E | XX | | | 3 |
| [longptr.w] | SWAP [$1000.w] | 4 | 72 | 3E | MS | LS | | 4 |
| ([shortptr.w],X) | SWAP ([$10],X) | 4 | 92 | 6E | XX | | | 3 |
| ([longptr.w],X) | SWAP ([$1000.w],X) | 4 | 72 | 6E | MS | LS | | 4 |
| X | SWAPW X | 1 | | 5E | | | | 1 |
| Y | SWAPW Y | 1 | 90 | 5E | | | | 2 |

### 7. 堆栈操作指令

堆栈操作是计算机系统基本操作之一。设置堆栈操作的目的是为了迅速保护断点和现场，以便在子程序或中断服务子程序运行结束后，能正确返回主程序。STM8 内核 CPU 堆栈操作指令包括字节(8 位)入堆操作 PUSH 指令、字(16 位)入堆操作 PUSHW 指令，以及与之对应的字节出堆操作指令 POP、字出堆操作指令 POPW。这些指令的格式、机器码、执行时间如表 4-9 所示。

表 4-9　堆栈操作指令格式、机器码以及执行时间

| 操作数 | 举　例 | 执行时间 | 操 作 码 | | | | | 长度 |
|---|---|---|---|---|---|---|---|---|
| A | PUSH A | 1 | | 88 | | | | 1 |
| CC | PUSH CC | 1 | | 8A | | | | 1 |
| #Byte | PUSH #$5A | 1 | | 4B | XX | | | 2 |
| longmem | PUSH $1000 | 1 | | 3B | MS | LS | | 3 |
| X | PUSHW X | 2 | | 89 | | | | 1 |
| Y | PUSHW Y | 2 | 90 | 89 | | | | 2 |
| A | POP A | 1 | | 84 | | | | 1 |
| CC | POP CC | 1 | | 86 | | | | 1 |
| longmem | POP $1000 | 1 | | 32 | MS | LS | | 3 |
| X | POPW X | 2 | | 85 | | | | 1 |
| Y | POPW Y | 2 | 90 | 85 | | | | 2 |

有关 STM8 内核 CPU 堆栈操作的过程，已在第 2 章介绍过，这里只强调堆栈操作应注意的问题：

(1) 在子程序开始处安排若干条 PUSH 指令，把需要保护的寄存器内容(累加器 A、条件码寄存器 CC、索引寄存器 X 和 Y)压入堆栈，在子程序返回指令前，安排相应的 POP 指令，将寄存器原来内容弹出。PUSH 和 POP 指令必须成对存在，且入栈顺序与出栈顺序相反，子程序结构如下：

```
PUSH    CC        ; 保护现场
PUSH    A
    ⋮             ; 子程序实体
POP  A            ; 恢复现场
POP  CC
RET               ; 子程序返回
```

(2) 在 STM8 内核 CPU 的中断服务程序中，无须借助“PUSH A”、“PUSHW X”之类的指令保护现场，这是因为 STM8 内核 CPU 响应中断请求后，自动将 CPU 内寄存器压入堆栈。

从数据传送指令表中可以看出：CPU 内寄存器 A、X、Y 及存储单元之间的数据传送指令一般仅需要一个机器周期，即从执行时间的角度看，任意一个 RAM 单元均可作为 CPU 内寄存器使用。

### 4.3.2　算术运算(Arithmetic operations)指令

STM8S 提供了丰富的算术运算指令，具有较强的数值处理能力，包括三条加法运算指令：不带进位字节加法指令 ADD，带进位字节加法指令 ADC，不带进位字加法指令 ADDW；

三条减法运算指令：不带借位字节减法指令 SUB，带借位字节减法指令 SBC，不带借位字减法指令 SUBW；增 1 指令：字节增量指令和字增量指令；减 1 指令：字节减量指令和字减量指令；以及 8 位乘法指令、16 位除法指令等。

一般情况下，算术运算指令执行后会影响条件码寄存器 CC 中除 I1、I0 位外所有的标志位，如表 4-10 所示。

**表 4-10　算术运算指令对标志位的影响**

| 指令操作码助记符 | 目的操作数 | 源操作数 | 标志寄存器 CC | | | | | | | |
|---|---|---|---|---|---|---|---|---|---|---|
| | | | V | — | I1 | H | I0 | N | Z | C |
| ADD | A | #Byte | V | — | — | H | — | N | Z | C |
| | A | Mem | V | — | — | H | — | N | Z | C |
| ADC | A | #Byte | V | — | — | H | — | N | Z | C |
| | A | Mem | V | — | — | H | — | N | Z | C |
| ADDW | X | Mem | V | — | — | H | — | N | Z | C |
| | Y | Mem | V | — | — | H | — | N | Z | C |
| | SP | #Byte | — | — | — | — | — | — | — | — |
| SUB | A | #Byte | V | — | — | — | — | N | Z | C |
| | A | Mem | V | — | — | — | — | N | Z | C |
| SBC | A | #Byte | V | — | — | — | — | N | Z | C |
| | A | Mem | V | — | — | — | — | N | Z | C |
| SUBW | X | Mem | V | — | — | H | — | N | Z | C |
| | Y | Mem | V | — | — | H | — | N | Z | C |
| | SP | #Byte | — | — | — | — | — | — | — | — |
| MUL | X | A | — | — | — | 0 | — | — | — | 0 |
| | Y | A | — | — | — | 0 | — | — | — | 0 |
| DIV | X | A | 0 | — | — | 0 | — | 0 | Z | C |
| | Y | A | 0 | — | — | 0 | — | 0 | Z | C |
| DIVW | X | Y | 0 | — | — | 0 | — | 0 | Z | C |

### 1. 加法指令

STM8 CPU 加法指令操作码助记符、指令格式、机器码以及指令的执行时间如表 4-11 所示。

表 4-11　STM8 内核 CPU 加法指令

| 目的操作数 | 源操作数 | 举　例 | 执行时间 | 操 作 码 | | | | | 长度 |
|---|---|---|---|---|---|---|---|---|---|
| A | #Byte | ADD A,#$5A | 1 | | AB | XX | | | 2 |
| A | shortmem | ADD A,$50 | 1 | | BB | XX | | | 2 |
| A | longmem | ADD A,$1000 | 1 | | CB | MS | LS | | 3 |
| A | (X) | ADD A,(X) | 1 | | FB | | | | 1 |
| A | (shortmem,X) | ADD A,($50,X) | 1 | | EB | XX | | | 2 |
| A | (longmem,X) | ADD A,($5000,X) | 1 | | DB | MS | LS | | 3 |
| A | (Y) | ADD A,(Y) | 1 | 90 | FB | | | | 2 |
| A | (shortmem,Y) | ADD A,($50,Y) | 1 | 90 | EB | XX | | | 3 |
| A | (longmem,Y) | ADD A,($1000,Y) | 1 | 90 | DB | MS | LS | | 4 |
| A | (shortmem,SP) | ADD A,($50,SP) | 1 | | 1B | XX | | | 2 |
| A | [shortptr.w] | ADD A,[$50.W] | 4 | 92 | CB | XX | | | 3 |
| A | [longptr.w] | ADD A,[$1000.W] | 4 | 72 | CB | MS | LS | | 4 |
| A | ([shortptr.w],X) | ADD A,([$50.W],X) | 4 | 92 | DB | XX | | | 3 |
| A | ([longptr.w],X) | ADD A,([$1000.W],X) | 4 | 72 | DB | MS | LS | | 4 |
| A | ([shortptr.w],Y) | ADD A,([$50.W],Y) | 4 | 91 | DB | XX | | | 3 |
| A | #Byte | ADC A,#$5A | 1 | | A9 | XX | | | 2 |
| A | shortmem | ADC A,$50 | 1 | | B9 | XX | | | 2 |
| A | longmem | ADC A,$1000 | 1 | | C9 | MS | LS | | 3 |
| A | (X) | ADC A,(X) | 1 | | F9 | | | | 1 |
| A | (shortmem,X) | ADC A,($50,X) | 1 | | E9 | XX | | | 2 |
| A | (longmem,X) | ADC A,($5000,X) | 1 | | D9 | MS | LS | | 3 |
| A | (Y) | ADC A,(Y) | 1 | 90 | F9 | | | | 2 |
| A | (shortmem,Y) | ADC A,($50,Y) | 1 | 90 | E9 | XX | | | 3 |
| A | (longmem,Y) | ADC A,($1000,Y) | 1 | 90 | D9 | MS | LS | | 4 |
| A | (shortmem,SP) | ADC A,($50,SP) | 1 | | 19 | XX | | | 2 |
| A | [shortptr.w] | ADC A,[$50.W] | 4 | 92 | C9 | XX | | | 3 |
| A | [longptr.w] | ADC A,[$1000.W] | 4 | 72 | C9 | MS | LS | | 4 |
| A | ([shortptr.w],X) | ADC A,([$50.W],X) | 4 | 92 | D9 | XX | | | 3 |
| A | ([longptr.w],X) | ADC A,([$1000.W],X) | 4 | 72 | D9 | MS | LS | | 4 |
| A | ([shortptr.w],Y) | ADC A,([$50.W],Y) | 4 | 91 | D9 | XX | | | 3 |
| X | #Word | ADDW X, #$1000 | 2 | | 1C | MS | LS | | 3 |
| X | longmem | ADDW X, $1000 | 2 | 72 | BB | MS | LS | | 4 |
| X | (shortmem,SP) | ADDW X,($50,SP) | 2 | 72 | FB | XX | | | 3 |
| Y | #Word | ADDW Y, #$1000 | 2 | 72 | A9 | MS | LS | | 3 |
| Y | longmem | ADDW Y, $1000 | 2 | 72 | B9 | MS | LS | | 4 |
| Y | (shortmem,SP) | ADDW Y,($50,SP) | 2 | 72 | F9 | XX | | | 3 |
| SP | #Byte | ADDW SP,#$5A | 2 | | 5B | XX | | | 2 |

由表 4-11 可以看出：

(1) ADD、ADC 加法指令的目的操作数一般为累加器 A，源操作数支持寄存器、直接、寄存器间接、立即数、变址等多钟寻址方式。加数(源操作数)可以是 00 段内(0000H～FFFFFH)任一存储单元。但 STM8 CPU 内两个寄存器之间不能直接相加，如“ADD A,XL”、“ADDW X,Y”指令不存在。

(2) 在 STM8 指令系统中，有一条特殊的 16 位加法指令和一条特殊的 16 位减法指令。

```
ADDW SP, #Byte        ; SP←SP+#Byte(8 位立即数)
SUBW SP, #Byte        ; SP←SP−#Byte(8 位立即数)
```

这两条指令主要用于迅速将 SP 指针上下移动指定的偏移量，并不是为了进行加法或减法运算，因此，这两指令执行后不影响 CC 寄存器中的标志位。

(3) 加法指令执行后将影响进位标志 C、溢出标志 V、半进位标志 H、零标志 Z、负号标志 N。

若相加后 b7 位有进位，则 C 为 1；反之为 0。b7 有进位，表示两个无符号数相加时，结果大于 255，和的低 8 位存放在累加器 A 中，即

$$\mathrm{C} = A_7 \cdot M_7 + M_7\overline{R_7} + A_7\overline{R_7}$$

其中，$A_7$ 表示运算前累加器 A 的 b7 位；$M_7$ 表示运算前存储单元的 b7 位；$R_7$ 表示运算结果的 b7 位。

CPU 并不知道参加运算的两个数是无符号数，还是有符号数，程序员只能借助溢出标志 V 来判别带符号数相加是否溢出。对于带符号数来说，b7 是符号位，b7 为 0 表示正数，b7 为 1 表示负数，且负数为补码形式。于是，当两个正数相加时，如果累加器 A 的 b7 为 1，表示结果不可能是负数，即和大于 +127；同理，当两个负数相加时，如果累加器 A 的 b7 为 0，表示结果不可能是正数，即和小于 −128。在加法指令中，溢出标志 V 置 1 的条件是：两个操作数的符号相同，即 b7 位同为 0 或 1，但结果的符号位相反，即

$$\mathrm{V} = A_7 \cdot M_7 \cdot \overline{R_7} + \overline{A_7} \cdot \overline{M_7} \cdot R_7$$

对于带符号数加法运算来说，当溢出标志 V 为 1，表示结果不正确。

若相加后 b3 位向 b4 位进位，则 H 为 1；反之为 0，即

$$\mathrm{H} = A_3 \cdot M_3 + M_3\overline{R_3} + A_3\overline{R_3}$$

当运算结果为 0 时，Z = 1。

当运算结果的最高位为 0，对 8 位来说 b7 = 0，对 16 位来说 b15 = 0，则标志 N = 0。

(4) 带进位加法指令中的累加器 A 除了加源操作数外，还需要加上条件码寄存器 CC 中的进位标志 C。设置带进位加法指令的目的是为了实现多字节加法运算。

**例 4-3**　将存放在 30H、31H 单元中的 16 位二进制数与存放在 32H、33H 单元中的 16 位二进制数相加，假设结果存放在 30H、31H 中。

```
LD      A,$31     ; 将被加数低 8 位送寄存器 A 中
ADD     A,$33     ; 与加数低 8 位(33H 单元内容)相加，结果存放在 A 中
LD      $31,A     ; 将和的低 8 位保存到 31H 单元中
LD      A,$30     ; 将被加数高 8 位送寄存器 A 中
```

```
ADC      A,$32     ; 与加数高 8 位(32H 单元内容)相加，结果存放在 A 中
                   ; 由于低 8 位相加时，结果可能大于 0FFH，产生进位，因此高 8 位
                   ; 相加时用 ADC 指令
LD       $30,A     ; 将和的高 8 位保存到 30H 单元中
```

STM8 内核 CPU 具有 16 位加法指令，可直接使用 ADDW 指令完成上面的计算，不仅指令代码短，执行时间也相应缩短，如

```
LDW X, 30H         ; 把 16 位被加数送寄存器 X
ADDW X, 32H        ; 与 16 位加数相加
LDW 30H, X         ; 结果送 30H、31H 单元中
```

在“ADDW X,mem”、“ADDW Y,mem”指令中，当 b15 有进位时，C 标志为 1；当 b7 向 b8 进位时，半进位 H 标志为 1。

(5) STM8 内核 CPU 没有 BCD 码加法调正指令“DAA”，对于 BCD 相加只能借助标志位判别或先转化为二进制后再相加。

**例 4-4** 压缩形式 BCD 码加法程序。

```
;------模块名------
BCD_ADD:
;两位压缩形式的 BCD 码加法运算子程序
;入口参数：A 存放被加数，R00 存放加数
;出口参数：压缩形式“和”存放在 A 寄存器中，C 存放进位标志
;使用资源：R01
;说明：与 ADD A, R00 指令类似
   ADD A, R00
   PUSH CC                         ; 先保护标志位
   LD R01, A                       ; 保存运算结果
   JRH BCD_ADD_NEXT1               ; H 标志为 1，则需要+6 校正
   ;判别结果的低 4 位是否在 A～F 之间
   AND A, #0FH
   CP A,   #0AH
   JRC BCD_ADD_NEXT2               ; 小于 A，无须校正
   ;>=A，需要加 06H 调正
   LD A, R01                       ; 取运算结果
 BCD_ADD_NEXT1:
   ADD A, #06H                     ; +6 校正
   LD R01, A
 BCD_ADD_NEXT2:
   ;取结果
   LD A, R01
   POP CC
   JRC BCD_ADD_NEXT3               ; C 标志为 1，则需要+60H 校正
```

```
  ;判别十位是否大于 A～F
  AND A, #0F0H
  CP A, #0A0H
  JRC BCD_ADD_NEXT4              ; 高 4 位小于 A，无须调正
  ;>=A
  LD A, R01
BCD_ADD_NEXT3:
  ADD A, #60H                    ; 加 60H 调正
  LD R01, A
BCD_ADD_NEXT4:
  LD A, R01
  RET
  RET
  RET
  RET
  RET
```

## 2. 减法指令

STM8 内核 CPU 减法指令操作码助记符、指令格式、机器码以及指令的执行时间如表 4-12 所示。

表 4-12 STM8 内核 CPU 减法指令

| 目的操作数 | 源操作数 | 举 例 | 执行时间 | 操 作 码 | | | | | 长度 |
|---|---|---|---|---|---|---|---|---|---|
| A | #Byte | SUB A,#$5A | 1 | | A0 | XX | | | 2 |
| A | shortmem | SUB A,$50 | 1 | | B0 | XX | | | 2 |
| A | longmem | SUB A,$1000 | 1 | | C0 | MS | LS | | 3 |
| A | (X) | SUB A,(X) | 1 | | F0 | | | | 1 |
| A | (shortmem,X) | SUB A,($50,X) | 1 | | E0 | XX | | | 2 |
| A | (longmem,X) | SUB A,($5000,X) | 1 | | D0 | MS | LS | | 3 |
| A | (Y) | SUB A,(Y) | 1 | 90 | F0 | | | | 2 |
| A | (shortmem,Y) | SUB A,($50,Y) | 1 | 90 | E0 | XX | | | 3 |
| A | (longmem,Y) | SUB A,($1000,Y) | 1 | 90 | D0 | MS | LS | | 4 |
| A | (shortmem,SP) | SUB A,($50,SP) | 1 | | 10 | XX | | | 2 |
| A | [shortptr.w] | SUB A,[$50.W] | 4 | 92 | C0 | XX | | | 3 |
| A | [longptr.w] | SUB A,[$1000.W] | 4 | 72 | C0 | MS | LS | | 4 |
| A | ([shortptr.w],X) | SUB A,([$50.W],X) | 4 | 92 | D0 | XX | | | 3 |
| A | ([longptr.w],X) | SUB A,([$1000.W],X) | 4 | 72 | D0 | MS | LS | | 4 |
| A | ([shortptr.w],Y) | SUB A,([$50.W],Y) | 4 | 91 | D0 | XX | | | 3 |
| A | #Byte | SBC A,#$5A | 1 | | A2 | XX | | | 2 |

**续表**

| 目的操作数 | 源操作数 | 举　例 | 执行时间 | 操 作 码 | | | | | 长度 |
|---|---|---|---|---|---|---|---|---|---|
| A | shortmem | SBC A,$50 | 1 | | B2 | XX | | | 2 |
| A | longmem | SBC A,$1000 | 1 | | C2 | MS | LS | | 3 |
| A | (X) | SBC A,(X) | 1 | | F2 | | | | 1 |
| A | (shortmem,X) | SBC A,($50,X) | 1 | | E2 | XX | | | 2 |
| A | (longmem,X) | SBC A,($5000,X) | 1 | | D2 | MS | LS | | 3 |
| A | (Y) | SBC A,(Y) | 1 | 90 | F2 | | | | 2 |
| A | (shortmem,Y) | SBC A,($50,Y) | 1 | 90 | E2 | XX | | | 3 |
| A | (longmem,Y) | SBC A,($1000,Y) | 1 | 90 | D2 | MS | LS | | 4 |
| A | (shortmem,SP) | SBC A,($50,SP) | 1 | | 12 | XX | | | 2 |
| A | [shortptr.w] | SBC A,[$50.W] | 4 | 92 | C2 | XX | | | 3 |
| A | [longptr.w] | SBC A,[$1000.W] | 4 | 72 | C2 | MS | LS | | 4 |
| A | ([shortptr.w],X) | SBC A,([$50.W],X) | 4 | 92 | D2 | XX | | | 3 |
| A | ([longptr.w],X) | SBC A,([$1000.W],X) | 4 | 72 | D2 | MS | LS | | 4 |
| A | ([shortptr.w],Y) | SBC A,([$50.W],Y) | 4 | 91 | D2 | XX | | | 3 |
| X | #Word | SUBW X, #$1000 | 2 | | 1D | MS | LS | | 3 |
| X | longmem | SUBW X, $1000 | 2 | 72 | B0 | MS | LS | | 4 |
| X | (shortmem,SP) | SUBW X,($50,SP) | 2 | 72 | F0 | XX | | | 3 |
| Y | #Word | SUBW Y, #$1000 | 2 | 72 | A2 | MS | LS | | 3 |
| Y | longmem | SUBW Y, $1000 | 2 | 72 | B2 | MS | LS | | 4 |
| Y | (shortmem,SP) | SUBW Y,($50,SP) | 2 | 72 | F2 | XX | | | 3 |
| SP | #Byte | SUBW SP,#$5A | 2 | | 52 | XX | | | 2 |

STM8 减法指令与加法指令类似，操作结果同样会影响标志位。

(1) C 为 1，表示被减数小于减数，产生借位。

(2) V 同样用于判别两个带符号数相减后，差是否超出 8 位带符号数所能表示的范围(−128～+127)。当两个异号数相减时，差的符号与被减数相反，则溢出标志 V 为 1，结果不正确。例如，被减数为正数，减数为负数，相减后的结果应该是正数，但如果累加器 A 的 b7 为 1，即负数，则表明结果不正确。

(3) 如果相减时 b3 位向 b4 位借位，则 H 标志 1；反之为 0。

(4) 当运算结果为 0 时，Z = 1。

(5) 当运算结果最高位为 0，对 8 位来说 b7 = 0，对 16 位来说 b15 = 0，则标志 N = 0。

字节减法指令 SUB、SBC 不影响半进位标志 H，即在 STM8 系统中，不能通过减法指令完成 BCD 码的减法运算。

字减法运算指令会影响 H 标志，当 b7 向 b8 借位时，H 标志为 1。

**例 4-5** 用减法指令求存放在 RAM 单元中两数的差值。假设被减数存放在 30H 单元中，减数存放在 31H 单元中，差放在 40H 单元中。

```
LD      A,$30      ; 被减数送寄存器 A
```

```
SUB     A,$31     ；减去 31H 单元中的减数
LD      $40, A    ；结果保存到 40H 单元中
```

### 3. 乘法指令

STM8S 提供了两条 8 位无符号数乘法指令，其操作码助记符、指令格式、机器码以及执行时间如表 4-13 所示。

**表 4-13 乘法指令格式、机器码以及执行时间**

| 目的操作数 | 源操作数 | 举 例 | 功能 | 执行时间 | 操 作 码 | | | | | 长度 |
|---|---|---|---|---|---|---|---|---|---|---|
| X | A | MUL X,A | $X \leftarrow X_L \times A$ | 4 | | 42 | | | | 1 |
| Y | A | MUL Y,A | $Y \leftarrow Y_L \times A$ | 4 | 90 | 42 | | | | 2 |

对于 MUL X, A 指令来说，8 位无符号数被乘数放在索引寄存器 X 的低 8 位 XL 中，忽略高 8 位 XH，乘数放在累加器 A(8 位无符号数)中，乘积(16 位无符号数)存放在索引寄存器 X 中。

对于 MUL Y, A 指令来说，8 位无符号数被乘数放在索引寄存器 Y 的低 8 位 YL 中，忽略高 8 位 YH，乘数放在累加器 A(8 位无符号数)中，乘积(16 位无符号数)存放在索引寄存器 Y 中。

乘法指令影响标志位：进位标志 C 与半进位标志 H 总为 0，而其他位保持不变，不受影响。

STM8 CPU 没有提供 8 位×16 位、16 位×16 位、16 位×24 位等多字节乘法指令，只能通过单字节乘法指令实现多字节乘法运算，可采用图 4-2 所示算法实现相应的多字节乘法运算。

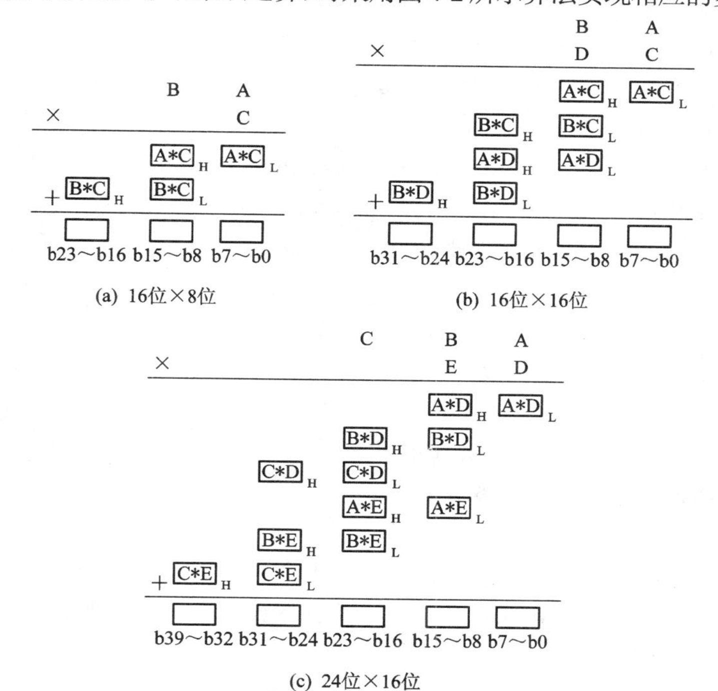


图 4-2 多字节乘法算法

在 16 位乘 8 位运算中，16 位被乘数占 2 字节，用 BA 表示；8 位乘数占 1 字节，用 C

表示，则乘积为 24 位。显然“A*C”为 16 位，“B*C”为 24 位。因此，可用图 4-2(a)所示算法实现。

在 16 位乘 16 位运算中，16 位被乘数占 2 字节，用 BA 表示；16 位乘数也占 2 字节，用 DC 表示，则乘积为 32 位。显然“A*C”为 16 位，“B*C”为 24 位；“A*D”为 24 位，“B*D”为 32 位。因此，可用图 4-2(b)所示算法实现。

在 24 位乘 16 位运算中，24 位被乘数占 3 字节，用 CBA 表示；16 位乘数占 2 字节，用 ED 表示，乘积应该为 40 位。显然“A*D”为 16 位，“B*D”为 24 位，“C*D”为 32 位；“A*E”为 24 位，“B*D”为 32 位，“E*C”为 40 位。因此，可用图 4-2(c)所示算法实现。

**例 4-6**　编写一个程序段，实现 16 位 × 8 位运算。

```
MUL1608:
    ; 16bit*8bit 运算程序
    ; 入口参数: 16 位被乘数存放 R01～R02 中(高位放在低地址)
    ;          : 8 位乘数存放在 R00 中
    ; 出口参数: 24 位乘积存放在 R03～R05 中(高位放在低地址)
    ; 算法: 多字节乘法运算规则
    ; 执行时间为 21 个机器周期
    ; 使用资源 A、X
    CLR R03                ; 清除乘积最高位(b23～b16)
    ; 计算低 8 位相乘
    LD A, R02              ; 取被乘数的低 8 位
    LD XL, A
    LD A, R00              ; 取 8 位乘数
    MUL X,A
    LDW R04, X             ; 16 位乘积送 R04、R05 中
    ; 计算高 8 位相乘
    LD A, R01              ; 取被乘数的高 8 位
    LD XL, A
    LD A, R00              ; 取 8 位乘数
    MUL X,A
    ; 求和
    ADDW X, R03            ; 与[AC]H 相加
    LDW R03, X             ; 保存结果
    RET
```

以上程序段代码并不长，执行时间也仅为 21 个机器周期。

**例 4-7**　编写一个程序段，实现 16 位 × 16 位运算。

```
        segment 'ram0'
    Bytes                  ; 执行 ram0 段内的变量标号为字节标号
    R00 DS.B 1
    R01 DS.B 1
```

```
    R02 DS.B 1
    R03 DS.B 1
    R04 DS.B 1
    R05 DS.B 1
    R06 DS.B 1
    R07 DS.B 1
MUL1616:
   ；16bit*16bit 运算程序
   ；入口参数：16 位被乘数存放 R00～R01 中(高位放在低地址)
   ；          16 位乘数存放在 R02～R03 中(高位放在低地址)
   ；出口参数：32 位乘积存放在 R04～R07 中(高位放在低地址)
   ；算法：多字节乘法运算
   ；执行时间为 45 个机器周期
   ；使用资源 A、X
   CLR R04              ；清除乘积高 16 位(b31～b16)存放单元
   CLR R05
   ; CLR R06            ；由于用字传送指令，将低 8 位乘低 8 位的结果直接送 R06、R07 单元，
                        ；因此不必先清零
   ; CLR R07
   LD A, R01            ；取被乘数的低 8 位
   LD XL, A             ；送寄存器 XL
   LD A, R03            ；取乘数的低 8 位
   MUL X,A              ；计算 AC
   LDW R06,X            ；保存 AC 的结果
   ；计算 BC
   LD A, R00            ；取被乘数的高 8 位
   LD XL, A             ；送寄存器 XL
   LD A, R03            ；取乘数的低 8 位
   MUL X,A              ；计算 BC
   ADDW X,R05           ；计算机([AC]H,[AC]L) + ([BC]H,[BC]L)
   LDW R05,X
   ；16 位乘 8 位，结果为 24 位，不可能产生进位
   ；计算 AD
   LD A, R01            ；取被乘数的低 8 位
   LD XL, A             ；送寄存器 XL
   LD A, R02            ；取乘数的高 8 位
   MUL X,A              ；计算 AD
   ADDW X,R05           ；求和
   LDW R05,X
```

```
BCCM R04, #0        ; 用 BCCM 指令将进位标志送 R04 单元的 b0 位，代替下面三条指令
                    ; 可减少 2 个机器周期
;CLR A              ; 清除 A
;ADC A, R04         ; 加进位标志 C
;LD R04,A
;计算 BD
LD A, R00           ; 取被乘数的高 8 位
LD XL, A            ; 送寄存器 XL
LD A, R02           ; 取乘数的高 8 位
MUL X,A             ; 计算 AD
ADDW X,R04          ; 求和
LDW R04,X           ; 保存和。不可能产生进位
RET
```

可见，在 STM8 中充分利用 16 位加法指令 ADDW、16 位数据传送指令 LDW，完成多字节乘法运算用时并不多，例 4-6 所示仅用 45 个机器周期。

**4. 除法指令**

STM8 提供了 16 位除 8 位、16 位除 16 位无符号数除法指令，其操作码助记符、指令格式、机器码等如表 4-14 所示。

**表 4-14　STM8 CPU 除法指令**

| 目的操作数 | 源操作数 | 举例 | 功　能 | 执行时间 | 操　作　码 | | | | | 长度 |
|---|---|---|---|---|---|---|---|---|---|---|
| X | A | DIV X,A | $X \leftarrow \mathrm{Int}(\frac{X}{A})$<br>$A \leftarrow \mathrm{Mod}(\frac{X}{A})$ | 2～17 | | 62 | | | | 1 |
| Y | A | DIV Y,A | $Y \leftarrow \mathrm{Int}(\frac{Y}{A})$<br>$A \leftarrow \mathrm{Mod}(\frac{Y}{A})$ | 2～17 | 90 | 62 | | | | 2 |
| X | Y | DIVW X, Y | $X \leftarrow \mathrm{Int}(\frac{X}{Y})$<br>$Y \leftarrow \mathrm{Mod}(\frac{X}{Y})$ | 2～17 | | 65 | | | | 1 |

除法指令影响标志位：溢出标志 V、半进位标志 H、负数标志 N 总为 0；零标志 Z——商为 0 时，Z 置 1；进位标志 C——除数为 0 时，C 为 1，即借用了进位标志 C 指示除数是否为 0。

对于 16 位除 8 位指令，如“DIV X, A”，商为 16 位，余数为 8 位，显然余数取值范围在 0～[除数 −1]之间。

对于 16 位除 16 位指令“DIV X, Y”来说，商为 16 位，余数也是 16 位。

对于更多位除法运算，如 32 位除 16 位等多位除法运算，可借助减法或类似多项式除法运算规则完成。

用减法实现除法运算的原理是：先用被除数减去除数，够减则商为 1，反之则为 0；再

循环使用差减除数，够减商加 1，直到不够减为止。当除数远远小于被除数时，执行时间可能偏长。

用类似多项式除法运算规则完成除法运算的时间是固定的，与除数大小无关。

**例 4-8**　利用 16 位除法指令，将 16 位二进制数转换为非压缩形式的 BCD 码。

```
BIN_BCD:              ; 二进制→BCD 码
 ; 算法：由于 STM8 CPU 具有 16 除法指令，因此:
 ; 万位 BCD = 二进制数/10000
 ; 千位 BCD = 余数/1000
 ; 百位 BCD = 上一次除法运算余数/100
 ; 十位 BCD = 上一次除法运算余数/10
 ; 个数 BCD = 上一次除法运算余数
 ; 入口参数:
 ; BIN_data ds.w (16 位二进制数存放在 BIN_data 变量中)
 ; 出口参数:
 ; BCD_data ds.b 5(非压缩形式的 BCD 存放在以 BCD_data ds.b 开始的 RAM 存储区中
 ; 使用资源: A,X,Y
      LDW X, BIN_data
      LDW Y, #10000
      DIVW X,Y
      LD A, XL                  ; 商，即万位送 A
      LD {BCD_data+0}, A        ; 保存万位码
      ;转换千位
      LDW X,Y                   ; 取余数
      LDW Y, #1000
      DIVW X,Y
      LD A, XL                  ; 商，即千位送 A
      LD {BCD_data+1}, A        ; 保存千位码
      ;转换百位
      LDW X,Y                   ; 取余数
      LD A, #100
      DIV X, A                  ; 商在 XL 中，余数在 A 中
     EXG A, XL                  ; 交换商与余数存放位置
      LD {BCD_data+2}, A        ; 保存百位码
      ;转换十位与个位
      LD A, #10
      DIV X, A                  ; 商(十位)在 XL 中，余数(个位)在 A 中
      LD {BCD_data+4}, A        ; 先保存个位码
      LD A, XL
      LD {BCD_data+3}, A        ; 再保存十位码
      RET
```

### 4.3.3 增量/减量(Increment/Decrement)指令

加 1 指令也称为“增量指令”，操作结果是操作数加 1。STM8 CPU 提供了字节加 1 指令 INC 和字加 1 指令 INCW。

减 1 指令也称为“减量指令”，操作结果是操作数减 1。STM8 CPU 提供了字节减 1 指令 DEC 和字减 1 指令 DECW。

这类指令仅影响 CC 寄存器中的 Z(零标志)、N(负号标志)、V(溢出标志)，即一个正数加、减 1 操作后，当结果超出其表示的范围时，则溢出标志 V 有效，如表 4-15 所示。

**表 4-15 增/减量指令对标志位的影响**

| 指令操作码助记符 | 目的操作数 | 标志寄存器 CC | | | | | | | |
|---|---|---|---|---|---|---|---|---|---|
| | | V | — | I1 | H | I0 | N | Z | C |
| INC | A | V | — | — | — | — | N | Z | — |
| | mem | V | — | — | — | — | N | Z | — |
| INCW | X | V | — | — | — | — | N | Z | — |
| | Y | V | — | — | — | — | N | Z | — |
| DEC | A | V | — | — | — | — | N | Z | — |
| | mem | V | — | — | — | — | N | Z | — |
| DECW | X | V | — | — | — | — | N | Z | — |
| | Y | V | — | — | — | — | N | Z | — |

**1. 加 1 指令**

加 1 指令操作码助记符、指令格式以及机器码等如表 4-16 所示。

**表 4-16 加 1 指令格式、机器码以及执行时间**

| 操作数 | 举 例 | 执行时间 | 操 作 码 | | | | | 长度 |
|---|---|---|---|---|---|---|---|---|
| A | INC A | 1 | | 4C | | | | 1 |
| shortmem | INC $50 | 1 | | 3C | XX | | | 2 |
| longmem | INC $5000 | 1 | 72 | 5C | MS | LS | | 4 |
| (X) | INC (X) | 1 | | 7C | | | | 1 |
| (shortoff,X) | INC ($50,X) | 1 | | 6C | XX | | | 2 |
| (longoff,X) | INC ($5000,X) | 1 | 72 | 4C | MS | LS | | 4 |
| (Y) | INC (Y) | 1 | 90 | 7C | | | | 2 |
| (shortoff,Y) | INC ($50,Y) | 1 | 90 | 6C | XX | | | 3 |
| (longoff,Y) | INC ($5000,Y) | 1 | 90 | 4C | MS | LS | | 4 |
| (shortoff,SP) | INC ($50,SP) | 1 | | 0C | XX | | | 2 |
| [shortptr.w] | INC [$10] | 4 | 92 | 3C | XX | | | 3 |
| [longptr.w] | INC [$1000.w] | 4 | 72 | 3C | MS | LS | | 4 |
| ([shortptr.w],X) | INC ([$10],X) | 4 | 92 | 6C | XX | | | 3 |
| ([longptr.w],X) | INC ([$1000.w],X) | 4 | 72 | 6C | MS | LS | | 4 |
| ([shortptr.w],Y) | INC ([$10],Y) | 4 | 91 | 6C | XX | | | 3 |
| X | INCW X | 1 | | 5C | | | | 1 |
| Y | INCW Y | 1 | 90 | 5C | | | | 2 |

对字节加 1 指令来说，操作数当前值为 FFH 时，执行 INC 指令后，变为 00，Z 标志为 1，进位标志 C 不变，这是因为 INC 指令不影响进位标志 C。

INC 指令影响 V 标志是为了判别对有符号数进行“加 1”操作后是否溢出。例如，当操作数为 7FH 时，执行“加 1”操作后，结果为 80H，同时 V 标志为 1，两个正数相加，结果为负。INC 指令与加数为 1 的 ADD 指令，尽管都能使操作对象加 1，但 ADD 指令会影响进位标志 C。当需要对某存储单元进行加 1 操作时，更应该使用 INC 指令，而不是 ADD 指令。下列指令均可以使 R01 单元加 1，使用 INC 指令更简单：

```
INC R01          ；使用 INC 指令使 R01 单元加 1，仅需要一条指令
```

或

```
LD A, R01        ；用 ADD 指令完成 R01 单元加 1 需要三条指令
ADD A, #1
LD R01, A
```

**2. 减 1 指令**

减 1 指令操作码助记符、指令格式以及机器码等如表 4-17 所示。

**表 4-17　减 1 指令格式、机器码以及执行时间**

| 操作数 | 举　例 | 执行时间 | 操 作 码 | | | | | 长度 |
|---|---|---|---|---|---|---|---|---|
| A | DEC A | 1 | | 4A | | | | 1 |
| shortmem | DEC $50 | 1 | | 3A | XX | | | 2 |
| longmem | DEC $5000 | 1 | 72 | 5A | MS | LS | | 4 |
| (X) | DEC(X) | 1 | | 7A | | | | 1 |
| (shortoff,X) | DEC($50,X) | 1 | | 6A | XX | | | 2 |
| (longoff,X) | DEC($5000,X) | 1 | 72 | 4A | MS | LS | | 4 |
| (Y) | DEC(Y) | 1 | 90 | 7A | | | | 2 |
| (shortoff,Y) | DEC($50,Y) | 1 | 90 | 6A | XX | | | 3 |
| (longoff,Y) | DEC($5000,Y) | 1 | 90 | 4A | MS | LS | | 4 |
| (shortoff,SP) | DEC($50,SP) | 1 | | 0A | XX | | | 2 |
| [shortptr.w] | DEC[$10] | 4 | 92 | 3A | XX | | | 3 |
| [longptr.w] | DEC[$1000.w] | 4 | 72 | 3A | MS | LS | | 4 |
| ([shortptr.w],X) | DEC([$10],X) | 4 | 92 | 6A | XX | | | 3 |
| ([longptr.w],X) | DEC([$1000.w],X) | 4 | 72 | 6A | MS | LS | | 4 |
| ([shortptr.w],Y) | DEC([$10],Y) | 4 | 91 | 6A | XX | | | 3 |
| X | DECW X | 1 | | 5A | | | | 1 |
| Y | DECW Y | 1 | 90 | 5A | | | | 2 |

对字节减 1 指令来说，当操作数当前值为 00H 时，执行 DEC 指令后，变为 FFH，进位标志 C 也不变，原因是减 1 指令不影响进位标志 C。

### 4.3.4　逻辑运算(Logical operations)指令

逻辑运算指令在计算机指令系统中的重要性并不亚于算术运算指令。STM8 CPU 提供

了丰富的逻辑运算指令，包括强制清零指令、逻辑非(取反)、求补、与、或、异或、逻辑比较等。逻辑运算指令一般仅影响 N 标志与 Z 标志：当结果最高位为 1(负数)，对 8 位操作数来说是 b7 = 1，对 16 位操作数来说是 b15 = 1，则 N = 1；当运算结果为 0 时，Z = 1。其具体情况如表 4-18 所示。

**表 4-18　逻辑运算指令对标志位的影响**

| 指令操作码助记符 | 目的操作数 | 源操作数 | 标志寄存器 CC | | | | | | | |
|---|---|---|---|---|---|---|---|---|---|---|
| | | | V | — | I1 | H | I0 | N | Z | C |
| CLR | A | | — | — | — | — | — | 0 | 1 | — |
| | mem | | — | — | — | — | — | 0 | 1 | — |
| CLRW | X | | — | — | — | — | — | 0 | 1 | — |
| | Y | | — | — | — | — | — | 0 | 1 | — |
| CPL | A | | — | — | — | — | — | N | Z | 1 |
| | mem | | — | — | — | — | — | N | Z | 1 |
| CPLW | X | | — | — | — | — | — | N | Z | 1 |
| | Y | | — | — | — | — | — | N | Z | 1 |
| NEG | A | | V | — | — | — | — | N | Z | C |
| | mem | | V | — | — | — | — | N | Z | C |
| NEGW | X | | V | — | — | — | — | N | Z | C |
| | Y | | V | — | — | — | — | N | Z | C |
| AND | A | #Byte | — | — | — | — | — | N | Z | — |
| | A | mem | — | — | — | — | — | N | Z | — |
| OR | A | #Byte | — | — | — | — | — | N | Z | — |
| | A | mem | — | — | — | — | — | N | Z | — |
| XOR | A | #Byte | — | — | — | — | — | N | Z | — |
| | A | mem | — | — | — | — | — | N | Z | — |

逻辑运算指令格式、操作码助记符、机器码等如表 4-19 所示。

**表 4-19　逻辑运算指令的格式、机器码以及执行时间**

| 指令名称 | 目的操作数 | 源操作数 | 举　例 | 执行时间 | 长度 |
|---|---|---|---|---|---|
| CLR/CLRW (强制清零指令) | A | | CLR A | 1 | 1 |
| | mem | | CLR mem | 1 或 4 | 2～4 |
| | X | | CLRW X | 2 | 1 |
| | Y | | CLRW Y | 2 | 2 |
| | (X) | | CLR (X) | 1 | 1 |
| | (Y) | | CLR (Y) | 1 | 2 |
| | ($10,X) | | CLR ($10, X) | 1 | 2 |
| | ($1000,X) | | CLR ($1000, X) | 1 | 4 |
| | ($10,Y) | | CLR ($10, Y) | 1 | 3 |
| | ($1000,Y) | | CLR ($1000, Y) | 1 | 4 |

续表

| 指令名称 | 目的操作数 | 源操作数 | 举　例 | 执行时间 | 长度 |
|---|---|---|---|---|---|
| CPL/CPLW<br>(取反指令(逻辑非)) | A | | CPL A | 1 | 1 |
| | mem | | CPL mem | 1 或 4 | 4 |
| | X | | CPLW X | 2 | 1 |
| | Y | | CPLW Y | 2 | 2 |
| NEG/NEGW<br>(求补运算) | A | | NEG A | 1 | 1 |
| | mem | | NEG mem | 1 或 4 | 4 |
| | X | | NEGW X | 2 | 1 |
| | Y | | NEGW Y | 2 | 2 |
| AND(逻辑与) | A | #Byte | AND A, #$55 | 1 | 2 |
| | A | mem | AND A, mem | 1 或 4 | 2～4 |
| OR(逻辑或) | A | #Byte | OR A, #$55 | 1 | 2 |
| | A | mem | OR A, mem | 1 或 4 | 2～4 |
| XOR(逻辑异或) | A | #Byte | XOR A, #$55 | 1 | 2 |
| | A | mem | XOR A, mem | 1 或 4 | 2～4 |

(1) 清零指令 CLR 与源操作数为立即数 00 的指令 AND、MOV、LD 具有相同的操作结果，唯一区别是指令码长度不同。例如：

```
CLR A              ; A←00。单字节指令
AND A, #00         ; A←A∧00。双字节指令
LD A, #00          ; A←00。双字节指令
```

CLR/CLRW 指令对标志位的影响容易理解：结果肯定为 0，Z 标志为 1；结果为 0，非负，N 自然也为 0。

(2) 取反指令 CPL 与源操作数为立即数 FF 的 XOR 指令具有相同的操作结果，但指令码长度不同，对标志位的影响也有所不同。

CPL A　　　　　　; A←$\overline{A}$。单字节指令

XOR A, #$FF　　　; A←A ⊕ $FF, 根据异或运算规则，结果为$\overline{A}$。双字节指令

CPL 指令根据操作结果设置 N、Z 标志，并强制将 C 标志置为 1。XOR 指令根据操作结果设置 N、Z 标志，不影响 C 标志。

(3) AND 指令常用于将目的操作数中指定位清 0，例如：

```
AND A, #$03        ; 将累加器 A 的 b7～b2 全部清 0
```

在构造立即数时，希望清 0 位取 0，其他位取 1。该指令执行后，A 中各位为 000000xxB，可见指定位为 0，其他位保持不变。

(4) OR 指令常用于将目的操作数中指定位置 1，例如：

```
OR A, #$03         ; 将累加器 A 的 b1～b0 置 1，而 b7～b2 位不变
```

在构造立即数时，希望置 1 位取 1，其他位取 0。该指令执行后，A 中各位为 xxxxxx11B，可见指定位为 1，其他位保持不变。

(5) XOR 指令常用于将目的操作数中指定取反，例如：

XOR A, #$88　　　　；将累加器 A 的 b7、b3 位取反，而其他位不变

在构造立即数时，希望取反位取 1，其他位取 0。

(6) 求补运算(NEG/NEGW)的结果是反码加 1，例如“NEG A”等效于“A←(A XOR FFH) + 1”。利用求补运算可求出负数的绝对值。该指令影响 V、N、Z、C 标志位：当运算结果为 0 时，Z = 1；当运算结果不为 0 时，C 标志为 1，即在补码运算中 C 与 Z 标志总是满足 $C = \overline{Z}$。N 为负数标志，体现了最高位(符号位)的状态，对于 8 位补码运算，当操作数不小于 80H，或对于 16 位补码运算，当操作数不小于 8000H 时，V 为 1，否则 V 为 0。

可见 STM8 逻辑运算指令非常丰富，在逻辑与、或、异或等双目逻辑运算指令中，目的操作数为累加器 A，源操作数可以是立即数或存储单元。但是，CPU 内两个寄存器之间不能进行逻辑运算，即“AND A, XL”类指令不存在。

### 4.3.5　位操作(Bit Operation)指令

由于单片机在控制系统中主要用于控制线路的通、断，继电器的吸合与释放等，因此位操作指令在单片机指令系统占有重要地位。多数 8 位机依然保留了早期 1 位机的功能，即提供了完整的位寻址功能和位操作指令。STM8 内核单片机具有丰富的位操作指令，可对 00 段内任意一个存储单元中的位进行清 0、置 1、取反等操作。位地址表示形式为“位所在存储单元地址, #位编号”。例如，1000H 单元的 b3 位表示为“$1000, #3”。

STM8 CPU 位操作指令操作码助记符、指令格式、机器码等如表 4-20 所示。

表 4-20　位操作指令的格式、机器码以及执行时间

| 指令名称 | 操作数 | 功 能 | 举　例 | 执行时间 | 长度 |
|---|---|---|---|---|---|
| 位清零指令 | Longmem,#n | | BRES　$1000, #2 | 1 | 4 |
| 位置 1 指令 | Longmem,#n | | BSET　$1000, #2 | 1 | 4 |
| 位取反指令 | Longmem,#n | | BCPL　$1000, #2 | 1 | 4 |
| 进位标志 C 送存储单元指定位 | Longmem,#n | bn←C | BCCM　$1000, #0 | 1 | 4 |
| 进位标志 C 清 0 | 隐含 | C←0 | RCF | 1 | 1 |
| 进位标志 C 置 1 | 隐含 | C←1 | SCF | 1 | 1 |
| 进位标志 C 取反 | 隐含 | $C \leftarrow \overline{C}$ | CCF | 1 | 1 |
| 溢出标志 V 清 0 | 隐含 | V←0 | RVF | 1 | 1 |
| 禁止中断 | 隐含 | I1←1<br>I0←1 | SIM | 1 | 1 |
| 允许中断 | 隐含 | I1←1<br>I0←0 | RIM | 1 | 1 |

(1) 在位操作指令中，除了对进位标志 C 操作的位操作指令(RCF、SCF、CCF)外，均不影响其他标志位。

STM8 CPU 仅提供将进位标志 C 送存储单元指定位的位传送指令 BCCM，没有提供存储单元指定位送进位标志 C 的位传送指令，也没有提供位逻辑与、或、异或等运算指令。

利用位测试转移指令(BTJT 或 BTJF)、进位标志 C 送存储单元指定位的位传送指令

BCCM 指令，可以将存储单元中某一位信息间接传送到另一位。

**例 4-9**　将 1000H 单元的 b3 送 0100H 单元的 b2 位。

```
BTJT $1000, #3, NEXT1
NEXT1:                    ；将 1000H 单元的 b3 位送 C，并非要跳转
    BCCM $0100, #2        ；将进位 C 标志送 0100H 单元的 b2 位
```

(2) 需要同时将两位或以上的位置 1 或清 0 时，用逻辑与、或运算会更方便。

(3) STM8 CPU 内部寄存器，如 A、X、Y、SP 等没有位寻址功能，即没有“BRSE A, #2”之类的指令。

(4) 如果需要位逻辑运算，只有把位送 CPU 的寄存器，通过字节、字逻辑运算完成。或者先建立位逻辑运算的真值表，然后用查表方式实现。

禁止中断指令 SIM 禁止所有的可屏蔽中断的请求，若在中断服务程序中使用 SIM 指令，应先将条件码寄存器 CC 压入堆栈，否则将无法恢复原来的中断优先级。允许中断指令 RIM 开放中断请求功能。

**例 4-10**　假设四个逻辑变量 A、B、C、D 分别从 PD 口的 PD0～PD3 输入，试编写一个程序段实现 $F = A \oplus B + \overline{CD}$ 的逻辑运算。

分析：虽然 STM8 没有位逻辑运算指令，但可以通过查表方式实现位逻辑运算功能：先列出逻辑函数的真值表，再通过查表获得函数值。这种方式更具有普遍性，一方面变量个数没有限制，另一方面输出量的个数也没有限制。

$$F = A \oplus B + \overline{CD} = \overline{A}B + A\overline{B} + \overline{CD}$$

其真值如表 4-21 所示。

**表 4-21　真 值 表**

| DCBA | F | DCBA | F | DCBA | F | DCBA | F |
|---|---|---|---|---|---|---|---|
| 0000 | 1 | 0100 | 0 | 1000 | 0 | 1100 | 0 |
| 0001 | 1 | 0101 | 1 | 1001 | 1 | 1101 | 1 |
| 0010 | 1 | 0110 | 1 | 1010 | 1 | 1110 | 1 |
| 0011 | 1 | 0111 | 0 | 1011 | 0 | 1111 | 0 |

实现该逻辑功能的程序段如下：

```
LD A, PD_DDR
AND A, #0F0H
LD PD_DDR, A              ；PD 口低 4 位定义为输入
LD A, PD_CR1
OR A,       #0FH
LD PD_CR1, A              ；PD 口低 4 位带上拉电阻
LD A, EXTI_CR1
OR A, #0C0H               ；将 PD 口外中断定义为上下沿触发方式
LD EXTI_CR1, A
；必要时再初始化 6 号中断(对应 PD 口外中断)优先级
LD A, PD_CR2
```

```
    OR A,        #0FH
    LD PD_CR2, A                  ；允许 PD 口低 4 位中断功能
    RIM                           ；开中断
    JRT $                         ；虚拟主程序，等待中断
    Interrupt PD_ Interrupt_Ser   ；PD 外中断服务程序
PD_ Interrupt_Ser.L
    LD A, PD_IDR
    AND A, #0FH
    CLRW X
    LD XL, A                      ；输入数据送 X
    LD A, (Function_data, X)      ；函数 F 的值在 A 的 b0 位中。根据需要可将 b0 送某一个引脚
    IRET
Function_data:                    ；函数 F 的真值表
    ;       0, 1, 2, 3, 4, 5, 6, 7, 8, 9, 10, 11, 12, 13, 14, 15
    DC.B    1, 1, 1, 1, 0, 1, 1, 0, 0, 1, 1,  0,  0,  1,  1,  0
```

### 4.3.6 移位操作(Shift and Rotates)指令

STM8S 提供了丰富的算术、逻辑移位指令，如表 4-22 所示。移位指令仅影响 Z(零)标志和 N(正负)标志及 C 标志(RLWA、RRWA 指令除外)。

**表 4-22　移位操作指令的格式、指令长度与执行时间**

| 指 令 名 称 | 目的操作数 | 源操作数 | 举　例 | 执行时间 | 长度 |
|---|---|---|---|---|---|
| SLL<br>(8 位逻辑左移) | A | | SLL　A | 1 | 1 |
| | Mem | | SLL $10 | 1 或 4 | 2～4 |
| SLLW<br>(16 位逻辑左移) | X | | SLLW X | 2 | 1 |
| | Y | | SLLW Y | 2 | 2 |
| SLA<br>(8 位算术左移) | A | | SLA　A | 1 | 1 |
| | Mem | | SLA $10 | 1 或 4 | 2～4 |
| SLAW<br>(16 位算术左移) | X | | SLAW X | 2 | 1 |
| | Y | | SLAW Y | 2 | 2 |
| SRL<br>(8 位逻辑右移) | A | | SRL　A | 1 | 1 |
| | Mem | | SRL $10 | 1 或 4 | 2～4 |
| SRLW<br>(16 位逻辑右移) | X | | SRLW X | 2 | 1 |
| | Y | | SRLW Y | 2 | 2 |
| SRA<br>(8 位算术右移) | A | | SRA　A | 1 | 1 |
| | Mem | | SRA $10 | 1 或 4 | 2～4 |
| SRAW<br>(16 位算术右移) | X | | SRAW X | 2 | 1 |
| | Y | | SRAW Y | 2 | 2 |

续表

| 指令名称 | 目的操作数 | 源操作数 | 举例 | 执行时间 | 长度 |
|---|---|---|---|---|---|
| RLC<br>(字节循环左移) | A | | RLC A | 1 | 1 |
| | Mem | | RLC $10 | 1 或 4 | 2～4 |
| RLCW<br>(字循环左移) | X | | RLCW X | 2 | 1 |
| | Y | | RLCW Y | 2 | 2 |
| RRC<br>(字节循环右移) | A | | RRC A | 1 | 1 |
| | Mem | | RRC $10 | 1 或 4 | 2～4 |
| RRCW<br>(字循环右移) | X | | RRCW X | 2 | 1 |
| | Y | | RRCW Y | 2 | 2 |
| RLWA<br>(通过 A 的字循环左移) | X | A | RLWA X,A | 1 | 1 |
| | Y | A | RLWA Y,A | 1 | 2 |
| RRWA<br>(通过 A 的字循环右移) | X | A | RRWA X,A | 1 | 1 |
| | Y | A | RRWA Y,A | 1 | 2 |

(1) 字节算术左移 SLA(Shift Left Arithmetic)、字算术左移 SLAW 与字节逻辑左移 SLL(Shift Left Logic)、字逻辑左移 SLLW 操作结果完全相同，换句话说，SLA 指令与 SLL 指令等效，SLAW 指令与 SLLW 指令等效，均按如下方式移动操作数，向左移动 1 位相当于操作数乘 2 运算。

$$C \leftarrow [b_7 \leftarrow b_6 \leftarrow b_5 \leftarrow b_4 \leftarrow b_3 \leftarrow b_2 \leftarrow b_1 \leftarrow b_0] \leftarrow 0$$

$$C \leftarrow [b_{15} \leftarrow b_{14} \leftarrow \cdots b_4 \leftarrow b_3 \leftarrow b_2 \leftarrow b_1 \leftarrow b_0] \leftarrow 0$$

逻辑左移位指令“SLL A”常用于实现乘 $2^n$(如 2、4、8 等)运算。例如，当需要对累加器 A 进行乘 4 操作时，如果 A 小于 3FH，用如下两逻辑左移位指令完成比用乘法指令速度快、代码短。

```
SLL A        ; 逻辑左移位一次，相当于乘 2 运算
SLL A        ; 再逻辑左移位一次，相当于乘 4 运算
```

以上两条指令的执行时间仅需 2 × 1 个机器周期，代码长度为 2 × 1 字节，但若使用乘法指令实现则需要 7 个机器周期(2 + 4 + 1)，代码长度为 5 字节(3 + 1 + 1)。

```
LDW X, #4    ; 3 字节，执行时间为 2 个机器周期
MUL X, A     ; 1 字节，执行时间为 4 个机器周期
LD A, XL     ; 1 字节，执行时间为 1 个机器周期
```

(2) 字节逻辑右移 SRL(Shift Right Logic)、字逻辑右移 SRLW 操作结果如下所示，向右移动 1 位相当于操作数除 2 运算。

$$0 \rightarrow [b_7 \rightarrow b_6 \rightarrow b_5 \rightarrow b_4 \rightarrow b_3 \rightarrow b_2 \rightarrow b_1 \rightarrow b_0] \rightarrow C$$

$$0 \rightarrow [b_{15} \rightarrow b_{14} \rightarrow \cdots b_4 \rightarrow b_3 \rightarrow b_2 \rightarrow b_1 \rightarrow b_0] \rightarrow C$$

逻辑右移位指令“SRL A”常用于实现除 $2^n$(如 2、4、8 等)运算。例如，当需要对累加器 A 进行除 4 操作时，用如下两逻辑右移位指令完成比用除法指令速度快、代码短。

```
SRL A        ; 逻辑右移位一次，相当于除 2 运算
SRL A        ; 再逻辑右移位一次，相当于除 4 运算
```

以上两条指令的执行时间仅需 2×1 个机器周期，代码长度为 2×1 字节，但若使用除法指令实现则需要 20 个机器周期，代码长度为 6 字节。

```
CLRW X        ; 1 字节，执行时间为 1 个机器周期
LD XL, A      ; 1 字节，执行时间为 1 个机器周期
LD A, #4      ; 2 字节，执行时间为 1 个机器周期
DIV X, A      ; 1 字节，执行时间为 16 个机器周期
LD A, XL      ; 1 字节，执行时间为 1 个机器周期
```

(3) 字节算术右移 SRA(Shift Rihgt Arithmetic)、字算术右移 SRAW 操作与逻辑右移不同，即最高位不移动，如下所示：

$$b_7 \rightarrow [b_7 \rightarrow b_6 \rightarrow b_5 \rightarrow b_4 \rightarrow b_3 \rightarrow b_2 \rightarrow b_1 \rightarrow b_0] \rightarrow \mathrm{C}$$

$$b_{15} \rightarrow [b_{15} \rightarrow b_{14} \rightarrow \cdots b_4 \rightarrow b_3 \rightarrow b_2 \rightarrow b_1 \rightarrow b_0] \rightarrow \mathrm{C}$$

(4) 字节逻辑循环左移 RLC 与字逻辑循环左移 RLCW 操作结果如图 4-3 所示，即最高位移到进位标志 C，而 C 移到 b0，向左循环移动。

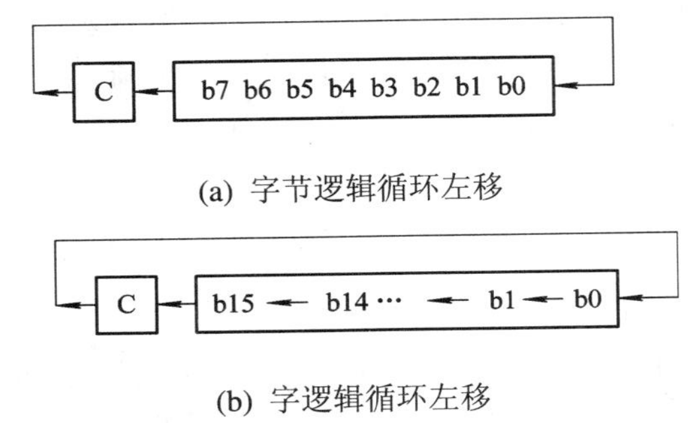


(a) 字节逻辑循环左移

(b) 字逻辑循环左移

图 4-3　逻辑循环左移示意图

(5) 字节逻辑循环右移 RRC 与字逻辑循环右移 RRCW 操作结果如图 4-4 所示，即 b0 移到进位标志 C，而 C 移到最高位(b7 或 b15)，向右循环移动。

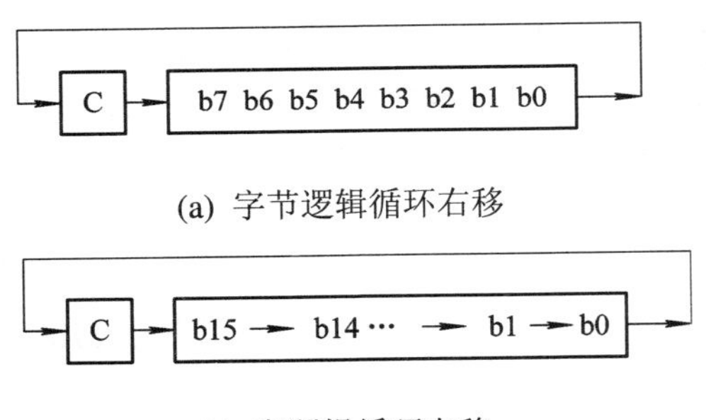


(a) 字节逻辑循环右移

(b) 字逻辑循环右移

图 4-4　逻辑循环右移示意图

(6) 累加器 A 的字循环左移指令 RLWA，如“RLWA X, A”指令的操作结果为：XH 原来的内容移到累加器 A 中，XL 原来的内容移到 XH 中，而累加器 A 原来的内容移到 XL 中。相当于 X 连同 A 在内的 24 位二进制数连续左移位 8 次。

(7) 累加器 A 的字循环右移指令 RRWA，如“RRWA X, A”指令的操作结果为：XH 原来的内容移到 XL 中，XL 原来的内容移到累加器 A 中，而累加器 A 原来的内容移到 XH

中。相当于 X 连同 A 在内的 24 位二进制数连续右移位 8 次。

### 4.3.7 比较(Compare)指令

STM8 CPU 提供了数值比较指令 CP 及逻辑比较指令 BCP。比较指令格式、机器码长度以及执行时间如表 4-23 所示。

表 4-23　比较指令的格式、机器码以及执行时间

| 指令名称 | 第一操作数 | 第二操作数 | 功能 | 举例 | 执行时间 | 长度 |
|---|---|---|---|---|---|---|
| CP<br>(字节数值比较指令) | A | #Byte | A-#Byte | CP A, #$10 | 1 | 2 |
| | A | mem | A−mem | CP A, mem | 1 或 4 | 2～4 |
| CPW<br>(字数值比较指令) | X | #Word | X−#Word | CPW X, #Word | 2 | 3 |
| | X | mem | X−mem | CPW X, mem | 2 或 5 | 2～4 |
| | Y | #Word | Y−#Word | CPW Y, #Word | 2 | 3 |
| | Y | mem | Y−mem | CPW Y, mem | 2 或 5 | 1～4 |
| BCP<br>(逻辑比较) | A | #Byte | AND | BCP A, #$55 | 1 | 2 |
| | A | mem | AND | BCP A, mem | 1 或 4 | 2～4 |

数值比较指令 CP 实际上是将两操作数相减，并根据差的结果设置进位标志 C、Z、N、V。因此，数值比较指令 CP 可以理解为不返回结果的减法指令，CP 指令中操作数的寻址方式与减法指令相同。

在字比较指令中，当第二操作数为字存储单元时，某些寻址方式的组合，如“CPW X, (X)”、“CPW Y, (Y)”并不存在。

逻辑比较指令 BCP 是将两操作数按位进行“与”操作，并依据操作结果设置 N、Z 标志。BCP 指令实际上是一条不返回结果的逻辑与(AND)指令，BCP 指令中操作数的寻址方式与 AND 指令完全相同。BCP 指令常用于判别累加器 A 某指定位是否为 0 或 1，两位或两位以上是否同时为 0。

比较指令后往往是条件跳转指令。

```
        BCP A, #01000000B          ; A 与 40H 按位与
        JREQ NEXT1
        ; b6 不为 0，顺序执行
          ⋮
    NEXT1:
        BCP A, #00010000B          ; A 与 10H 按位与
        JREQ NEXT2
        ; b4 不为 0，顺序执行
          ⋮
    NEXT2:
        BCP A, #00000110B          ; A 与 06H 按位与
        JREQ NEXT3                 ; b2b1 同时为 0 时跳转
        ; 不为 0，说明 b2b1 可能为 01、10 或 11
```

```
        ⋮
NEXT3:
```

注意：不能用 BCP 指令判别累加器 A 中两位或两位以上同时为 1 的情形。当需要判别累加器 A 中多个指定位是否为 1 时，只能借助 AND 及 CP 指令实现。例如，可用如下指令判别 A 中的 b2b1 是否为 11。

```
    AND A, #00000110B        ; A 与 06H 按位与，保留 b2、b1 位
    CP A, #00000110B
    JREQ NEXT1               ; 相等转移，即 b2、b1 均为 1
    ; b2、b1 中至少有 1 位为 0
        ⋮
NEXT1:
```

## 4.3.8　正负或零测试(Tests)指令

正负或零测试指令是根据操作内容，设置 N(正负标志)及 Z(零标志)如表 4-24 所示。

**表 4-24　正负或零测试指令的格式、机器码以及执行时间**

| 指令名称 | 操作数 | 功　能 | 举　例 | 执行时间 | 长度 |
|---|---|---|---|---|---|
| TNZ<br>(字节 NZ 标志测试指令) | A | 根据 A 的内容设置 N(正负标志)与 Z(零标志) | TNZ　A | 1 | 1 |
| | mem | 根据 mem 单元的内容设置 N(正负标志)与 Z(零标志) | TNZ mem | 1 或 4 | 2～4 |
| TNZW<br>(索引寄存器 NZ 标志测试指令) | X | 根据寄存器 X 的内容设置 N(正负标志)与 Z(零标志) | TNZW X | 2 | 1 |
| | Y | 根据寄存器 Y 的内容设置 N(正负标志)与 Z(零标志) | TNZW Y | 2 | 2 |

测试指令后往往是一条相对跳转指令，例如：

```
    TNZ A            ; 对 A 进行测试，根据 A 的内容设置 N、Z
    JRNE NEXT1       ; 非零跳转
    ; A 为 0
NEXT1:
```

当仅需知道 A、X 或 Y 是否为 0 或负数时，用 TNZ(TNZW)指令代替 CP(CPW)、BCP 指令更合理，指令机器码更短。

## 4.3.9　控制及转移(Jump and Branch)指令

以上介绍的指令均属于顺序执行指令，即执行了当前指令后，接着就执行下一条指令。但在计算机中，只有顺序执行指令是不够的，一般的情况是：执行了当前指令后，往往需要根据指令的执行结果做出判别，是继续执行随后的指令，还是转去执行其他的指令系列，这就需要控制和转移指令。

控制转移指令包括跳转(无条件跳转和条件跳转)指令、调用指令、返回指令以及停机指令等。

### 1. 无条件跳转指令(Jump)

STM8 无条件跳转指令操作码助记符、格式、机器码等如表 4-25 所示。

**表 4-25　无条件跳转指令**

| 指 令 名 称 | 举　例 | 操　作 | 执行时间 | 长度 |
| --- | --- | --- | --- | --- |
| JP(00 段内的绝对跳转) | JP mem(16 位地址) | PC←16 位目的地址 | 2 或 5 | 1～4 |
| JPF(长跳转) | JPF TEST(24 位目标地址) | PC←24 位目的地址 | 2 或 6 | 4 |
| JRT(JRA)(相对跳转) | JRT NEXT | PC←PC + 相对偏移量 | 2 | 2 |

无条件跳转指令的含义是：执行了该指令后，程序将无条件跳到指令中给定的存储器地址单元执行。

(1) 00 段内的绝对跳转指令 JP 给出了 16 位地址，该地址就是转移后要执行的指令码所在的存储单元地址。因此，该指令执行后，把指令中给定的 16 位地址直接装入程序计数器 PC。JP 指令可使程序跳到 000000H～00FFFFH 地址空间内的任意一个单元执行。

在 JP 指令中，可以采用直接地址，例如：

```
JP Mul_MB
```

其中 Mul_MB 为 16 位地址形式的标号。可以采用“基址 + 变址”的间接寻址形式，例如：

```
JP (TABADDR, X)
```

目标地址是基地址 TABADDR 加变址寄存器 X。由于 X 为 16 位，即在 STM8 内核 CPU 中可实现大于 256 分支的散转。00 段(000000H～00FFFFH)内散转程序结构如下所示：

```
    LD A, TASK_Point            ; 任务号送 A
    LD XL, A                    ; 任务号送寄存器 XL
    LD A, #3                    ;“JP 16 位地址”指令机器码为 3 字节
    MUL X,A
    JP (Main_proc_Tab,X)        ; 跳转到“基址 + X 变址”的目标地址
Main_proc_Tab.W
    JP TASK0_Proc               ; 跳到任务 0 的首地址
    JP TASK1_Proc               ; 跳到任务 1 的首地址
    JP TASK2_Proc               ; 跳到任务 2 的首地址
    JP TASK3_Proc               ; 跳到任务 3 的首地址

; 任务 0 处理过程
TASK0_Proc.w
    NOP
    JP Main_proc
; 任务 1 处理过程
TASK1_Proc.w
    NOP
    JP Main_proc
; 任务 2 处理过程
```

```
TASK2_Proc.w
    NOP
    JP Main_proc
; 任务 3 处理过程
TASK3_Proc.W
    NOP
    JP Main_proc
```

(2) 长跳转指令 JPF 指令给出了 24 位地址，该地址就是转移后要执行的指令码所在的存储单元地址。因此，该指令执行后，把指令中给定的 24 位地址装入程序计数器 PC。JPF 指令可使程序跳到 000000H～FFFFFFH 地址空间内的任意一个单元执行。

(3) 相对跳转指令 JRT rr 中的 rr 是一个带符号的 8 位地址，范围在 –128～+127 之间。当偏移量为负数(用补码形式表示)时，向上跳转；而当偏移量为正数时，向下跳转。因此，相对跳转指令也称为短跳转指令。

由于 JRT 指令占两个字节，执行该指令后，PC = XXXX + 2(XXXX 是 JRT 指令码的首地址)。当 rel 为 FEH，即 –2 时，跳转地址等于 PC = XXXX + 2 – 2 = XXXX，即又跳回 JRT 指令码首地址单元，将不断重复执行 JRT 指令，相当于动态停机。在汇编语言中，常写成

```
Here: JRT Here
```

JRT 指令与 JRA 指令完全等效，这两指令的机器码相同。

### 2. 调用指令(CALL)

STM8 调用指令操作码助记符、指令格式、机器码等如表 4-26 所示。

**表 4-26　调 用 指 令**

| 指令名称 | 举　例 | 功　能 | 执行时间 | 长度 |
|---|---|---|---|---|
| 00 段内的绝对调用指令 CALL | CALL mem(16 位地址)<br>CALL [mem.W](目标地址存放在指定的存储单元中) | PC←PC+指令长度<br>(SP) ←PCL<br>(SP) ←PCH<br>PC ←目的地址 | 4～6 | 3 |
| 长调用 CALLF | CALLF extmem(24 位目标地址)<br>CALLF [mem.e](目标地址存放在指定的存储单元中) | PC←PC+指令长度<br>(SP) ←PCL<br>(SP) ←PCH<br>(SP) ←PCE<br>PC ←24 位目的地址 | 5～8 | 4 |
| 相对调用 | CALLR NEXT | PC←PC+2(指令长度)<br>(SP) ←PCL<br>(SP) ←PCH<br>PC ←PC+相对偏移量 | 4 | 2 |

调用指令用于执行子程序，调用指令中的地址就是子程序的入口地址，子程序执行结束后，要返回主程序继续执行。因此，调用时，需要将指令指针 PC 压入堆栈，保存 PC 的当前值，以便在子程序执行结束后，通过 RET(对应的调用指令为 CALL、CALLR)或 RETF(对

应的调用指令为 CALLF)指令正确返回，例如：

```
        ⋮
        CALL SUB1          ; 调用子程序 SUB1
        LD $2F, A
        ⋮
SUB1:
        PUSH CC
        ⋮
        POP CC
        RET
```

假设 CALL SUB1 指令机器码从 9003H 单元开始存放，该指令长度为 3 字节，那么该指令后的“LD $2F, A”指令机器码将从 9006H 单元开始存放。执行了“CALL SUB1”指令后，PC 也是 9006H，正好是下一条指令机器码的首地址，为了能够返回，先将 9006H，即 06H、90H 压入堆栈，再将 SUB1 标号对应的存储单元地址，即子程序入口地址装入 PC，执行子程序中的指令系列。当遇到 RET 指令后，又自动将堆栈中的 9006H，即断点地址传送到 PC 中，返回主程序，继续执行下面的指令。

在程序设计中，如果子程序返回指令为 RET，则该子程序只能存放在 00 段内，且调用指令 CALL 也只能位于 00 段内；如果希望在整个存储空间内，均可调用该子程序，则必须用 RETF 作为返回指令，这样就可以通过 CALLF 指令在任意一个存储位置调用。

由于短调用指令 CALLR 要求子程序存放位置与 CALLR 指令的间距为 −128～+127，因此尽量避免使用，否则给程序的升级和维护带来不便。

### 3. 返回指令(Return)

程序中有调用指令，就必然存在与之相对应的返回指令，STM8 CPU 返回指令格式、机器码长度、执行时间等如表 4-27 所示。

**表 4-27　返 回 指 令**

| 指 令 名 称 | 举例 | 功　　能 | 执行时间 | 长度 |
|---|---|---|---|---|
| RET<br>(子程序返回指令) | RET | PCH←(++SP)<br>PCL←(++SP) | 4 | 1 |
| RETF<br>(长调用对应的子程序返回指令) | RETF | PCE←(++SP)<br>PCH←(++SP)<br>PCL←(++SP) | 5 | 1 |
| IRET<br>(中断返回指令) | IRET | CC←(++SP)<br>A←(++SP)<br>XH←(++SP)<br>XL←(++SP)<br>YH←(++SP)<br>YL←(++SP)<br>PCE←(++SP)<br>PCH←(++SP)<br>PCL←(++SP) | 11 | 1 |

子程序返回指令 RET、RETF 是子程序的最后一条指令。执行 RET 指令后，从堆栈中弹出的两个字节就是主程序的断点地址；执行长调用指令对应的子程序返回指令 RETF 后，从堆栈中弹出的三个字节就是主程序的断点地址，将断点地址装入 PC，返回主程序断点处继续执行随后的指令系列。

中断返回指令 IRET 是中断服务程序的最后一条指令，执行该指令后，先从堆栈中弹出 6 个字节，分别送寄存器 CC、A、X、Y，恢复现场；接着再弹出 3 个字节，送 PC 指针，恢复断点，返回主程序断点处继续执行随后的指令系列。

#### 4. 条件跳转指令(Conditional Jump Relative Instruction)

为了提高编程效率，STM8 提供了丰富的条件跳转指令(Conditional Jump Relative Instruction)，条件跳转指令 JR×× rr 格式、机器码等如表 4-28 所示。

**表 4-28　条件跳转指令**

| 指令名称 | 条　件 | 功　能 | 举　例 | 执行时间 | 长度 |
|---|---|---|---|---|---|
| BTJT | 指定位为 1 | 指定位为 1 跳转 | BTJT $10,#2,LOOP | 2 或 3 | 5 |
| BTJF | 指定位为 0 | 指定位为 0 跳转 | BTJF $10,#2,LOOP | 2 或 3 | 5 |
| JRC | C = 1 | C=1 跳转 | JRC LOOP | 1 或 2 | 2 |
| JRNC | C = 0 | C=0 跳转 | JRNC LOOP | 1 或 2 | 2 |
| JREQ | Z = 1 | 结果为 0 跳转 | JREQ LOOP | 1 或 2 | 2 |
| JRNE | Z = 0 | 结果不为 0 跳转 | JRNE LOOP | 1 或 2 | 2 |
| JRPL | N = 0 | 不小于 0(非负)跳转 | JRPL LOOP | | |
| JRMI | N = 1 | 小于 0 跳转 | JRMI LOOP | | |
| JRV | V = 1 | 溢出跳转 | JRV　LOOP | | |
| JRNV | V = 0 | 不溢出跳转 | JRNV LOOP | | |
| JRM | I1、I0 = 11 | 中断屏蔽时跳转 | JRM　LOOP | | |
| JRNM | I1、I0 = 10 | 中断非屏蔽时跳转 | JRNM　LOOP | | |
| JRSGE | (N XOR V) = 0 | >=跳转 | JRSGE LOOP | 对有符号数进行判别 | |
| JRSLT | (N XOR V) = 1 | <跳转 | JRSLT LOOP | | |
| JRSGT | (Z OR (N XOR V)) = 0 | >跳转 | JRSGT LOOP | | |
| JRSLE | (Z OR (N XOR V)) = 1 | <=跳转 | JRSLE LOOP | | |
| JRUGE | C = 0 | >=跳转(与 JRNC 等效) | JRUGE LOOP | 对无符号数进行判别 | |
| JRULT | C = 1 | <跳转(与 JRC 等效) | JRULT LOOP | | |
| JRUGT | C = 0，Z = 0 | >跳转 | JRUGT LOOP | | |
| JRULE | C = 1 或 Z = 1 | <=跳转 | JRULE LOOP | | |

(1) 位测试转移指令 BTJF 与 BTJT 指令的操作过程是：先按字节方式读出目标单元的内容，然后将目标单元中指定位的信息送进位标志 C，再判别。

需要注意的是：当使用该指令测试外设状态寄存器时，如果该状态寄存器中两个或两个以上位具有“rc_r”(读自动清除) 特性时，操作后将自动清除该状态寄存器中全部的“rc_r”特性位状态。例如：

```
BTJF FLASH_ IAPSR, #2, next1     ; 测试其中的 b2 位，同时自动清除 FLASH_ IAPSR[2,0]
BTJF FLASH_ IAPSR, #0, exit      ; 企图测试其中的 b0 位，但上一条指令已清除了 b0 位，
                                 ; 因此测试结果总是假
```

位测试转移指令实际上是把指定位传送给进位标志 C，例如：

```
    BTJT 1000H, #5, NEXT1
NEXT1:
```

该指令把 1000H 单元的 b5 送进位标志 C。

(2) 条件跳转指令的前一条指令一般为算术运算指令、逻辑运算指令、比较指令或标志位测试指令。条件跳转指令就是根据这些指令执行结果设置的标志进行判别。

(3) 在 STM8 中，没有减 1 不为 0 时跳转指令，需要用“SUB”与 JRNC 组合完成。例如，A 减 1 不为 0 时跳转的程序段如下：

```
    SUB A, #1
    JRNC NEXT1           ; 标志为 0(即 A≥1)跳转
     ⋮                   ; A 为 0 时，顺序执行
NEXT1:
```

在 STM8 中，没有比较不相等跳转指令，需要用“CP”(BCP 或 CPW)与 JREQ 或 JRNE 指令组合完成。例如，可用下列指令对累加器 A 进行判别，当 A<60 时，A 加 1；A≥60 时，A 清 0。

```
    CP A, #60            ; A 与 60 比较
    JRNC NEXT1           ; 不小于 60 跳转
    INC A                ; 小于 60 则加 1
    JRT NEXT2            ; 无条件短跳转
NEXT1:
    CLR A                ; A 清 0
NEXT2:
```

(4) STM8 指令系统有一条特殊的相对跳转指令“JRF ××××”，该指令实际上是“Never Jump”，即决不跳转。因此，该指令没有实际意义。

(5) 充分利用复合判别条件，如 JRSGE、JRSGT 可有效缩短程序段代码。例如，采用单一判别条件将存放在 R10～R17 单元的 4 个字数据求和程序段如下：

```
    CLR R00              ; 循环次数计数器清 0
    CLRW X               ; 累加和清 0
    CLRW Y
SUM_LOOP1:
    LD A, R00
    SLL A                ; 一个字存储单元占用两个字节，因此通过左移乘 2
    LD YL, A
```

```
        LDW Y, (R10,Y)          ; 取出字存储单元数据
        LDW R02, Y              ; 暂时送 R02、R03 单元保存
        ADDW X, R02             ; 求和
        INC R00                 ; 指针加 1
        LD A, R00
        CP A, #4
        JRC SUM_LOOP1           ; 使用 JRC 单一测试指令
```

以上程序段占用了 28 字节，用了 61 个机器周期。若采用如下复合判别指令，代码只占 26 字节，执行时间只有 53 个机器周期。

```
        MOV R00, #3             ; 初始化循环次数
        CLRW X                  ; 累加和单元清 0
        CLRW Y
    SUM_LOOP1:
        LD A, R00
        SLL A
        LD YL, A
        LDW Y,(R10, Y)
        LDW R02, Y
        ADDW X, R02
        DEC R00
        JRSGE SUM_LOOP1         ; >=0(非负)跳转
```

### 5. CPU 控制指令

STM8S 提供了 4 条 CPU 控制指令，包括空操作指令 NOP、停机(掉电)指令 HALT、节电状态 WFI 以及软件中断指令 TRAP 等，如表 4-29 所示。

**表 4-29　CPU 控制指令**

| 指令名称 | 举例 | 指令码 | 功　能 | 执行时间 | 长度 |
|---|---|---|---|---|---|
| NOP<br>(空操作指令) | NOP | 9D | 延迟一个机器周期 | 1 | 1 |
| TRAP<br>(软件中断) | TRAP | 83 | PC ← PC + 1(TRAP 指令码长度为 1 字节)<br>(--SP) ← PCL<br>(--SP) ← PCH<br>(--SP) ← PCE<br>(--SP) ← YL<br>(--SP) ← YH<br>(--SP) ← XL<br>(--SP) ← XH<br>(--SP) ← A<br>(--SP) ← CC<br>CC 寄存器的 I1、I0 置为 11 | 9 | 1 |

续表

| 指令名称 | 举例 | 指令码 | 功能 | 执行时间 | 长度 |
|---|---|---|---|---|---|
| HALT (停机(掉电)指令) | HALT | 8E | 将寄存器 CC 的 I1、I0 位置为 10(最低)；振荡电路及外设均处于停止状态；整个 MCU 芯片处于掉电状态，功耗最小；只有外中断能唤醒 | 10 | 1 |
| WFI (节电命令) | WFI | 8F | 将寄存器 CC 的 I1、I0 位置为 10(最低)；CPU 处于停止状态，但外设仍处于活动状态；任意一个中断均可唤醒。功率比正常运行时小，比 HALT 状态要大 | 10 | 1 |

执行空操作指令 NOP 时，CPU 什么事也没有做，但消耗了一个机器周期的执行时间，常用于在程序中实现短时间的延迟等待。也可用于构成软件陷阱，防止多字节指令被拆分。

执行 TRAP 指令将触发一个软件中断，入口地址表在 8004H。软件中断优先级最高，执行 TRAP 命令，在完成中断调用过程后，寄存器 CC 的 I1、T0 中断优先级指示位被置为 11，阻止所有的中断请求。但不允许在 TLI 中断服务程序中执行软件中断指令 TRAP。

执行了 Halt 停机指令后，先将寄存器 CC 的 I1、I0 置为 10(最低)，以便让处于允许状态的外中断唤醒，并关闭相应的外设电源。

执行了 WFI 指令后，先将寄存器 CC 的 I1、I0 置为 10(最低)，以便让处于允许状态的中断唤醒，再停止 CPU 操作。

因此，不能在中断服务程序中执行 Halt、WFI 两指令，否则中断唤醒后将无法返回，造成堆栈混乱。

# 习 题 4

4-1 STM8 采用什么指令系统？最长指令机器码为几个字节？

4-2 在 ST 汇编中，标号具有哪三个属性？

4-3 指出下列指令中各操作数的寻址方式。

(1) LD A, R01

(2) MOV R01, #60

(3) LD (TAB_Data,X), A

(4) LD A, {TAB_Data+2}

(5) CLR R10

(6) NEG A

(7) BTJT R10, #1, NEXT1

(8) ADDW X, [10H.w]

(9) LDF A, [10H.e]

(10) LD A, ([10H.w],X)

4-4 如果“LD A, 20H”指令码长度为两个字节，那么能否确定该指令中的操作数 A

为寄存器寻址？

4-5　已知 A=0FFH，分别指出下列指令执行后，累加器 A 与各标志位的内容。

(1) INC A

(2) ADD A, #1

(3) NEG A

(4) LD A, #0

4-6　举例说明 01 段内 Flash ROM 存储单元读、写(实际上是 IAP 编程中的数据加载)可能的指令与存储单元的寻址方式。

4-7　编写 16 位 × 16 位的计算程序，并验证。

4-8　编写一个程序段，将不超过 9999 的二进制数转换为非压缩形式的 BCD 码，并验证。假设待转换的二进制数存放在 R00～R01 存储单元中，转换结果存放在 R02～R05 单元中。

# 第 5 章　汇编语言程序设计

## 5.1　STVD 开发环境与 STM8 汇编语言程序结构

利用 ST 公司提供的 STVD 开发环境，创建、编辑、编译、调试 STM8 汇编语言或 C 语言源程序非常直观、方便。

### 5.1.1　STVD 开发环境中创建工作站文件

工作站文件的创建过程如下：

(1) 执行“File”菜单下的“New Workspace…”，选择“create workspace and project”，创建新的 ST 工作站文件(扩展名为 .STW)。

(2) 在图 5-1 所示的“Workspace”文本框内指定工作站文件的存放目录路径；在“Workspace filename”文本框内输入工作站文件名(不用扩展名)。

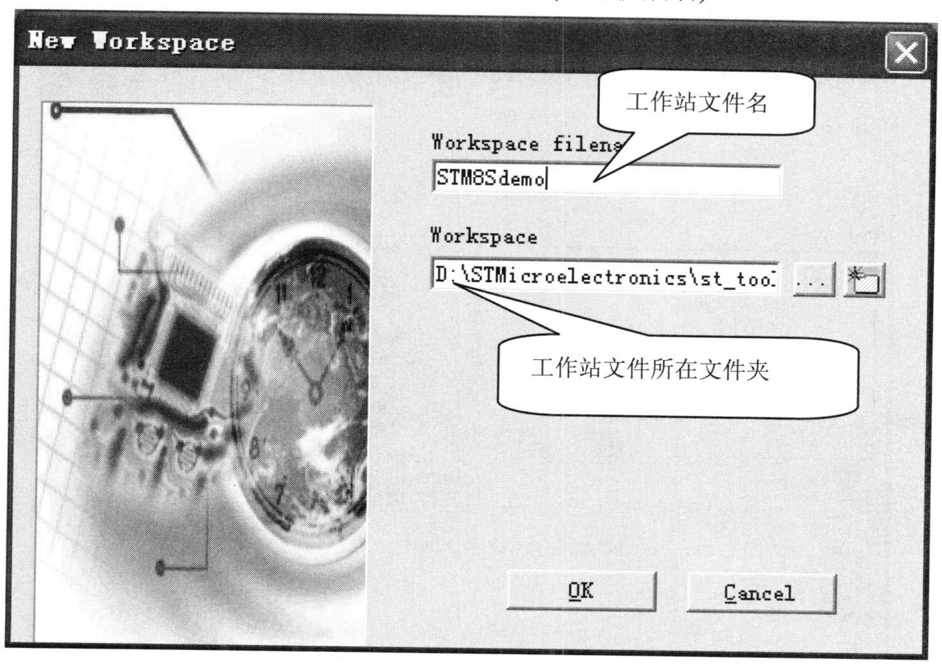


图 5-1　创建工作站文件

(3) 在图 5-2 所示的“Project filename”文本框内输入“项目文件名”；根据选定的开发语言(ST 汇编还是某特定的 C 语言)，在“Tool chain”文本框内选定相应的连接程序，如“ST

Assembler Linker”。

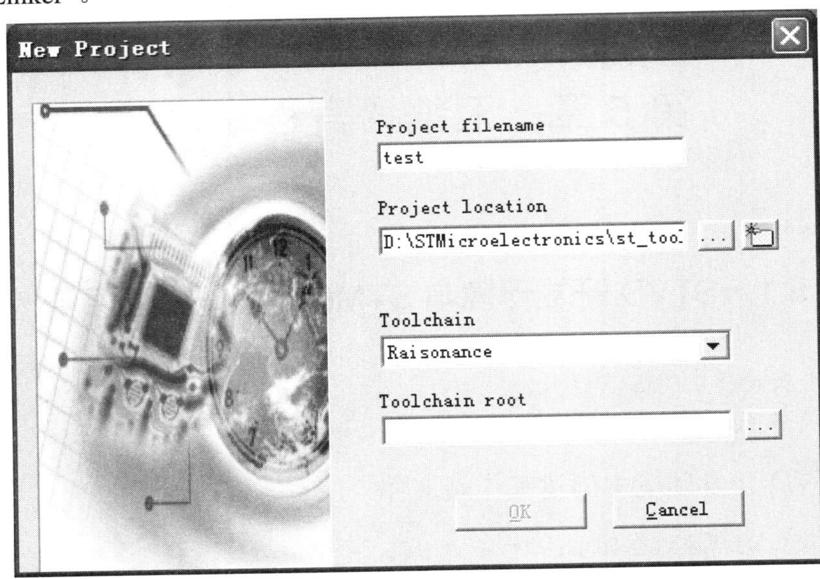


图 5-2　选定编译连接器

(4) 在“MCU”窗口内选择相应的 MCU 型号，如 STM8S208MB 等，单击“OK”按钮后，就可以观察到如图 5-3 所示的文件夹。

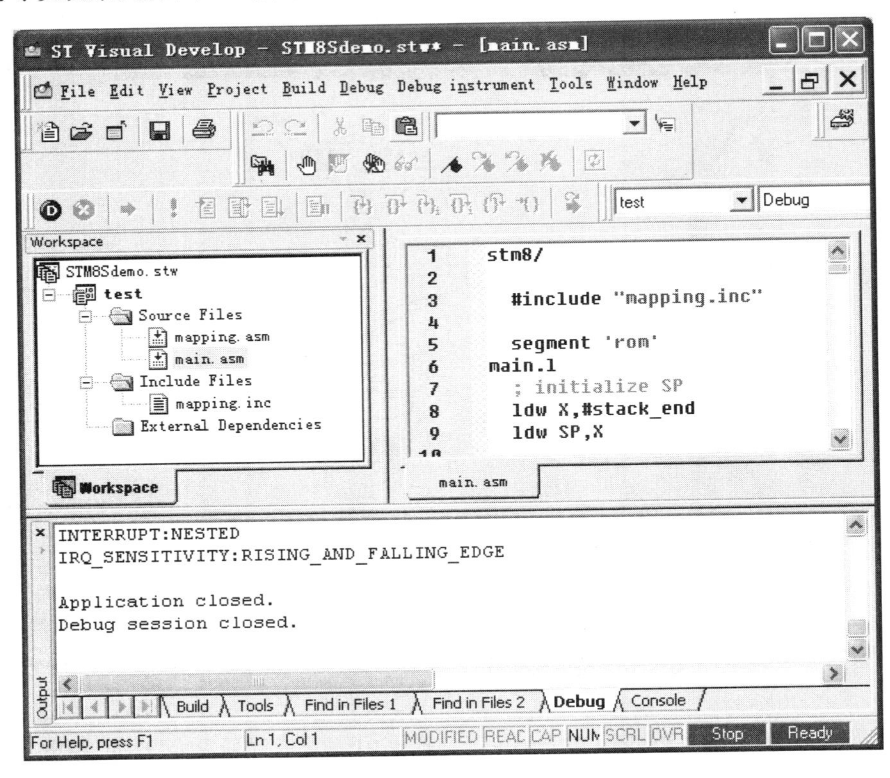


图 5-3　STVD 自动生成的文件

可见，STVD 开发工具自动生成了 mapping.asm、mapping.inc 以及 main.asm(主应用程序框架)文件。

### 5.1.2　STVD 自动创建项目文件内容

利用 STVD 创建 STM8S 汇编项目文件时，在“Source Files”文件夹下自动生成了 mapping.asm 源文件(段定义汇编文件)、main.asm 文件(用户应用程序主模块框架汇编文件)；在“Include Files”包含文件夹内自动生成了 mapping.inc 文件(段定义汇编文件中涉及的符号常量定义说明文件)。其中，mapping.asm、mapping.inc 的内容简单明了，容易理解。下面主要分析 main.asm 文件组成和关键指令功能。

```
stm8/                          ；[注 1]指定 CPU 类型汇编格式的伪指令，不能缺省且顶格书写
    #include "mapping.inc"     ；[注 2]包含文件说明伪指令，凡指令、伪指令行至少退一个以上字符位
    segment 'rom'              ；在 rom 段内存放指令码
main.l                         ；[注 3]主程序开始标号，凡标号一律顶格书写
    ；initialize SP
    ldw X,#stack_end           ；[注 4]初始化堆栈指针 SP
    ldw SP,X

    #ifdef RAM0                ；[注 5]将 RAM 存储区 00H～FFH 单元清 0
    ；clear RAM0
ram0_start.b EQU $ram0_segment_start
ram0_end.b EQU $ram0_segment_end
    ldw X,#ram0_start
clear_ram0.l
    clr (X)
    incw X
    cpw X,#ram0_end
    jrule clear_ram0
    #endif

    #ifdef RAM1                ；[注 6] RAM 存储区 0100H 及以上单元清 0
    ；clear RAM1
ram1_start.w EQU $ram1_segment_start
ram1_end.w EQU $ram1_segment_end
    ldw X,#ram1_start
clear_ram1.l
    clr (X)
    incw X
    cpw X,#ram1_end
    jrule clear_ram1
```

```
    #endif

    ; clear stack                              ; [注 7]堆栈区单元清 0
stack_start.w EQU $stack_segment_start
stack_end.w EQU $stack_segment_end
    ldw X,#stack_start
clear_stack.l
    clr (X)
    incw X
    cpw X,#stack_end
    jrule clear_stack

infinite_loop.l                                ; 虚拟的主程序
    jra infinite_loop

    interrupt NonHandledInterrupt              ; [注 8]中断服务程序定义伪指令
NonHandledInterrupt.l
    iret
; 中断入口地址表
    segment 'vectit'
    dc.l {$82000000+main}                      ; reset [注 9]中断入口地址表
    dc.l {$82000000+NonHandledInterrupt}       ; trap
    dc.l {$82000000+NonHandledInterrupt}       ; irq0
    dc.l {$82000000+NonHandledInterrupt}       ; irq1
    dc.l {$82000000+NonHandledInterrupt}       ; irq2
    dc.l {$82000000+NonHandledInterrupt}       ; irq3
    dc.l {$82000000+NonHandledInterrupt}       ; irq4
    dc.l {$82000000+NonHandledInterrupt}       ; irq5
    dc.l {$82000000+NonHandledInterrupt}       ; irq6
    dc.l {$82000000+NonHandledInterrupt}       ; irq7
    dc.l {$82000000+NonHandledInterrupt}       ; irq8
    dc.l {$82000000+NonHandledInterrupt}       ; irq9
    dc.l {$82000000+NonHandledInterrupt}       ; irq10
    dc.l {$82000000+NonHandledInterrupt}       ; irq11
    dc.l {$82000000+NonHandledInterrupt}       ; irq12
    dc.l {$82000000+NonHandledInterrupt}       ; irq13
    dc.l {$82000000+NonHandledInterrupt}       ; irq14
    dc.l {$82000000+NonHandledInterrupt}       ; irq15
    dc.l {$82000000+NonHandledInterrupt}       ; irq16
```

```
    dc.l {$82000000+NonHandledInterrupt}         ; irq17
    dc.l {$82000000+NonHandledInterrupt}         ; irq18
    dc.l {$82000000+NonHandledInterrupt}         ; irq19
    dc.l {$82000000+NonHandledInterrupt}         ; irq20
    dc.l {$82000000+NonHandledInterrupt}         ; irq21
    dc.l {$82000000+NonHandledInterrupt}         ; irq22
    dc.l {$82000000+NonHandledInterrupt}         ; irq23
    dc.l {$82000000+NonHandledInterrupt}         ; irq24
    dc.l {$82000000+NonHandledInterrupt}         ; irq25
    dc.l {$82000000+NonHandledInterrupt}         ; irq26
    dc.l {$82000000+NonHandledInterrupt}         ; irq27
    dc.l {$82000000+NonHandledInterrupt}         ; irq28
    dc.l {$82000000+NonHandledInterrupt}         ; irq29
    end                                          ; 汇编程序结束伪指令，不能缺省
```

[注 1]　在 ST 汇编中，汇编程序源文件开始处必须用“st7/(或 ST7/)”或“stm8(或 STM8/)”伪指令指定随后的指令、伪指令按哪一种类 MCU 芯片指令格式进行汇编，不可缺省且必须顶格书写。

[注 2]　由于自动创建的段定义文件使用了符号常量作为段起始地址、终了地址，因此 STVD 自动创建了 mapping.inc 文件。该文件对段定义中涉及的符号常量进行了定义，插入了#include mapping.inc 伪指令。

[注 3]　在 ROM 段中开始定义了一个 main.l 标号，标号必须顶格书写。这样，只要在中断入口地址表中用“dc.l {$82000000+main}”伪指令填充复位中断向量存储单元，就可以保证将复位中断逻辑指向复位后要执行的第一条指令所在存储单元的地址，如[注 9]所示。

在 STM8S 中，复位后将从复位中断逻辑指示的地址单元(可以是 ROM、EEPROM，甚至是 RAM)取出并执行第一条指令。第一条指令在 ROM 存储区中的存放位置并没有限制，将第一条指令所在存储单元的地址填入复位中断入口地址表中。

[注 4]　复位后初始化堆栈指针。尽管复位后堆栈指针 SP 也指向 RAM 的最后一个单元，但复位后，用指令初始化有关寄存器是一个良好的习惯，避免了用缺省值造成的不确定性。

[注 5]～[注 7]　分别清除了 RAM 存储区、堆栈区。如果复位后没有保留 RAM 单元信息的必要，则复位后对 RAM 单元进行集中清 0 非常必要。

[注 8]　在 ST 汇编中，必须通过“interrupt”伪指令定义相应中断服务程序入口地址标号，然后在中断入口地址表中填入对应的中断服务程序入口地址标号。

[注 9]　中断入口地址表。

例如，Port A 外部中断 EXTI0 的中断号为 IRQ03，因此 Port A 口外中断服务程序结构如下：

```
    Interrupt EXTI0
EXTI0.L
        ⋮                                  ; 外中断 EXTI0 服务程序指令系列
    IRET
```

然后将中断向量表内的 IRQ03 改为

```
    dc.l {$82000000+NonHandledInterrupt}        ; irq2，未定义中断入口地址表依然保留
```

```
dc.l {$82000000+EXTI0 }                    ; irq3，即 Port A 口外中断入口地址表
dc.l {$82000000+NonHandledInterrupt}       ; irq4
```

可见在 STM8S 中，中断服务程序入口地址不固定，只需将对应中断号服务程序第一条指令所在存储单元地址，实际上是把 82000000H 与中断服务程序第一条指令前标号相加，填入对应中断向量表内。

### 5.1.3　完善 STVD 自动创建的项目文件内容

由 STVD 创建的项目汇编文件尚不十分完善，没有把相应型号 MCU 的外设寄存器定义文件加入到“Source Files”(源文件夹)中，在用户程序中尚不能直接引用外设寄存器名，如“LD PA_DDR, A”等；也没有定义外设控制寄存器与外设状态寄存器中的位，如“FLASH_IAPSR”的 DUL 位。为此须按下列步骤完善 STVD 创建的项目文件。

#### 1. 加入相应 MCU 的外设寄存器定义汇编文件(.asm)及其外部标号说明文件(.inc)

将光标移到“Source Files”源程序文件夹上，单击右键，选择“Add Files to Forlder…”将 ST_toolset\asm\include 文件夹中对应型号芯片的外设寄存器定义汇编文件，如 STM8S208MB.asm，加入到源程序文件中。将光标移到“Include Files”包含文件夹上，单击右键，选择“Add Files to Forlder…”将 ST_toolset\asm\include 文件夹中对应芯片的外设端口寄存器标号说明文件，如 STM8S208MB.inc，加入到该文件夹中。

#### 2. 在 main.asm 文件中插入相应 MCU 的.inc 文件

在 main.asm 文件中插入#include "×××××××.inc"，其中×××××××代表芯片型号，即上一步添加的包含文件名，以便能在应用程序模块中直接引用外设寄存器名，如 PA_DDR、PA_CR1、FLASH_IAPSR 等。

到此基本完成了汇编环境的创建过程，可以在 main.asm 文件内插入用户指令系列，并进行编译、模拟仿真、联机调试等操作。

#### 3. 在 main.asm 文件头插入通用变量定义伪指令

为便于模块化应用程序的编写、调试，可将 00H～3FH 之间的 RAM 存储单元划分为四个区，其中，00H～0FH 作为主程序通用变量区，10H～1FH 作为优先级为 1 的中断服务程序的变量区，20H～2FH 作为优先级为 2 的中断服务程序的变量区，30H～3FH 作为优先级为 3 的中断服务程序的变量区；分别用 R00～R3F 变量名对这 64 字节 RAM 单元进行命名，具体如下：

```
segment 'ram0'
BYTES                ; ram0 段内标号为字节标号。如果不用 BYTES 伪指令或后缀.B 指定为字
                     ; 节标号，将默认为字标号，采用 16 位地址格式
; 00H～0FH 单元定义为字节变量，供主程序使用
.R00 ds.b 1          ; 最好定义为公共变量，即用前缀“.”进行声明
.R01 ds.b 1
    ⋮
.R0F ds.b 1
; 10H～1FH 单元定义为字节变量，供优先级 1 中断服务程序使用
```

```
.R10 ds.b 1
.R11 ds.b 1
    ⋮
.R1F ds.b 1
; 20H～2FH 单元定义为字节变量，供优先级 2 中断服务程序使用
.R20 ds.b 1
.R21 ds.b 1
    ⋮
.R2F ds.b 1
; 30H～3FH 单元定义为字节变量，供优先级 3 中断服务程序使用
.R30 ds.b 1
.R31 ds.b 1
    ⋮
.R3F ds.b 1

segment 'ram1'
WORDS          ; ram1 段后定义的标号为字标号。当在 ram0 段中，把变量标号定义为 bytes
               ; 时，该语句不能少
```

在模块化程序结构中，最好将 R00～R3F 公共变量定义伪指令放在一个特定的源文件中，如 User_register.asm，同时创建相应外部变量说明文件，如 User_register.inc。然后分别添加到“Source Files”、“Include Files”文件夹内，供不同的模块引用。这两个文件的内容如下：

```
; User_register.asm 文件内容：
stm8/
; 用户定义公共变量
 segment 'ram0'
; 00H～0FH 单元定义为字节变量(供主程序使用)
.R00.B ds.b 1
.R01.B ds.b 1
.R02.B ds.b 1
; 省略 R03～R0F 变量定义伪指令行
; 10H～1FH 单元定义为字节变量，供优先级为 1 中断服务程序使用
.R10.B ds.b 1
.R11.B ds.b 1
.R12.B ds.b 1
; 省略 R13～R1F 变量定义伪指令行
; 20H～2FH 单元定义为字节变量，供优先级为 2 中断服务程序使用
.R20.B ds.b 1
.R21.B ds.b 1
```

```
.R22.B ds.b 1
; 省略 R23～R2F 变量定义伪指令行
; 30H～3FH 单元定义为字节变量，供优先级为 3 中断服务程序使用
.R30.B ds.b 1
.R31.B ds.b 1
.R32.B ds.b 1
; 省略 R33～R3F 变量定义伪指令行
BYTES
end
; User_register.inc 文件内容:
; 用户定义公共变量属性说明
; 00H～0FH 单元定义为字节变量，供主程序使用
  EXTERN R00.B        ; 用户定义的变量
  EXTERN R01.B        ; 用户定义的变量
  EXTERN R02.B        ; 用户定义的变量
; 省略 R03～R0F 变量定义属性说明伪指令行
  EXTERN R10.B        ; 用户定义的变量
  EXTERN R11.B        ; 用户定义的变量
  EXTERN R12.B        ; 用户定义的变量
  ; 省略 R13～R1F 变量定义属性说明伪指令行
  EXTERN R20.B        ; 用户定义的变量
  EXTERN R21.B        ; 用户定义的变量
  EXTERN R22.B        ; 用户定义的变量
  ; 省略 R23～R2F 变量定义属性说明伪指令行
  EXTERN R30.B        ; 用户定义的变量
  EXTERN R31.B        ; 用户定义的变量
  EXTERN R32.B        ; 用户定义的变量
  ; 省略 R33～R3F 变量定义属性说明伪指令行
```

在具体应用程序中，可根据需要灵活裁剪，如某应用系统的中断源只有两个优先级，则无须保留 30H～3FH 单元作为中断优先级 3 的通用变量区。

需要注意的是：非屏蔽中断 TRAP、顶级中断 TLI(PD7 引脚外中断)可中断优先级为 3 的可屏蔽中断，这两类中断服务程序不宜共用 R30～R3F 变量，否则可能出现资源冲突现象。

### 4. 更换汇编语言数制表示方式

如果程序员熟悉 Intel 格式汇编语言数制表示方式，则可按下列步骤改造 STVD 自动创建的 main.asm 文件：

(1) 在虚拟主程序段前插入“Intel”伪指令。

(2) 在 segment 'vectit'(中断向量段)前插入“Motorola”伪指令；在 segment 'vectit'(中断向量段)后插入“Intel”伪指令。当然也可以将堆栈段内中断入口地址表常数中全部的

"$82000000"修改为"82000000H"，但远不如直接插入"Motorola"、"Intel"等伪指令方便。

### 5. 创建外设寄存器位定义说明文件(.inc)

创建外设寄存器位定义说明文件不是必需的，只是为了增加源程序的可读性。

未用#Define伪指令定义外设寄存器位前，ST汇编语言源程序中的位操作指令只能采用"寄存器名,#位编号"形式作为位操作数。例如：

```
BTJT FLASH_IAPSR, #3，EEPROM_Write_Next1  ;DUL(EEPROM写保护标志位)为1，则跳转
```

该指令如果不加注释，则指令的可读性很差，需要查阅用户指南才能确定FLASH_IAPSR[3]位是DUL标志。此外，当程序中多处出现"FLASH_IAPSR, #3"时，容易出错。例如，将"#3"误写成"#2"，则编译时不给出任何提示信息。为此最好创建一个通用的外设寄存器位定义说明文件(periph_bit_define.INC)，以便在程序中用"寄存器名_位名"形式作为位操作数，以提高源程序的可读性。该文件格式如下：

```
; ------FLASH_IAPSR 寄存器位定义------
;           位名称                      所在位编号          读写特性说明
#define FLASH_IAPSR_HVOFF          FLASH_IAPSR, #6        ;r
#define FLASH_IAPSR_DUL            FLASH_IAPSR, #3        ;rc_w0
#define FLASH_IAPSR_EOP            FLASH_IAPSR, #2        ;rc_r
#define FLASH_IAPSR_PUL            FLASH_IAPSR, #1        ;rc_w0
#define FLASH_IAPSR_WR_PG_DIS      FLASH_IAPSR, #0        ;rc_r
```

将periph_bit_define.inc文件添加到Include Files文件夹内，并在应用程序文件头部分插入#include "periph_bit_define.inc"伪指令，如图5-4所示。

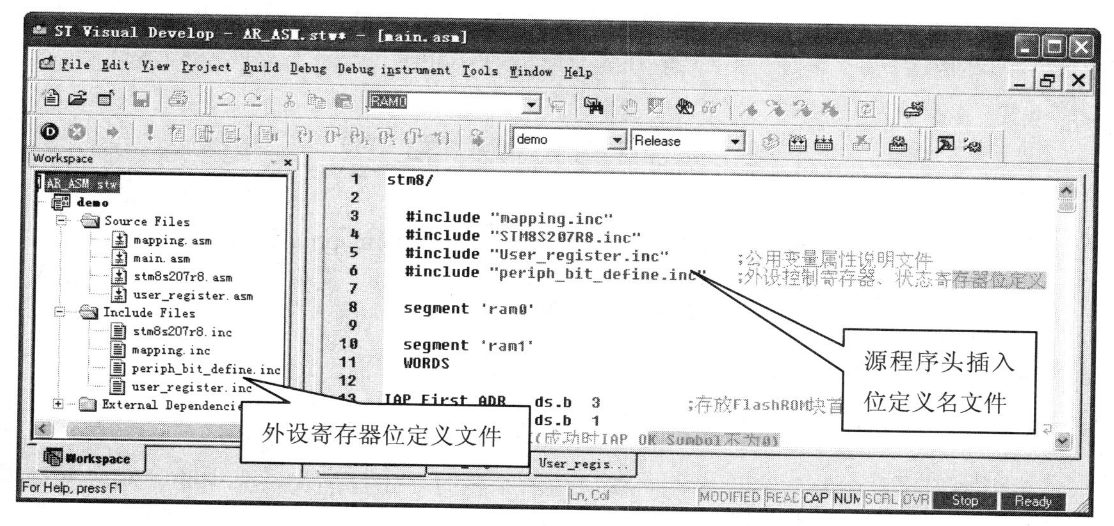


图5-4　插入并引用外设寄存器位定义名

为防止编译时联接程序找不到指定的文件，一个简单的办法是将User_register.asm、User_register.inc、periph_bit_define.inc，甚至相应型号MCU外设寄存器定义文件，如STM8S207R8.asm、STM8S207R8.inc等，复制到指定工作站目录下，然后再分类逐一添加到Source Files、Include Files文件夹内。

这样，在汇编语言源程序中就可以直接使用位定义名代替“寄存器名，#位编号”形式位操作数，原因是“BTJT FLASH_IAPSR_DUL，EEPROM_Write_Next1”与“BTJT FLASH_IAPSR, #3，EEPROM_Write_Next1”等效。显然，用寄存器位定义名后提高了源程序的可读性，且只要保证位定义文件中寄存器名、位编号正确，就不会出错。

### 5.1.4　在项目文件中添加其他文件

STVD 开发环境支持多模块汇编。因此，可创建多个源程序，并将它添加到“Source Files”文件夹内，汇编后将根据模块内段定义特征连接成一个完整的应用程序。

在项目内添加程序源文件时，需要注意以下几点：

(1) 任意一个汇编源程序文件的第一条指令必须是“ST7/(或 st7/)”或“STM8/(或 stm8/)”伪指令；最后一条指令一般为“END(或 end)”伪指令，且每一指令行必须带有“回车符”。

(2) 对于变量定义伪指令，必须通过“Segment”指定变量存放在哪一段内；对于代码，也必须通过“Segment”指定存放汇编后代码存放在哪一段内。

(3) 在多模块结构程序中，模块内的公共变量、标号必须指定为 Public 类型，或用前缀“.”定义，否则汇编时将视为局部变量、标号，仅在本模块内有效。模块内引用来自其他模块定义的变量、标号时必须用“EXTERN”伪指令说明。

(4) 在 main.asm 主程序中无须加入“#include 汇编源程序名.asm”指令。对于包含文件(.inc)，则必须通过“#include 文件名.inc”语句声明。

(5) 模块顺序决定了连接后的定位顺序。在 STVD 中，“Source Files”汇编程序源文件顺序依次为

```
Mapping.asm        ; 段定义源文件应排在最前面
STM8S208MB.asm     ; 外设寄存器定义源程序文件，具体文件名与 MCU 型号有关
Main.asm           ; 用户主程序或其他模块程序
```

## 5.2　STM8 汇编程序结构

经过以上分析，不难看出 STM8 汇编程序项目文件由 mapping.asm、mapping.inc、相应 MCU 外设寄存器名定义汇编文件(.asm)和外设寄存器名定义说明文件(.inc)以及主应用程序 main.asm 组成。根据子程序组织方式，可大致分为两大类：子程序与中断服务程序在主模块内，子程序与中断服务程序在各自模块内。

### 5.2.1　子程序与中断服务程序在主模块内

采用子程序与中断服务程序在主模块内的结构时，工作站文件夹中除了相应型号芯片的头文件外，几乎没有其他模块文件，形成了单一主模块程序结构，如图 5-5 所示。该结构中所有的子程序、中断服务程序均位于主应用程序 main.asm 模块内，变量、子程序入口地址标号、中断服务入口地址等属于局部标号与局部变量，无须指定标号类型，也无须用 EXTERN 伪指令声明其来源，但其缺点是程序结构不够清晰，查找某一个子程序时效率较低。

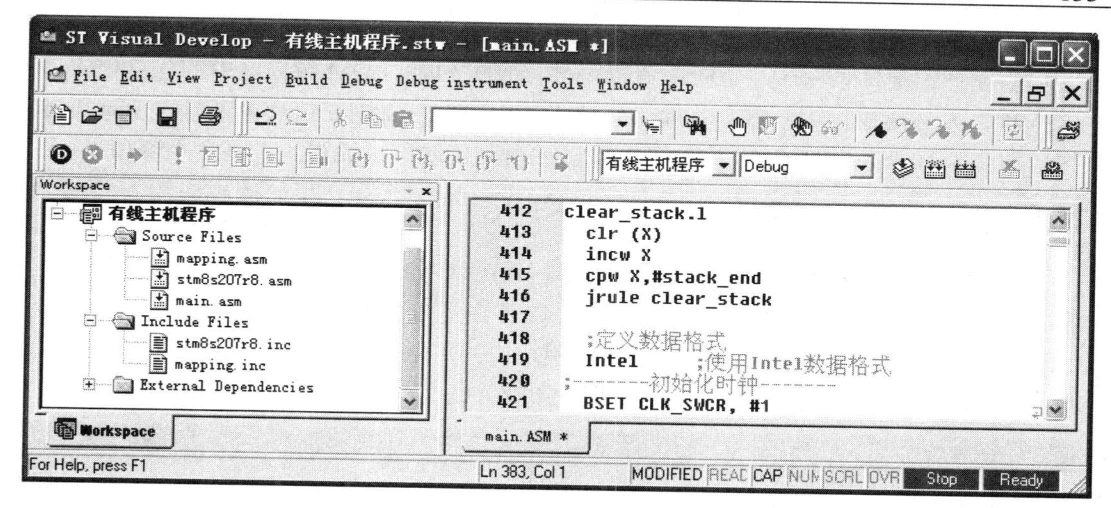


图 5-5　单一主模块程序结构

在这种结构程序中，主应用程序 main.asm 模块大致包含了如下内容：

```
；按 st7 还是 stm8 代码格式汇编源程序
stm8/                    ；代码格式伪指令
；程序头(由#define、equ、cequ 定义的符号常量、标号)
#define VAR1 $50

；主程序引用的外部标号(变量)说明区(EXTERN)
segment 'rom'            ；指定了代码存放在哪一段中
mani.l                   ；主程序开始标号
；初始化 I/O 引脚的输入/输出方式，并用#define 指令对 I/O 引脚重定义
；初始化堆栈指针
；RAM0 段存储单元清 0
；RAM1 段存储单元清 0
；堆栈段存储单元清 0
；初始化主时钟及 CPU 时钟频率
；硬件初始化(设置外设部件工作方式)
；复位中断优先级(开中断)
；主程序实体指令系列
；子程序
；中断服务程序
；常数表(由 dc.b、dc.w、dc.l 定义的常数表)
；中断向量表
```

STVD 汇编要求位于同一个汇编文件内的不同子程序中的标号必须唯一。因此，在 STVD 开发环境中最好取长标号，可按“模块名_模块内标号”形式给标号取名。例如，在“EEPROM_Write.L”模块中可用“EEPROM_Write_Lab1”、“EEPROM_Write_Next1”、

“EEPROM_Write_Last1”、“EEPROM_Write_Loop1”等作为该模块的标号。

尽管在理论上，子程序与中断服务程序可存放在 Flash ROM 存储区中的任意位置，但在 STVD 开发环境中，中断服务程序必须位于子程序后，否则在仿真调试时，调试速度会很慢，单步执行一条指令(包括子程序调用指令)所需的时间可能很长，甚至不能接受。

## 5.2.2　子程序与中断服务程序在各自模块内

把子程序，尤其指令较多的子程序、中断服务程序安排在各自模块内，形成多模块结构程序，如图 5-6 所示。这种程序结构清晰，除了指定为“Public”的公共变量、标号外，均属于局部变量、局部标号，这意味着不同模块内的局部标号可重复使用。这有利于程序的维护，以及多人协作完成同一项目控制程序的设计。

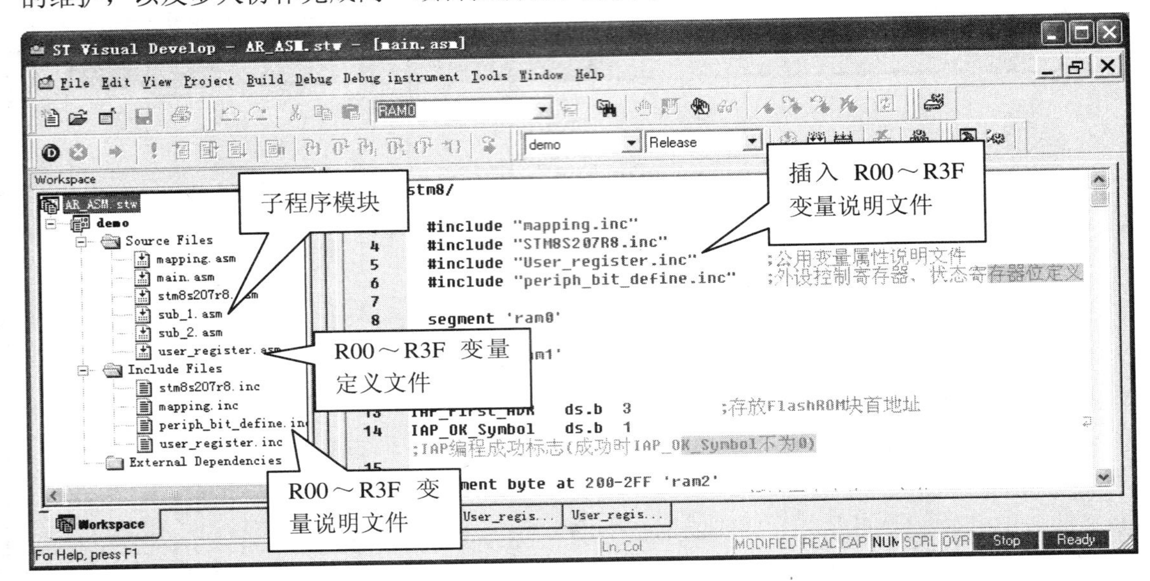


图 5-6　多模块程序结构

在多模块程序结构中，建议将各模块的全局变量、全局标号的说明文件统一存放在 PUBLIC_Lable_EXTERN.INC 文件中，以便管理与使用。

为便于程序的维护和升级，在程序中应尽量避免直接使用存储单元地址。因此良好的程序习惯如下：

(1) 对于常数，可在程序头中用#define、EQU 伪指令定义。例如：

```
#define Plus_width 50H
```

或

```
Plus_width EQU 50H
```

(2) 对于 RAM、EEPROM 中的存储单元，最好用 ds.b、ds.w、ds.l 伪指令定义，使变量对应的存储单元地址处于浮动状态，变量实际地址待编译后才能确定。例如：

```
Segment 'ram0'
ds.b    TRK1    1
ds.b    TRK2    1
```

(3) 位于 Flash ROM 中的常数表，用 dc.B、dc.W、dc.L 伪指令定义。

### 5.2.3　子程序结构

所谓子程序就是供其他程序模块通过 CALL 或 CALLF 指令调用的指令系列。

当子程序中存在改写 CPU 内某一寄存器(包括索引寄存器 X、Y，累加器 A，条件码寄存器 CC)时，如果返回后需要用到调用前该寄存器的值，则必须将其压入堆栈保护，这容易理解。但容易忽略的是寄存器 CC 中的标志位，由于 STM8 内核 CPU 许多指令均影响标志位状态，如果返回后还需使用调用前的标志位状态，为防止错误，在子程序中一律将 CC 寄存器压入堆栈将是一个良好的习惯。其实，在模块化程序设计中，把子程序中改写的 CPU 寄存器一律压入堆栈也是一个良好策略，这是因为 STM8 内核 MCU 堆栈深度较大，如果子程序嵌套层数不太多，则遇到堆栈溢出的可能性很小。

在 STM8 系统中，子程序入口地址标号可以是 Word 类型，即 16 位地址形式，对应的返回指令为 RET；也可以是 Long 类型，即 24 位地址形式，对应的返回指令为 RETF。采用 L 类型地址标号还是 W 类型地址标号，与子程序存放的位置有关。

(1) 当子程序位于 00 段内时,可定义为 W 类型，也可以定义为 L 类型。当定义为 W 类型时，调用(CALL 指令)与返回(RET 指令)代码短、执行速度快，子程序中所有标号均定义为 W 类型。为方便程序维护，最好在地址标号后加“:”(冒号)。这样当需要将该子程序放到 01 段以上时，只要将“:”(冒号)用“.L”替换；将 JP 绝对跳转指令中的操作码助记符“JP”用“JPF”替换；将返回指令 RET 用“RETF”替换即可。因此，00 段内入口地址为 W 类型的子程序结构如下：

```
Sub_xxx:                ；子程序入口地址标号 Sub_xxx 定义为 W(Word)类型
    PUSHW X             ；保护索引寄存器 X(子程序用到寄存器 X)
    PUSHW Y             ；保护索引寄存器 Y(子程序用到寄存器 Y)
    PUSH CC             ；保护寄存器 CC
    PUSH A              ；保护累加器 A
        ⋮               ；子程序实体
    JP Sub_xxx_NEXT1
        ⋮               ；子程序实体
Sub_xxx_NEXT1:          ；子程序内的地址标号定义为 W 类型
    POP A
    POP CC
    POPW Y
    POPW X
    RET                 ；子程序返回指令
    RET                 ；子程序返回冗余指令数目为 1～4 条，参阅第 11 章
```

这种结构子程序，只能在 00 段内通过 CALL 指令调用。为此可将 00 段内子程序入口地址定义为 L 类型，以便在任何位置都可以通过 CALLF 指令调用。因此，00 段内推荐的子程序结构如下：

```
Sub_xxx.L               ；子程序入口地址标号 Sub_xxx 定义为 L(Long)类型
```

```
        PUSHW X                 ; 保护索引寄存器 X(子程序用到寄存器 X)
        PUSHW Y                 ; 保护索引寄存器 Y(子程序用到寄存器 Y)
        PUSH CC                 ; 保护寄存器 CC
        PUSH A                  ; 保护累加器 A
           ⋮                    ; 子程序实体
        JP Sub_xxx_NEXT1        ; 为减少指令码长度、提高运行速度，仍采用 JP 绝对跳转指令
           ⋮                    ; 子程序实体
    Sub_xxx_NEXT1:              ; 子程序内的地址标号定义为 W 类型
        POP A
        POP CC
        POPW Y
        POPW X
        RETF                    ; 子程序返回指令
        RETF                    ; 子程序返回冗余指令
```

(2) 当子程序位于 01 段以上时，入口地址标号必须定义为 L 类型，同时，子程序内所有地址标号均定义为 L 类型，如下所示：

```
    Sub_xxx.L                   ; 子程序入口地址标号 Sub_xxx 定义为 L(Lord)类型
        PUSHW X                 ; 保护索引寄存器 X(子程序用到寄存器 X)
        PUSHW Y                 ; 保护索引寄存器 Y(子程序用到寄存器 Y)
           ⋮                    ; 子程序实体
        JPF Sub_xxx_NEXT1       ; 采用远跳转指令 JPF
           ⋮                    ; 子程序实体
    Sub_xxx_NEXT1.L             ; 子程序内所有地址标号必须定义为 L 类型
        POPW Y
        POPW X
        RETF                    ; 子程序返回指令
        RETF                    ; 子程序返回冗余指令
```

值得注意的是：中断服务程序入口地址标号一定为 L 类型，原因是 STM8 内核 CPU 响应中断请求时，将入口地址标号对应的三个字节压入堆栈；在中断服务程序中，无须将 CPU 内核寄存器压入堆栈，这是因为 STM8 内核 CPU 响应中断请求时已自动将 CPU 内各寄存器压入堆栈。

## 5.3 程序基本结构

### 5.3.1 顺序结构

所谓顺序程序结构，是指程序段中没有转移指令，执行时 CPU 逐条执行。

**例 5-1** 查表程序。假设共阳 LED 数码管数码 0～F 的笔段码存放在以 LED_Data 为标号的存储单元中，如下所示：

```
LED_Data:
    ;  0,    1,    2,    3,    4,    5,    6,    7,    8,    9,    A,    B,    C,    D,    E,    F
    dc.B 0C0H,0F9H,0A4H,0B0H,099H,092H,082H,0F8H,080H,090H,088H,083H,0C6H,0A1H,086H,08EH
```

显示数据在累加器 A 中，试编写一个程序段将显示数据对应的笔段码取出。

参考程序段如下：

```
    CLRW X                  ；寄存器 X 清 0
    LD XL, A                ；显示数码送寄存器 XL
    LD A, (LED_Data,X)      ；以“基址 + 变址寻址”方式取出对应的笔段码
```

**例 5-2**　将存放在 R01 单元中压缩形式的 BCD 码转换为二进制数。

参考程序如下：

```
;功能：把存放在 R01 单元中压缩形式的 BCD 码转换为二进制数
;算法：a1×10+a0
;入口参数：待转换的 BCD 码存放在 R01 单元中
;出口参数：结果回送 R01 单元，假定 R01 物理地址在 RAM 存储区中
;使用资源：寄存器 A、X 及 R01 单元
S_BCD_BI.W              ；单字节 BCD 码转二进制
    LD A, R01           ；取 BCD 码
    AND A, #0F0H        ；保留高 4 位(十位)
    SWAP A
    LD XL, A
    LD A, #10
    MUL X, A            ；X←XL×A，十位乘 10，最大为 90，高 8 位 XH 为 0
    LD A, R01           ；取 BCD 码
    AND A, #0FH         ；保留 BCD 码个位
    LD R01，A           ；回送 R01 暂存
    LD A，XL
    ADD A, R01
    LD R01, A
    RET
```

**例 5-3**　把存放在 R02、R03 单元中压缩形式的 BCD 码转换为二进制数，结果回送到 R02、R03 单元中。

参考程序如下：

```
;功能：把存放在 R02、R03 单元中压缩形式的 BCD 码转换为二进制数
;算法：a3×10^3+a2×10^2+a1×10+a0=(a3×10+a2)×100+(a1×10+a0)
;入口参数：待转换的 BCD 码存放在寄存器 R02、R03 单元中
;出口参数：结果回送 R02、R03 单元，假定两单元相邻，可按字节访问，也可以按字访问
;使用资源：寄存器 A、X 以及 R01 单元
D_BCD_BI.W
    MOV R01, R03        ；十位、个位送 R01
```

```
    CALL S_BCD_BI      ; 调用单字节 BCD 码转二进制子程序，计算 a1 × 10 + a0
    MOV R03, R01       ; 结果暂时存放在 R03 中
    MOV R01, R02       ; 千位、百位送 R01
    CALL S_BCD_BI      ; 调用单字节 BCD 码转二进制子程序，计算 a3 × 10 + a2
    LD A, R01
    LD XL, A           ; 结果送寄存器 XL 中
    LD A, #100
    MUL X, A           ; (a3 × 10 + a2) × 100，结果在寄存器 X 中
    CLR R02            ; 清除 R02 单元
    ADDW X, R02        ; 按字相加
    LDW R02, X         ; 结果回送 R02、R03 单元
    RET
```

**例 5-4**　把 0～65535 之间的十进制数(以非压缩形式存放)转换为对应的二进制数。

; 入口参数: 待转换的非压缩形式 BCD 码存放在 R03～R07 中

; 出口参数: 转换结果存放在 R00～R01 中

; 算法: 由于待转换的十进制数在 0～65535 之间，没有超出 16 二进制表示范围

; $a_4\times10^4+a_3\times10^3+a_2\times10^2+a_1\times10+a_0$

; $= a_4\times40\times\frac{10^4}{40}+(a_3\times10+a_2)\times10^2+a_1\times10+a_0$

; $= a_4\times40\times250+(a_3\times10+a_2)\times10^2+a_1\times10+a_0$

参考程序如下：

```
BCD_16bit_Binary:
    LD A, R03
    LD XL, A                    ; 万位 BCD 码送 XL
    LD A, #40
    MUL X, A                    ; 万位 BCD 码×40
    LD A, #250
    MUL X, A                    ; 万位 BCD 码×40×250
    LDW R00, X                  ; 送 R00、R01 保存
    LD A, R04
    LD XL, A                    ; 千位 BCD 码送 XL
    LD A, #10
    MUL X, A                    ; 千位 BCD 码×10
;PUSH R04                       ; 入堆保护
    CLR R04                     ; 清除了千位 BCD 码，以便用 16 位加法指令完成
    ADDW X, R04                 ; 加上 R04、R05 单元
    LD A, #100
    MUL X, A                    ; 完成千位及百位转换
    ADDW X, R00                 ; 与高位转换结果相加
```

```
        LDW R00, X          ; 送 R00、R01 保存
;POP R04                    ; 恢复 R04
        LD A, R06
        LD XL, A            ; 十位 BCD 码送 XL
        LD A, #10
        MUL X, A            ; 十位 BCD 码×10
;PUSH R06                   ; 入堆保护
        CLR R06             ; 清除了十位 BCD 码，以便用 16 位加法指令完成
        ADDW X, R06         ; 加上 R06、R07 单元
        ADDW X, R00         ; 与高位转换结果相加
        LDW R00, X          ; 送 R00、R01 保存
;POP R06                    ; 恢复
        RET
        RET
        RET
        RET
        RET
```

如果在转换结束后，希望保留转换前的 BCD 码，则只需在上述程序段中，恢复已经注销了的两条入堆指令和两条出堆指令即可。

**例 5-5** 将存放在 R01 单元中的二进制数转换为压缩形式的 BCD 码，结果存放在 R02(百位)、R03(十位及个位)单元。

参考程序如下：

```
; 算法：待转换的二进制数除以 100，所得的商是百位，余数再除以 10 所得的商是十位，余数为个位
; 入口参数：待转换的二进制存放在 R01 单元中
; 出口参数：百位存放在 R02 单元中，十位及个位存放在 R03 单元中
; 使用资源：寄存器 A、X 及 R02、R03 单元
S_BI_BCD:               ; 单字节二进制转化为压缩形式的 BCD 码
        CLRW X
        LD A,R01
        LD XL, A
        LD A, #100
        DIV X, A        ; 商(百位码)在 XL 中，余数在 A 中
        EXG A,XL        ; 商与余数交换
        LD R02, A       ; 保存百位码
        LD A, #10
        DIV X, A        ; 商(十位码)在 XL 中，余数(个位码)在 A 中
        LD R03, A       ; 个位码先放 R03
        LD A, XL        ; 取十位码
        SWAP A          ; 十位码转移到高 4 位
```

```
OR A, R03            ; 合并压缩形式的BCD码
LD R03, A
RET
```

### 5.3.2 循环结构

循环程序结构由初始化、循环体、包含条件跳转指令的循环控制等三部分组成。

**例 5-6** 将 ram0 段(即 00H～FFH)存储单元清 0。

由于需要清除 256 个单元，因此，不能再用例 5-1～例 5-5 所示的顺序程序结构，否则程序会很长，须用循环结构程序实现。

参考程序如下：

```
; 初始化
LDW X, # ram0_start          ; 初始化索引寄存器X
; 循环体
Ram0_CLR_LOOP:
    CLR (X)                  ;把寄存器X内容对应单元清0
    INCW X                   ; X加1，指向下一个存储单元
; 循环控制指令
CPW X, # ram0_end            ; 与ram0段的终了地址比较
JRULE   Ram0_CLR_LOOP        ; 当X不大于终了地址时，跳转到标号为LOOP处继续执行
```

### 5.3.3 分支程序结构

分支程序也是一种常见的程序结构，常需要根据运算结果、某一个输入引脚的状态，决定是否执行相应的操作。根据分支多少，可将分支程序结构分为简单分支(即两分支)结构和多路分支结构。

**1．简单分支**

简单分支常用条件转移指令实现，例如位测试转移指令，如下所示：

```
    BTJT R00, #3, NEXT1
        ⋮
NEXT1:
        ⋮
```

**2．多路分支**

在 STM8 指令系统中，00 段内的多路分支可用无条件跳转指令 JP (TAB_ADR,X)实现，为菜单、并行多任务程序结构中任务与作业切换操作等提供了方便。由于变址寄存器 X 为 16 位，因此可以实现超过 256 分支的散转。

**例 5-7** 编写一段程序完成 32 位除以 16 位的运算。假设 32 位被除数存放在 R04、R05、R06、R07 单元中，16 位除数存放在 R00、R01 单元中。

STM8 内核 CPU 没有 32 位除以 16 位运算指令，只能通过类似多项式除法完成。根据运算规则可知商为 32 位，余数为 16 位，因此需要把除数扩展为 16 + 32 = 48 位，然后通过

移位相减获得对应位的商。

参考程序如下：

```
DIV3216:                ; 32 位除以 16 位运算子程序(没有检查除数为 0)
    ; 32bit/16bit 运算程序
    ; 入口参数: 32 位被除数存放在 R04～R07 单元中，高位放在低地址
    ;          : 16 位除数存放在 R00～R01 单元中，高位放在低地址
    ; 出口参数: 32 位商放在 R04、R05、R06、R07 单元中
    ;          : 余数放在 R02、R03 寄存器中
    ; 算法: 通过移位相减类似多项式除法实现,先将被除数扩展为 32 + 16 位，即 48 位
    ; 执行时间约为 584 个机器周期
    ; 使用资源: X,A
    CLR R02
    CLR R03                          ; 扩展被除数为(32 + 16)位
    LD A, #32                        ; 定义移位相减次数
DIV3216_LOOP1:
    SLL R07                          ; 左逻辑移位(C←b7,b7←b6,b0←0)
    RLC R06
    RLC R05
    RLC R04
    RLC R03
    RLC R02
    BCCM R07,#0                      ; C 移到 R07 的 b0 位
    LDW X, R02                       ; 取扩展被除数最高位
    SUBW X, R00
    JRNC DIV3216_NEXT1
    ; C = 1，即有借位
    BTJF R07,#0, DIV3216_NEXT2       ; 商已为 0，无须再设置
    ; 移出位为 1，说明也够减
DIV3216_NEXT1:
    ; 够减，用差替换被减数
    BSET R07, #0                     ; b0 位置 1，用差替换被减数
    LDW R02, X
DIV3216_NEXT2:
    DEC A
    JRNE DIV3216_LOOP1
    RET
```

可见，实现 32 位除以 16 位运算程序段指令代码不长，执行时间大约为 584 个机器周期。用多项式除法运算规则实现除法运算时，一般情况下需要扩展被除数，但在特殊情况下，也可以不用扩展被除数。例如，当除数不小于 8000H，即除数最高位 b15 为 1，可不

用扩展被除数，而是直接用被除数高位减除数，完成时间将极大地缩短，仅需 300 个机器周期，如例 5-7 所示。

**例 5-8** 已知 32 位被除数存放在 R04～R07 单元中，不小于 8000H 的 16 位除数存放在 R00～R01 单元中，编写出相应的除法计算指令系列。

参考程序如下：

```
DIV3216A:                 ; 特殊的 32 位除以 16 位运算子程序
  ; 32 bit / 16 bit 运算程序
  ; 入口参数: 32 位被除数存放在 R04～R07 中，高位放在低地址
  ; 不小于 8000H 的 16 位除数存放在 R00～R01 中，高位放在低地址

  ; 出口参数: 32 位商放在 R05(只有 b0，即商的 b16 位有效)、R06、R07 中
  ;            余数放在寄存器 X 中

  ; 算法: 通过移位相减实现，由于除数不小于 8000H，因此无须扩展被除数为 48 位
  ; 执行时间为 300 个机器周期
  ; 使用资源: 寄存器 X,A
      LD A, #16
      BRES R02,#0         ; 开始时移出位为 0
 LOOP1:
      LDW X, R04          ; 取被除数最高位
      SUBW X, R00         ; 减除数
      JRNC NEXT1
      ; 有借位
      BTJT R02,#0, NEXT1
      ; 有借位，且移出位为 0，不够减，应保留原来的被减数
      RCF                 ; 商为 0
      JRT NEXT2
 NEXT1:
      LDW R04, X          ;用差替换被除数高 16 位
      SCF                 ;商为 1
 NEXT2:
      RLC R07             ; 移位
      RLC R06
      RLC R05
      RLC R04
      BCCM R02,#0         ; C 送 R02 的 b0 位
      DEC A               ; 循环次数减 1
      JRNE LOOP1
      ; 最后一次减
      LDW X, R04          ; 取被除数最高位
```

```
    SUBW X, R00
    JRNC NEXT3
    BTJT R02,#0, NEXT3
    ；有借位，且移出位为 0，说明不够减，保留原来的差
    LDW X, R04
    RCF                   ；商为 0
    JRT NEXT4
NEXT3:
    ；最后一次移位，形成商
    SCF                   ；商为 1
NEXT4:
    CLR R05               ；清除商的最高位
    RLC R07               ；把最后运算结果移到商字节
    RLC R06
    RLC R05
    RET
```

在单片机应用系统中，有时用查表方式代替分支程序结构可能更简单，不仅代码短、运行速度快，程序维护、修改也非常方便，如例 5-9 所示。

**例 5-9**　在某工程设计中，3 个触发器 $Q_2$、$Q_1$、$Q_0$ 状态及其 6 个输出量 y5～y0 变化规律如表 5-1 所示，表中未列出的状态均属无效态。

**表 5-1　转　换　表**

| $Q_2^n$ $Q_1^n$ $Q_0^n$ | $Q_2^{n+1}$ $Q_1^{n+1}$ $Q_0^{n+1}$ | y5 | y4 | y3 | y2 | y1 | y0 |
|---|---|---|---|---|---|---|---|
| 000 | 000 | 0 | 0 | 0 | 0 | 0 | 1 |
| | 001 | 0 | 1 | 0 | 0 | 0 | 0 |
| | 010 | 0 | 0 | 0 | 0 | 1 | 0 |
| | 011 | 0 | 0 | 0 | 1 | 0 | 1 |
| | 100 | 0 | 0 | 0 | 1 | 0 | 1 |
| | 101 | 0 | 0 | 0 | 0 | 0 | 1 |
| | 110 | 0 | 0 | 0 | 1 | 1 | 0 |
| 001 | 010 | 1 | 0 | 0 | 0 | 0 | 0 |
| | 001 | 0 | 0 | 0 | 0 | 0 | 0 |
| | 100 | 1 | 0 | 0 | 1 | 0 | 1 |
| | 101 | 1 | 0 | 0 | 0 | 0 | 1 |
| | 110 | 1 | 0 | 0 | 1 | 0 | 0 |
| 010 | 001 | 0 | 1 | 0 | 0 | 0 | 0 |
| | 010 | 0 | 0 | 0 | 0 | 0 | 0 |
| | 100 | 0 | 0 | 0 | 1 | 0 | 1 |
| | 101 | 0 | 0 | 0 | 0 | 0 | 1 |
| | 110 | 0 | 0 | 0 | 1 | 0 | 0 |

**续表**

| $Q_2^n\ Q_1^n\ Q_0^n$ | $Q_2^{n+1}\ Q_1^{n+1}\ Q_0^{n+1}$ | y5 | y4 | y3 | y2 | y1 | y0 |
|---|---|---|---|---|---|---|---|
| 011 | 000 | 0 | 0 | 1 | 0 | 0 | 1 |
| | 011 | 0 | 0 | 0 | 0 | 0 | 1 |
| 100 | 010 | 0 | 0 | 1 | 0 | 1 | 0 |
| | 001 | 0 | 1 | 0 | 0 | 0 | 0 |
| | 100 | 0 | 0 | 0 | 0 | 0 | 0 |
| | 101 | 0 | 0 | 1 | 0 | 0 | 0 |
| | 110 | 0 | 0 | 0 | 0 | 1 | 0 |
| 101 | 010 | 0 | 0 | 0 | 0 | 1 | 0 |
| | 001 | 0 | 1 | 0 | 0 | 0 | 0 |
| | 100 | 0 | 0 | 0 | 1 | 0 | 0 |
| | 101 | 0 | 0 | 0 | 0 | 0 | 0 |
| | 110 | 0 | 0 | 0 | 1 | 1 | 0 |
| 110 | 010 | 0 | 0 | 1 | 0 | 0 | 0 |
| | 001 | 0 | 1 | 0 | 0 | 0 | 0 |
| | 100 | 0 | 0 | 0 | 0 | 0 | 1 |
| | 101 | 0 | 0 | 1 | 0 | 0 | 1 |
| | 110 | 0 | 0 | 0 | 0 | 0 | 0 |

如果采用条件跳转指令的分支程序结构完成状态判别及计算输出量 y5～y0 的值将很复杂，而采用查表方式完成就非常简单。根据表 5-1 状态转换对应的输出量，不难得出二维数表，即 b5～b0 对应 y5～y0，b6 未使用规定为 0，b7 为“1”时表示无效态，如下所示：

```
Y5_Y0_TAB:
; 列编号为新状态(n+1)，行编号为当前状态(n)
;       0    1    2    3    4    5    6    7
 dc.b 01H, 10H, 02H, 05H, 05H, 01H, 06H, 80H    ; 当前状态(0)
 dc.b 80H, 00H, 20H, 80H, 25H, 21H, 24H, 80H    ; 当前状态(1)
 dc.b 80H, 10H, 00H, 80H, 05H, 01H, 04H, 80H    ; 当前状态(2)
 dc.b 09H, 80H, 80H, 01H, 80H, 80H, 80H, 80H    ; 当前状态(3)
 dc.b 80H, 10H, 0AH, 80H, 00H, 08H, 02H, 80H    ; 当前状态(4)
 dc.b 80H, 10H, 02H, 80H, 04H, 00H, 06H, 80H    ; 当前状态(5)
 dc.b 80H, 10H, 08H, 80H, 01H, 09H, 00H, 80H    ; 当前状态(6)
 dc.b 80H, 80H, 80H, 80H, 80H, 80H, 80H, 80H    ; 当前状态(7)
```

参考程序段如下：

```
LD A, stu_Q2_0                                  ; 取 Q2～Q0 当前状态
AND A, #07H
SLL A
SLL A
```

```
    SLL A                       ; 每个旧状态对应 8 个新状态，因此要乘以 8
    ADD A, R00                  ; 假设新状态存放在 R00 单元中
    CLRW X
    LD XL, A                    ; 旧—新状态编号存放在寄存器 X 中
    LD A, (Y5_Y0_TAB,X)         ; 查表获得旧—新状态对应的输出量
    CP A, #80H
    JRNE NEXT1
    ; 遇到非法状态，可根据需要强制系统复位或不处理
    dc.b 05H
    dc.b 05H
    dc.b 05H
    dc.b 05H
    dc.b 05H                    ; 本例强制执行非法指令使系统复位
NEXT1:
    MOV stu_Q2_0, R00           ; 更新状态变量 stu_Q2_0
    LD R00, A                   ; 把输出量送 R00 单元，以便通过位测试判别
    BTJF R00, #0, NEXT21
    ; R00 的 b0 位即 y0 为 1
      ⋮                         ; 执行 y0 为 1 的指令系列
NEXT21:
    BTJF R00, #1, NEXT22
    ; R00 的 b1 位即 y1 为 1
      ⋮                         ; 执行 y1 为 1 的指令系列
NEXT22:
      ⋮                         ; 省略
```

## 5.4　并行多任务程序结构及实现

根据控制程序的结构，可将程序分为串行多任务程序结构和并行多任务程序结构两大类。

### 5.4.1　串行多任务程序结构与并行多任务程序结构

在串行多任务程序结构中，按预先设定的顺序执行各任务(即模块)，任何时候只执行其中的一个任务，如图 5-7 所示。

串行多任务程序结构简单、清晰，编写、调试比较容易，是单片机应用系统中最常用的程序结构之一。但在串行多任务程序结构中，只能通过查询(如果满足条件，则通过 CALL 及 CALLF 指令)和中断方式执行某些需要实时处理的事件，不适应于具有多个需要实时处理事件的应用系统。例如，在无线防盗报警器中，某防区报警时，第一要通过电话线将报

警信息以 DTMF 方式发送到接警中心，或以语音方式通知用户；第二要监控其他防区有无被触发，即无线接收、解码不能停顿；第三要监视电话线状态，如忙音、回铃音、被叫方提机、断线等；第四是控制内置警笛的音量及音调。为此，在单片机应用系统中，有时需要用“实时(或称为并行)多任务”程序结构。由于单片机系统内嵌 RAM 存储器容量小，如 STM8 系列芯片的只有几 KB，没有更多空间存放任务切换时需要保护的数据——断点(即 PC 指针)、现场(CPU 内寄存器，如累加器 A、通用寄存器、标志寄存器等)和中间结果，因此决定了单片机应用系统并行多任务程序结构与一般微机、小型机并行多任务操作系统程序结构有所不同。

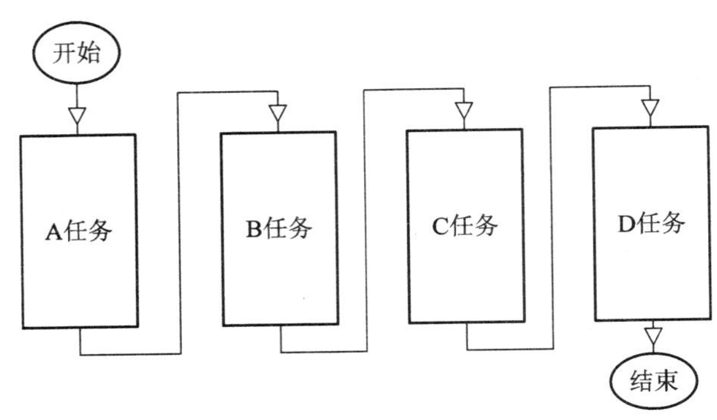


图 5-7　串行多任务程序结构

## 5.4.2　并行多任务程序结构

并行多任务程序结构如图 5-8 所示。

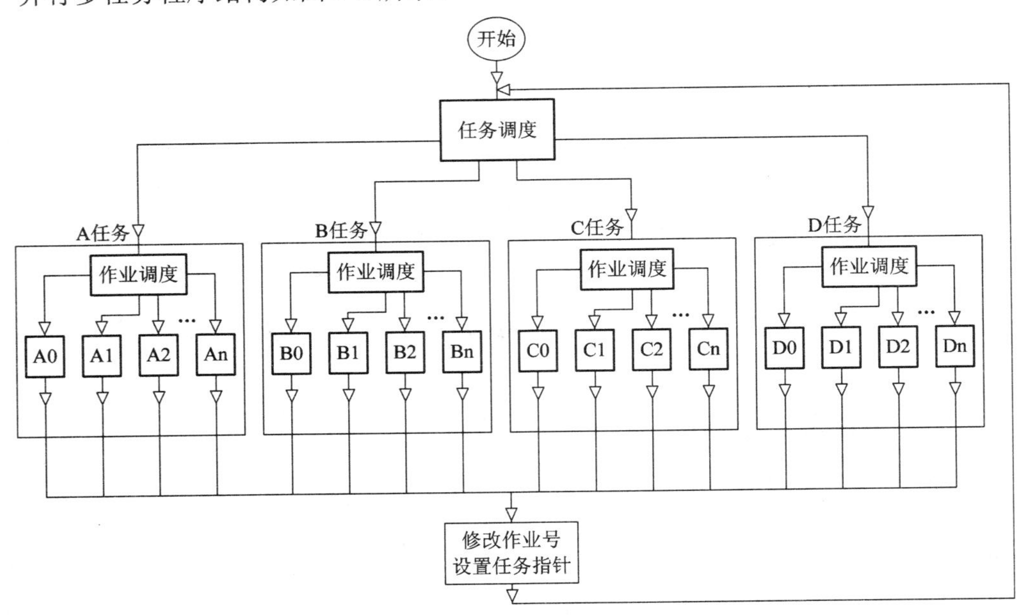


图 5-8　并行多任务程序结构

把需要实时处理的多个任务排成一个队列，通过队列指针(也称为任务号)，借助散转指令，如 STM8 的“JP (TAB_ADR, X)”指令(或条件转移指令)实现任务间的切换。每个任务执行时间长短不同，需将每一个任务细分为若干作业(或称为子过程)，不同任务的作业量不尽相同，即作业量与任务本身的复杂程度有关。例如，在图 5-8 中的 A 任务，就分成 A0、A1、A2、…、An，即 n 个作业。为此还需给每一个任务设置一个作业指针(或称为作业号)，切换到某一个任务后，执行其中的哪一个作业由任务内的作业指针确定。

在并行多任务程序结构中，各任务地位相同，每个任务内的作业地位也相同。并行多任务程序结构模块清晰，能方便地增减其中任一个模块。任务调度也很灵活，可根据当前作业的执行结果选择下一步将要执行的任务号，非常适合于需要实时处理的多任务控制系统，实用价值较高。

在单片机并行多任务程序结构设计中，需要考虑的问题及注意事项如下：

(1) 作业划分原则。

为减少任务、作业切换时需要保护的数据量，任务内的每一个作业必须是一个完整的子过程。对于执行时间较长的任务，通过设置若干标志后，细分为多个作业，使每个作业执行时间不超出系统基本定时器的溢出时间。

按上述原则划分作业后，在作业处理过程中，除中断外不被其他任务所中断，作业执行结束后，只需将处理结果保存到相应的 RAM 存储单元中，对于初始化处理类作业根本无须保存结果；无须保护现场，即 CPU 各寄存器的值，如 STM8 的寄存器 CC、A、X、Y 等。

(2) 任务切换方式。

在微机、小型机实时多任务操作系统中，一般按设定顺序执行各任务，即每一个作业执行结束后任务指针加 1，当执行到最后一个任务时将指针切换到第一个任务。

在单片机控制系统中，一般不宜采用“定时时间到切换”规则，如果系统中没有需要精确定时的事件，根本不需要定时器。原因是单片机系统时钟频率低，CPU 响应速度慢，内嵌 RAM 容量有限，没有更多空间存放任务切换时需要保存的大量数据。另外，在单片机应用系统中，控制对象属性、控制对象所要执行的操作又非常明确，完全可根据当前作业的执行结果和系统的当前状态，直接切换到某个任务，以提高系统的实时性。这与十字路口交通灯切换时间最好由当前的车流量决定问题类似。

例如，在报警器设计中，报警器上传接警中心信息可分为三大类：布防、撤防及报警信息(包括旁路信息及系统状态信息)。为减轻用户话费负担，这三类信息须分别拨打不同的电话号码。对于布防、撤防信息来说，一般只需了解该信息来自哪一个用户及其时间，完全可借助“来电显示”功能感知信息来源与发生的时间(用 FSK 来电信息帧内嵌时间或接警中心内部时钟)，无须提机。对于布防、撤防以外的信息，如报警、旁路信息等，还需要进一步了解是哪个防区报警、旁路，什么样的警情等，需要提机接收报警器上传的全部信息。为此，在拨号前除了先根据缓冲区内信息类型确定拨打的电话号码外，在拨号过程中还必须根据缓冲区内出现的新信息，决定是继续拨号，还是挂机后拨打另一个号码。

为进一步提高系统的即时处理能力，除了在每个作业执行结束后根据当前作业的执行结果、系统当前状态设置任务号外，还可在中断服务程序中重新设置任务号。

(3) 通过中断方式响应需要实时处理的事件。

在作业处理过程中，只能通过中断方式(包括定时器溢出中断、外部中断等)响应需要实时处理的事件。

为避免中断服务程序执行时间过长，降低系统对同级中断请求响应的实时性，需要在中断服务程序中引入事件驱动方式：响应某一个中断请求后，仅设置事件发生标志或进行简单处理后就退出，而事件执行由事件处理程序完成，也就是说把中断响应与事件处理过程分离，以提高系统的实时响应速度。例如，DTMF 解码芯片 8870 解码有效 DV 信号接 STM8S MCU 的外中断 PD 口的某一个引脚，则 PD 口中断服务程序如下：

```
        Interrupt PD_Interrupt_proc
    PD_Interrupt_proc.L
        BSET PA_ODR, #6          ; 解码输出允许 OE 接 PA6 引脚
        LD A, PI_IDR             ; 解码输出引脚 D3～D0 分别接 MCU 的 PI3～PI0
        AND A, #0FH              ; 屏蔽与解码输入无关位
        OR   A, #80H             ; 将 DTMF 输入寄存器 b7 位置 1，作为解码输入有效标志
        LD DTMF_IN, A            ; 输入数据放入 DTMF_IN 变量后就退出，至于输入什么数据
                                 ; 由解码输入处理程序判别和处理
        BRES PA_ODR, #6          ; 将 8870 解码输出置为高阻态
        IRET
```

系统中由主定时器控制的各定时时间必须呈整数倍关系，主定时器的溢出时间就是最小的定时时间。

对于需要精确定时的事件，可放在系统主定时器中断服务程序中计时，定时时间到，相应标志位置 1，处理程序检查相应标志来确定是否需要处理相应事件。例如，当主定时器溢出时间为 10 ms，而键盘定时扫描间隔为 20 ms 时，那么，主定时器中断服务程序内与键盘扫描定时有关的指令为

```
        DEC KEY_TIME
        JRNE EXIT_K_T            ; 键盘扫描定时器减 1，不为 0 跳转
        BSET R_S_KEY, #0         ; 置位键盘扫描执行标志 R_S_KEY[0]
        MOV KEY_TIME, #2         ; 重置键盘扫描定时时间
    EXIT_K_T:
```

(4) 子程序调用原则。

各任务内任意一个作业均可调用同一个子程序，但不允许中断服务程序调用，以免产生混乱。主定时器中断服务程序应尽量短小，当遇到处理时间较长的事件时，可通过设置执行标志后返回，在主程序任务调度处理过程中执行。

下面是具有 4 个任务的“实时多任务”程序结构：

```
        Segment 'ram0'
        Bytes
        ⋮
        TASKP        ds.b    1        ; 任务指针
        TASK0P       ds.b    1        ; 任务 0 作业指针
        ;TASK0P_TIME  ds.b   1        ; 任务 0 执行控制时间。对于有时间限制的任务，可设置
                                      ; 任务执行时间
        TASK1P       ds.b    1        ; 任务 1 作业指针
        ; TASK1P_TIME ds.b   1           ; 任务 1 执行控制时间
```

```
    TASK2P      ds.b    1               ; 任务 2 作业指针
    ; TASK2P_TIME   ds.b    1           ; 任务 2 执行控制时间
    TASK3P      ds.b    1               ; 任务 3 作业指针
    ; TASK3P_TIME   ds.b    1           ; 任务 3 执行控制时间
    ⋮
    Words
    Segment 'rom'
main.L
    ⋮
    ; 初始化部分
    MOV TASKP, #0                       ; 从任务 0 开始执行
    MOV TASK0P, #0                      ; 任务 0 从作业 0 开始
    MOV TASK1P, #0                      ; 任务 1 从作业 0 开始
    MOV TASK2P, #0                      ; 任务 2 从作业 0 开始
    MOV TASK3P, #0                      ; 任务 3 从作业 0 开始

TASKPRO:
    ; ------实时处理事件子程序调用区-------
    BTJF R_S_KEY, #0, Main_NEXT1        ; 检查相关标志，判别是否需要执行
    BRES R_S_KEY, #0                    ; 清除标志，避免重复执行
    CALL Key_Scan_Proc                  ; 调用键盘扫描子程序
Main_NEXT1:
    ⋮
    ; 任务调度
    LD A, TASKP                         ; 取将要执行的任务号
    LD XL, A
    LD A, #3
    MUL X, A                            ; JP 指令码长度为 3 字节
    JP (TASKTAB, X)                     ; 通过无条件跳转指令实现散转
TASKTAB:                                ; 项目任务入口地址表
    JP TASK0                            ; 跳到任务 0 入口地址
    JP TASK1                            ; 跳到任务 1 入口地址
    JP TASK2                            ; 跳到任务 2 入口地址
    JP TASK3                            ; 跳到任务 3 入口地址
    ; ------任务 0 开始------
TASK0:                                  ; 任务 0 程序段
    ; 任务内作业切换
    LD A, TASK0P                        ; 取任务 0 内将要执行的作业号
    LD XL, A
```

```
        LD A, #3
        MUL X, A
        JP (JOBTAB0,X)
    JOBTAB0:                        ; 任务 0 作业入口地址表
        JP TASK0_JOB0               ; 跳到作业 0
        JP TASK0_JOB1               ; 跳到作业 1
        JP TASK0_JOB2               ; 跳到作业 2
        JP TASK0_JOB3               ; 跳到作业 3
        ⋮                           ; 跳到作业 n
        ; ------作业 0 开始------
    TASK0_JOB0:
        ⋮                           ; 作业 0 实际内容
        ; ------作业 0 结束------
        ; 根据需要将处理结果保存到任务数据区内
        ; 根据执行结果设置下一次要执行的作业指针
        ; 设置任务指针
        JP TASK0_EXIT
        ; ------作业 1 开始------
    TASK0_JOB1:
        ⋮
    TASK0_EXIT:
        JP TASKPRO                  ; 返回任务调度
    ; ------任务 0 结束------
    ; ------任务 1 开始------
        ⋮
```

这种以过程作为基本单位的并行多任务程序结构在单片机系统中具有很强的实用性，与编程语言无关，即使在 C 语言源程序中也同样适用，在方便、易用上并不亚于某些实时操作系统，灵活性更强，代码更简短。

## 5.5　程序仿真与调试

在完成了源程序编辑后，可按如下步骤调试，找出并纠正源程序中可能存在的错误或隐患。

(1) 执行“Bulid”菜单下的“Compile filename.asm”命令，编译指定的源程序，查找并纠正其中的语法、寻址范围错误。

(2) 首次调试项目时，先执行“Debug Instrument”菜单下的“Target Setting”命令，在图 5-9 所示的“Debug Instrument Settings”窗口中选择调试所用的工具，如 Swim ST_link 等硬件开发工具或 Simulator 软件模拟器。

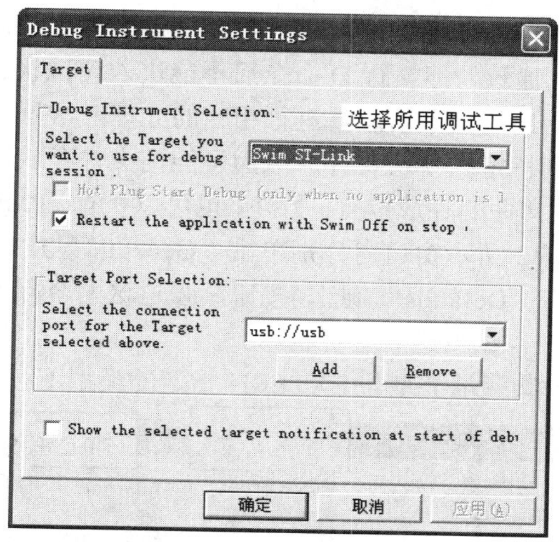


图 5-9　选择调试工具

(3) 如果修改后的项目尚未编译，则执行“D”命令后，先弹出图 5-10 所示的提示信息，根据需要是否重新编译项目文件。

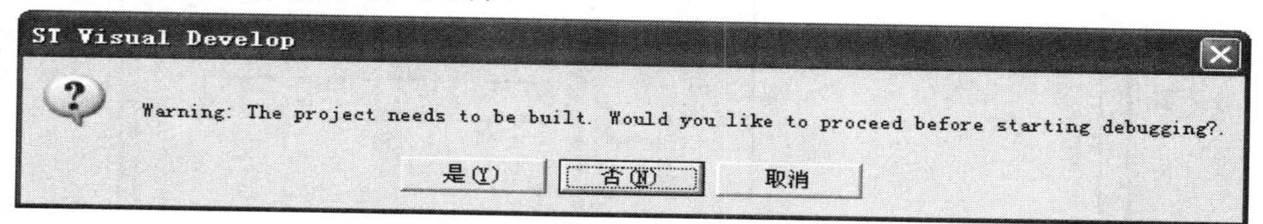


图 5-10　提示重新编译项目文件信息

(4) 执行“Debug”菜单下的“Start Debug”命令，或直接双击工具按钮栏内的“D”工具，试图进入调试状态，如果连接正确，将进入图 5-11 所示的调试状态。

图 5-11　模拟调试状态下的窗口界面

进入调试状态后，可以用单步、设置断点后连续运行等手段对源程序进行调试。

如果每一模块编译都通过，但执行 D 命令后不能进入调试状态，则很可能是模块连接不成功，应根据 STVD 给出的提示信息，进行相应的处理。常见的错误主要有：

- 在连接时，找不到特定的模块文件：原因可能是文件存放路径不正确，连接时找不到。解决办法是重新调整文件的存放位置。另外，也可以执行“Project”菜单下的“Settings”(项目设置)命令，在图 5-12 所示窗口内分别单击“General”与“ST ASM”标签，更改相应的设置项；或直接单击“Defaults”(缺省)按钮，强迫这两个标签窗口设置项内容为缺省值，返回后再执行 D 命令，试着进入运行状态。
- PUBLIC 定义的公共变量类型与 EXTERN 指定的类型不一致。

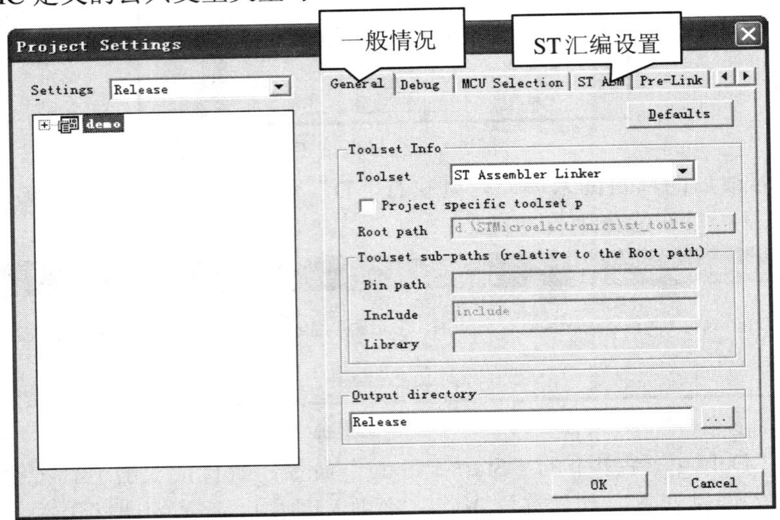


图 5-12　Settings 命令窗口

(5) 各类信息窗口管理。

在调试状态下，执行“View”菜单下的特定命令打开相应的信息窗如图 5-13 所示，以便获知程序运行状态。

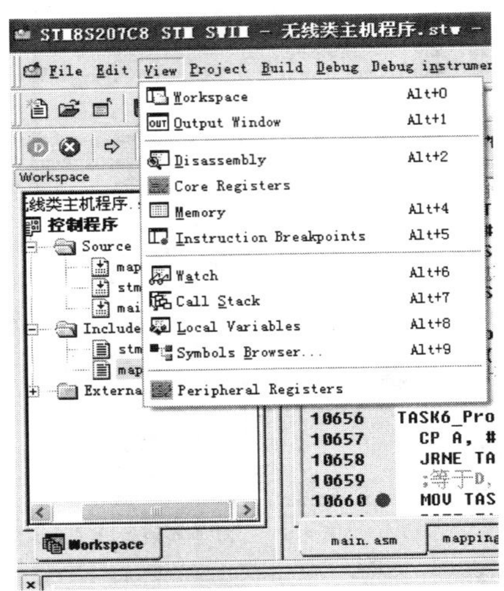


图 5-13　“View”菜单命令

调试状态下，各重要信息窗口的含义和用途如表 5-2 所示。

**表 5-2　调试状态下信息窗口的含义和用途**

| 窗口名称 | 含　义 | 用　途 |
| --- | --- | --- |
| Disassembly | 反汇编窗口 | 查看汇编语言指令的机器码；C 语言指令编译后对应的汇编指令；查看 C 语言源程序是否有语句被优化掉 |
| Core Registers | CPU 内核寄存器窗口 | 观察内核寄存器的状态，尤其是 CC 寄存器中标志位的状态 |
| Memory | 存储器窗口 | 查看整个存储器的状态，具有 Read/Write on the fly 功能，可以在运行时读取存储器的状态，或者实时修改存储器的值 |
| Watch | 用户定义变量窗口 | 在调试过程中，根据需要在该窗口添加待观察变量或外设寄存器，透过这些变量的状态来判别程序的正确性。该窗口变量具有 Read/Write on the fly 功能，可以实时读取或者修改变量值 |
| Instruction Breakpoints | 指令断点列表窗口 | 列出程序中设置的断点。单击该列表窗口内的断点可迅速定位到断点处 |
| Call Stack | 堆栈窗口 | 用于观察堆栈使用情况 |
| Local Variables | 局部变量窗口 | 观察布局变量的状态 |
| Peripherals registers | MCU 外设寄存器窗口 | 用于观察外设寄存器的状态。需要注意的是外设寄存器不具有 Read/Write on the fly 功能。打开该窗口时，对于具有 rc_r 特性状态位，不仅显示结果不正确，还可能自动清除了 rc_r 特性位的状态。因此，不建议打开该窗口 |

(6) 设置及取消断点。

在调试状态下连续执行操作的过程中，程序将暂停在断点处，以便程序员从“Core Registers”、“memory”、“watch”等窗口内分别观察到 CPU 内核寄存器、存储单元、用户定义变量的当前状态，为判别当前程序段的正确性提供依据。

在编辑或暂停状态下，将鼠标移到源程序窗口内特定命令行前，单击左键，可设置或取消一个断点。在 STVD 开发环境下，对允许设置的断点个数没有限制。

执行“Edit”菜单下的“Remove All Breakpoints”可取消全部的断点。

## 习　题　5

5-1　创建 STM8 汇编开发环境，并记录创建过程与注意事项。

5-2　如何完善 ST 汇编创建的 STM8 汇编主程序模块？

5-3　简述程序的两种基本结构及其特征。

5-4　编写一个 24 位(被除数存放在 R03～R05 单元中)除以 24 位(除数存放在 R06～R08 单元中)的程序段，调试并验证。

# 第 6 章 STM8 中断控制系统

## 6.1 CPU 与外设通信方式概述

在介绍中断概念之前，先介绍外设与 CPU 之间的数据传输方式。在计算机系统中，CPU 速度快，外设速度慢，这样 CPU 与外设之间进行数据交换时，就遇到了 CPU 与外设之间的同步问题。例如，当 CPU 读外设送来的数据时，外设必须处于准备就绪状态，CPU 方可从数据总线上读出有效数据；反之，当 CPU 向外设输出数据时，必须确认外设是否处于空闲状态，否则外设可能无法接收 CPU 送来的数据。目前，外围设备与 CPU 之间常用的通信方式有三种：查询方式、中断传输方式和直接存储器存取(简称 DMA)方式。在单片机控制系统中，由于外设与 CPU 之间需要传送的数据量较少，对传输率要求不高，因此多以中断传输方式为主。

当不同的外设之间通过 DMA 方式进行数据传输时，在 DMA 控制器控制下，CPU 总线处于挂起状态，由 DMA 控制器直接控制数据的传输过程。其特点是速度快，适合外设之间批量数据传送。因此，绝大部分 32 位 MCU(如 Cortex_M3 内核)芯片，以及部分 8 位 MCU(如 STM8L152)芯片均内置了支持 2～8 个通道的 DMA 控制器。

### 6.1.1 查询方式

查询方式包括查询输入方式和查询输出方式。所谓查询输入方式，是指 CPU 读外设数据前，先查询外设是否处于准备就绪状态，即外设是否已将数据输出到 CPU 的数据总线上。查询输出方式是指 CPU 向外设输出数据前，先查询外设是否处于空闲状态，即外设是否可以接收 CPU 输出的数据。

下面以 CPU 向外设输出数据为例，简要介绍查询传输方式的工作过程。当 CPU 需要向外设输出数据时，先将控制命令(如外设的启动命令)写入外设的控制端口(即控制寄存器)，然后不断读取外设的状态口(即外设状态寄存器或状态寄存器中的特定位)，当发现外设处于空闲状态后，就将数据写入外设的数据口(即数据寄存器)，完成数据的输出过程。

可见，查询方式硬件开销少、传输驱动程序简单；但缺点是 CPU 占用率高，原因是在外设未准备就绪或处于非空闲状态前，CPU 一直处于查询状态，不能执行其他操作。且任何时候 CPU 只能与一个外设进行数据交换。

### 6.1.2 中断通信方式

采用中断传输方式可以克服查询传输方式存在的缺陷。当 CPU 需要向外设输出数据时，将启动命令写入外设控制口后，就继续执行随后的指令序列，而不是被动等待。当外设处于准备就绪状态可以接收数据时，由外设向 CPU 发出允许数据传送的请求信号——中断请求信号，如果满足中断响应条件，CPU 将暂停执行随后的指令序列，转去执行预先安排好的数据传送程序——中断服务程序，CPU 响应外设中断请求的过程称为中断响应。

在数据传送完成后，CPU 再返回断点处继续执行被中断了的程序，这个过程称为中断返回。可见，在这种方式中，CPU 发出控制命令后，将继续执行控制命令后的指令序列，而不是通过读取外设的状态信息来确定外设是否处于空闲状态，这不仅提高了 CPU 的利用率，而且能同时与多个外设进行数据交换——合理安排相应中断的优先级以及同优先级中断的查询顺序。因此，中断传输方式是 CPU 与外设之间最常见的一种数据传输方式。

**1. 中断源**

在计算机控制系统中，把引起中断的事件称为中断源。在单片机控制系统中，常见的中断源有：

(1) 外部中断，如 MCU 某些特定引脚电平变化(由高到低或由低到高)引起的中断。

(2) 各类定时/计数器溢出中断，即定时时间到或计数器溢出中断。

(3) EEPROM 或 Flash ROM 操作(擦除、写入)结束中断。

(4) AD 转换结束中断。

(5) 串行发送结束中断。

(6) 串行接收有效中断。

(7) 电源掉电中断。

在计算机控制系统中，中低速外设一般以中断方式与 CPU 进行数据交换，中断源的数目较多，为此，需要一套能够管理、控制多个外设中断请求的部件——中断控制器。计算机内中断控制器功能越强，管理、控制中断源的个数越多，该计算机系统的性能也就越高。

**2. 中断优先级**

当多个外设以中断方式与 CPU 进行数据交换时，就可能遇到两个或两个以上外设中断请求同时有效的情形。在这种情况下，CPU 先响应哪一外设的中断请求呢？这就涉及中断优先级问题。一般来说，为了能够处理多个中断请求情形，中断控制系统均提供中断优先级控制。有了中断优先级控制后，在有多个中断请求同时有效时，可先响应高优先级的中断请求，并且高优先级中断请求可中断低优先级中断的处理进程，从而可以实现中断嵌套。

**3. 中断开关**

为避免某一个处理过程被中断，中断控制器给每一个中断源都设置了一个中断请求屏蔽位，用于屏蔽(即禁止)相应中断源发出的的中断请求。当某一个中断源的中断请求处于禁止状态时，即使该中断请求有效，CPU 也不响应。此外，还设有一个总的中断请求屏蔽位，当该位处于禁止状态时，CPU 忽略所有中断源的中断请求，相当于中断源的总开关。

**4. 中断处理过程**

中断处理过程涉及中断查询和响应两个方面。下面结合 STM8S 中断控制系统逐一介绍。

## 6.2 STM8S 中断系统

### 6.2.1 中断源及其优先级

STM8S 支持 32 个中断，32 个中断源入口地址存放在 8000H～807FH 之间的存储区域，每个中断向量占用 4 个字节，共计 4 × 32(即 128)字节，其内容为“82H, VTee, VThh, VTll”

①。其中，82H 为中断操作码，随后三个字节为中断服务程序入口地址。因此，STM8S 中断服务程序可放在 16 MB 线性地址空间内的任意一个存储区中。

STM8S 支持的 32 个中断向量中包含了两个不可屏蔽中断事件(复位中断 RESET、软件中断 TRAP)；一个不可屏蔽的最高优先级硬件中断源 TLI；可屏蔽中断，包括 I/O 引脚外部中断 EXTI 以及内嵌的多个外设中断，如定时/计数器溢出中断、捕获中断、发送结束中断、接收有效中断等，如表 6-1 所示。

**表 6-1　STM8S 中断源及其中断向量表**

| 中断号 | 中断源 | 说　明 | 唤醒停机模式 | 唤醒活跃停机模式 | 中断向量地址 |
|---|---|---|---|---|---|
| | RESET | Reset | Yes | Yes | 8000H |
| | TRAR | Software interrupt | — | — | 8004H |
| 0 | TLI | External Top level Interrupt | — | — | 8008H |
| 1 | AWU | Auto Wake up from Halt | Yes | — | 800CH |
| 2 | CLK | Clock controller | — | — | 8010H |
| 3 | EXTI0 | Port A external interrupts | Yes | Yes | 8014H |
| 4 | EXTI1 | Port B external interrupts | Yes | Yes | 8018H |
| 5 | EXTI2 | Port C external interrupts | Yes | Yes | 801CH |
| 6 | EXTI3 | Port D external interrupts | Yes | Yes | 8020H |
| 7 | EXTI4 | Port E external interrupts | Yes | Yes | 8024H |
| 8 | CAN | CAN RX interrupt | Yes | Yes | 8028H |
| 9 | CAN | CAN TX/ER/SC interrupt | — | — | 802CH |
| 10 | SPI | End of Transfer | Yes | Yes | 8030H |
| 11 | TIM1 | Update/Overflow/Underflow/Trigger/Break | — | — | 8034H |
| 12 | TIM1 | Capture/Compare | — | — | 8038H |
| 13 | TIM2 | Update/Overflow | — | — | 803CH |
| 14 | TIM2 | Capture/Compare | — | — | 8040H |
| 15 | TIM3 | Update/Overflow | — | — | 8044H |
| 16 | TIM3 | Capture/Compare | — | — | 8048H |
| 17 | UART1 | Tx complete | — | — | 804CH |
| 18 | UART1 | Receive Register DATA FULL | — | — | 8050H |
| 19 | I2C | I2C interrupt | Yes | Yes | 8054H |
| 20 | UART2/3 | Tx complete | — | — | 8058H |
| 21 | UART2/3 | Receive Register DATA FULL | — | — | 805CH |
| 22 | ADC | End of Conversion | — | — | 8060H |
| 23 | TIM4 | Update/Overflow | — | — | 8064H |
| 24 | FLASH | EOP/WR_PG_DIS | — | — | 8068H |
| Reserved | | | | | 806CH to 807CH |

① 在应用程序中，无需把 24 位中断入口物理地址直接填入对应的中断向量表中，而是在中断向量段内用 DC.L 伪指令“DC.L {82000000H+中断入口地址标号}”的形式，经编译后自动生成对应的中断向量表(详见第 5 章内容)。

不可屏蔽中断事件(复位中断 RESET、软件中断 TRAP)、硬件顶级中断源 TLI(由 PD_CR2[7]位控制)不受 RIM、SIM 指令控制，即使中断未开放，CPU 也依然能响应这类中断请求。

除不可屏蔽中断(软件中断 TRAP、顶级中断 TLI)外，每一个中断均具有 3 个优先级(原因是 10 级已分配给主程序，剩余的 01、00、11 三个优先级分配给可屏蔽中断源)，分别由 ITC_SPRx(中断控制器软件优先级寄存器)定义，每两位对应一个中断源，如表 6-2 所示。该寄存器在复位后初值为 FFH，即所有中断的优先级都处于最高级。STM8 内核 CPU 中断源优先级可用图 6-1 描述。

**表 6-2　软件优先级寄存器**

| 软件优先级寄存器 | b7　b6 | b5　b4 | b3　b2 | b1　b0 |
|---|---|---|---|---|
| ITC_SPR1 | VECT3SPR[1:0] | VECT2SPR[1:0] | VECT1SPR[1:0] | VECT0SPR[1:0] |
| ITC_SPR2 | VECT7SPR[1:0] | VECT6SPR[1:0] | VECT5SPR[1:0] | VECT4SPR[1:0] |
| ITC_SPR3 | VECT11SPR[1:0] | VECT10SPR[1:0] | VECT9SPR[1:0] | VECT8SPR[1:0] |
| ITC_SPR4 | VECT15SPR[1:0] | VECT14SPR[1:0] | VECT13SPR[1:0] | VECT12SPR[1:0] |
| ITC_SPR5 | VECT19SPR[1:0] | VECT18SPR[1:0] | VECT17SPR[1:0] | VECT16SPR[1:0] |
| ITC_SPR6 | VECT23SPR[1:0] | VECT22SPR[1:0] | VECT21SPR[1:0] | VECT20SPR[1:0] |
| ITC_SPR7 | VECT27SPR[1:0] | VECT26SPR[1:0] | VECT25SPR[1:0] | VECT24SPR[1:0] |
| ITC_SPR8 | 11(保留) | 11(保留) | VECT29SPR[1:0] | VECT28SPR[1:0] |

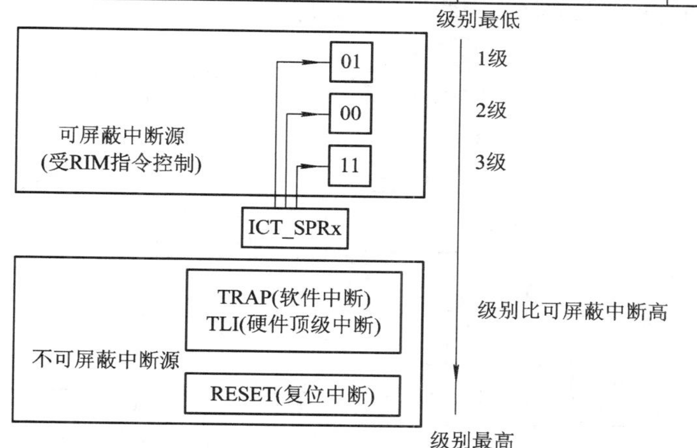


图 6-1　STM8 中断源优先级排列顺序

在表 6-2 中：

(1) 每两位对应一个中断源，其含义如表 6-3 所示。

**表 6-3　中断源优先级**

| I1 | I0 | 优　先　级 |
|---|---|---|
| 1 | 0 | 0 级(最低，只能分配给主程序) |
| 0 | 1 | 1 级(可分配给中断源) |
| 0 | 0 | 2 级(可分配给中断源) |
| 1 | 1 | 3 级(最高，可分配给中断源) |

(2) ITC_SPR1 寄存器中的 VECT0SPR[1:0]对应顶级中断 TLI，即 PD7 引脚中断，其中断优先级被系统强制置为 11(最高级)，不可更改，且属于不可屏蔽中断，即 TLI 中断有效时，可中断优先级为 3 的任意一个可屏蔽中断源的中断服务程序。

(3) 不可屏蔽中断事件 RESET、TRAP 优先级被默认为 11(最高)，因此无需软件优先级寄存器位与之对应。一旦这两个中断有效，CPU 响应后 CC 寄存器内的中断优先级标志 I1、I0 位自动置 1。

正因如此，ITC_SPR1 寄存器的 b1、b0 对应 TLI，即 0 号中断，而不是复位中断 RESET；同理，TC_SPR1 寄存器的 b3、b2 对应 AWU，即 1 号中断，而不是软件中断 TRAP；ITC_SPR8 寄存器的 b3、b2 对应 29 号中断。即 ITC_SPR8～ITC_SPR1 定义了 30 个中断源(编号为 0～29，其中 25～29 中断号保留，没有定义)的优先级，而 ITC_SPR8 寄存器的高 4 位没有定义。

(4) 优先级 10 最低，分配给主程序使用。因此，不允许将中断优先级设为 10。如果将某一个中断优先级设为 10，为使对应中断请求得到响应，STM8 CPU 将保留该中断源先前的优先级。换句话说，当前中断优先级设置操作无效。

(5) 当两个或两个以上可屏蔽中断源具有相同的软件优先级时，硬件查询顺序如表 6-1 所示，即 1 号中断(自动唤醒中断 AWU)优先级最高，CLK 中断次之，而 24 号中断(FLASH)优先级最低。未被响应的中断请求处于等待状态。

(6) 对于 RESET、TRAP、TLI 不可屏蔽源来说，复位中断 RESET 级别最高，只要复位中断 RESET 有效，任何时候 CPU 均可响应。而当 TRAP(软件中断)、TLI (顶级硬件中断)同时有效时，CPU 先响应 TRAP 中断请求，如图 6-2 所示。

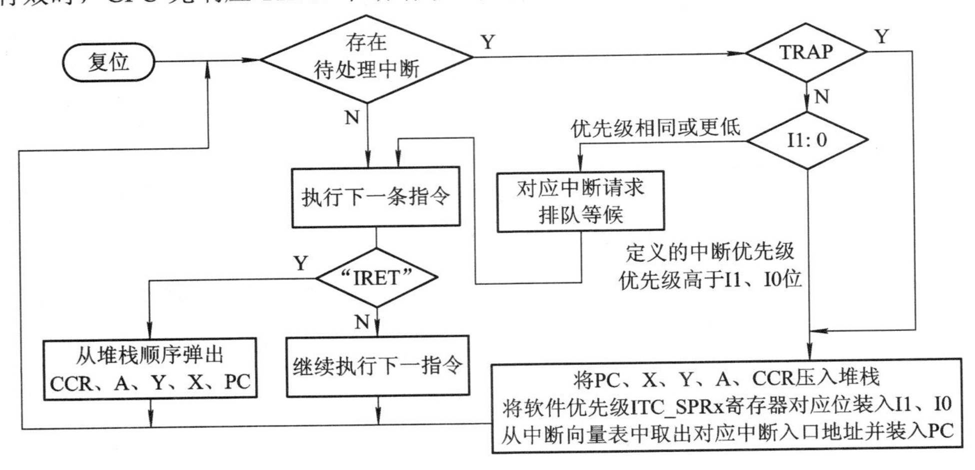


图 6-2　STM8 CPU 中断处理流程

TLI 中断源级别比可屏蔽中断源高，换句话说，当 CPU 响应了某个软件优先级为 3 的可屏蔽中断时，依然能响应 TLI 中断请求；此外在 TLI 中断服务程序中，不允许执行软件中断指令 TRAP。当然在 TRAP 软件中断服务程序中，CPU 不可能响应 TLI 中断请求，这是因为两者优先级相同，不能嵌套。

不同优先级中断嵌套如图 6-3 所示。从图 6-3 中不难看出，IT0、IT3、IT4 软件优先级为 3(最高)，IT1 软件优先级为 2(次之)，IT2 软件优先级为 1(最低)，且规定同优先级硬件查询顺序为 IT0、IT1、IT2、IT3、IT4。

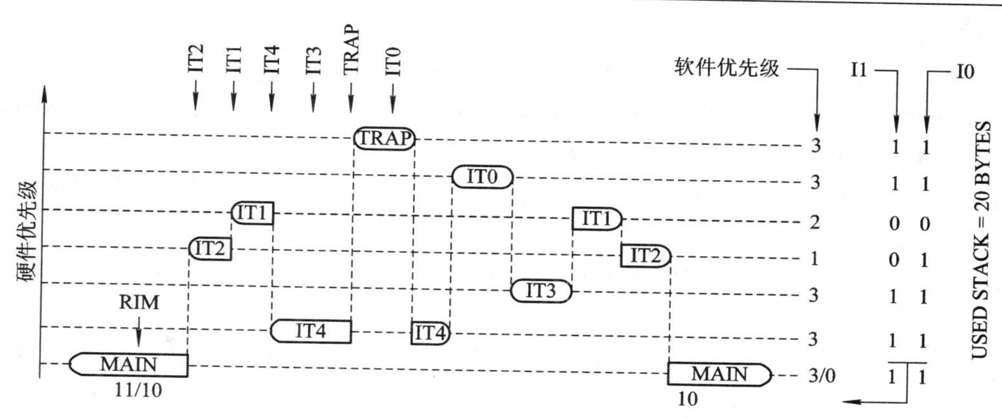


图 6-3　中断嵌套示意图

当中断按图 6-3 所示顺序有效时，CPU 响应过程如下：

在执行主程序 MAIN 时，IT2 中断(优先级为 1)有效，CPU 响应 IT2 中断请求，执行 IT2 中断服务程序；在执行 IT2 中断服务程序过程中，IT1 中断(优先级为 2)有效，CPU 响应 IT1 中断请求，挂起 IT2 中断服务程序(即实现了中断嵌套)；在执行 IT1 中断服务程序过程中，IT4 中断(优先级为 3)有效，CPU 响应 IT4 中断请求，挂起 IT1 中断服务程序(再次嵌套)；在执行 IT4 中断服务程序过程中，IT3 中断(优先级为 3)有效，CPU 不响应 IT3 中断请求，原因是 IT3 与 IT4 优先级相同，不能嵌套；在执行 IT4 中断服务程序中遇到 TRAP 指令，CPU 立即响应 TRAP 中断请求，挂起 IT4 中断服务程序，原因是 TRAP 属于不可屏蔽中断请求，级别更高；在执行软件中断过程中，尽管 IT0 有效(优先级为 3)，但 CPU 同样不响应，这是因为它属于可屏蔽中断，级别比 TRAP 低。

在 TRAP 中断服务执行结束后，返回 IT4 中断服务程序继续执行；从 IT4 返回后，先执行 IT0 的中断请求(尽管 IT3 比 IT0 先有效，但在执行 IT4 中断服务返回指令时，CPU 发现 IT0、IT3 同时有效，同优先级中断硬件查询顺序是 IT0 在前)；IT0 执行结束后，响应 IT3 的中断请求；在 IT3 执行结束后，返回 IT1 中断服务程序；在 IT1 执行结束后，返回 IT2 中断服务程序；在 IT2 执行结束后，返回主程序 MAIN。

复位后，寄存器 CC 中当前中断优先级 I1、I0 为 11(3 级，最高)，除软件中断 TRAP、复位中断 RESET、TLI (非屏蔽中断)外，所有中断功能都被禁止。因此，在主程序中完成了相应存储单元( RAM)与外设初始化后，要执行 RIM(复位中断)指令，开放中断功能。

### 6.2.2　中断响应条件与处理过程

#### 1. 中断响应条件

对于可屏蔽中断来说，当某一个中断请求出现时，只有满足下列条件，CPU 才会响应。

(1) 对应中断必须处于允许状态。

(2) 该中断优先级(由 ITC_SPRx 寄存器对应位定义)必须高于当前正在执行的中断服务程序的优先级(记录在寄存器 CC 的 I1、I0 位)。

如果不满足以上这两个条件，中断请求标志将被锁存，排队等待。

#### 2. 中断处理过程

在所有中断源中，除复位中断 RESET 外，CPU 响应了某一个中断请求后，均按如下步骤处理：

(1) 当前指令执行结束后，挂起当前正在执行的程序。

(2) 把 CPU 内核寄存器中的程序计数器 PC(3 字节)、索引寄存器 X(2 字节)、索引寄存器 Y(2 字节)、累加器 A、条件码寄存器 CC 共计 9 个字节顺序压入堆栈保存。

(3) 把对应中断的软件优先级 I1、I0 位的内容复制到条件码寄存器 CC 的对应位，阻止同级以及更低优先级中断请求。

(4) 从中断向量表中取出对应中断源入口地址并装入 PC，执行中断服务程序的第一条指令。

(5) 中断服务程序结束后执行 IRET 指令返回，从堆栈中依次弹出 CC、A、Y、X 以及断点处的 PC 指针，继续运行被中断了的源程序。可见在 STM8 内核 MCU 中，CPU 响应中断请求后，自动保护了断点(PC 指针)与现场(寄存器 A、CC、X 及 Y)。因此，堆栈要足够深，以避免溢出。

### 6.2.3 外中断源及其初始化

#### 1．外中断源

STM8S 支持 6 个外部中断源，包括 PA、PB、PC、PD、PE 口中断和 PD7 引脚的顶级外部中断，最多有 37 个外中断输入端。

(1) PA 口：PA6～PA2 引脚，共 5 个中断输入引脚，相或后作为一个外中断源 EXTI0。

(2) PB 口：PB7～PB0 引脚，共 8 个中断输入引脚，相或后作为一个外中断源 EXTI1。

(3) PC 口：PC7～PC0 引脚，共 8 个中断输入引脚，相或后作为一个外中断源 EXTI2。

(4) PD 口：PD6～PD0 引脚，共 7 个中断输入引脚，相或后作为一个外中断源 EXTI3。

(5) PE 口：PE7～PE0 引脚，共 8 个中断输入引脚，相或后作为一个外中断源 EXTI4。

(6) PD7 引脚，即顶级中断源 TLI(一个不可屏蔽中断源——通过 PD_CR2 寄存器的 b7 位可禁止 PD7 引脚的中断输入功能，只是其优先级被硬件固定设为 11，不能更改，此外不允许在 TLI 中断服务程序中使用 TRAP 软件中断指令)。

STM8S 外中断标志对程序员不透明，无论采用何种触发方式，CPU 在响应了外中断请求后都会自动清除外中断标志。

#### 2．外中断控制及其初始化顺序

对 EXTI_CR1、EXTI_CR2 进行写操作时，对 TLI 来说，必须保证 PD7 中断处于禁止状态(确保 PD7 引脚控制寄存器位，即 PD_CR2 的 b7 位为 0)；对 PA～PE 口外中断来说，必须确保 CC 寄存器中的 I1、I0 为 11 或 Px_CR2 寄存器相应位为 0(保证不响应可屏蔽中断的请求)。因此，最好在复位后按如下顺序初始化外中断。

(1) 初始化 GPIO 引脚控制寄存器 Px_DDR 和 Px_CR1 寄存器，选择悬空或上拉输入方式。

(2) 初始化外中断控制寄存器 EXTI_CR1、EXTI_CR2 寄存器的相应位，选择对应外中断输入端口的触发方式(同一个 I/O 口上的外中断输入线只能选择同一种触发方式，这是因为 STM8 外中断控制寄存器 EXTI_CR1、EXTI_CR2 以 I/O 口为控制单位，而不是引脚)。

EXTI_CR1 的 b1b0 位控制 PA 口引脚外中断触发方式，b3b2 位控制 PB 口引脚外中断触发方式，b5b4 位控制 PC 口引脚外中断触发方式，b7b6 位控制 PD 口 PD6～PD0 引脚外中断触发方式。

EXTI_CR2 的 b1b0 位控制 PE 口引脚外中断触发方式，b3b2 位控制 PD7 引脚(TLI)外中断触发方式，而 b7～b4 位保留。

外中断触发方式控制位的取值含义如下：

① 00：下降沿与低电平触发(对于低电平触发的外中断，在中断返回前必须确保引脚恢复为高电平状态，或禁止该引脚中断，否则会出现“一次请求多次响应”现象)。

在 MCU 控制系统中，一般尽量避免将外中断定义为低电平触发方式。对于低电平维持时间大于其中断服务程序执行时间的触发信号，最好采用上下沿触发方式。在下沿触发时，执行低电平期间对应的操作；在上沿触发时，取消低电平期间执行的操作。这样就可以用边沿触发方式代替低电平触发方式，而无须在中断服务程序中查询并等待低电平触发信号消失。

② 01：上升沿触发。

③ 10：下降沿触发。

④ 11：上升沿、下降沿均可触发(双沿触发)。

(3) 初始化相应外部中断软件优先级控制寄存器 ITC_SPRx，设置对应外中断的优先级(设为 1、0、3 级)。

(4) 初始化 I/O 引脚配置寄存器 Px_CR2，开放引脚的中断输入功能。

(5) 执行 RIM 指令，复位中断优先级，允许 CPU 响应可屏蔽中断请求。

### 3. 同一个 I/O 口不同引脚中断识别

同一个引脚的多个外部中断源共用同一个中断入口地址，被视为同一个中断源，而 STM8S I/O 引脚中断标志又不透明，当 I/O 口上只允许一个引脚具有中断输入功能时，那么只要该中断源有效，则可以肯定对应外中断输入引脚出现了中断请求。当同一个 I/O 口上多个引脚中断输入同时有效时，只能通过读 I/O 引脚输入寄存器(Px_IDR)来判别是哪一个引脚引发的中断。其判别方法是允许相应I/O口中断前，先将I/O引脚输入寄存器(Px_IDR)的内容保存到 RAM 的某一个单元中，进入中断服务程序后将 Px_IDR 与先前保存的内容进行异或，就可以判定到底是哪一个引脚出现了中断请求。

```
    ；中断服务程序入口处
    LD A, Px_IDR                    ；读相应 I/O 口输入寄存器 Px_IDR
    XOR A, shadow_Px_IDR            ；I/O 口输入寄存器当前状态与先前保护的状态异或
    MOV shadow_Px_IDR, Px_IDR       ；保存当前 I/O 引脚的状态，以备下次中断有效时比较
    ；判别累加器 A 变化位，从而确定哪一个引脚出现了中断请求
    BCP A, #80H
    JREQ NEXT
    ；不为 0，说明 b7 为 1
NEXT:
      ⋮
```

中断有效到中断响应延迟时间较长，采用该方法检测同一个 I/O 口不同的引脚中断输入是否有效时，输入信号的时间不能太快，否则可能出现漏检现象。

### 6.2.4　中断服务程序结构

在 ST 汇编中，必须通过“interrupt”伪指令定义相应中断服务程序入口地址标号，然后在中断入口地址表中填入对应的中断服务程序入口地址标号。例如，Port A 外部中断 EXTI0 的中断号为 IRQ03，因此 Port A 口外中断服务程序结构如下：

```
    Interrupt EXTI0  ；中断服务程序定义伪指令
EXTI0.L              ；中断服务程序入口地址标号类型一律定义为 L 类型(24 位地址形式)
    ；BRES  中断标志
                     ；除外部中断外，进入中断服务程序后一般需要清除对应中断标志
    ⋮                ；外中断 EXTI0 服务程序指令系列在 STM8 中断服务程序中，无须保护现场
    IRET             ；中断最后一条指令
```

然后，将中断向量表内 IRQ03 中断入口地址标号 NonHandledInterrupt 改为 EXTI0 即可，例如：

```
        segment 'vectit'                          ；中断向量段
    dc.l {$82000000+main}                         ；reset
    dc.l {$82000000+NonHandledInterrupt}          ；trap
    dc.l {$82000000+NonHandledInterrupt}          ；irq0
    dc.l {$82000000+NonHandledInterrupt}          ；irq1
    dc.l {$82000000+NonHandledInterrupt}          ；irq2，未定义中断入口地址表依然保留
    dc.l {$82000000+EXTI0 }                       ；irq3，即 Port A 口外中断入口地址表
    dc.l {$82000000+NonHandledInterrupt}          ；irq4
```

### 6.2.5　中断服务程序执行时间控制

每个中断源仅有一个中断标志位来指示对应的中断事件是否已发生，当某个中断请求尚未被响应，而同一个中断源又出现新的中断请求时，CPU 只能响应一次，即存在漏响应现象。

例如，某系统存在两个中断事件 IT1 和 IT2，且 IT2 优先级高于 IT1。当 CPU 在执行 IT2 的中断服务程序时，IT1 中断出现了，由于 IT1 优先级低，因此 CPU 不能响应 IT1 的中断请求。如果在 IT2 中断返回前，IT1 中断请求又一次出现(即 IT1 出现了两次)，则返回后 CPU 只能响应 IT1 请求一次，显然漏掉了一次，如图 6-4 所示。

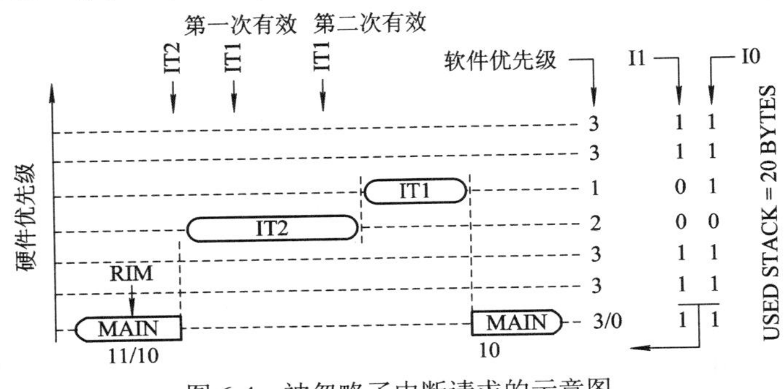


图 6-4　被忽略了中断请求的示意图

为此，高优先级中断服务程序的执行时间不宜超过系统中任意一个低优先级中断事件发生的最小间隔，以避免存在漏响应现象。

## 小　结

本章主要介绍 STM8S 的中断系统，涉及许多与中断有关的概念，如中断源、中断优先级、中断控制、中断响应条件、中断响应过程等。

对 MCU 芯片来说，开发人员主要关心：有哪些中断源及编号(即中断号)、中断向量表(存放中断服务程序入口地址)或中断入口地址的位置，有哪些中断可唤醒处于节电/停机状态下的 CPU 等。

对某一特定中断源来说，开发人员应关心：中断标志位、中断优先级控制位，如何选择中断触发方式，如何使能，入口地址在哪里(涉及中断服务程序放在什么地方)，CPU 响应该中断请求后是否自动清除中断标志等。

## 习　题　6

6-1　指出 STM8S 中断向量入口地址的范围，其中 IT2(2 号中断)中断向量起始于什么单元？

6-2　简述不可屏蔽中断与可屏蔽中断源的区别。STM8S 系列 MCU 含有哪几个不可屏蔽中断源？其中 TLI 可通过什么方式关闭。

6-3　简述 STM8 内核 MCU 中断处理过程？在 STM8 中断服务程序中是否需要保护现场？

6-4　STM8S 具有几个中断优先级？如果将某一个可屏蔽中断源，如 TIM1 的溢出中断优先级别设为 10B，会出现什么后果？

6-5　STM8S 外中断可以选择几种触发方式？PB 口上不同引脚的中断输入线是否可以选择不同的触发方式？为什么？

6-6　在计算机系统中，为什么要求高优先级中断服务程序的执行时间必须小于系统中低优先级中断事件发生的最短间隔？

6-7　简述中断请求漏响应现象的成因及解决办法。

# 第 7 章　STM8S 系列 MCU 定时器

在单片机控制系统中，定时/计数器是 MCU 芯片重要的外设部件之一，几乎所有的单片机芯片均内置一个或数个不同长度的定时/计数器。内嵌定时器的计数长度、数量、功能强弱是衡量 MCU 芯片功能强弱的重要指标之一。

定时/计数器部件的核心是一个加法(或减法)计数器，可工作在定时方式和计数方式，因此称为定时/计数器。这两种工作方式并没有本质上的区别，只是计数脉冲的来源不同。如果计数脉冲是频率相对稳定的系统时钟信号(一般是系统时钟的分频信号)时，称为定时方式；当计数脉冲来自 MCU 某一个特定的 I/O 引脚时，则称为计数方式。

STM8S 内部有多个定时器，按功能强弱可分为三大类：

(1) 一个向上、向下计数的 16 位高级控制定时器 TIM1，其功能最完善。

(2) 三个 16 位向上计数的通用定时器 TIM2、TIM3 和 TIM5，功能比 TIM1 略差。

(3) 两个 8 位向上计数的基本定时器 TIM4、TIM6。

其中，TIM1、TIM2、TIM3、TIM4 之间没有关联，彼此独立，而 TIM1、TIM5、TIM6 之间有关联。这几个定时器的主要功能如表 7-1 所示。

**表 7-1　STM8S 定时器的主要功能**

<table>
<tr><th>定时器编号</th><th>计数方向</th><th>计数长度</th><th>分频系数</th><th>捕获/比较(CC)通道数</th><th>互补输出通道</th><th>重复计数器</th><th>外部刹车输入</th><th>与其他定时器级联</th><th>计数脉冲可选</th></tr>
<tr><td>TIM1</td><td>向上<br>向下</td><td>16</td><td>1～65 536之间任意整数</td><td>4</td><td>3</td><td>8 位</td><td>1</td><td>TIM5、TIM6</td><td>可选，有外部触发输入</td></tr>
<tr><td>TIM2</td><td rowspan="3">向上</td><td rowspan="3">16</td><td rowspan="3">1～32 768($2^n$ 分频，其中 n 取值范围为 0～15)</td><td>3</td><td rowspan="3">—</td><td rowspan="3">—</td><td rowspan="3">—</td><td rowspan="2">—</td><td rowspan="2">不可选，固定为 $f_{MASTER}$</td></tr>
<tr><td>TIM3</td><td>2</td></tr>
<tr><td>TIM5</td><td>3</td><td>有</td><td>可选，没有外部触发输入</td></tr>
<tr><td>TIM4</td><td rowspan="2">向上</td><td rowspan="2">8</td><td rowspan="2">1～128($2^n$ 分频，其中 n 取值范围为 0～7)</td><td rowspan="2">—</td><td rowspan="2">—</td><td rowspan="2">—</td><td rowspan="2">—</td><td>—</td><td>不可选，固定为 $f_{MASTER}$</td></tr>
<tr><td>TIM6</td><td>有</td><td>可选，没有外部触发输入</td></tr>
</table>

STM8S105、STM8S207、STM8S208 系列含有 TIM1、TIM2、TIM3、TIM4 四个定时器；STM8S103 含有 TIM1、TIM2、TIM4 三个定时器；STM8S903 含有 TIM1、TIM5、TIM6 三个定时器。

在 STM8S2××系列单片机中，与定时器有关的引脚如表 7-2 所示。

**表 7-2　在 STM8S2××系列中与定时器有关的引脚**

| 定时器 | 信号名称 | 含　义 | I/O | 缺省复用引脚 | 映射复用引脚 |
|---|---|---|---|---|---|
| TIM1 | TIM1_ETR | 外部触发信号 | I | PH4 | PB3 |
| | TIM1_BKIN | 外部刹车(中断)输入 | I | PE3 | PD0 |
| | TIM1_CH1 | 输入捕获/输出比较通道 1 | I/O | PC1 | — |
| | TIM1_CH1N | 输出比较通道 1 反相输出 | O | PH7 | PB2 |
| | TIM1_CH2 | 输入捕获/输出比较通道 2 | I/O | PC2 | — |
| | TIM1_CH2N | 输出比较通道 2 反相输出 | O | PH6 | PB1 |
| | TIM1_CH3 | 输入捕获/输出比较通道 3 | I/O | PC3 | — |
| | TIM1_CH3N | 输出比较通道 3 反相输出 | O | PH5 | PB0 |
| | TIM1_CH4 | 输入捕获/输出比较通道 4 | I/O | PC4 | PD7 |
| TIM2 | TIM2_CH1 | 输入捕获/输出比较通道 1 | I/O | PD4 | — |
| | TIM2_CH2 | 输入捕获/输出比较通道 2 | I/O | PD3 | — |
| | TIM2_CH3 | 输入捕获/输出比较通道 3 | I/O | PA3 | PD2 |
| TIM3 | TIM3_CH1 | 输入捕获/输出比较通道 1 | I/O | PD2 | PA3 |
| | TIM3_CH2 | 输入捕获/输出比较通道 2 | I/O | PD0 | — |

## 7.1　高级控制定时器 TIM1 结构

高级控制定时器 TIM1 的内部结构如图 7-1 所示，主要由以下部件组成：

- 时钟/触发控制器(CLOCK/TRIGGER CONTROLLER)；
- 时基单元(TIME BASE UNIT)；
- 捕获/比较阵列(CAPTURE COMPARE ARRAY)等。

TIM1 定时器功能完善，可实现下列操作：

(1) 基本定时操作、计数操作。

(2) 利用输入捕获功能，测量脉冲信号时间参数(高、低电平时间)。

(3) 利用输出比较功能，可产生单脉冲信号、PWM 信号等。

(4) 在 PWM 输出信号中，具有死区时间编程选择功能。

(5) 具有与其他定时器联动的功能。

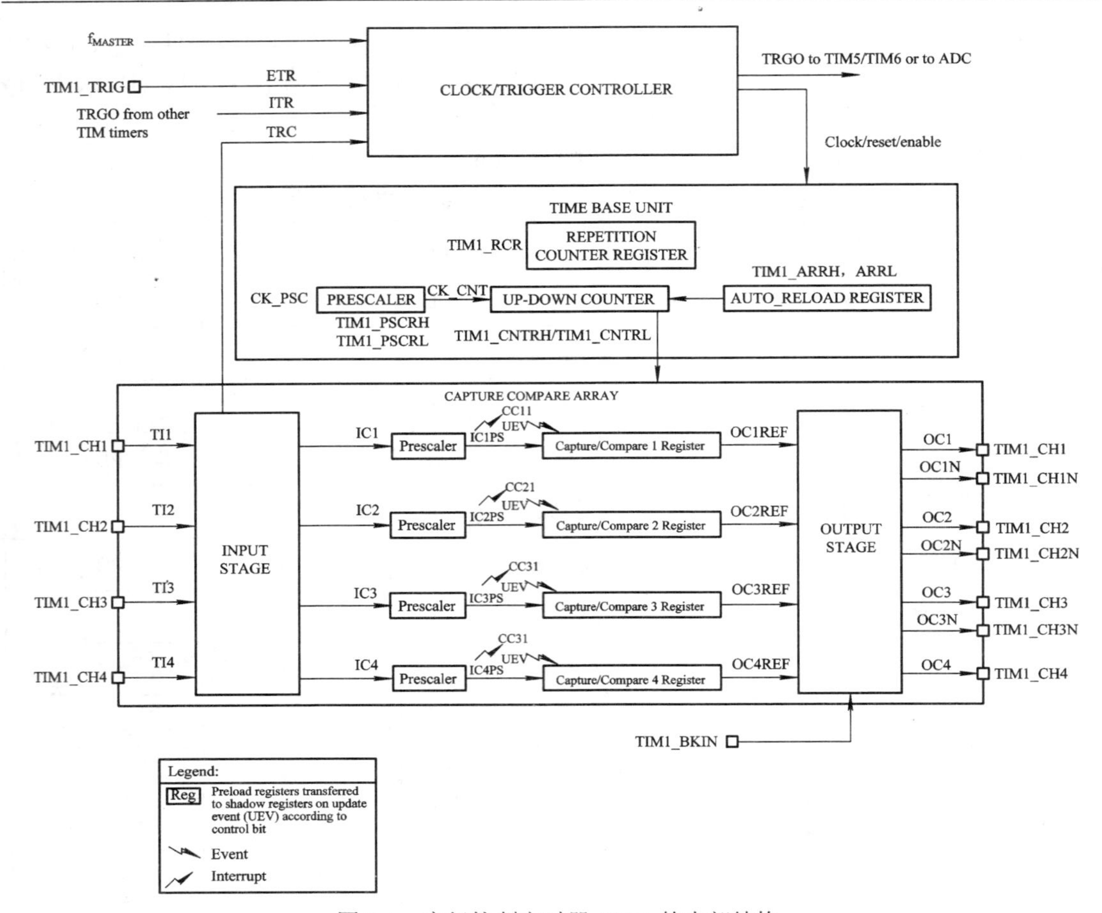


图 7-1　高级控制定时器 TIM1 的内部结构

## 7.2　TIM1 时基单元

TIM1 时基单元内部结构如图 7-2 所示。它由 16 位预分频器 TIM1_PSCR(TIM1_PSCRH, TIM1_PSCRL)、16 位双向(向上或向下)计数器 TIM1_CNTR(TIM1_CNTRH, TIM1_CNTRL)、16 位自动重装寄存器 TIM1_ARR(TIM1_ARRH,TIM1_ARRL)及 8 位重复计数器 TIM1_RCR 组成。

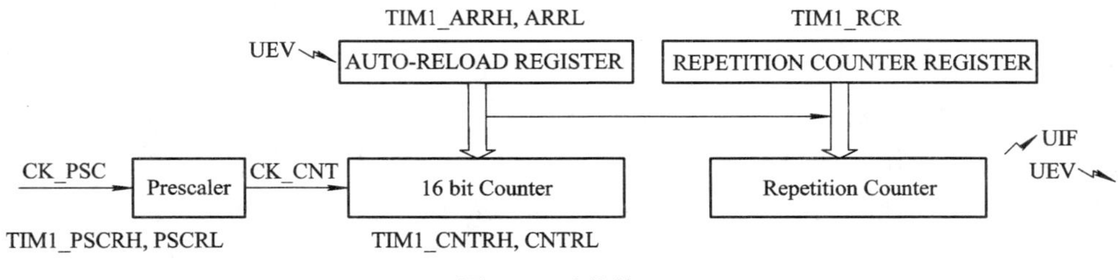


图 7-2　时基单元

触发信号(即预分频器输入时钟 CK_PSC)经预分频器 TIM1_PSCR 分频后，其输出信号

CK_CNT 作计数器 TIM1_CNTR 的计数脉冲。每来一个脉冲计数器 TIM1_CNTR 加 1 或减 1，溢出时产生更新事件(UEV)，并触发相关寄存器重装、更新，如果允许更新中断(UIF)，则产生更新中断请求。

### 7.2.1　16 位预分频器 TIM1_PSCR

TIM1 预分频器 TIM1_PSCR 为 16 位寄存器，预分频器输出信号 CK_CNT(即计数器 TIM1_CNTR 计数脉冲输入信号)与预分频器输入信号 CK_PSC 之间关系为

$$f_{CK\_CNT}=\frac{f_{CK\_PSC}}{PSCR[15:0]+1} \tag{7-1}$$

通过预分频器可对输入信号 CK_PSC 实现 1～65 536 之间任意整数的分频。

由于 16 位预分频器(TIM1_PSCRH, TIM1_PSCRL)带有输入缓冲器(即预装载寄存器)，因此在计数状态下，新写入的预分频值，在更新事件发生时才有效，即在更新事件发生前，依然使用先前的预分频值。

注意：写预分频器时，只能用字节传送指令实现，且先写高 8 位 TIM1_PSCRH，后写低 8 位 TIM1_PSCRL。不过读预分频器时没有顺序限制，甚至允许使用 LDW 字传送指令读入 16 位索引寄存器 X 或 Y，这是因为读操作对象为分频器的预装载寄存器。

### 7.2.2　16 位计数器 TIM1_CNTR

尽管允许在计数过程中读写 16 位计数器 TIM1_CNTR 的当前值，但由于计数器 TIM1_CNTR 没有输入缓冲器，因此，最好不要在计数过程中对计数器进行写操作，应先把计数器暂停(将计数允许/停止控制位 CEN——TIM1_CR1[0]清 0)后，再写入，以免产生不必要的误差。

由于计数器读操作带有 8 位锁存功能，因此任何时候均可对计数器 TIM1_CNTR 进行“飞”读操作(计数器仍在计数时的读操作称为“飞”读)，但必须用字节传送指令实现，且先读高 8 位 TIM1_CNTRH(此时自动锁存了低 8 位 TIM1_CNTRL 的值，即读操作带有 8 位锁存功能)，后再读低 8 位 TIM1_CNTRL，就能获得正确结果。即使在读计数器高 8 位 TIM1_CNTRH 后，CPU 响应了中断请求，执行了其他指令，返回后再读计数器低 8 位 TIM1_CNTRL 也没有关系(实际上在读计数器 TIM1 低 8 位时数据来源是锁存器，而不是计数器低 8 位 TIM1_CNTRL 的当前值)。因此，不能用 LDW 指令读计数器的当前值，原因是 16 位数据传送指令先读低 8 位，实际读到的低 8 位是读缓存器的值(如果复位后，没有读过 TIM1_CNTRH，缓冲器的值不确定)，而不是计数器低 8 位 TIM1_CNTRL 的当前值。

例如，可用如下指令将 TIM1_CNTR 当前值“飞”读到寄存器 X 中。

```
LD A, TIM1_CNTRH  ; 先用字节传送指令 LD 或 MOV 读计数高 8 位，此时自动锁存了低 8 位
                  ; T IM1_CNTRL 的当前值
LD XH, A          ; 读了高 8 位 TIM1_CNTRH 后，无论中间执行了多少条指令，读低 8 位
                  ; 均能获得正确结果
LD A, TIM1_CNTRL  ; 该指令表面上读 TIM1_CNTRL，实际上是从锁存器中读计数器低 8 位
LD XL, A
```

## 7.2.3　16 位自动装载寄存器 TIM1_ARR

16 位自动装载寄存器 TIM1_ARR 具有影子寄存器，影子寄存器对程序员是不透明的。在向上计数方式中，当计数值等于 TIM1_ARR 的影子寄存器中的值时，发生上溢，然后再从 0 开始计数器，这时 TIM1_ARR 相当于比较寄存器；在向下计数器过程中，当计数值回 0 时，发生下溢，计数器以 TIM1_ARR 影子寄存器的内容作初值重新计数，这时 TIM1_ARR 相当于重装初值寄存器。

在写入时只能用字节指令完成，且先写高 8 位后写低 8 位。当控制寄存器 TIM1_CR1 的 ARPE 位为 0(不使用预装载寄存器)时，对自动装载寄存器 TIM1_ARR 写入时，写入内容立即传送到其影子寄存器中(影响当前计数周期)，如图 7-3(a)所示。

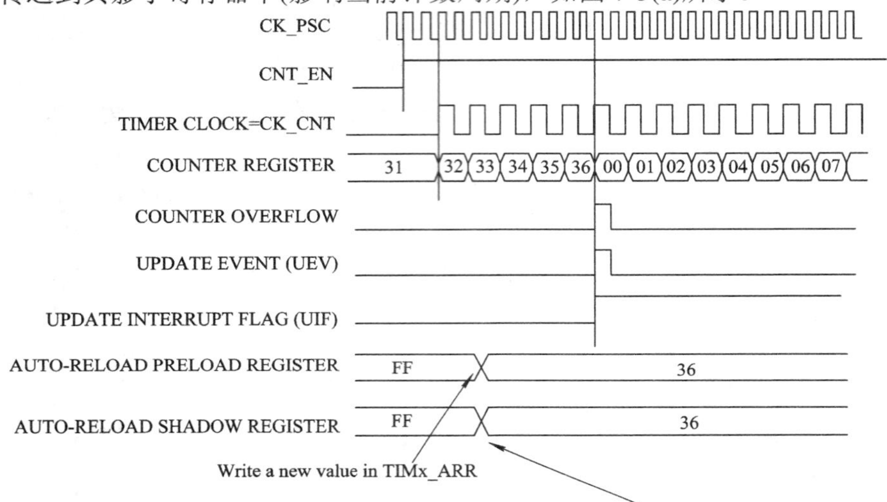


(a) ARPE=0 时写自动重装寄存器 TIM1_ARR 立即生效

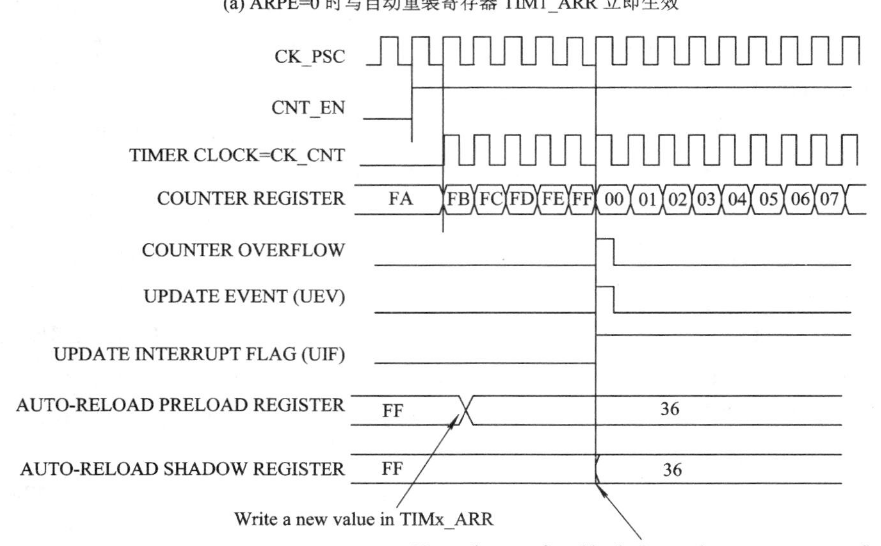


(b) ARPE=1 时写自动重装寄存器 TIM1_ARR 在更新事件发生时生效

图 7-3　自动重装寄存器的更新

当控制寄存器 TIM1_CR1 的 ARPE 位为 1(使用预装载寄存器)时，对自动装载寄存器 TIM1_ARR 写入时，写入数据并不立即传送到其影子寄存器中，只有更新事件(如溢出或通过软件强迫更新)发生时，写入的数据才被送入其影子寄存器中。换句话说，如果没有软件强迫更新，则不影响当前计数周期，溢出更新后下一个计数周期才生效，如图 7-3(b)所示。

## 7.2.4 计数方式

TIM1 计数器可以编程为向上(加法)计数、向下(减法)计数以及向上向下双向计数三种方式，如图 7-4 所示。

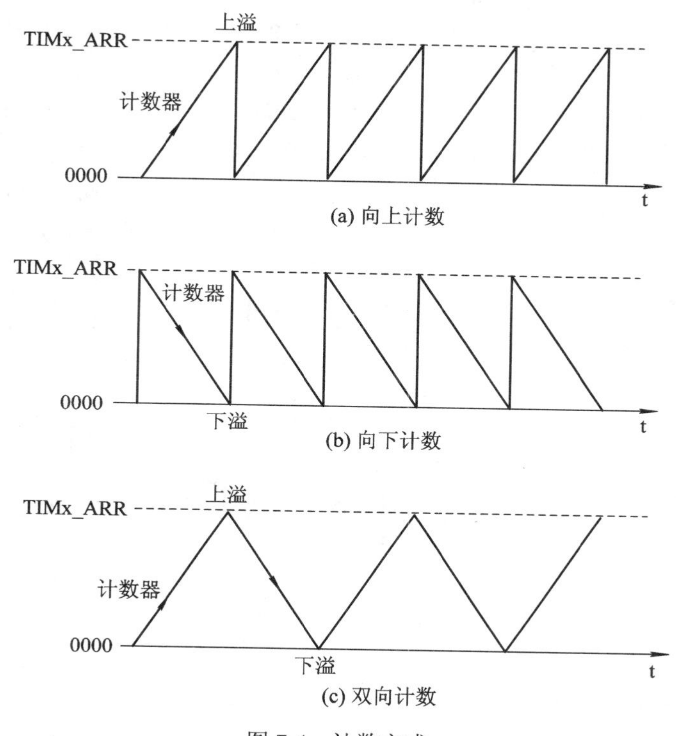


图 7-4 计数方式

### 1. 向上计数方式

在向上计数方式中，16 位计数器 TIM1_CNTR 从 0 开始递增计数，当计数值与自动重装寄存器 TIM1_ARR 的影子寄存器匹配时，再来一个计数脉冲则计数器将从 0 开始重新计数，如图 7-4(a)所示，并产生上溢事件。如果 UDIS(禁止更新)控制位为 0(无效，即允许更新)，则将产生更新事件 UEV。更新事件发生时，时基单元内各寄存器全部被更新。

在向上计数过程中，计数值与自动重装寄存器 TIM1_ARR 的影子寄存器匹配，再来一个计数脉冲时计数器上溢，然后从 0 开始新一轮的计数。因此，自动重装寄存器 TIM1_ARR 不能为 0，否则溢出后又匹配了。如此往复，无法向前计数，即 TIM1_ARR 取值范围在 0001H～FFFFH 之间。

显然，当希望计数器在经历 N 个计数脉冲后溢出，自动重装寄存器 TIM1_ARR 的值应为 N。TIM1_ARR 与预分频器 TIM1_PSCR、溢出时间 t 之间的关系为

$$\text{TIM1\_ARR}=\frac{f_{\text{CK\_PSC}}}{\text{PSCR}[15:0]+1}t \qquad (7\text{-}2)$$

当时间 t 的单位取 μs 时，预分频器输入信号 $f_{\text{CK\_PSC}}$ 的单位取 MHz。

### 2. 向下计数方式

在向下计数方式中，16 位计数器 TIM1_CNTR 从自动重装寄存器 TIM1_ARR 的影子寄存器开始递减计数，当计数值回 0 时再来一个计数脉冲则产生下溢出，再从自动重装寄存器 TIM1_ARR 的影子寄存器开始新一轮计数，如图 7-4(b)所示。如果 UDIS(禁止更新)控制位为 0(允许更新)，则将产生更新事件 UEV。

在向下计数方式中，TIM1_ARR 也不能为 0，即 TIM1_ARR 取值范围也必须在 0001H～FFFFH 之间。

显然，当希望计数器在经历 N 个计数脉冲后下溢，自动重装寄存器 TIM1_ARR 的值就为 N。TIM1_ARR 与预分频器 TIM1_PSCR、溢出时间 t 之间的关系与式(7-2)相同。

在向下计数方式中，最好不用带缓冲的自动重装方式，即令 TIM1_CR1 寄存器的 APRE 位为 0，则在本轮计数器溢出时，将立即使用更新后的自动重装寄存器内容作为计数器的初值，如图 7-5 所示。

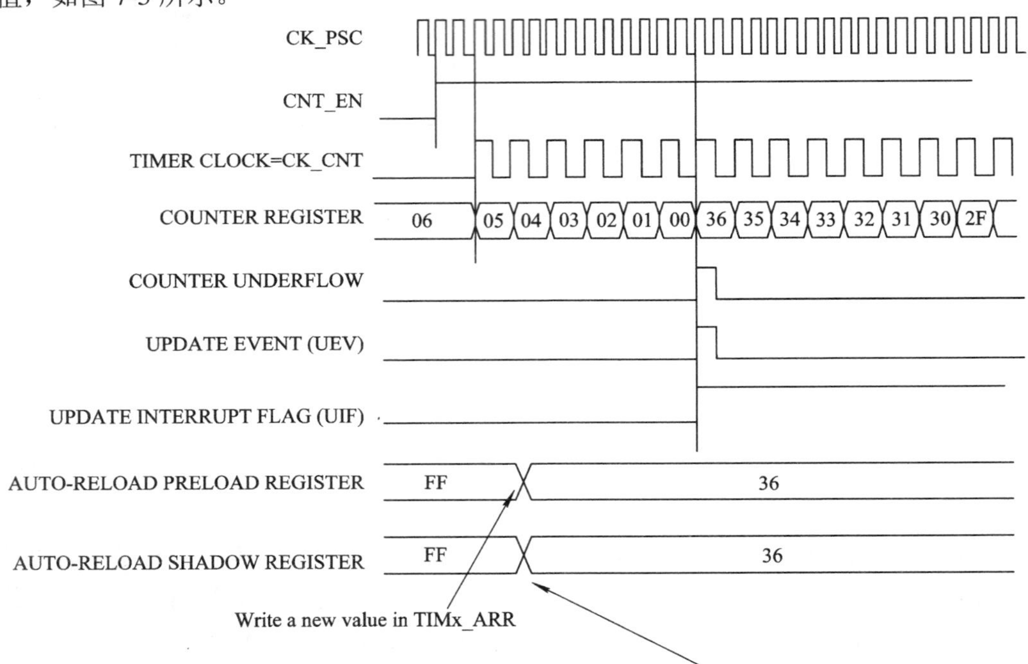


图 7-5　向下计数方式中 APRE=0 时的更新情况

如果使用了带缓冲的更新方式，写入自动重装寄存器 TIM1_ARR 的新值，并不能在本轮计数器下溢时装载，而必须再等到第二次下溢时才被采用，容易出错，如图 7-6 所示。其原因是使用带缓冲更新方式时，溢出时计数器内部操作是“先将 TIM1_ARR 影子寄存器的内容装入计数器 TIM1_CNTR 后才更新自动重装寄存器 TIM1_ARR 影子寄存器的内容”，简称“先装入后更新”。

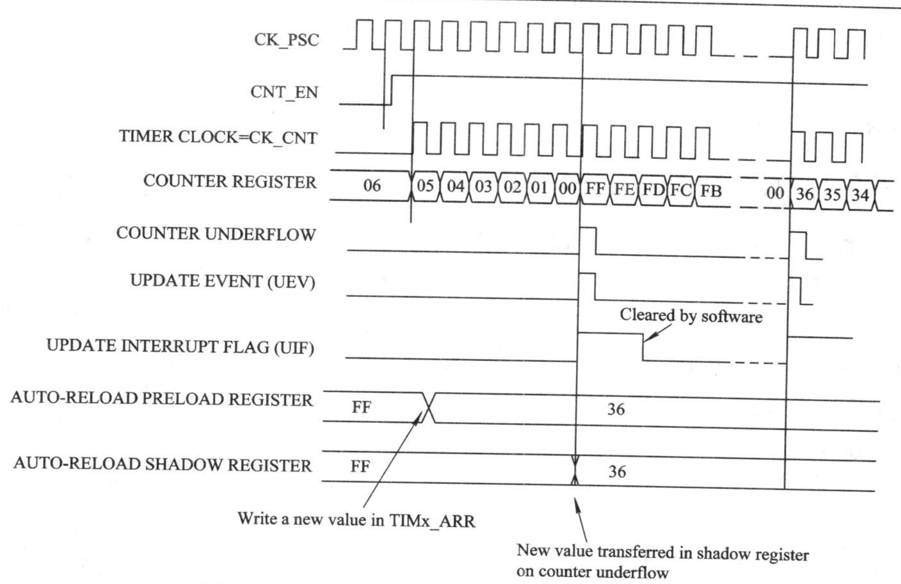


图 7-6　向下计数方式中 APRE=1 时的更新情况

### 3. 向上向下双向计数方式

当计数器处于向上向下双向计数方式时，计数器先从 0 开始计数，直到计数值等于自动重装寄存器 TIM1_ARR－1 时出现上溢为止，接着计数值达到最大值 TIM1_ARR，然后计数器向下计数，当计数值为 0 时，产生下溢，完成了一个计数周期，如图 7-4(c)所示。在双向计数方式中，计数器上溢、下溢与更新事件 UEV 关系如图 7-7 所示。

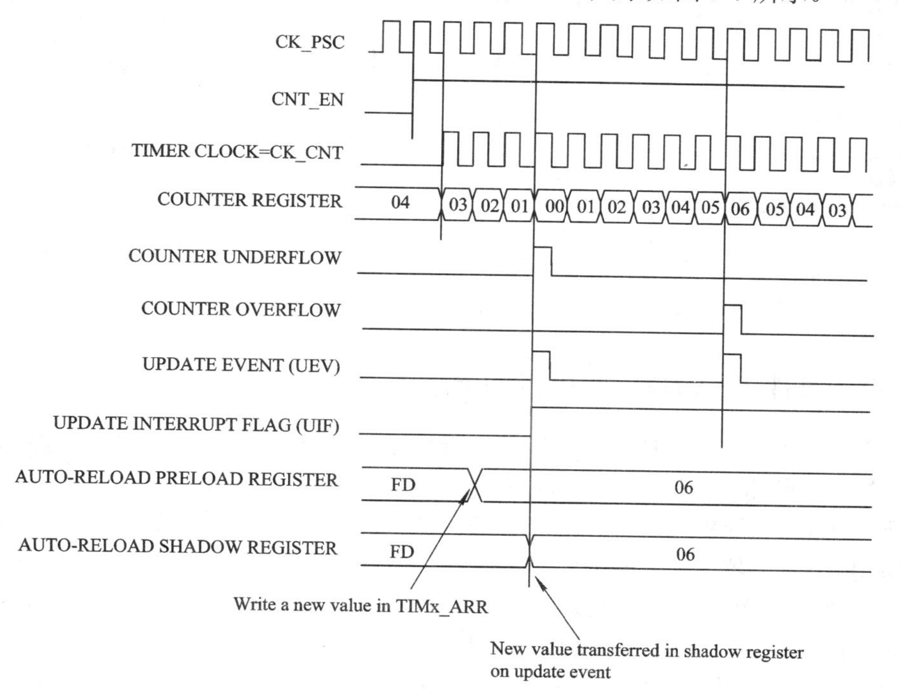


图 7-7　双向计数方式

在双向计数方式中，控制寄存器 TIM1_CR1 的 DIR 位变为只读。当计数器向上计数时，硬件自动将 DIR 位置 1；当计数器向下计数时，硬件自动将 DIR 清 0。在双向计数方式中，可通过 DIR 位内容了解当前计数器的计数方向。

### 7.2.5 重复计数器 TIM1_RCR

重复计数器 TIM1_RCR 是一个没有缓冲器的 8 位计数器，当计数器 TIM1_CNTR 上溢、下溢一次时，TIM1 先判别重复计数器 TIM1_RCR 是否为 0，若是 0，则产生溢出更新事件；否则不产生溢出更新事件，同时将重复计数器 TIM1_RCR 减 1(CPU 对重复计数器 TIM1_RCR 采用“先判别后减 1”的处理方式)。图 7-8 给出了不同计数状态下，重复计数器 TIM1_RCR 对溢出更新事件的影响。显然，当 TIM1_RCR>0 时，必须经过“TIM1_RCR+1”个计数周期后，才产生溢出更新。

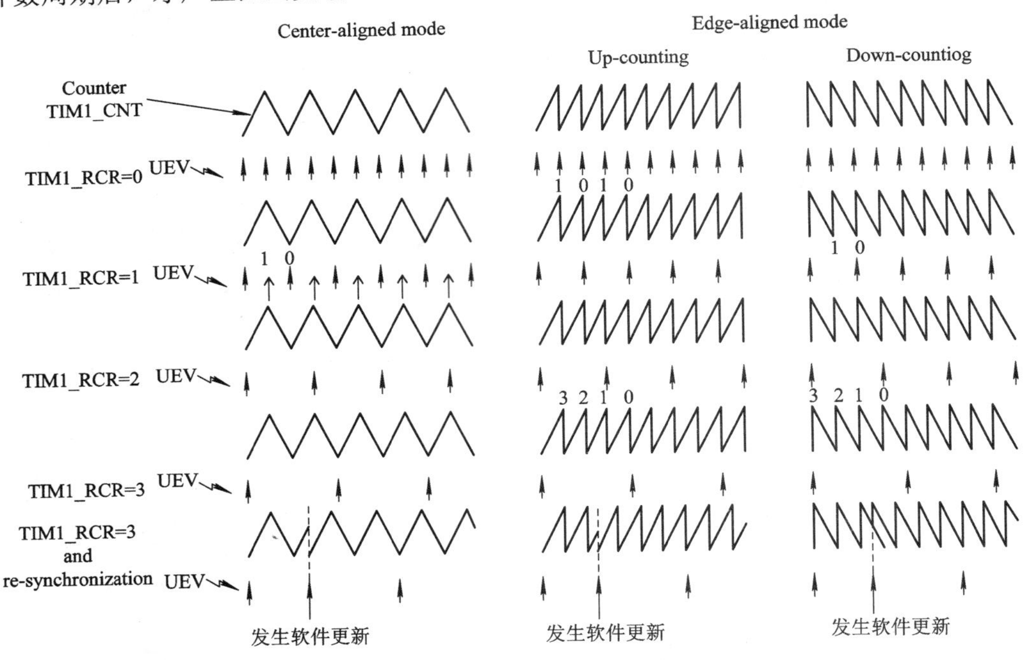


图 7-8　重复计数器 TIM1_RCR 对溢出更新事件的影响

### 7.2.6 更新事件(UEV)与更新中断(UIF)控制逻辑

时基单元内预分频器 TIM1_PSCR 影子寄存器、自动重装寄存器 TIM1_ARR 影子寄存器的更新均受更新事件 UEV 控制，逻辑关系如图 7-9 所示。

更新事件 UEV 受更新请求源 URS 与禁止更新 UDIS 控制。当 UDIS 为 1 时，不产生 UEV 更新事件(分频器 TIM1_PCSR 影子寄存器、自动重装寄存器 TIM1_ARR 影子寄存器保持不变)，当然也就不可能产生更新中断 UIF(不过 UG 或时钟/触发控制器更新依然会强迫计数器和预分频器产生更新，只是 UIF 无效)。当 UDIS 为 0 时，允许更新产生事件，更新事件种类受更新事件源选择位 URS 控制。当 URS 为 0 时，软件更新(UG)、时钟/触发控制器更新、定时器上溢或下溢三者之一发生时，均会产生更新事件 UEV；而当 URS 为 1

时，只有定时器上溢或下溢会产生更新事件 UEV。

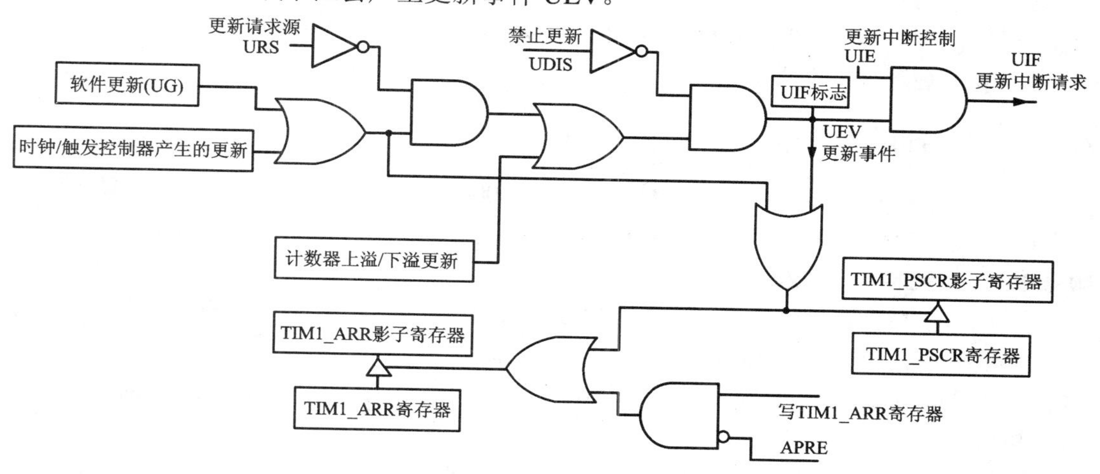


图 7-9　UEV 及 UIF 产生与受控制逻辑

在更新事件 UEV 发生时，能否产生更新中断(UIF)请求，受更新中断允许 UIE 位的控制。

在更新事件发生时，会触发预分频器 TIM1_PCSR 影子寄存器、自动重装寄存器 TIM1_ARR 影子寄存器更新。

## 7.3　TIM1 时钟及触发控制

TIM1 时钟/触发控制单元内部结构如图 7-10 所示。

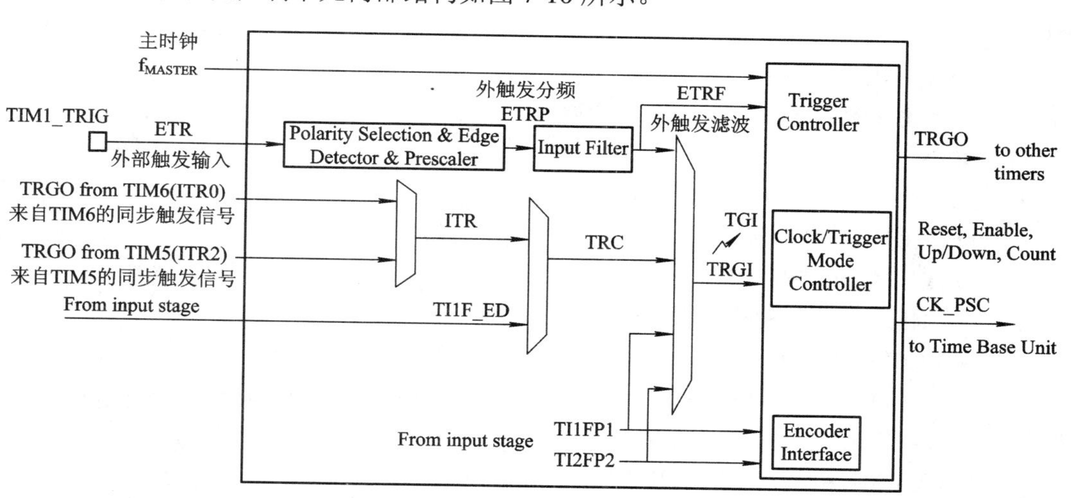


图 7-10　TIM1 时钟/触发控制单元内部结构

时基单元预分频器输入时钟信号 CK_PSC 可以是下列四个信号之一：

(1) 主时钟信号 $f_{MASTER}$。

(2) 外部触发时钟模式 1。

(3) 来自 TIM6 的同步触发信号或来自 TIM5 的同步触发信号。对于 STM8105、STM8S2XX 芯片来说，没有 TIM5、TIM6，故不存在这两个同步触发信号。

(4) 外部触发时钟模式 2。

### 7.3.1　主时钟触发信号

当从模式控制寄存器 TIM1_SMCR 的 SMS=000(在这种情况下，该寄存器其他位没有定义)，以及 TIM1_ETR 寄存器 ECE＝0(不使用外部时钟)时，主时钟信号 $f_{MASTER}$ 就是预分频器 TIM1_PSCR 的输入信号 CK_PSC。

当选择主时钟 $f_{MASTER}$ 作为时基单元触发信号时，定时器状态由 CEN(计数允许/禁止)、DIR(计数方向)、UG(软件更新)位控制。

下面通过具体实例介绍用主时钟 $f_{MASTER}$ 作为预分频器 TIM1_PSCR 的输入信号 CK_PSC 的初始化过程。

**例 7-1**　当系统主时钟频率为 2 MHz 时，利用向上计数方式，使 TIM1 每 10 ms 产生一次定时中断。

根据式(7-2)，在向上计数方式中，自动重装寄存器

$$\text{TIM1\_ARR}=\frac{f_{MASTER}}{\text{PSCR}[15:0]+1}t=\frac{2}{1+1}\times 10\,000=10\,000$$

即 2710H。

当定时时间 t 的单位取 μs 时，则主时钟频率 $f_{MASTER}$ 的单位取 MHz。其中预分频器 TIM1_PSCR 取 1，即采用 2 分频，计数频率为 1 MHz。

初始化步骤如下：

(1) 初始化主从模式控制寄存器 TIM1_SMCR 的 SMS 位为 000，禁止时钟/触发控制器工作。

```
MOV TIM1_SMCR, #00H
```

(2) 初始化 TIM1_ETR 寄存器的 ECE 位，禁止外部触发。

```
BRES TIM1_ETR, #6
```

(3) 初始化预分频器 TIM1_PSCR 的高低位。

```
MOV TIM1_PSCRH, #00H          ; 先写高 8 位，后写低 8 位
MOV TIM1_PSCRL, #01H          ; 2 分频
```

(4) 初始化自动重装初值寄存器(TIM1_ARR)。

```
MOV TIM1_ARRH, #27H           ; 先写入高 8 位
MOV TIM1_ARRL, #10H           ; 再写入低 8 位，该寄存器初值为 10000，即 2710H
```

或通过关系运算，直接使用十进制数，如

```
;MOV TIM1_ARRH, #{HIGH 10000}  ; 先写入高 8 位
;MOV TIM1_ARRL, #{LOW 10000}   ; 再写入低 8 位，该寄存器初值为 10000，即 2710H
```

(5) 初始化重复计数寄存器(TIM1_RCR)。

```
MOV TIM1_RCR, #00H;若该计数器不为 0，则必须经过“TIM1_RCR+1”周期后溢出更新才有效
```

(6) 初始化控制寄存器 TIM1_CR1，定义 APRE、DIR、UDIS、URS(一般取 1)。

```
MOV TIM1_CR1, #04H          ; 向上计数、允许更新、仅允许计数器溢出时中断标志有效
```

(7) 必要时，执行软件更新，将事件产生寄存器 TIM1_EGR 的 UG 位置 1，触发 TIM1_ARR、TIM1_PSCR 重装操作。

```
BSET TIM1_EGR, #0          ; 使 UG 位为 1，触发重装并初始化计数器
; BRES TIM1_SR1, #0        ; 清除更新中断标志(当 URS 为 0，则 UIF 标志有效，根据
                           ; 需要确定清除
```

(8) 初始化中断使能寄存器(TIM1_IER)的 UIE 位，允许更新中断，并设置其优先级。

```
BSET TIM1_IER, #0          ; 允许更新中断
```

(9) 初始化控制寄存器 TIM1_CR1，启动定时器 TIM1。

```
BSET TIM1_CR1, #0          ; 使 CEN 位为 1，启动
```

注意：

- 在完成 TIM1_PSCR、TIM1_ARR 初始化后，应执行软件更新操作，将事件产生寄存器 TIM1_EGR 的 UG 位置 1，触发各影子寄存器重装并初始化计数器与分频器，否则首次溢出时间可能不正确。
- 当需要在中断服务程序中进行软件计数时(如主定时器)，如果不执行软件更新操作，则首次溢出时间不正确，而执行了软件更新操作后，当 URS 位为 0 时，也产生了更新中断请求，又造成中断服务程序中的软件计数值异常。此时，解决办法是将 URS 位置 1，只允许计数器溢出更新中断。
- 在中断服务程序中，一定要通过软件清除更新标志。

假设利用 TIM1 溢出中断每 500 ms 控制与 PC4 引脚相连的 LED 指示灯亮、灭一次，则 TIM1 溢出中断参考程序如下：

```
    ; ------TIM1 的中断服务程序------
    interrupt TIM1_Interrupt_Over
TIM1_Interrupt_Over.l
    BRES TIM1_SR1, #0          ; 清除更新中断标志
    DEC R10
    JRNE TIM1_Interrupt_Over_EXIT
    ; 软件计数器 R10 回 0
    MOV R10, #50
    BCPL PC_ODR, #4            ; 50 × 10 ms 时间到，PC4 引脚输出寄存器位取反，使 LED 指示
                               ; 灯亮或灭
TIM1_Interrupt_Over_EXIT.L
    IRET
    IRET
    IRET
    IRET
```

### 7.3.2　外部时钟模式 1

所谓“外部时钟模式 1”就是指外部时钟信号从计数器的 TIMx_CH1 或 TIMx_CH2 引脚输入，经滤波、边缘选择、极性变换后作为预分频器输入信号 CK_PSC。

在图7-11中给出了如何将连接在TI2(即TIM1_CH2)引脚的输入信号作为外部时钟源的例子，其初始化过程如下所示：

(1) 将 TIM1_CH2 引脚初始化为无中断功能的输入方式。

(2) 将 TIM1_CCMR2 寄存器的 CC2S[1:0]设为 01(将 TIM1_CH2 引脚置为输入，且将 IC2 连接到 TI2FP2 上)。

(3) 根据外部输入时钟信号的特征，初始化 TIM1_CCMR2 寄存器的 IC2F[3:0]，选择滤波特性(采样频率及采样次数)。

由于仅利用输入功能，并没有利用其捕获功能，在“外部时钟模式 1”中，输入通道并没有用到输入预分频功能，因此无须初始化 IC2PSC[1:0]位。

```
MOV TIM1_CCMR2, #xxxx0001B        ; xxxx 用于表示滤波特性，IC2PSC[1:0]固定为 00
```

(4) 将 TIM1_CCER1 寄存器的 CC2P 设为 0，选定上升沿极性，并禁止捕获。

(5) 配置 TIM1_SMCR 寄存器的 TS=110，选定 TI2 作为输入源(在 SMS 为 000 情况下初始化)。

(6) 配置 TIM1_SMCR 寄存器的 SMS=111，配置计数器使用外部时钟模式 1。

(7) 设置 TIM1_CR1 寄存器的 CEN=1，启动计数器。

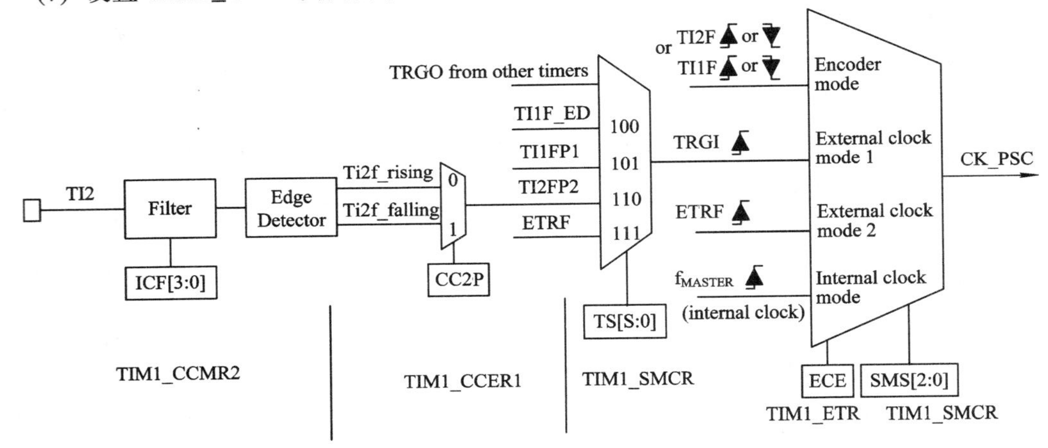


图 7-11　外部时钟模式 1 的连接示意图

这样，在外部时钟的每一个上升沿计数器开始计数，且 TIM1_SR1 寄存器的 TIF(触发标志)位会置 1，如果触发中断允许，将会产生一个触发中断。如图 7-12 所示。

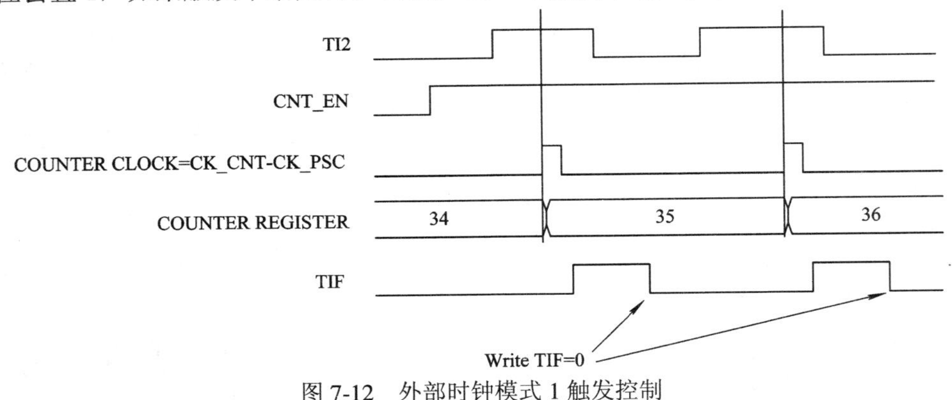


图 7-12　外部时钟模式 1 触发控制

## 7.3.3 外部时钟模式 2

计数器能够在外部触发输入信号 ETR(接 PH4 或 PB3 引脚)的每一个上升沿或下降沿计数。将 TIM1_ETR 寄存器的 ECE 位写 1，即可选定外部时钟模式 2。除了 TIM1 高级定时器外，其他定时器均没有外部输入触发输入信号 ETR。

对于具有外部触发输入信号 ETR 的定时器，可通过两个途径把 ETR 信号接入预分频输入信号 CK_PSC：一是直接将外部触发寄存器(TIM1_ETR)的 ECE 置 1，选择 ETR 时钟(即外部时钟源模式 2)；二是将 TIM1_SMCR 寄存器的 SMS=111，TS=111(TRGI 连接到外部触发滤波输出 ETRF 的外部时钟模式 1)。这两方式基本等效，只是将外部触发滤波输出信号接 TRGI 时，在触发信号的上升沿将产生触发有效(TIF 为 1)。

外部时钟模式 2 连接方式如图 7-13 所示。

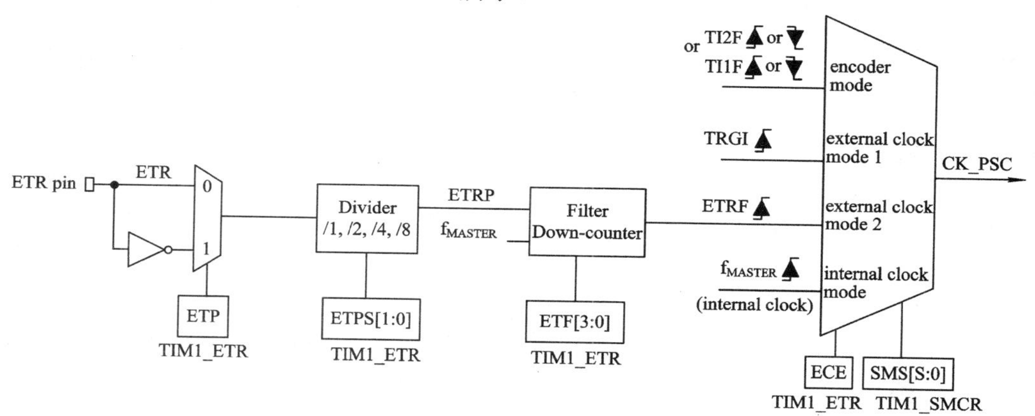


图 7-13 外部时钟模式 2 的连接方式

外部时钟模式 2 的初始化过程如下所示。

(1) 将外部触发输入引脚 ETR(PH4)[①]初始化为不带中断功能的输入方式，是悬空还是带上拉均由外部时钟输出信号决定。

(2) 初始化外部触发寄存器(TIM1_ETR)的 ETP 位选择触发极性(0：不反相；1：反相)。

(3) 初始化外部触发寄存器(TIM1_ETR)的 ETPS 位选择外触发输入信号的分频系数。为防止漏计数，外部触发分频器输出信号 ETRP 频率不大于 fMASTER/4，因此，当输入 ETR 引脚信号时钟频率太高时，必须选择适当的分频系数，如 01(2 分频)，将 ETRP 信号频率降低。

(4) 当分频系数为 1(不分频)时，可根据 ETR 信号边沿的是否存在抖动或尖峰干扰选择相应的滤波参数(采样频率与采样次数)。显然，当采用了外部触发分频器后，输入滤波就没有意义了。

(5) 初始化外部触发寄存器(TIM1_ETR)的 ECE 位置 1，选择外部时钟。

(6) 将 TIM1_SMCR 寄存器的 SMS[2:0]置为 000。

(7) 将 TIM1_CR1 寄存器的 CEN 置 1，启动定时器。结果是计数器在每两个输入信号的上升沿加 1，如图 7-14 所示。

可见，外部时钟模式 2 在时钟边沿来到时，触发标志(TIF)无效。

① 对于 64 及以下引脚封装芯片来说，TIM1_ETR 在 PB3 引脚，属于多重输入功能引脚。

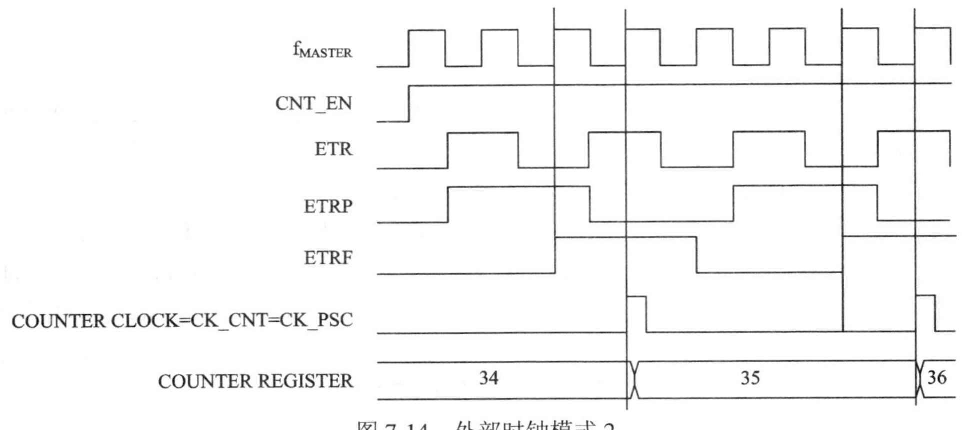

图 7-14　外部时钟模式 2

### 7.3.4　触发同步

计数器允许四种触发输入，如下所示：

(1) ETR：外部触发信号。

(2) TI1：连接在 CH1 引脚的外部输入信号。

(3) TI2：连接在 CH2 引脚的外部输入信号。

(4) 来自 TIM5/TIM6 的 TRGO。

TIM1 的计数器使用三种模式与外部的触发信号同步，这三种模式是标准触发模式、复位触发模式和门控触发模式。有关触发同步可参阅有关用户指南，这里不再详细介绍。

## 7.4　捕获/比较通道

定时器输入捕获/输出比较各通道(TIM1_CH1～TIM1_CH4)，既可以工作于输入捕获方式，也可以工作于比较输出方式，由相对应的每一个通道的捕获/比较模式寄存器 TIM1_CCMRi (i = 1～4 表示通道号)的 CCiS[1:0]位来确定。图 7-15 所示是通道 1 捕获/比较结构图。

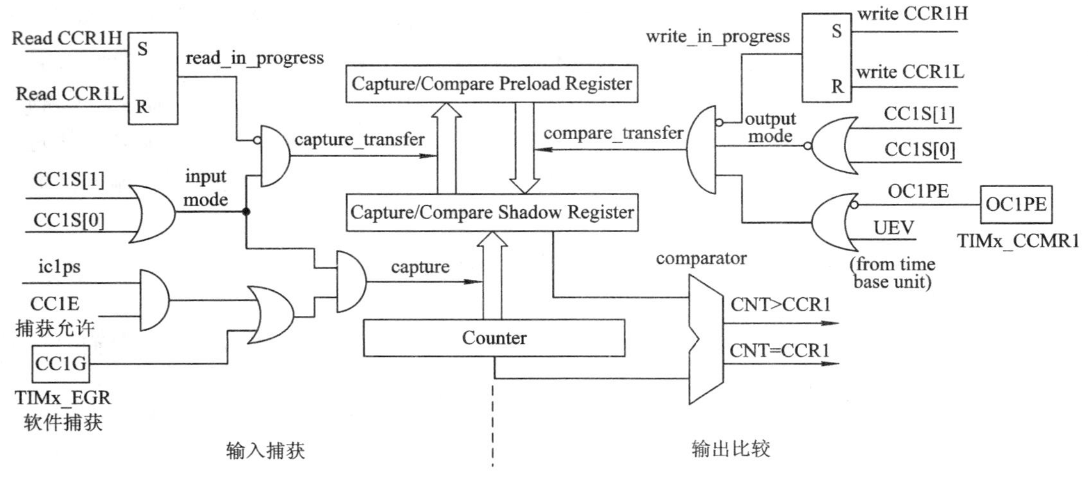

图 7-15　通道 1 的捕获/比较结构图

每一个输入捕获/输出比较通道均以捕获/比较寄存器(包括捕获/比较预装载寄存器 TIM1_CCRi 及其影子寄存器)为中心。输入捕获由输入数字滤波、边沿检测、多路选择开关、预分频器等部件组成；输出比较由比较器、输出控制等部件组成。

在输入捕获方式下，当捕获发生时，先将计数器 TIM1_CNT 当前值复制到捕获/比较影子寄存器中，然后再传送到捕获/比较预装载寄存器 TIM1_CCRi 中。对 TIM1_CCRi 高 8 位进行读操作时，SR 触发器输出高电平，与门输出低电平，TIM1_CCRi 寄存器被冻结，而对 TIM1_CCRi 寄存器低 8 位进行读操作时，SR 触发器输出低电平，与门解锁，TIM1_CCRi 影子寄存器与 TIM1_CCRi 连通。因此，对于输入捕获方式，只能用字节传送命令先读捕获/比较寄存器 TIM1_CCRi 的高 8 位，后读 TIM1_CCRi 的低 8 位，如下所示：

```
MOV R02, TIM1_CCR1H        ；先读通道 1 捕获/比较寄存器 TIM1_CCR1 的高 8 位
MOV R03, TIM1_CCR1L        ；再读 TIM1_CCR1 的低 8 位，同时解除冻结状态
```

如果顺序颠倒或用 LDW 命令从 TIM1_CCRi 寄存器获取数据，则结果可能不正确。

在比较输出方式下，读 TIM1_CCRi 寄存器顺序没有限制，不过对 TIM1_CCRi 写入时，同样要求先写高 8 位，后写低 8 位。

STM8S 定时器溢出中断与定时器捕获输入/比较输出中断相互独立，各自有自己的中断向量、中断优先级，扩展了定时器的用途。

### 7.4.1　输入模块内部结构

TIM1 输入模块结构如图 7-16 所示。其中，通道 1(TIM1_CH1)与通道 2(TIM1_CH2)的滤波输出可以相互映射；通道 3(TIM1_CH3)与通道 4(TIM1_CH4)的滤波输出也可以相互映射。

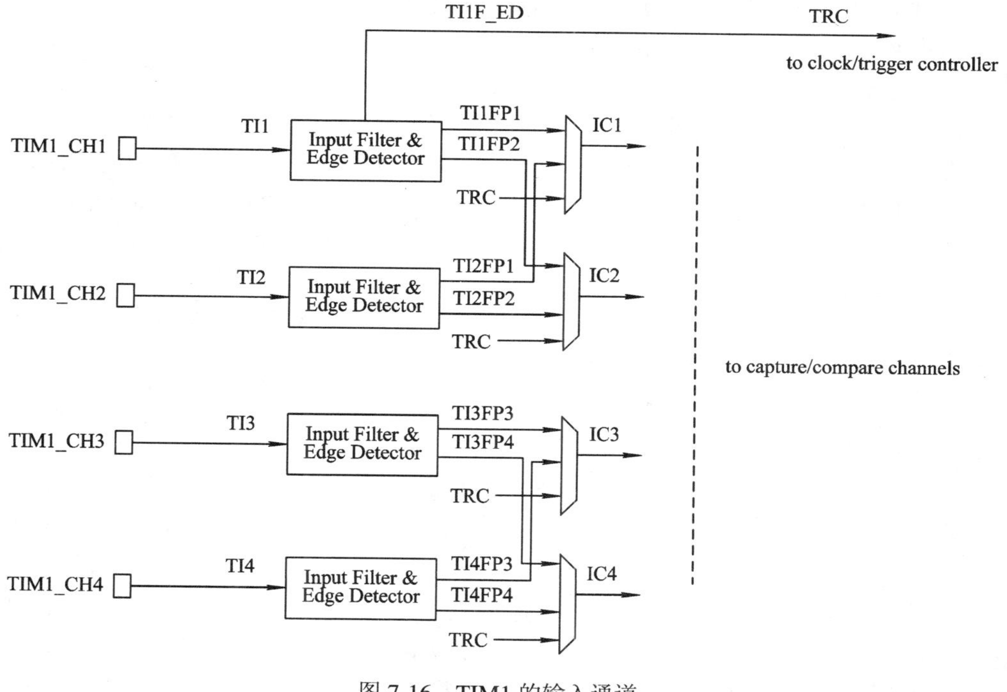


图 7-16　TIM1 的输入通道

TIM1 通道 1(TIM1_CH1)输入内部结构如图 7-17 所示。

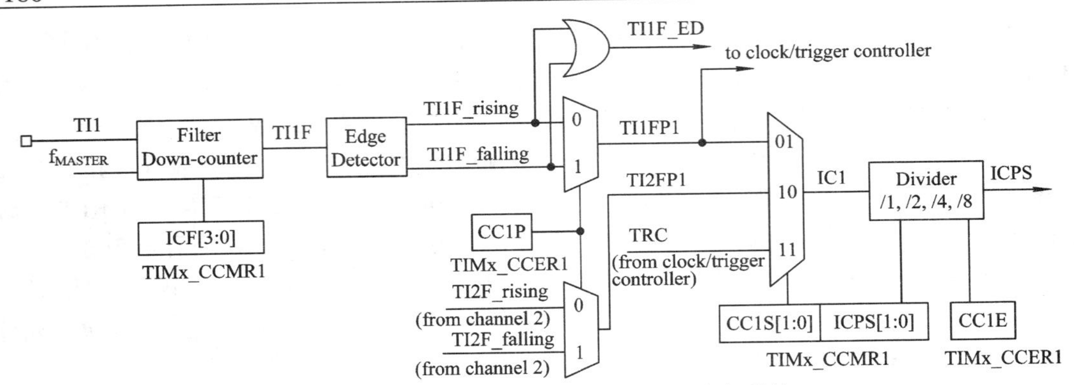


图 7-17　TIM1 通道 1(TIM1_CH1)输入内部结构

## 7.4.2　输入捕获初始化与操作举例

作为一个特例，下面给出捕获 TI1(即 TIM1_CH1)引脚输入信号上升沿的初始化过程：

(1) 初始化 TIM1_CH1 引脚为不带中断功能的输入方式(当作为外设输入引脚使用时，必须将 I/O 引脚初始化为输入方式)。

(2) 选择定时器的工作方式(初始化定时器的计数方式、预分频器输入信号等；对于捕获方式，一般选择系统主时钟信号作为预分频器输入信号)。

(3) 初始化 TIM1_CCMR1 寄存器。

将 TIM1_CCMR1 寄存器的 CC1S[1:0] 位置 01，即将 TI1 的滤波输出信号 TI1FP1 连接到 IC1。此时 TIM1_CCR1(通道 1 的捕获/比较寄存器)作为输入捕获寄存器(只读)。

(4) 根据 TI1 输入信号特征，选择相应的滤波采样频率与采样次数，定义 IC1F[3:0] 位。假定主时钟频率为 4 MHz，输入信号抖动频率不超过 1 MHz，采样频率取 1/4 主频率，抖动时间不超过 8 个周期。可将 IC1F[3:0] 设置为 0111。

在利用定时器完成输入捕获时，应充分利用输入滤波功能，去除窄脉冲干扰或输入信号边沿的抖动干扰。例如，在测量含有窄脉冲干扰信号的连续脉冲高低电平时间时，如果能充分地利用输入滤波功能，则可以把窄干扰脉冲忽略掉。例如当主频率为 4 MHz 时，如果希望滤除宽度在 10 μs 的窄脉冲，则采样频率为 1/8 主频，6 次采样，即总采样时间为 $8\times6\times0.25$ μs，即 12 μs。

(5) 由于需要检测输入信号的每一个上升沿，因此无须分频，即将 IC1PSC[1:0]取为 00。

TIM1_CCMR1 寄存器内容为 0111 00 01B。

(6) 将捕获/比较使能寄存器 1(TIM1_CCER1)的 CC1P 位置 0，选择上升沿捕获；将 CC1E 位置 1，允许输入捕获。

(7) 必要时初始化中断控制寄存器(TIM1_IER)，使 CC1IE 位为 1，允许捕获/比较通道 1 的中断请求，捕获中断标志记录在状态寄存器 TIM1_SR1 中，重复捕获中断记录在状态寄存器 TIM1_SR2 中。

(8) 读捕获寄存器 TIM1_CCR1H、TIM1_CCR1L，并自动清除捕获中断标志 CCxIF(在捕获状态下，读 TIM1_CCR1L 时会自动清除捕获中断，无须再执行清除指令)。

(9) 判别是否存在重复捕获。为防止在判别重复捕获标志是否存在到读捕获寄存器操作的过程中，再出现新的捕获而造成数据丢失，则应先读数据再判别。

如果要连续测量信号每一个时刻高、低电平时间，可在捕获中断服务程序中交替变换 CC1P 的极性(当前为上升沿捕获，下一次捕获改为下降沿捕获；反之亦然)，就可以测出信号高电平时间和低电平时间。

当然，也可以用引脚上、下沿中断方式，在中断服务程序中对定时器进行“飞”读操作，获取信号边沿发生的时间来判别连续脉冲信号高、低电平时间。这与利用定时器捕获功能相比，其主要缺点是：精度差，从中断有效到中断响应有延迟；不能有效利用捕获输入滤波特性，去除窄脉冲干扰信号。

在 STM8S 中，利用 TIMx_CHn 输入捕获功能测量信号周期或脉冲信号高低电平持续时间长短时，如果两次捕获间隔小于对应定时器溢出时间，则可用 T2(当前捕获时刻) − T1(前一次捕获时刻)计算两次捕获间隔。如果定时器自动装载寄存器 TIMx_ARR 不是 FFFFH，则模不是 $2^{16}$，而是 TIMx_ARR 的值。判别程序如下：

```
    LD A, TIMx_CCRnH              ；在输入捕获情况下，必须按字节读取，且先读高 8 位
    LD XH, A
    LD A, TIMx_CCRnL              ；读低 8 位，自动清除捕获标志 CCxIF
    LD XL, A
    LD A, TIMx_CCRnH              ；可能出现重复捕获，再次读捕获寄存器，并存放到 Y 寄存器中
    LD YH, A
    LD A, TIMx_CCRnL
    LD YL, A
    BTJF TIMx_SR2, #n, TIMx_CHn_Overcap1  ；没有出现重复捕获，跳转，忽略 Y 寄存器的内容
    ；存在重复捕获现象，捕获数据存放在 Y 寄存器中
    BRES TIMx_SR2, #n             ；清除重复捕获标志
    MOV OverCAP_Lab, #55H         ；设置出现重复捕获标志
  TIMx_CHn_Overcap1:
    SUBW X, T1                    ；减上一时刻捕获值
    JRNC NEXT1
    ADDW X, TIMx_ARRH             ；有借位，说明定时器曾经溢出，必须再加去自动装载寄存器值
  NEXT1:
```

当两次捕获间隔不小于定时器溢出时间时，在计算捕获间隔 T 时，必须考虑定时器溢出次数 n，即

$$T = T2(\text{当前捕获时刻}) + n \times \text{TIMx\_ARR} - T1(\text{前一次捕获时刻})$$

### 7.4.3　输出比较

当通道的捕获/比较模式寄存器 TIM1_CCMRi(i = 1～4)的 CCiS[1:0]位定义为 00 时，对应通道 1～4 工作于输出比较方式，主要用于产生精确的定时信号、PWM 波形。输出比较电路以数值比较器为核心，由数值比较器、多路开关、输出波形极性控制、刹车控制等部分组成，如图 7-18 所示。

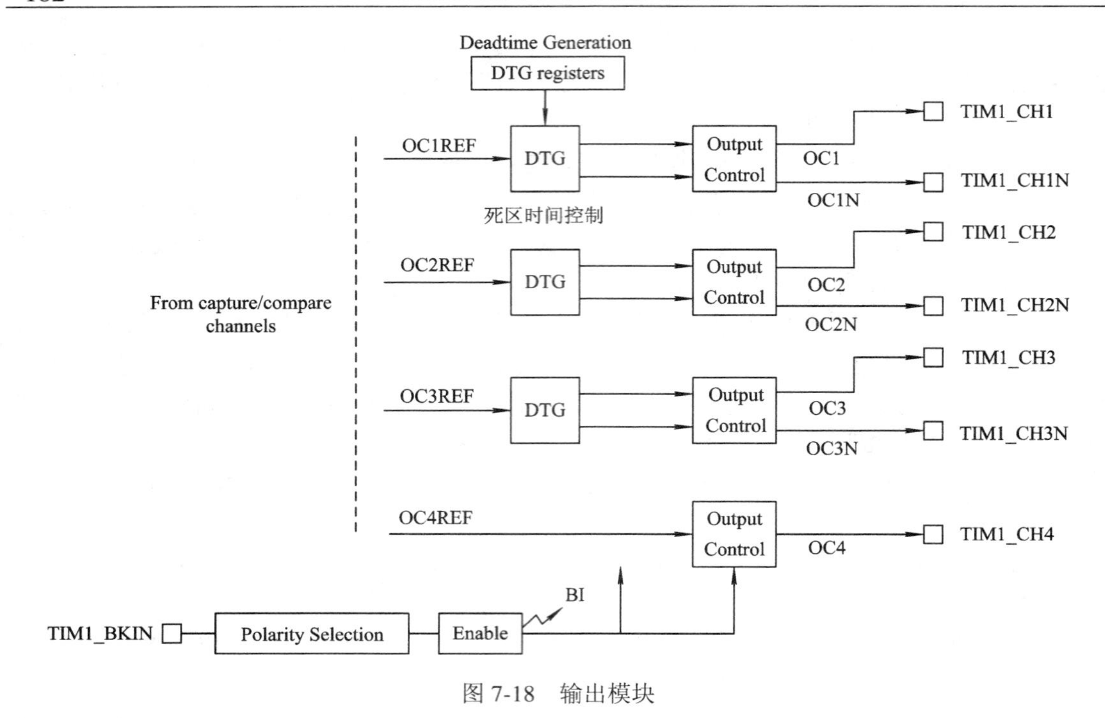


图 7-18　输出模块

在图 7-18 中，通道 4 没有互补输出引脚，通道 1～3 输出结构完全相同，下面以通道 1 为例来介绍。通道 1 输出内部结构如图 7-19 所示。

当通道 1 处于输出比较状态时，引脚输出电平以 OC1REF(输出参考电平)作参考。参考信号 OC1REF 有效电平总是高电平，而引脚输出电平由 CC1P、CC1NP 位定义。由图 7-19 看出，当 CC1P 位为 0 时，参考信号 OC1REF 与 TIM1_CH1 引脚直接相连，即 TIM1_CH1 = OC1REF；当 CC1P 位为 1 时，参考信号 OC1REF 经反相器反相后与 TIM1_CH1 引脚相连，即 IM1_CH1 = $\overline{\text{OC1REF}}$。

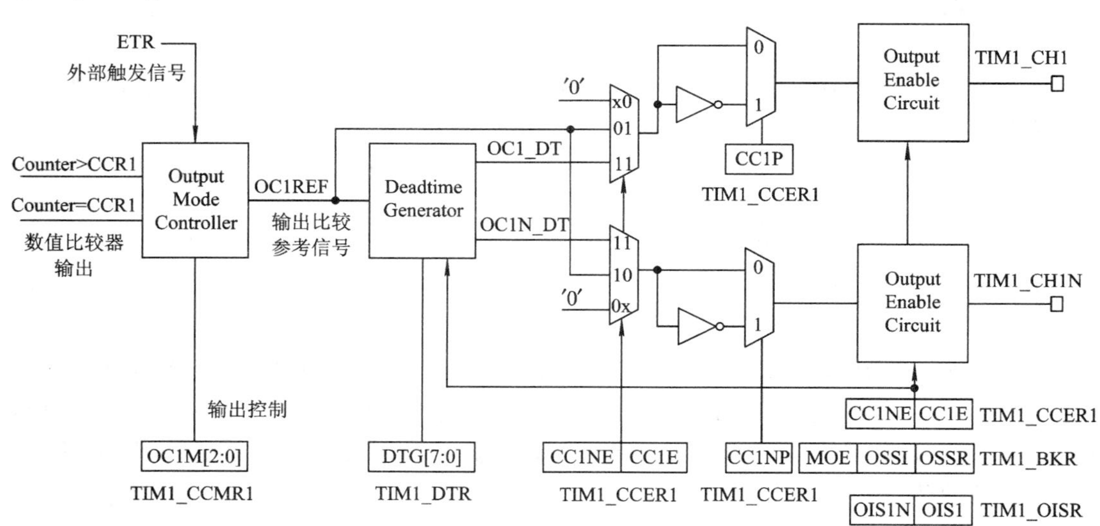


图 7-19　通道 1 输出内部结构

此外，可以得出：带有刹车功能的互补输出 OCi、OCiN 信号，受到比较捕获使能寄存器 TIM1_CCERi 的 CCiE、CCiNE 位，刹车寄存器 TIM1_BKR 的 MOE、OSSI、OSSR 位，输出空闲状态寄存器 TIM1_OISR 的 OISi、OISiN 位的控制，如表 7-3 所示。在使用 TIM1 的输出比较功能时，必须初始化表 7-3 中所列相关寄存器的控制位，否则不输出。

**表 7-3　带刹车控制的 OCi 与 OCiN 输出信号控制**

| MOE | OSSI | OSSR | CCiNE | CCiE | OCi | OCiN |
|---|---|---|---|---|---|---|
| 1 | x | x | 0 | 0 | 输出禁止(与 TIM1 单元断开) | 输出禁止(与 TIM1 单元断开) |
| 1 | x | x | 1 | 1 | OCiREF + 极性 + 死区 | OCiREF 反相 + 极性 + 死区 |
| 1 | x | 0 | 1 | 0 | 输出禁止(与 TIM1 单元断开) | OCiREF ⊕ CCiNP |
| 1 | x | 0 | 0 | 1 | OCiREF ⊕ CCiP | 输出禁止(与 TIM1 单元断开) |
| 1 | x | 1 | 1 | 0 | 关闭(输出使能且为无效电平)即 OCi = CCiP | OCiREF ⊕ CCiNP |
| 1 | x | 1 | 0 | 1 | OCiREF ⊕ CCiP | 关闭(输出使能且为无效电平)即 OCiN = CCiNP |
| 0 | 0 | x | x | x | 输出禁止(与 TIM1 单元断开) | 输出禁止(与 TIM1 单元断开) |
| 0 | 1 | x | x | x | 关闭(输出使能且为无效电平)即 OCi = CCiP | 关闭(输出使能且为无效电平)即 OCiN = CCiNP |

通道 1 可以工作在多种输出比较方式，由 TIM1_CCMR1 寄存器的 OC1M[2:0]位定义，具体如下：

(1) 000：OC1REF 输出被冻结(输出比较寄存器 TIM1_CCR1 与计数器 TIM1_CNT 间的比较对 OC1REF 不起作用)。

(2) 001：匹配时设置通道 1 的输出为有效(即高)电平(匹配前为低电平)。当计数器 TIM1_CNT 的值与捕获/比较寄存器 TIM1_CCR1 相同时，强制 OC1REF 为高。通过这种方式可获得由低到高(或由高到低)的阶跃信号。

(3) 010：匹配时设置通道 1 的输出为无效电平(即低电平)。当计数器 TIM1_CNT 的值与捕获/比较寄存器 TIM1_CCR1 相同时，强制 OC1REF 为低电平。

(4) 011：匹配(即 TIM1_CNT = TIM1_CCR1)时触发 OC1REF 的电平反转(首次匹配前 OC1REF 为低电平)，输出信号频率与 TIM1_ARR 有关(即 OC1REF 信号周期为 2 × TIM1_ARR)，而与捕获/比较寄存器 TIM1_CCR1 无关(获得精确方波手段之一)，如图 7-20 所示，其中 i 表示通道号。

(5) 100：强制 OC1REF 为无效电平(即低电平)，用于将引脚输出电平强制为某一个确定状态。

(6) 101：强制 OC1REF 为有效电平(即高电平)，用于将引脚输出电平强制为某一个确定状态。

(7) 110：PWM 模式 1，在向上计数过程中，一旦 TIM1_CNT < TIM1_CCR1 时，通道 1 输出参考电平 OC1REF 为有效电平，否则为无效电平，如图 7-21(a)所示，其中 i 表示通道号；

而在向下计数过程中，一旦 TIM1_CNT > TIM1_CCR1 时，通道 1 为无效电平(OC1REF = 0)，否则为有效电平(OC1REF = 1)，如图 7-21(b)所示，其中 i 表示通道号。

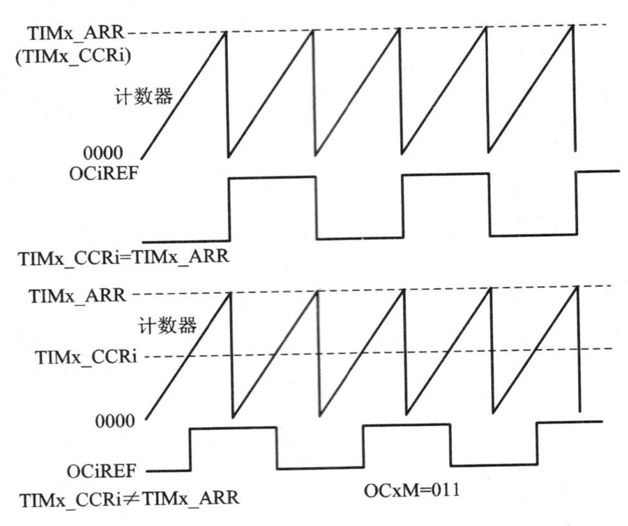


图 7-20　匹配时触发 OCiREF 电平翻转

图 7-21 仅给出参考电平 OCiREF 的变化，而 OCi、OCiN 引脚输出情况，还要受到 MOE、OSSI、CCiE、CCiEN 等控制位控制，如表 7-3 所示。

(8) 111：PWM 模式 2，在向上计数时，一旦 TIM1_CNT < TIM1_CCR1，通道 1 的参考电平 OC1REF 为低电平(即无效电平)，否则为有效电平；在向下计数时，一旦 TIM1_CNT > TIM1_CCR1，通道 1 的参考电平 OC1REF 为高电平(有效电平)，否则为无效电平。与 110 情形相比，这相当于输出波形取反。

由于 TIM1 属于高级控制寄存器，因此同相(OCi)、反相(OCiN)输出比较引脚电平受到刹车寄存器 TIM1_BKR 有关位控制，而 TIM2、TIM3、TIM5 通用寄存器输出比较引脚 OCi 仅受 CC1P 位控制。

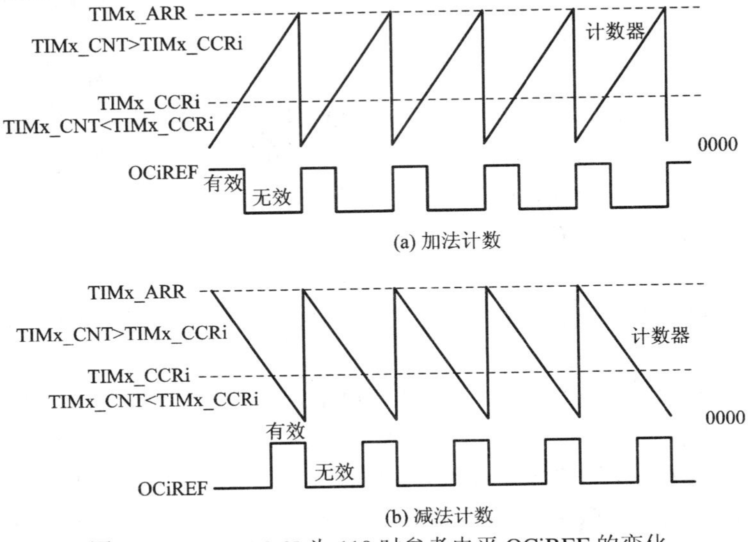


图 7-21　OC1M[2:0] 为 110 时参考电平 OCiREF 的变化

### 7.4.4 输出比较初始化举例

#### 1. 输出比较初始化过程

下面以 TIM1_CH1 为例，介绍 TIM1 通道 1～4 输出比较初始化过程。

(1) 初始化 TIM1_CH1 引脚为输出方式。选择 OD 还是推挽由后级电路决定，输出信号边沿由期望的 PWM 输出信号频率决定，不过一般不会超过 2 MHz。

(2) 初始化定时器工作方式、溢出中断控制并写出溢出中断服务程序。

(3) 初始化输出比较寄存器 TIM1_CCR1 寄存器。在 OC1PE 为 0 时，先初始化 CCR1，否则第一个 PWM 脉冲头宽度不同；只能按字节写入，且先写高位字节，后写低位字节。

(4) 初始化捕获/比较寄存器 TIM1_CCMR1 的 CC1S[1:0] 为 00(输出比较方式)，以及 OC1M[2:0] 位，选择相应的输出比较方式。在 PWM 方式中，一般要用预装载功能，即 OC1PE 位为 1。否则写入输出比较寄存器 TIM1_CCR1 的内容立即生效，无须等到计数器溢出时才生效。

(5) 初始化刹车寄存器 TIM1_BKR。TIM1 属于高级控制定时器，OCi 的输出受 TIM1_BKR 寄存器有关位，如 MOE 的控制。

(6) 对于互补输出方式，必须初始化死区控制寄存器 TIM1_DTR。

(7) 初始化捕获/比较使能寄存器 TIM1_CCER1 的 CC1P(同相输出比较极性)、CC1E(同相输出比较允许)、CC1NP(反相输出比较极性)、CC1NE(反相输出比较允许)，以便获得一路或互补的两路输出信号。

注意：由于 STM8S 系列 TIM1_CH3～TIM1_CH1 的反相输出端 TIM1_CH3N～TIM1_CH1N 属于多重复用引脚，由选项字节 OPT1 的 b5 位控制。因此，必须先通过 IAP 编程方式或在编程状态下，将 OPT1 的 b5 位置 1(此时 PB3 引脚备选功能为 TIM1_ETR，PB2 引脚备选功能为 TIM1_CH3N，PB1 引脚备选功能为 TIM1_CH2N，PB0 引脚备选功能为 TIM1_CH1N)，然后在 STVD 开发环境下，即可通过 PB0 引脚输出 OC1 的互补信号 OC1N。

(8) 如果允许比配时输出比较中断，则还需要初始化中断控制 TIM1_IER，并设置相应的中断优先级。

#### 2. 互补输出死区时间对输出波形的影响

TIM1 输出比较通道 1～3 具有互补输出功能，下面以通道 1 为例来作介绍。当死区时间 D(即 TIM1_DTR)为 0 时，OC1 与 OC1N 仅为简单的反相关系，如图 7-22 中的粗实线所示。当死区时间 D 不为 0 时，OC1 输出脉冲头前沿被延迟了一个死区时间，相当于 OC1 前沿减小死区时间 D，使 OC1 正脉冲宽度减小为 $W - D$；而 OC1N 的后沿也被延迟了一个死区时间，相当于 OC1N 后沿增加了死区时间 D，使 OC1N 负脉冲宽度加宽为 $W + D$，如图 7-22 中的虚线所示。

为保证 OC1 正脉冲头宽度大于 0，捕获/比较寄存器 TIM1_CCR1(即死区时间为 0 时的脉冲头宽度 W)必须大于死区时间 D，否则 OC1 输出恒为低电平或高电平(取决于 CC1P 位)。

显然，为保证 OC1N 正脉冲头时间$(T - W - D) > 0$，也必须保证 $W + D < T$(自动重装寄存器 TIM1_ARR)，否则 OC1N 的状态也不翻转，输出恒为低电平或高电平(取决于 CC1NP 位)。

死区时间 D 的存在，可保证 OC1、OC1N 信号不能同时为低电平或高电平，这在电机、开关电源控制电路中非常必要。

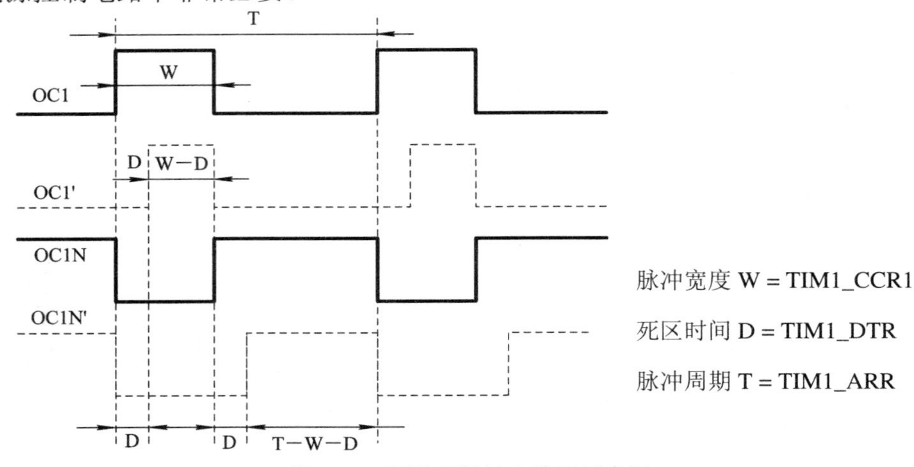


图 7-22　两路互补输出波形示意图

死区时间 D 的长短可编程选择，由 TIM1_DTR 寄存器控制(TIM1_CH1～TIM1_CH3 三个通道共用)，如表 7-4 所示。

**表 7-4　死区时间与死区时间寄存器 TIM1_DTR 内容之间关系**

| 死区时间寄存器 DTG[7:5]位的内容 | 死区时间 D | 分辨率 |
|---|---|---|
| 0xx | $DTG[7:0]\times t_{CK\_PSC}$ | $t_{CK\_PSC}$ |
| 10x | $(64+DTG[5:0])\times 2\times t_{CK\_PSC}$ | $2\,t_{CK\_PSC}$ |
| 110 | $(32+DTG[4:0])\times 8\times t_{CK\_PSC}$ | $8\,t_{CK\_PSC}$ |
| 111 | $(32+DTG[4:0])\times 16\times t_{CK\_PSC}$ | $16\,t_{CK\_PSC}$ |

注：表中 $t_{CK\_PSC}$ 为预分频器输入信号的周期。

### 3. 半桥驱动信号产生的方法

以通道 1 为例，在死区时间 D 不为 0 的情况下，同相端 OC1 脉冲头宽度为 W − D，反相端 OC1N 脉冲头宽度为 T − W − D，可见：

(1) W − D < T − W − D 时，即 T > 2W 时，OC1 脉冲头比 OC1N 窄，如图 7-23(a)所示；

(2) W − D > T − W − D 时，即 T < 2W 时，OC1 脉冲头比 OC1N 宽，如图 7-23(b)所示；

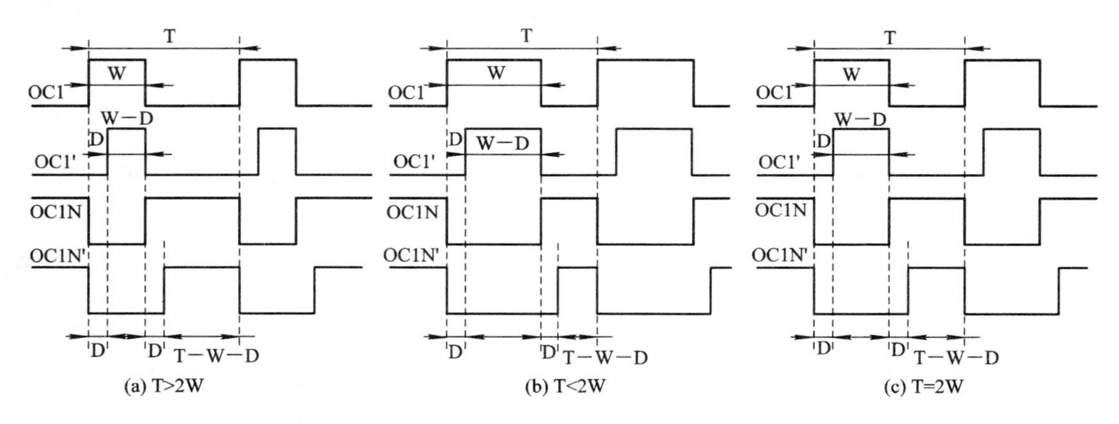


图 7-23　脉冲头宽度 W 对波形的影响(细线：D = 0；粗线：D ≠ 0)

(3) W－D＝T－W－D 时，即 T＝2W 时，OC1 脉冲头与 OC1N 脉冲头相同，即获得了图 7-23(c)所示的半桥驱动所需的两路脉冲信号。

在这种情况下，如果死区时间 D 固定不变，则可以通过调节周期(即调频)改变输出脉冲的占空比，即

$$占空比=\frac{W-D}{T}=\frac{W-D}{2W}=0.5-\frac{D}{2W}$$

显然，频率越高，占空比越小；频率越低，占空比越大，其最大值接近 0.5，如表 7-5 所示。

**表 7-5　调频率脉宽变化规律**

| 脉 冲 参 数 | | | 占空比 |
|---|---|---|---|
| W | T | D | (W－D)T |
| 20 | 40 | 10 | 0.250 |
| 40 | 80 | 10 | 0.375 |
| 50 | 100 | 10 | 0.400 |
| 60 | 120 | 10 | 0.417 |
| 80 | 160 | 10 | 0.4375 |

如果要实现调宽(即 PWM 调制)，即周期 T(TIM1_ARR)、脉冲头宽度 W(TIM1_CCRn)保持不变，则只能通过调节死区时间 D 获得不同的占空比。在开关电源中，PWM 调制输出信号频率固定，输出直流信号纹波电压幅度与占空比调节无关。不过 STM8S 最高时钟频率只有 16 MHz 或 24 MHz，互补输出的 PWM 信号频率不能太高。例如，当 $t_{CK\_PSC}$ 为 16 MHz 时，如果周期 T 为 50 kHz，则死区时间最小值为 1.5 μs，脉冲头宽度调整范围在 0～8.5 μs 之间(对应的死区调整范围在 10～1.5 μs 之间)，占空比最大值为 0.425。

在半桥驱动电路中，一般要求两脉冲头宽度相同，当然上下两管不完全对称时，也可以微调两输出信号脉冲头宽度，使其强制对称。

## 7.5　定时器中断控制

在定时器中断控制中，刹车中断 BIF、触发中断 TIF、更新中断(UIF)共用溢出中断逻辑；而 COM 中断、各通道捕获/比较中断 CCiIF、重复捕获/比较中断 CCiOF 共用捕获/比较中断逻辑。

## 7.6　通用定时器 TIM2/TIM3

通用定时器 TIM2、TIM3 功能较简单，只有一个控制寄存器(TIMx_CR1)，计数器脉冲来源单一(没有时钟/触发控制单元)；捕获/比较输出通道没有死区时间控制、刹车控制、互补输出等功能，可实现输入捕获、输出比较、产生单一 PWM 信号。

## 7.6.1 通用定时器 TIM2/TIM3 结构

通用定时器 TIM2、TIM3 的内部结构完全相同，由时基单元(TIME BASE UNIT)、捕获/比较阵列(CAPTURE COMPARE ARRAY)两部分组成，如图 7-24 所示。

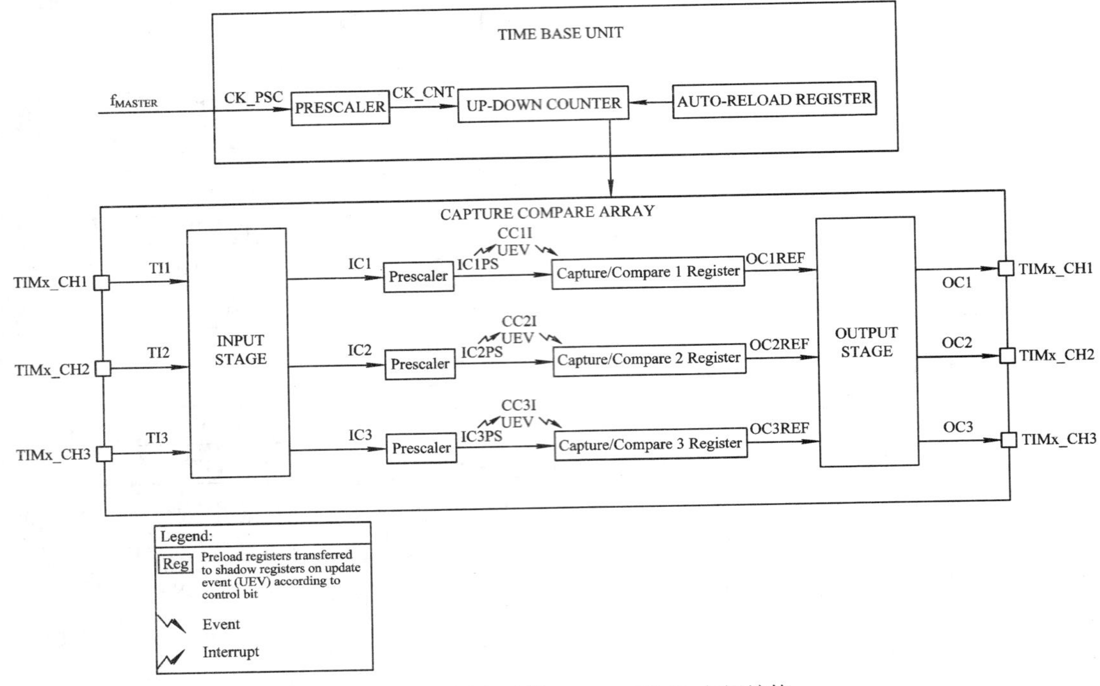


图 7-24 通用定时器 TIM2、TIM3 内部结构

## 7.6.2 通用定时器时基单元

通用定时器 TIM2、TIM3 时基单元电路，由预分频器(TIMx_PSCR)、向上计数的 16 位计数器(TIMx_CNTR)以及自动装载寄存器(TIMx_ARR)组成，如图 7-25 所示。

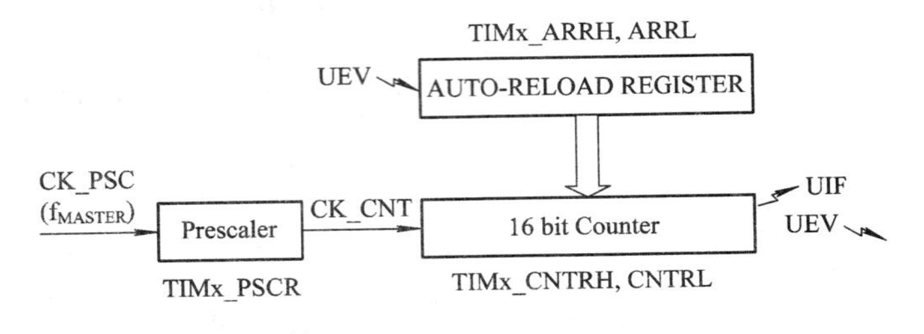


图 7-25 TIM2/TIM3 时基单元

### 1. 预分频器

预分频器输入信号 CK_PSC 由主时钟信号 $f_{MASTER}$ 提供(TIM2、TIM3 计数脉冲不可选，只有内部时钟一种方式，不能对外部事件进行计数)，预分频器输出信号 CK_CNT(计数器输入信号，也就是计数脉冲)频率与预分频器 TIMx_PSCR 之间关系为

$$f_{CK\_CNT} = \frac{f_{CK\_PSC}}{2^{(TIMx\_PSCR[3:0])}} = \frac{f_{MASTER}}{2^{(TIMx\_PSCR[3:0])}} \tag{7-3}$$

通用定时器 TIM2、TIM3 预分频器是一个基于 4 位控制的 16 位计数器，只有 16 个可选的分频值。根据 TIMx_PSCR 内容的不同，可对输入信号 CK_PSC 实现 1 分频(TIMx_PSCR = 0 时)、2 分频(TIMx_PSCR = 1 时)、$2^2 \cdots 2^{15}$(32768)分频(TIMx_PSCR = 15 时)。

### 2．16 位加法计数器 TIMx_CNTR

通用定时器 TIM2、TIM3 计数器 TIMx_CNTR 是一个 16 位向上计数器，每个计数脉冲上升沿加 1。当 TIMx_CNTR 的计数值等于自动装载寄存器(TIMx_ARR)的影子寄存器时，再来一个计数脉冲，则出现上溢，然后从 0 开始计数，同时产生更新事件 UEV。

通用定时器 TIM2、TIM3 的其他情况与高级控制定时器 TIM1 相同，如 URS、UDIS、UIE 与 UEV 的逻辑关系等，如图 7-9 所示。

### 3．自动装载寄存器(TIMx_ARR)

通用定时器 TIM2、TIM3 自动装载寄存器(TIMx_ARR)与高级控制定时器 TIM1 相同。自动装载寄存器 TIMx_ARR 与溢出时间 t、预分频器 TIMx_PSCR 之间关系为

$$TIMx\_ARR = \frac{f_{MASTER}}{2^{(TIMx\_PSCR[3:0])}} t \tag{7-4}$$

其中，$f_{MASTER}$ 的单位为 MHz；溢出时间 t 的单位为 μs。

## 7.6.3　通用定时器输入捕获/输出比较

通用定时器 TIM2/TIM3 输入捕获/输出比较部分与 TIM1 类似，只是没有死区时间、互补输出、刹车控制等功能。其中，TIM2 有 3 个输入捕获/输出比较通道，每一个通道处于输入捕获还是输出比较状态，由各自通道的捕获/比较模式寄存器 TIMx_CCMRi(i 表示通道号)的 CCiS 位(定义对应通道处于输入捕获还是输出比较方式)控制。

### 1．输入捕获

当某一个通道捕获/比较模式寄存器 TIMx_CCMRi(i 表示通道号)的 CCiS 位为 01、10 时，对应的通道处于输入捕获状态，如图 7-26 所示。

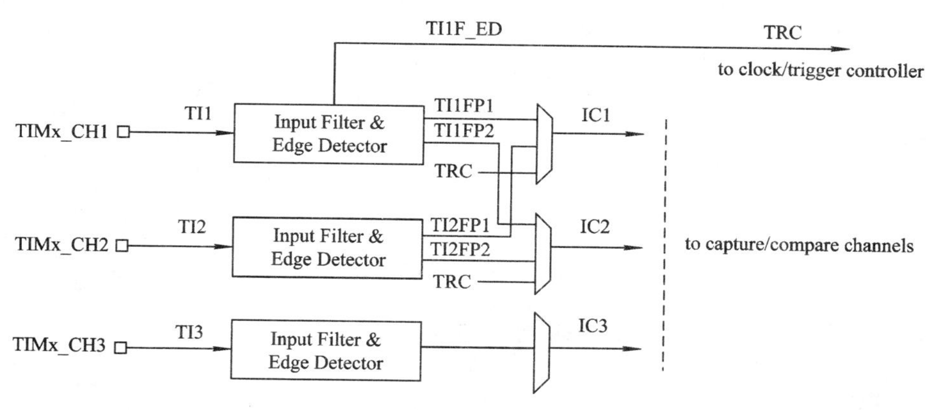


图 7-26　输入状态内部结构

图 7-27 给出了 TIM2 通道 1 在输入捕获状态下的结构框图。

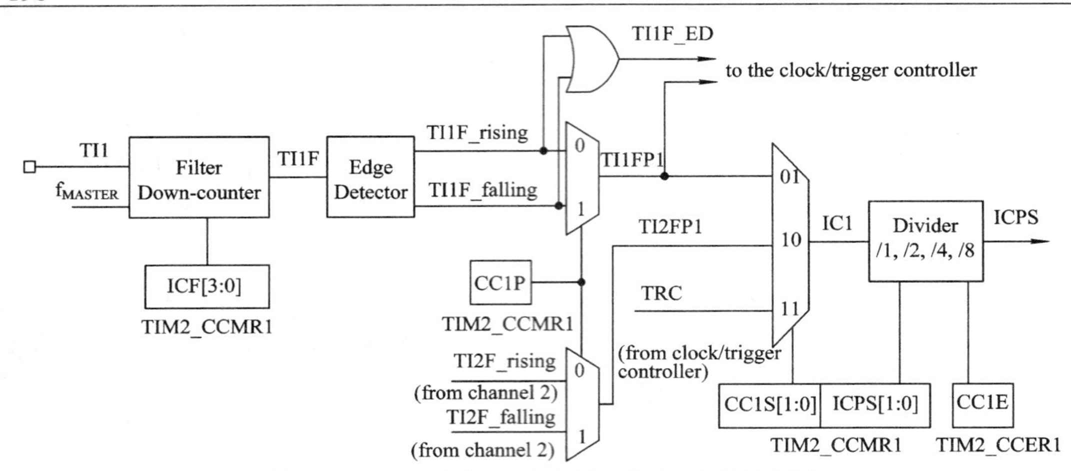


图 7-27　TIM2 通道 1 在输入捕获状态下的结构框图

### 2. 输出比较

当某一个通道捕获/比较模式寄存器 TIMx_CCMRi(i 表示通道号)的 CCiS 位为 00 时，对应的通道处于输出比较状态，如图 7-28 所示。

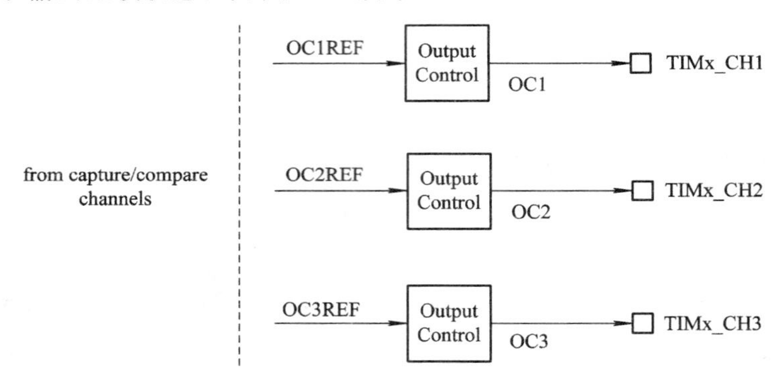


图 7-28　输出比较接口

通道 1 在输出比较状态下的结构如图 7-29 所示。

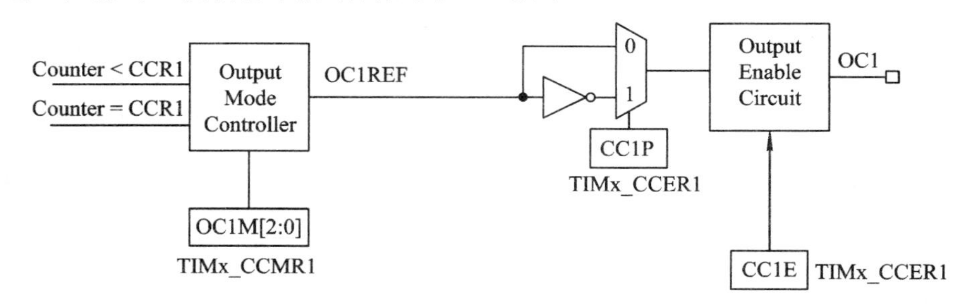


图 7-29　通道 1 在输出比较状态下的结构图

## 7.6.4　通用定时器 TIM2/TIM3 初始化举例

### 1. 计数器的初始化

由于 TIM2/TIM3 预分频器输入信号直接来自主时钟 $f_{MASTER}$，因此不存在主从模式触发选择问题。计数器初始化的步骤如下：

(1) 初始化预分频器 TIM2_PSCR。

```
MOV TIM2_PSCR, #03H     ；PSC[3:0]取 3，即选择 8 分频
```

(2) 初始化自动重装初值寄存器(TIM2_ARR)。

```
MOV TIM2_ARRH, #27H     ；先写入高 8 位
MOV TIM2_ARRL, #10H     ；再写入低 8 位，该寄存器初值为 10000，即 2710H
```

(3) 初始化控制寄存器 TIM2_CR1，定义 APRE、OPM、UDIS、URS(一般取 1)。

```
MOV TIM2_CR1, #04H      ；连续计数、允许更新、仅允许计数器溢出时中断标志有效
```

(4) 必要时，执行软件更新操作。将事件产生寄存器 TIM2_EGR 的 UG 位置 1，触发重装。

```
BSET TIM2_EGR, #0       ；使 UG 位为 1，触发重装并初始化计数器
;BRES TIM2_SR1, #0      ；清除软件更新产生的更新标志 UIF
```

(5) 初始化中断使能寄存器(TIM2_IER)，允许更新中断；并设置其优先级。

```
BSET TIM2_IER, #0       ；允许更新中断
```

(6) 初始化控制寄存器 TIM2_CR1，启动定时器 TIM2。

```
BSET TIM2_CR1, #0       ；使 CEN 位为 1，启动
```

### 2．输出比较的初始化

在完成了计数器本身的初始化后，对其某一个通道的输出比较进行初始化，以便获得相应的输出波形。下面以在 TIM2_CH1 通道输出的 PWM 波形为例介绍输出比较的初始化过程：

(1) 初始化输入捕获/输出比较模式寄存器 TIM2_CCMR1。

将 CC1S[1:0] 定义为 00，选择输出比较方式；将 OC1PE 位置 1，选择输出比较寄存器的预装载功能；将 OC1M[2:0] 定义为

- 011(匹配时，触发引脚翻转)，将获得方波(方波频率与通道 1 比较捕获寄存器 TIM2_CCR1 的内容无关，仅与 TIM2_ARR 的内容有关)，且方波高低电平时间等于计数器溢出时间，如图 7-30 所示。

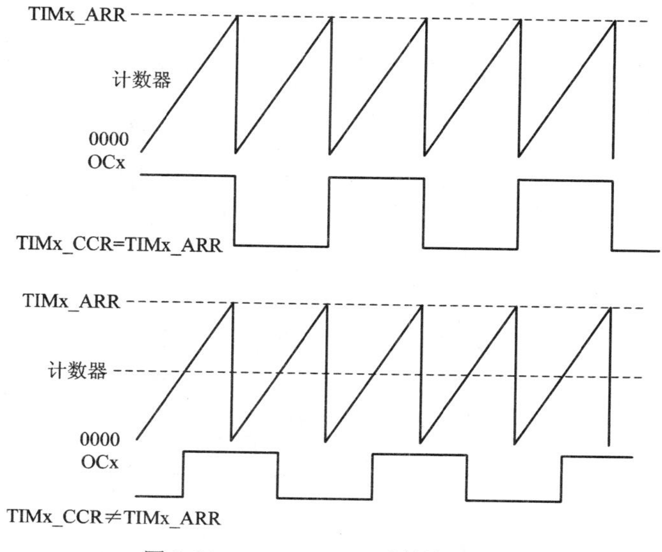


图 7-30　OCxM = 011 时的输出波形

● 110(PWM1 模式方式)，当计数器 TIM2_CNT<TIM2_CCR1 时，OCiREF(i 表示通道号)为高电平(有效电平)，反之为低电平。至于有效电平是高电平还是低电平，由捕获/比较使能寄存器 1(TIMx_CCER1)的 CC1P 位定义(当 CC1P 为 0 时，OCx = OCiREF)，如图 7-31 所示。

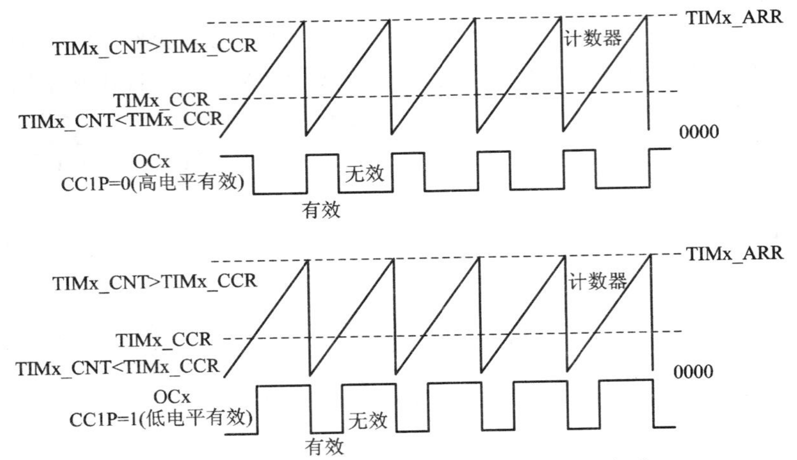


图 7-31　OCxM = 110 时的输出波形(PWM1 方式)

● 111(PWM2 模式方式)，当计数器 TIM2_CNT < TIM2_CCR1 时，输出无效电平，反之输出有效电平。输出波形与 OCxM 为 110 时类似，只是极性相反，如图 7-32 所示。

由于通用定时器 TIM2、TIM3 只有向上计数一种方式，因此，PWM 输出波形与 TIM1 向上计数时的 PWM 输出波形完全相同。

(2) 初始化对应通道的输入捕获/输出比较寄存器 TIM2_CCRn，一定按字节写入，且先写高 8 位 TIM2_CCRnH，后写低 8 位 TIM2_CCRnL。

(3) 初始化中断使能寄存器(TIM2_IER)，允许/禁止输出比较中断，并设置其优先级。

(4) 初始化捕获/比较使能寄存器 1(TIMx_CCER1)的 CC1P 位定义有效电平，CC1E 可以使能比较。

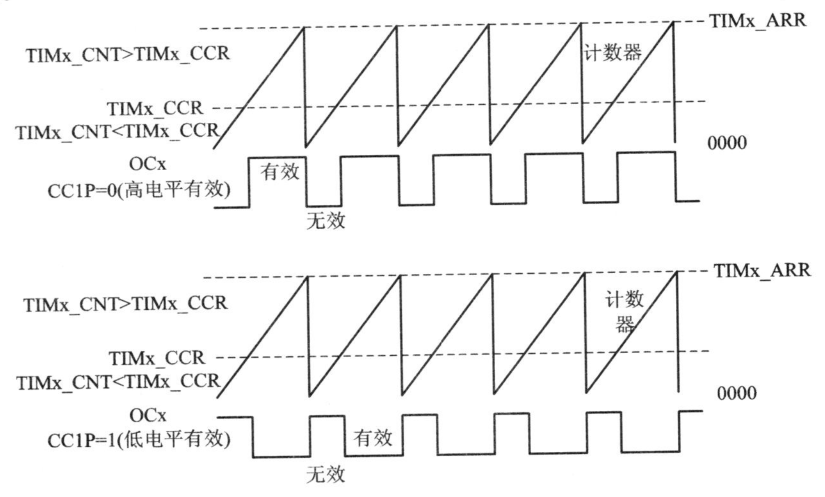


图 7-32　OCxM = 111 时的输出波形(PWM2 方式)

# 7.7　窗口看门狗定时器 WWDG

## 7.7.1　窗口看门狗定时器结构及其溢出时间

窗口看门狗定时器 WWDG 在本质上就是一个软件看门狗定时器，不过其优先权低于独立看门狗定时器 IWDG，即 IWDG 使能时 WWDG 自动关闭，其计数脉冲为 CPU 时钟信号 $f_{CPU}$，内部结构如图 7-33 所示。窗口看门狗定时器由预分频器 WDG prescaler(12 288 分频)、看门狗控制寄存器 WWDG_CR(内含 7 位向下计数器 T[6:0])、看门狗窗口寄存器 WWDG_WR 及逻辑门电路组成。

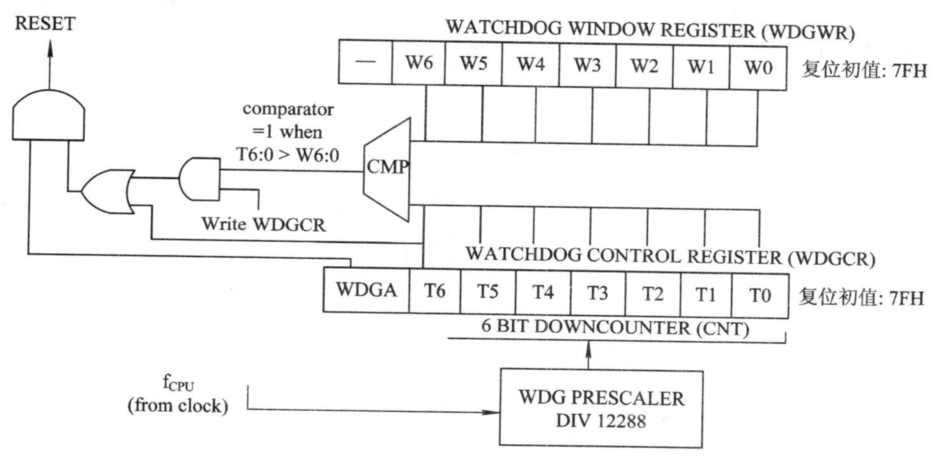


图 7-33　窗口看门狗结构

由图 7-33 可以看出，在下列两种情况下，均会触发系统复位。

(1) 当 WWDG_CR 寄存器的 WDGA(看门狗激活控制)位为 1 时，如果 WWDG_CR 寄存器的 T6 位由 1 变 0，则或门输出高电平，复位控制信号 RESET 输出高电平，强迫复位单元电路下拉 N 沟 MOS 管导通，迫使 MCU 进入复位状态。

WWDG_CR 寄存器取值范围在 FFH～C0H(即向下计数器 T6～T0 取值范围在 7FH～40H)之间。当向下计数器 T6～T0 由 40H 变为 3FH 时，T6 位由 1 变 0，复位信号有效。

窗口看门狗计数器溢出时间为

$$t_{WWDG}=\frac{1}{f_{CPU}}\times 12\,288\times(T[6:0]-3FH) \tag{7-5}$$

因为 T[6:0] 可表示为 $T[6]\cdot 2^6+T[5:0]$，而在启用 WWDG 时，WWDG_CR 的 T6 位一定为 1，所以窗口看门狗计数器溢出时间也可以表示为

$$t_{WWDG}=\frac{1}{f_{CPU}}\times 12\,288\times(2^6+T[5:0]-3FH)=\frac{1}{f_{CPU}}\times 12\,288\times(T[5:0]+1) \tag{7-6}$$

当频率 $f_{CPU}$ 的单位取 MHz 时，窗口看门狗计数器溢出时间 $t_{WWDG}$ 的单位为 μs。例如，当 $f_{CPU}$ 为 10 MHz 时，如果计数器初值为 7FH，则溢出时间为 78 643.2 μs。在已知溢出时

间、CPU 时钟频率的情况下，向下计数器 T[6:0] 初值为

$$T[6:0]=\frac{t_{WWDG}\cdot f_{CPU}}{12\,288}+63 \tag{7-7}$$

当 $f_{CPU}$ 一定时，窗口计数器溢出时间的范围就确定了。例如当 $f_{CPU}=8$ MHz 时，可选择的溢出时间范围在 1536～98 304 μs 之间。

(2) 当 T[6:0] > W[6:0] 时，数值比较器 CMP 输出高电平。如果此时执行重写递减计数器 WWDG_CR，则与门输出高电平，同样会使 RESET 信号有效，触发系统复位，即过早"喂狗"同样会引起系统复位——这是为了防止 PC"走飞"，提早重写向下计数器 T[6:0]，造成 WWDG 失效而设计的复位模式。

换句话说，在 STM8S 中，启动 WWDG 定时器后，在正常情况下，用户必须且只能在"40H≤T[6:0]<WWDG_WR"期间内，执行 MOV WWDG_CR, #11xxxxxxB 指令"喂狗"，防止 WWDG 定时器触发系统复位，既不能早喂——不饿，会触发复位；也不能喂得太晚——也会触发复位。如图 7-34 所示。

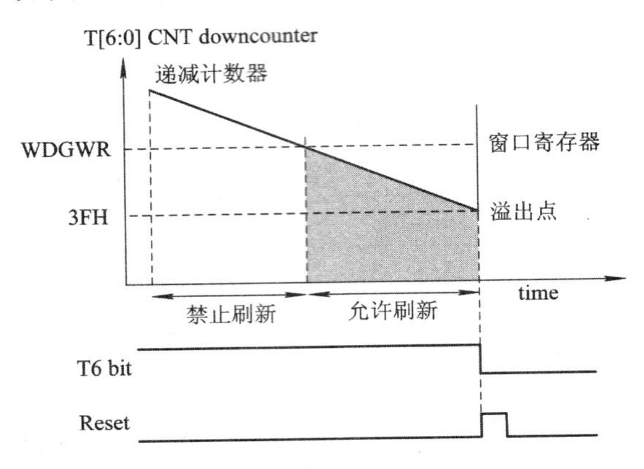


图 7-34　窗口看门狗定时器刷新(喂狗)时机示意图

当 WWDG_WR = 7FH 时，"T[6:0] < WWDG_WR"总是成立，在递减计数器 T[6:0]≤40H 时间内均可喂狗，即这时 WWDG 退化为普通的软件看门狗。

## 7.7.2　窗口看门狗定时器初始化

窗口看门狗定时器 WWDG 有两种启动方式：硬件启动方式和软件启动方式。

### 1．硬件启动方式

在写片时，将看门狗配置选项 OPT3 字节的 WWDG_HW 位置 1(硬件启动)时，复位后软件看门狗 WWDG 即处于启动状态(复位后 WWDG_CR 寄存器初值为 7FH；WWDG_WR 为 7FH)。此时，窗口看门狗定时器退化为普通的软件看门狗定时器，溢出时间为

$$t_{WWDG}=\frac{1}{f_{CPU}}\times 12\,288\times 64 \tag{7-8}$$

### 2．软件启动方式

在写片时，将看门狗配置选项 OPT3 字节的 WWDG_HW 位清 0(软件启动)，复位后软件看门狗 WWDG 即处于禁止状态，可通过如下初始化过程激活：

(1) 根据 CPU 频率、所需溢出时间，计算向下计数器 T[6:0]的初值。

(2) 根据看门狗启动后，至少需要多长时间才能允许刷新窗口看门狗控制寄存器 WWDG_CR，确定并执行写看门狗窗口寄存器 WWDG_WR。

例如：

```
MOV WWDG_CR, #11xxxxxxB    ; b7 为 WDGA 为 1(允许 WWDG 工作)，b6 位肯定为 1，否则
                           ; 初始化窗口看门狗计数器后，会立即溢出
MOV WWDG_WR, #01xxxxxxB    ; b7(保留位)为 0,b6 位应为 1，否则在 T[6:0] 计数到 3FH 前均
                           ; 不能满足刷新条件：T[6:0] < WWDG_WR
```

### 7.7.3 在 Halt 状态下 WWDG 定时器的活动

执行 HALT 指令，进入掉电状态时，WWDG 定时器是否活动由看门狗配置选项 OPT3 字节的 WWDG_HALT 控制。如下所示：

(1) “0”表示禁止 WWDG 看门狗计数，看门狗计数器处于暂停状态，不产生复位信号。

(2) “1”表示 WWDG 看门狗计数器继续计数，溢出将强迫系统复位。

需要注意的是，在掉电模式下，如果允许看门狗活动，则在进入掉电模式前，最好先执行喂狗指令，然后执行“HALT”指令，进入掉电状态，以避免唤醒后，看门狗溢出导致系统复位。

## 7.8 硬件看门狗定时器 IWDG

STM8S 除了提供软件看门狗定时器 WWDG 外，还提供了优先权高于 WWDG 的硬件看门狗定时器 IWDG(即启动 IWDG 定时器后，WWDG 定时器自动失效)。

IWDG 定时器的可靠性比 WWDG 高，原因是 IWDG 启动后无法关闭，其计数器减 1 回 0 后将强迫系统复位，而 WWDG 寄存器有可能被软件意外关闭。当然，使用 IWDG 定时器必然要启动 LSI 内部 RC 时钟电路，功耗会略有增加。

### 7.8.1 硬件看门狗定时器结构

STM8S 硬件看门狗定时器，也称为独立看门狗定时器 IWDG，其内部结构如图 7-35 所示。它由预分频寄存器 IWDG_PR、重装寄存器 IWDG_RLR、钥匙寄存器 IWDG_KR 以及向下计数器等组成。

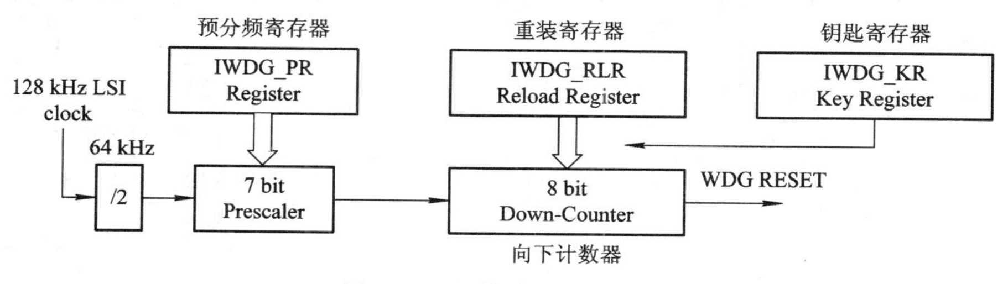


图 7-35　硬件看门狗的结构

计数器脉冲是低速内部 RC 时钟 LSI(128 kHz)经 2 分频后送预分频器(分频数由预分频寄存器 IWDG_PR 选择)。作为 8 位向下计数器的计数脉冲信号，每来一个脉冲，计数器减 1，当计数器减到 0 时将产生看门狗复位信号，强迫 MCU 芯片复位。当硬件看门狗 IWDG 使能后，LSI 自动启动，无须通过指令将内部时钟寄存器 CLK_ICKR 的 LSIEN 位置 1。

## 7.8.2　硬件看门狗定时器控制与初始化

与 IWDG 功能有关的控制寄存器有：硬件看门狗预分频寄存器 IWDG_PR、重装寄存器 IWDG_RLR 与钥匙寄存器 IWDG_KR，这些寄存器各位的含义与初值如表 7-6 所示。

**表 7-6　硬件看门狗寄存器位含义**

<table>
<tr><th>寄存器名</th><th colspan="2">寄存器位</th><th>取值及含义</th><th>复位后初值</th></tr>
<tr><td rowspan="2">IWDG_PR</td><td>b7～b3</td><td>b2～b0(分频因子)</td><td rowspan="2">预分频数为 $\frac{1}{4\cdot 2^{IWDG\_PR[2:0]}}$</td><td rowspan="2">00H</td></tr>
<tr><td>00000<br>(保留)</td><td>000：1/4 分频<br>001：1/8 分频<br>010：1/16 分频<br>011：1/32 分频<br>100：1/64 分频<br>101：1/128 分频<br>110：1/256 分频<br>111：保留(未定义)</td></tr>
<tr><td>IWDG_KR</td><td colspan="2">b7～b0</td><td>CCH：启动 IWDG；<br>AAH：触发重装向下计数器(喂狗)；<br>55H：解除预分频寄存器、重装初值寄存器的写保护命令</td><td>XXH<br>(不确定)</td></tr>
<tr><td>IWDG_RLR</td><td colspan="2">b7～b0</td><td>保存向下计数器的重装初值</td><td>FFH</td></tr>
</table>

### 1．溢出时间

8 位向下计数器计数脉冲频率为

$$f=\frac{64\ \text{kHz}}{4\cdot 2^{IWDG\_PR[2:0]}} \tag{7-9}$$

表 7-7 给出了当 IWDG_RLR 为 0 和 FFH 时，溢出时间与分频系数之间的关系。

**表 7-7　硬件看门狗溢出时间**

| IWDG_PR | 计数频率 | IWDG_RLR = 00 时的溢出时间 | WDG_RLR = FF 时的溢出时间 |
|---|---|---|---|
| 00 | 64 kHz/4 | 62.5 μs | 62.5 × 255 = 15.937 ms |
| 01 | 64 kHz/8 | 125 μs | 125 × 255 = 31.875 ms |
| 02 | 64 kHz/16 | 250 μs | 250 × 255 = 63.75 ms |
| 03 | 64 kHz/32 | 500 μs | 500 × 255 = 127.5 ms |
| 04 | 64 kHz/64 | 1.0 ms | 1.0 × 255 = 255 ms |
| 05 | 64 kHz/128 | 2.0 ms | 2.0 × 255 = 510 ms |
| 06 | 64 kHz/256 | 4.0 ms | 4.0 × 255 = 1.02 s |

可见，当重装寄存器 IWDG_RLR=0 时，每来一个脉冲，看门狗计数器就溢出，因此 IWDG 最短溢出时间为 62.5 μs；当重装寄存器 IWDG_RLR ≠ 0 时，每来一个脉冲，看门狗计数器就减 1，回 0 时溢出，因此最长溢出时间为 1.02 s。

当重装寄存器 IWDG_RLR ≠ 0 时，溢出时间 $t_{IWDG}$(ms)与重装寄存器 IWDG_RLR 的关系为

$$\text{IWDG\_RLR[7:0]}= \frac{64}{4\cdot 2^{\text{IWDG\_PR[2:0]}}} t_{\text{IWDG}} \tag{7-10}$$

### 2. IWDG 看门狗硬件启动

写片时，将看门狗配置选项 OPT3 字节的 IWDG_HW 位置 1(硬件启动)，复位后硬件看门狗 IWDG 即处于启动状态(复位后 IWDG_PR 寄存器初值为 00H，即选择 4 分频；IWDG_RLR 为 0FFH，即重装初值为 FFH)，向下计数回 0 时间为 15.93 ms。

当然，复位后也可以修改预分频寄存器 IWDG_PR 及初值重装寄存器 IWDG_RLR 寄存器的值，选择所需的归 0 时间。值得注意的是，为安全起见，IWDG_PR、IWDG_RLR 寄存器设有写保护功能。在执行写入前，必须向钥匙寄存器 IWDG_KR 写入 55H，解除其写保护功能后，才能写入。

```
MOV IWDG_KR, #55H            ; 向钥匙寄存器写 55H，解除 IWDG_PR、IWDG_RLR 寄存器
                             ; 写保护功能
MOV IWDG_RLR, #XXH           ; 写入新的重装初值
MOV IWDG_PR, #00000xxxB      ; 选择新的分频系数
MOV IWDG_KR, #0AAH           ; 向钥匙寄存器写 AAH，触发向下计数器重装初值，恢复
                             ; 写保护功能
```

### 3. IWDG 看门狗软件启动

如果看门狗配置选项 OPT3 字节的 IWDG_HW 位为 0(通过软件启动)时，用户可在应用程序中，向钥匙寄存器 IWDG_KR 写入 CCH 启动硬件看门狗定时器后，再初始化硬件看门狗分频器、重装初值。如

```
MOV IWDG_KR, #0CCH           ; 向钥匙寄存器写 CCH，启动硬件看门狗定时器。未启动前对
                             ; 看门狗寄存器操作无效
MOV IWDG_KR, #55H            ; 向钥匙寄存器写 55H，解除 IWDG_PR、IWDG_RLR 寄存器
                             ; 保写护功能
MOV IWDG_RLR, #XXH           ; 写入新的重装初值
MOV IWDG_PR, #00000xxxB      ; 选择新的分频系数
MOV IWDG_KR, #0AAH           ; 向钥匙寄存器写 AAH，触发向下计数器重装初值，恢复
                             ; 写保护功能
```

### 4. 刷新(喂狗)指令

IWDG 启动后，除复位外，不能关闭。在正常情况下，必须在小于向下计数器归 0 时间内，向钥匙寄存器 IWDG_KR 写入 AAH，触发向下计数器重装存放在 IWDG_RLR 寄存器中的初值，重复计数，避免归 0 而强迫系统复位。

```
MOV IWDG_KR, #0AAH   ; 向钥匙寄存器写 AAH，触发向下计数器重装初值，执行喂狗操作
```

# 习 题 7

7-1 STM8S207 系列 MCU 有几个 16 位定时器？简要描述通用定时器 TIM2、TIM3 的主要功能。

7-2 对 TIM1 相关寄存器读写时应注意什么？指出下列操作错误的原因。

```
LDW TIM1_PSCR, X        ；初始化 TIM1 的预分频器
LDW X, TIM1_CNT         ；读 TIM1 计数器的当前值
LDW TIM1_ARR, X         ；写 TIM1 的自动装载寄存器
```

7-3 TIM1 具有哪几种计数方式。在向下计数过程中，为何要求禁止自动装载缓冲功能？

7-4 假设主频为 16 MHz，试编程初始化程序段在 TIM1_CH1 与 TIM1_CH1N 引脚输出带死区时间的互补 PWM 信号。

7-5 简述 TIM2 通用定时器的基本功能。

7-6 试用 TIM2 通用定时器的输入捕获功能，测量低频信号的周期及脉冲宽度。

7-7 假设主时钟频率 $f_{MASTER}$ 为 8.0 MHz。试用 TIM2 的定时功能，实现每 1 ms 产生一次更新中断，并在中断服务程序中，定时开关与 PC3 引脚相连的 LED 指示灯(低电平亮，亮的时间为 100 ms；高电平灭，灭的时间为 200 ms)。

7-8 假设主时钟频率 $f_{MASTER}$ 为 8.0 MHz，通过编程实现在 TIM3_CH1 引脚产生周期为 4 ms 的精确方波信号(误差不超过 125 ns)。

7-9 简述看门狗定时器的作用。指出 STM8S 硬件看门狗定时器在什么条件下，溢出时间最大。

# 第 8 章　STM8S MCU 串行通信

STM8S 内嵌了包括 UART、SPI、$I^2C$、CAN 等串行通信接口电路。本章主要介绍异步串行通信接口 UART 及串行外设总线接口 SPI 的功能及使用方法。

## 8.1　串行通信的概念

CPU 与外设之间信息交换的过程称为通信。根据 CPU 与外设之间数据线连接、数据发送方式的不同，可将通信分为并行通信和串行通信两种基本方式。

在并行通信方式中，数据各位同时传送，如图 8-1(a)所示。并行通信的特点是速度快，但需要的传输线多，多用于同一个设备内不同器件或模块之间的数据传输，不适合作长距离数据传输。

在串行通信方式中，借助串行移位寄存器将多位数据按位逐一传送，如图 8-1(b)所示。串行通信的优点是所需传输线少，适合远距离传输；缺点是速度慢。假设并行传送 8 位二进制数所需时间为 T，在发送速率相同的情况下，串行传输时间至少需要 8T。而在实用的串行通信系统中，还需要在数据位前、后分别插入起始位和停止位，以保证数据可靠地接收，因此实际的传输时间大于 8T。

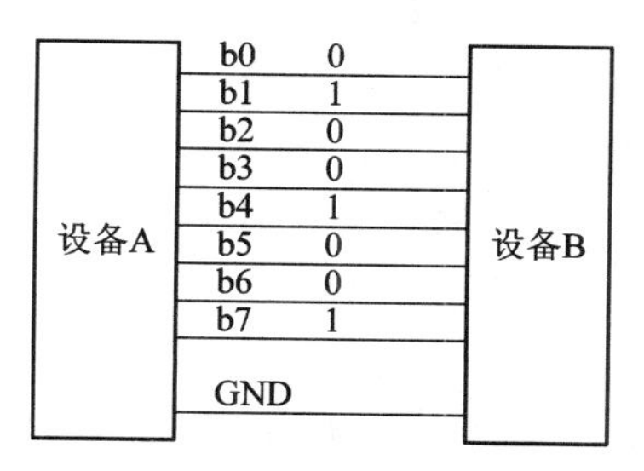


(a) 并行通信

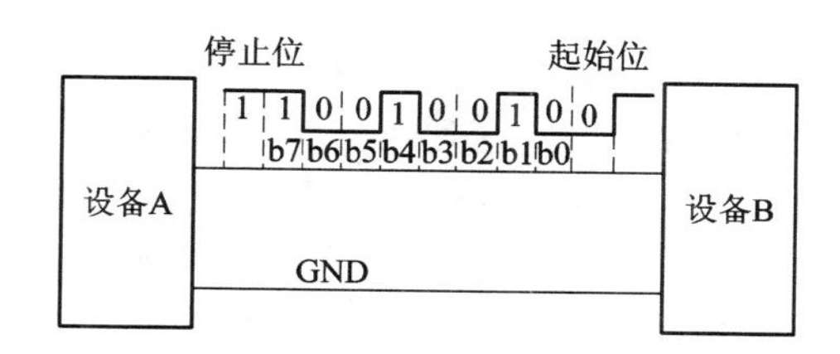


(b) 串行通信

图 8-1　基本通信方式

### 8.1.1　串行通信的种类

根据数据传输方式的不同，可将串行通信分为两种：同步通信和异步通信。

同步通信是一种数据连续传输的串行通信方式。同步通信时，发送方把需要发送的多个字节数据、校验信息连接起来，形成数据块。发送方发送时只需在数据块前插入 1～2 个特殊的同步字符，然后按特定速率逐位输出(发送)数据块内的每一个数据位。接收方在接收到特定的同步字符后，也按相同速率接收数据块内的各位数据。显然，在这种通信方式中，数据块内各字节数据之间没有间隙，传输效率高，但发送、接收双方必须保持同步(使用同一个时钟信号实现)。因此，同步通信设备复杂(发送方能自动插入同步字符，接收方能自动检测出同步字符，且发送、接收时钟相同，即除了数据线、地线外，还需要时钟信号线)，成本较高，多用在高速数字通信系统中。

典型的同步通信数据帧格式如图 8-2 所示。

| 同步字符1 | 同步字符2 | n个字节的连续数据 | 校验信息1 | 校验信息2 |
|---|---|---|---|---|

图 8-2　同步通信数据帧格式

异步通信的特点是每次只传送一个字符，每个字符由起始位(规定为 0 电平)、数据位、奇偶校验位、停止位(规定为 1 电平)组成。典型的异步通信数据帧格式如图 8-3 所示。

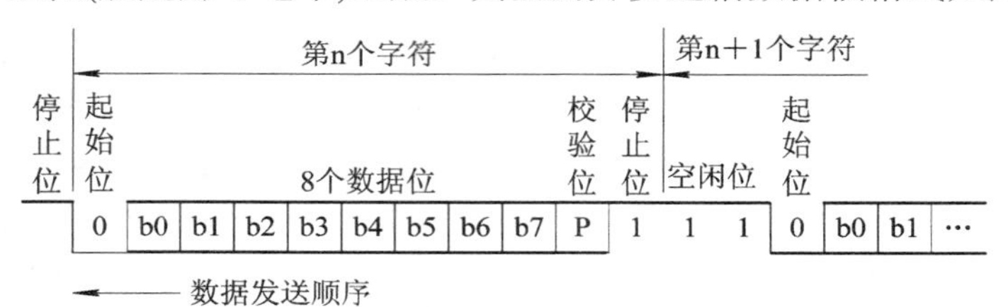


图 8-3　异步通信数据帧格式

可见，异步通信与同步通信并没有本质上的区别，只是在异步通信中数据块的长度短(一般为一个字节)，收发双方容易实现同步，但各数据块之间不连续(即插入了起始位、停止止位)，因此效率低，传输速度较慢。

异步通信过程可概述如下：

对于异步通信的发送方来说，发送时先输出低电平的起始位，然后按特定速率发送数据位(包括奇偶校验位)，当最后一位数据(采用奇偶校验的异步通信，最后一个数据位往往是奇偶校验位)发送完毕后，发送一个高电平的停止位，这样就完成了一帧数据的发送过程。如果发送方不再需要发送新数据或尚未准备好下一帧数据时，就将数据线置为高电平状态。

异步通信的接收方往往以 16 倍的发送速率检测传输线上的电平状态，当发现传输线电平由高变低时(起始位标志)，就认为有数据传入，进入接收状态，然后以相同速率不断地检测传输线的电平状态，接收随后送来的数据位、奇偶校验位和停止位。为提高通信的可靠性，在异步串行通信中，接收方多采用“3 中取 2”方式确认收到的信息位是“0”码还是“1”码。也就是说，在异步通信方式中，发送方通过控制数据线的电平状态来完成数据的发送；接收方通过检测数据线上的电平状态确认是否有数据传入以及接收到的数据位是

0 还是 1，只要发送速率和接收检测速率相同，就能准确接收，发送、接收设备可使用各自的时钟源完成数据的发送和接收，无须使用同一个时钟信号。因此，异步串行通信所需传输线最少，一根数据线和一根地线，就能实现数据发送与接收，在单片机控制系统中得到了广泛应用。

### 8.1.2 波特率

在串行通信系统中常用波特率来衡量通信的快慢，其含义是每秒中传送的二进制数码的位数，单位是位/秒(b/s 或 Kb/s)，简称“波特”。例如，两个异步串行通信设备之间每秒钟传送的信息量是 240 字节，如果一帧数据包含 10 位(1 个起始位、8 个数据位和 1 个停止位)，则发送、接收波特率为

$$240 \times 10 = 2400\ (\text{b/s}) = 2400\ (\text{波特})$$

一般异步通信波特率为 110～9600 波特，而同步通信波特率在 56 K 波特以上。在选择通信波特率时，不要盲目追高，以满足数据传输要求为原则，原因是波特率越高，对发送、接收时钟信号频率的一致性要求就越高。

### 8.1.3 串行通信数据传输方向

根据串行通信数据传输方向，可将串行通信系统分为单工方式、半双工方式和全双工方式，如图 8-4 所示。

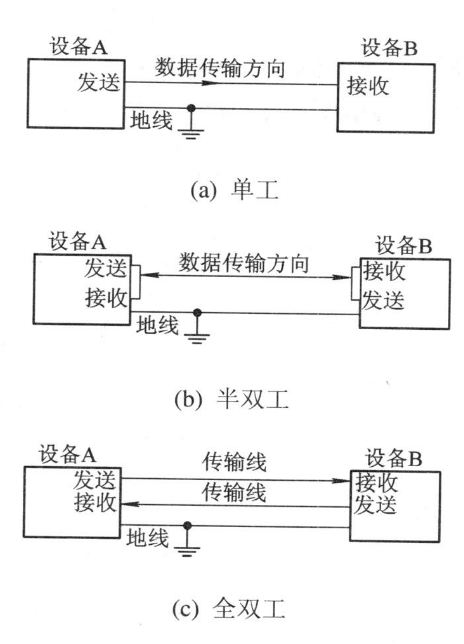


图 8-4　数据传输方式

两个串行通信设备之间只有一根数据线，一方发送，另一方接收，就形成了“单工”通信方式，即数据只能由发送设备单向传输到接收设备，如图 8-4(a)所示。

如果两个串行通信设备之间依靠一根数据线分时收、发数据(即发送时，不接收；接收时，不发送)，就构成了“半双工”通信方式。在这种方式中，在同一传输线上要完成数据的双向传输，因此通信双方不可能同时既发送，又接收，任何时候只能是一方发送，另一

方接收，如图 8-4(b)所示。

如果两个串行通信设备之间能同时接收和发送，就构成了“全双工”通信方式。由于允许两个通信设备同时发送、接收，就需要两根数据线：A 设备的发送端接 B 设备的接收端；B 设备的发送端接 A 设备的接收端，如图 8-4(c)所示。

### 8.1.4　串行通信接口的种类

根据串行通信格式及约定(如同步方式、通信速率、信号电平等)不同，派生出不同的串行通信接口标准，如常见的 RS232、RS422、RS485、IEEE 1394、$I^2C$、SPI(同步通信)、USB(通用串行总线接口)、CAN 总线接口等。下面将详细介绍 STM8S 芯片 UART 接口的功能及基本使用规则，由于 STM8S 系列 $I^2C$ 总线接口部件错误较多，在涉及 $I^2C$ 总线器件的应用系统中，建议用软件模拟 $I^2C$ 总线时序方式完成 $I^2C$ 总线的操作过程。

## 8.2　UART 串行通信接口

STM8S 提供了 3 个通用异步串行通信接口 UART (Universal Asynchronous Receiver Transmitter)，分别编号为 UART1、UART2、UART3，各 UART 接口功能略有差异，如表 8-1 所示。该系列 MCU 并非所有的型号都具有 UART1～UART3 串行接口，实际上 STM8S207、STM8S208 芯片有 UART1 及 UART3 两个串行接口，STM8S105 芯片仅有 UART2 串行接口，而 STM8S103 芯片仅有 UART1 串行接口。

表 8-1　STM8S 系列 MCU 芯片 UART 的功能

| UART 模式 | UART1 | UART2 | UART3 | 相应模式控制位 |
|---|---|---|---|---|
| 异步模式 | √ | √ | √ | |
| 多机通信模式 | √ | √ | √ | |
| 同步模式 | √ | √ | NA | |
| 智能卡模式 | √ | √ | NA | LINEN |
| IrDA | √ | √ | NA | IREN |
| 半双工模式(单线模式) | √ | NA | NA | HDSEL |
| LIN 主模式 | √ | √ | √ | |
| LIN 从模式 | NA | √ | √ | |

由于 UART1、UART2、UART3 的功能不同，因此其内部结构也就略有区别，其中 UART1 内部结构如图 8-5 所示；UART3 的内部结构如图 8-6 所示。

在全双工通信系统中，数据寄存器 UART_DR 往往对应物理上完全独立的发送数据寄存器 TDR(只写)与接收寄存器 RDR(只读)。对 UART_DR 寄存器进行写操作时，数据写入 TDR 寄存器；对 UART_DR 寄存器进行读操作时，数据来源是 RDR 寄存器。

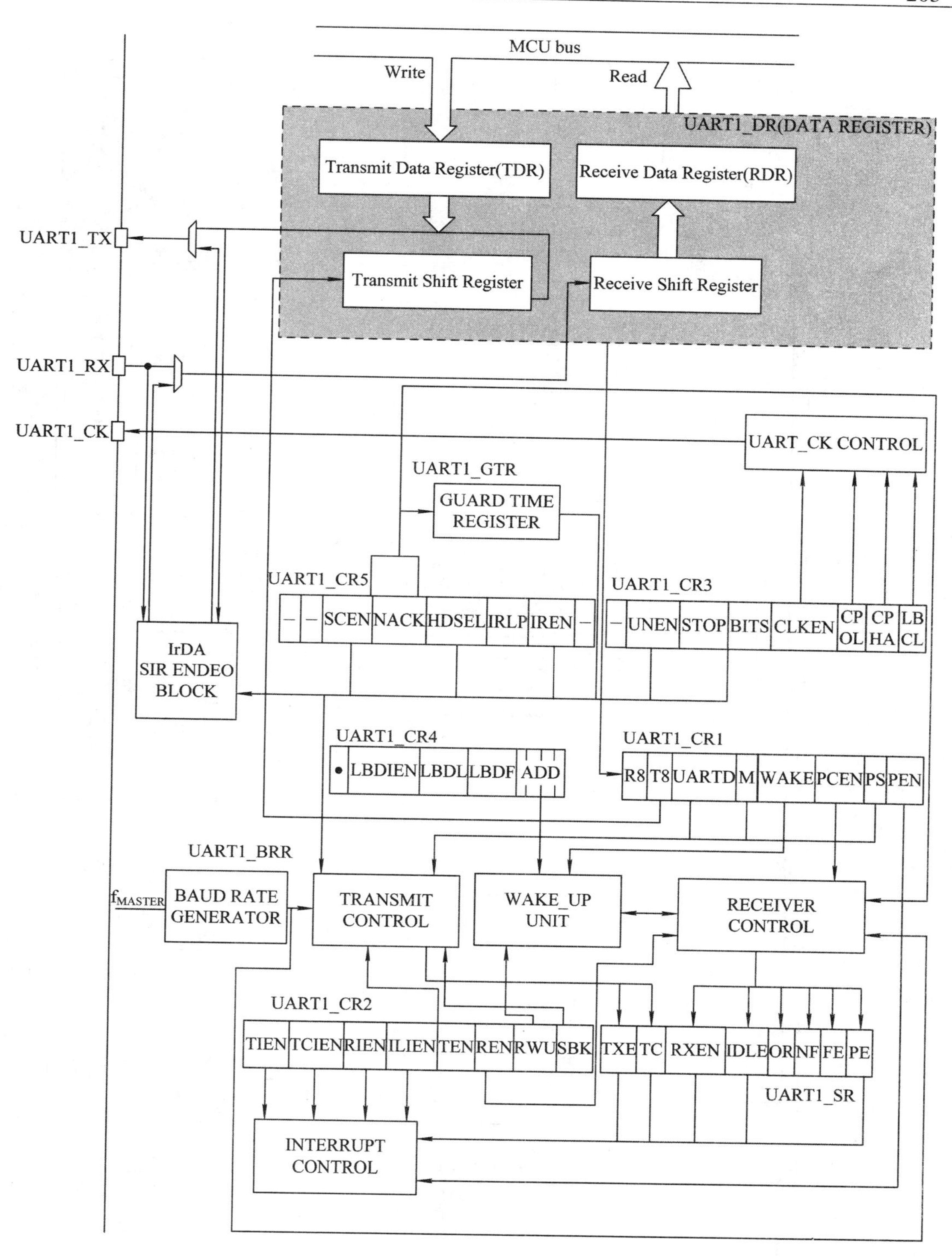


图 8-5　UART1 接口内部结构

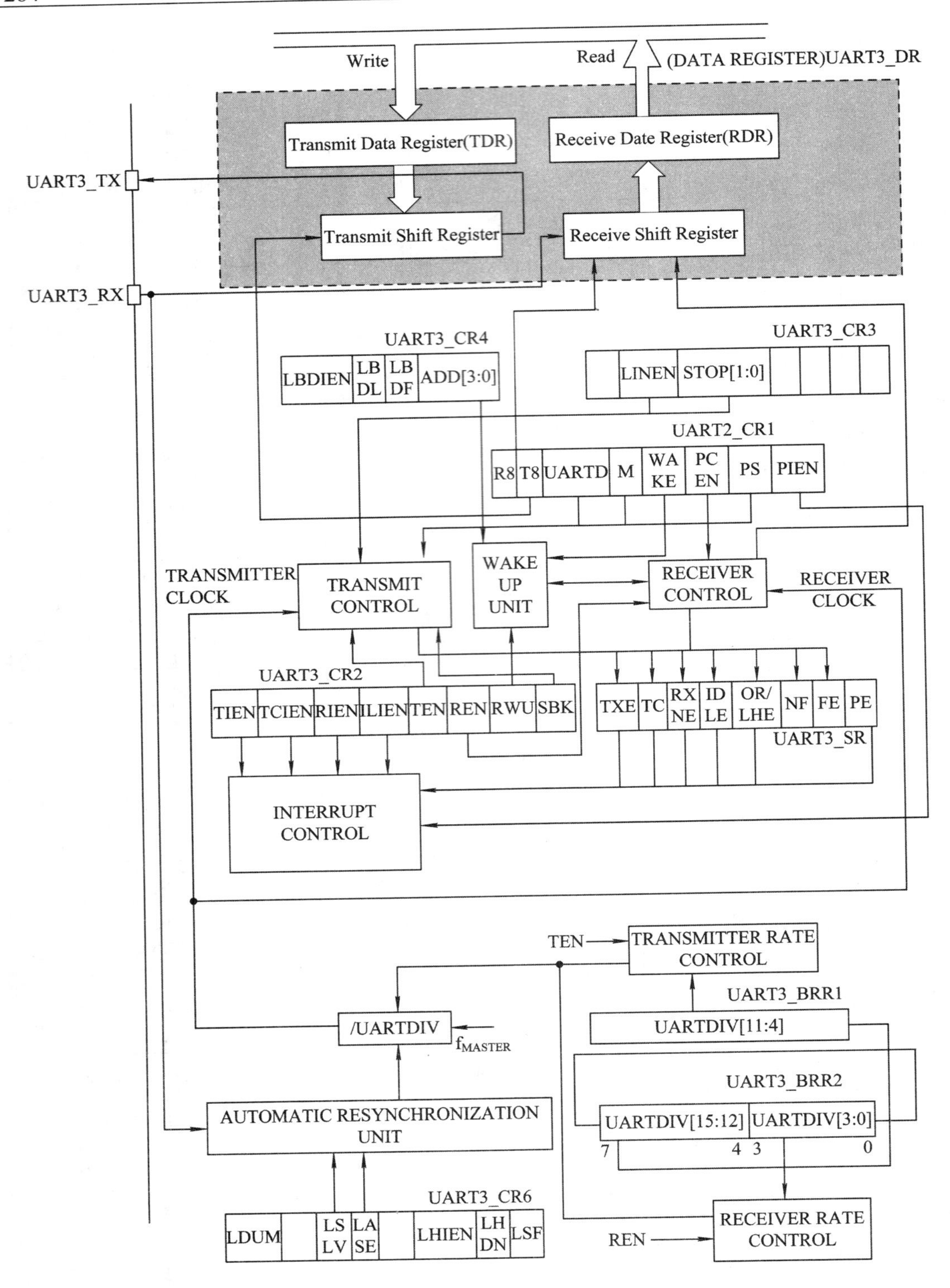

图 8-6　UART3 的内部结构

### 8.2.1　UART 串行通信波特率设置

在异步串行通信方式中，为保证收、发双方通信的可靠性，发送波特率与接收波特率应严格相同，否则会因收发不同步造成接收不正确。不过，在异步串行通信方式中，信息帧长度较短(10 位或 11 位)，只要收发双方波特率误差不大，接收方依然能正确接收发送方发送的信息。实验表明，波特率越高，收发双方波特率误差允许范围就越小。

STM8S MCU 芯片 UART 接口部件的发送、接收波特率发生器由主时钟 $f_{MASTER}$ 经 16 位分频器 UART_DIV 分频后获得，波特率为

$$\text{串行接口收发波特率} = \frac{f_{MASTER}}{\text{UART\_DIV}} \tag{8-1}$$

在使用过程中，可根据主时钟 $f_{MASTER}$(单位为 Hz)、期望的波特率(b/s)，通过式(8-1)计算出分频器 UART_DIV 的值。

值得注意的是：

(1) STM8S 要求 UART_DIV 的值不能小于 16。

(2) UART_DIV 寄存器由波特率寄存器 UART_BRR1[11:4]、UART_BRR2[15:12;3:0] 组成，装入时必须先装入 UART_BRR2，后装入 UART_BRR1。

例如，当主时钟频率为 8 MHz，目标波特率为 9600 b/s 时，得

$$\text{UART\_DIV} = \frac{8\,000\,000}{9600} = 833.3 = 833(\text{取最接近的整数}) = 0\boxed{34}1\text{H}$$

即 UART_BRR1 为 $\boxed{34}$H，UART_BRR2 为 $\boxed{01}$H。可见，在 STM8S 应用系统中，当主时钟频率 $f_{MASTER}$ 为整数时，标准波特率(如 4800 b/s、9600 b/s、19 200 b/s 等)对应的分频值往往不是整数，即实际波特率与标准波特率存在一定的偏差。当波特率分频器分频值为 833 时，实际波特率为 9603.8 b/s，相对误差为

$$\alpha = \frac{9603.8 - 9600}{9600} = 0.04\%$$

当主时钟频率由频率精度高、稳定性好的 HSE 产生时，如果波特率不大于 38.4 Kb/s，则误差稍大一点也能正常通信；当主时钟频率由 HSI 产生时，则波特率误差要尽可能小一些，除非波特率很低，如不超过 4800 b/s，否则会影响通信的可靠性。

(3) UART_BRR1 不能为 00H，否则波特率时钟将被关闭而不能收发。因此，当选定的波特率对应的分频值刚好使 UART_BRR1 为 0 时，必须重新选定另一波特率(或更改主时钟 $f_{MASTER}$)，使 UART_BRR1 ≠ 0。

### 8.2.2　UART 串行通信信息帧格式

UART 串行通信信息帧格式如图 8-7 所示。对于 9 位字长数据帧(Data Frame)来说，由低电平的起始位(Start Bit)、b0～b8(9 个数据位)、高电平的停止位(Stop Bit)组成。而 8 位字长数据帧与 9 位字长数据帧相似，只是数据位长度为 8 位。

在异步串行通信方式中，起始位(长度固定为 1 位)总是为低电平，接收方收到低电平的起始位后，立即复位接收波特率发生器，并按指定速率接收随后的数据位与停止位；停止位总是为高电平，停止位长度可编程选择(1 位、1.5 位或 2 位)；数据位中的最高位(9 位

字长中的 b8 或 8 位字长中的 b7)可能是奇偶校验位，在多机通信方式中也可能是地址/数据的标识位。

空闲帧(Idle Frame)长度与数据帧的长度相同，只是全部为高电平(其起始位也是高电平)。断开帧(Break Frame)长度也与数据帧的相同，只是全部为低电平(其停止位也是低电平)。当由断开帧转入数据帧，UART 接口会自动插入一个附加的高电平停止位。

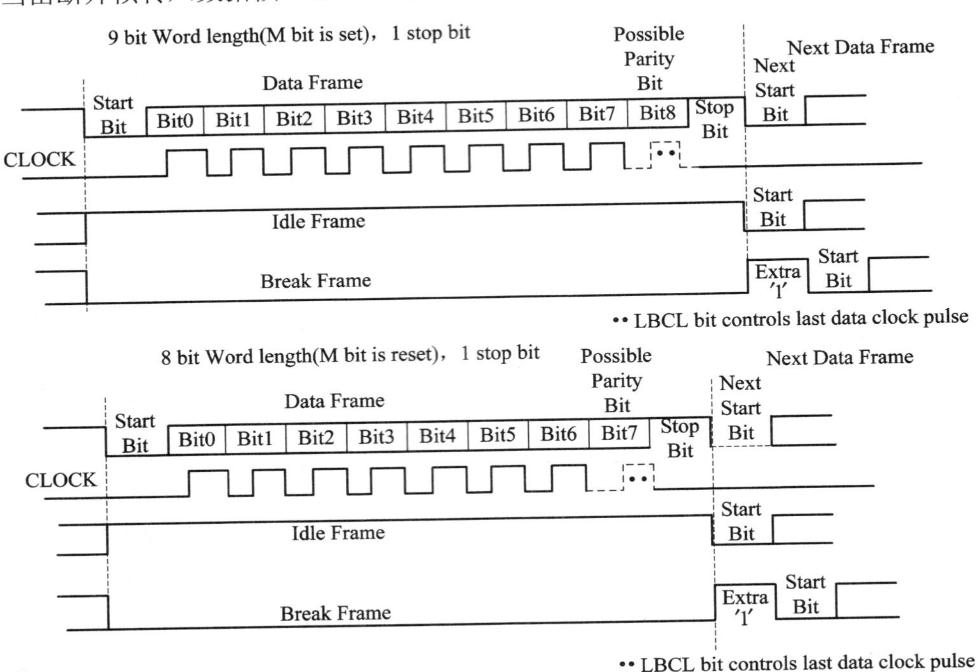


图 8-7　STM8S UART 接口帧的种类及格式

## 8.2.3　奇偶校验选择

STM8S 串行接口支持奇偶校验功能，由 UART_CR1 的 PCEN(奇偶校验允许/禁止)、PS(奇/偶校验方式)选择位定义。

发送数据时，UART 自动算出待发送数据的奇偶性(数据位异或运算)，并将奇偶标志填入发送数据的 MSB 位，即借用 MSB 位作为奇偶标志位，如表 8-2 所示。

**表 8-2　数据帧格式**

| M<br>(字长) | PCEN<br>(奇偶校验) | 信息帧格式 | MSB<br>(数据最高位) |
|---|---|---|---|
| 0 | 0 | 起始位 + 8 位数据(b0～b7) + 停止位 | b7 |
| 0 | 1 | 起始位 + 7 位数据(b0～b6) + 奇偶校验位(b7) + 停止位 | b6 |
| 1 | 0 | 起始位 + 9 位数据(b0～b7、T8) + 停止位 | T8/R8 |
| 1 | 1 | 起始位 + 8 位数据(b0～b7) + 奇偶校验位(T8) + 停止位 | b7 |

接收数据时，UART 能自动判别奇偶校验是否正确，当奇偶校验错误时，状态寄存器

UART_SR 的 PE 位置 1(表示奇偶错误)，即 STM8S 串行接口能自动判别接收数据奇偶校验是否正确。

例如，在 8 位数据模式(M = 0)中，当 PCEN = 1、PS = 0(偶校验)时，如果接收到的数据为 2AH，则 PE 标志为 1，表示奇偶校验错误。其原因是数据部分 b6～b0 为 0101010B，含有奇数个“1”。在正常情况下，奇偶校验位 b7(MSB)应该为 1，而收到的数据为 0——奇偶校验错误。

PE 位清除的过程为：读 UART_SR 寄存器，再读数据寄存器 UART_DR 后将自动清除。这与采用奇偶校验后接收判别过程相同。例如：

```
    BTJF UART_SR, #0, UART_RX_NEXT1
    ; 奇偶校验错误
    LD A, UART_DR       ; 读数据寄存器，清除 PE 标志
    JP   NEXT           ; 转入错误处理
  UART_RX_NEXT1:
```

## 8.2.4　数据发送/接收过程

### 1. 发送过程与发送中断控制

当发送数据功能处于禁止状态时，TX 引脚与 UART 口处于断开状态，引脚电平由相应的 GPIO 定义。在完成了 UART 口初始化后，将发送允许控制位 TEN(UART_CR2[3])置 1，UART 接口发送功能即处于使能状态，TX 引脚与 UART 接口部件连通，UART 部件在 UART_TX 引脚输出空闲帧，对数据寄存器 UART_DR 进行写操作，将触发串行发送进程，发送结束后，TC(UART_SR[6])(发送结束)标志有效。不过，STM8S 的 UART 接口具有 1 个字节的发送缓冲区，在当前字节发送结束前，如果 TXE(UART_SR[7])(发送缓冲寄存器空闲)标志为 1(空闲)，也可以将新数据写入 UART_DR。TC 与 TXE 位指示发送缓冲器及发送状态如表 8-3 所示。

表 8-3　TC/TXE 位状态及含义

| TXE(UART_SR7)<br>(发送缓冲区空闲) | TC(UART_SR6)<br>(发送结束)标志 | 说　明 |
|---|---|---|
| 1(空闲) | 1(发送结束) | UART 接口使能后的缺省状态。此时对 UART_DR 进行写操作时，数据立即进入发送串行移位寄存器，UART_SR[7:6]变为 10 |
| 1(空闲) | 0(正在发送) | 发送移位寄存器当前信息未发送结束。此时对 UART_DR 进行写操作时，数据将进入发送缓冲寄存器，UART_SR[7:6]变为 0x |
| 0(非空闲) | 1(发送结束) | 发送移位寄存器当前信息发送结束，发送缓冲寄存器内容自动进入串行移位寄存器，UART_SR[7:6]将变为 11 |
| 0(非空闲) | 0(正在发送) | 正在发送串行移位寄存器当前信息；发送缓冲寄存器非空，不能进行写入操作 |

当 TC 标志为 1 时，可通过下列方式之一进行清除：

(1) 软件写“0”清除。如“BRES UART_SR, #6”指令。

(2) 先读 UART_SR 寄存器，再对 UART_DR 寄存器写入。其操作指令如下：

```
    BTJF UART_SR, #6, UART_TX_exit          ; TC 标志无效跳转
    ; 发送结束标志 TC 有效
    MOV UART_DR, A                          ; 新数据写入 UART_DR，自动清除 TC 标志
UART_TX_exit:
```

在理论上，可用软件查询方式判别 TC、TXE 标志的状态。不过 UART 发送速率不高，发送一个帧数据所需时间较长，例如当波特率为 4800 b/s 时，对长度为 10 位的信息帧，发送时间约为 2.08 ms，建议用中断方式确定发送状态。STM8S UART 接口发送中断逻辑如图 8-8 所示。

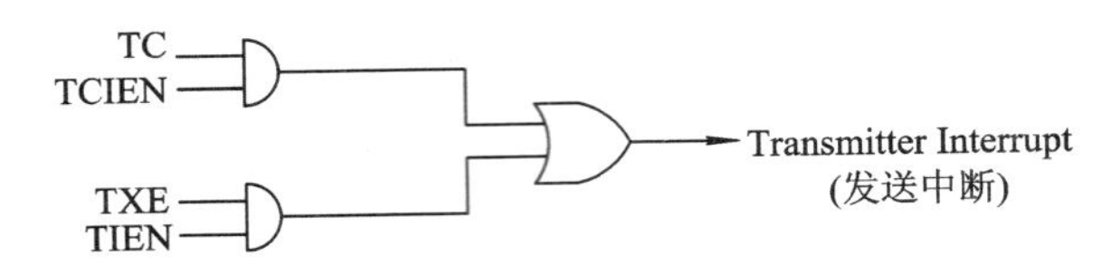


图 8-8　STM8S UART 接口发送中断逻辑图

串行口发送过程往往由外部程序触发，在串行口发送结束中断服务程序中，仅需要判别是否还有数据要发送。参考程序如下：

```
;每次发送 17 个字节，其中帧首字节为 AAH，而最后一个字节为和校验的低 7 位
UART_TX_SP        DS.B      1          ; 发送指针
UART_TX_BUF       DS.B      17         ; 在 RAM1 段中定义 17 个字节的发送缓冲区
; 发送前的初始化过程
      MOV {UART_TX_BUF+0}, #0AAH       ; 存帧首标志信息
      LD A, {UART_TX_BUF+1}            ; 取和的第 1 个数
      LDW X, #2                        ; 设置指针
UART_TX_LOOP1:
      ADD A, (UART_TX_BUF,X)           ; 求和
      INCW X
      CPW X, #16
      JRC UART_TX_LOOP1
      AND A, #7FH
      LD (UART_TX_BUF,X), A            ; 保存校验和的低 7 位
      CLR UART_TX_SP                   ; 发送指针清 0
      BSET UART1_CR2, #3               ; TEN 位置 1
      MOV UART1_DR, { UART_TX_BUF+0}   ; 向发送缓冲寄存器 UART1_DR1 写入帧首信息
                                       ; 0AAH，启动发送过程
      ⋮                                ; 其他指令系列

      interrupt UART1_TX_proc          ; 串口发送中断服务程序
UART1_TX_proc.L
      BRES UART1_SR, #6                ; 清除发送结束标志 TC
```

```
    INC UART_TX_SP                   ; 发送指针+1
    LD A, UART_TX_SP                 ; 检查发送指针
    CP A, #17
    JRNC UART1_TX_proc_EXIT          ; 已经没有数据要发送
    CLRW X
    LD XL, A
    LD A, (UART_TX_BUF,X)            ; 取发送数据
    LD UART1_DR, A                   ; 发送数据送 UART1_DR 寄存器
    IRET
    IRET
    IRET
    IRET
    IRET
UART1_TX_proc_EXIT:
    BRES UART1_CR2, #3               ; TEN 位清 0，禁止发送
    IRET
    IRET
    IRET
    IRET
    IRET
```

### 2. 接收过程与接收中断控制

在完成了 UART 接口的初始化后，将 REN 位置 1，UART 接口部件便进入接收状态，以 16 倍波特率的采样速率不断检测 UART_RX 引脚的电平状态，以判断是否出现低电平的起始位。

当一个信息帧完整地移到接收移位寄存器后，数据并行送入接收缓冲寄存器 UART_DR，同时 RXNE(接收有效)标志为 1，表示 UART_DR 寄存器非空。此时，接收功能并没有停止。因此，必须在接收下一帧信息结束前，读出 UART_DR 寄存器中的信息(读 UART_DR 将自动清除 RXNE 标志)，否则过载标志 OR 有效。

当过载标志 OR 置 1 时，表示位于接收缓冲器 UART_DR 内的上一帧数据未取出，串行接收移位寄存器又接收了新的信息帧。按下列顺序读出数据不会造成数据的丢失，除非第 3 帧信息覆盖了位于串行接收移位寄存器 RDR 中的第 2 帧信息。

```
    BTJF UARTx_SR, #3, UART_RX_NEXT1
    ; 过载标志 OR 有效
    JRT UART_RX_NEXT2        ; 读出上一帧数据，清除 OV 标志,串行移位接收寄存器中的内
                             ; 容自动进入 UARTx_DR
UART_RX_NEXT1:
    BTJF UART_SRx, #5, UART_RX_EXIT
    ; RXNE 标志有效，立即读数据，清除 RXNE 标志
```

```
UART_RX_NEXT2:
    LD A, UARTx_DR          ; 读数据
          ⋮                 ; 数据处理
UART_RX_EXIT:               ; 退出
```

在数据接收过程中，如果线路噪声大，在“3 中取 2”发现采样数据不是 111(接收 1 码时)或 000(接收 0 码时)，则噪声标志 NF 置 1(与 RXNE 标志同时有效)。在噪声不是很大的情况下，NF 置 1，UART_DR 寄存器内的信息可能还是真实的，只是线路存在噪声。读状态寄存器 UART_SR 与 UART_DR 寄存器将自动清除 NF 标志。

在数据接收过程中，因噪声、线路故障或发送方意外瘫痪，造成在指定时间内未接收到有效停止位时，帧错误标志 FE 置 1。此时，接收到的数据可靠性较低，一般要丢弃。

在 UART 通信中，如果允许奇偶校验，在接收过程中发现奇偶校验错误，则 PE 标志置 1。等待 RXNE 标志为 1 后，读状态寄存器 UART_SR 与 UART_DR 寄存器清除 PE 标志(奇偶错误属于严重错误，要丢弃接收数据)。

一般采用中断方式判别 UART 接口接收数据是否有效。STM8S UART 接口接收中断控制逻辑如图 8-9 所示。

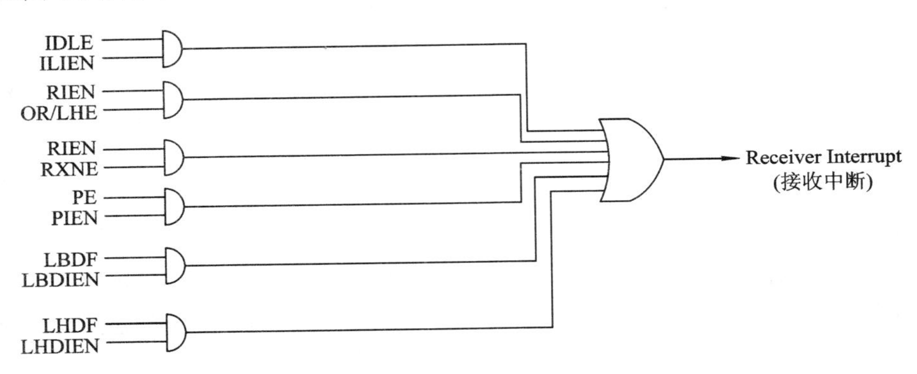


图 8-9　STM8S UART 接口接收中断控制逻辑

为提高 UART 接口接收数据的可靠性，在接收中断服务程序中，应优先判别是否出现了 FE、PE 等严重错误，再判别是否存在 NF 标志。接收中断服务程序的结构如下所示：

```
    ;每次接收 17 个字节，其中帧首字节为 AAH，而最后一个字节为和校验的低 7 位，接收正确返回
    ;A5H，校验错或奇偶错误返回 A6H，要求发送方重发
UART_RX _SP      DS.B      1            ; 接收指针
UART_RX _BUF     DS.B      17           ; 在 RAM1 段中定义 17 个字节的接收缓冲区


      interrupt UARTx_RX_proc
UARTx_RX_proc.L
;******奇偶校验错误判别******(如果允许奇偶校验)
   BTJF UARTx_SR, #0, UART_RX_NEXT1        ; 检查 PE(奇偶)标志
   ;奇偶标志 PE 为 1，属严重错误
   UART_RX_NEXT11:
```

```
    BTJF UARTx_SR, #5, UART_RX_NEXT11         ; 等待 RXNE 标志为 1
    JPF UART_RX_EEEOR                         ; 进入错误处理，如要求对方重发

UART_RX_NEXT1.L
;******帧错误判别******(必须判别)
BTJT UARTx_SR, #1, UART_RX_EEEOR              ; FE(帧错误)标志为 1，属于严重错误
;******过载(OR)判别*******(接收中断优先级较低，且波特率较高时需要判别过载)
    BTJF UARTx_SR, #3, UART_RX_NEXT2          ; 检查 OR(过载)标志
    ;过载标志 OR 为 1，要立即读取数据，避免出现覆盖丢失
    LD A, UARTx_DR                            ; 读数据寄存器，清除 OR 标志,
    JRT UART_RX_NEXT4                         ; 进入数据处理(接收数据在寄存器 A 中)
UART_RX_NEXT2.L
    ;******如果对可靠性要求很高，可检查噪声标志(NF) ******
    BTJF UARTx_SR, #2, UART_RX_NEXT3
    JPF UART_RX_EEEOR                         ; 转入错误处理
UART_RX_NEXT3.L
    ; 没有错误，检查接收有效标志 RXNE
    BTJF UARTx_SR, #5, UART_RX_EXIT           ; 接收无效，退出
    ;RXNE 标志为 1，接收有效
    LD A, UARTx_DR                            ; 读数据寄存器，清除 RXNE 标志
UART_RX_NEXT4.L
    LD R10, A                                 ; 接收数据暂存到 R10 单元中
    CP A, #0AAH
    JRNE UART_RX_DaPro1                       ; 属于帧内的数据
    ; 接收到的数据为 0AAH，属于帧首信息
    MOV UART_RX _SP, #1                       ; 接收指针置 1
    JRT UART_RX_EXIT
UART_RX_DaPro1.L
    LD A,UART_RX _SP                          ; 接收指针送 X 寄存器
    CLRW X
    LD XL, A
    LD A, R10
    LD (UART_RX _BUF,X), A                    ; 保存数据
    LD A,UART_RX _SP
    CP A, #16
    JRC UART_RX_DaPro2                        ; 未接收到全部数据
    ; 已收齐，要校验
    LD A, {UART_RX_BUF+1}                     ; 取和的第 1 个数
    LDW X, #2
```

```
UART_RX_DaPro21.L
    ADD A, (UART_RX_BUF,X)                ; 求和
    INCW X
    CPW X, #16
    JRC UART_RX_DaPro21
    AND A, #07FH                          ; 保留和的低 7 位
    CP A, (UART_RX_BUF,X)                 ; 与和单元比较
    JRNE UART_RX_EEEOR1                   ; 进入错误处理
    ;正确发，发送 0A5H 信息给发送方
    MOV {UART_RX _BUF+0},#0AAH            ; 存放帧信息 0AAH 作为接收缓冲区数据有效标志
    BSET UARTx_CR2, #3                    ; TEN 位置 1
    MOV UARTx_DR, #0A5H      ; 向发送缓冲寄存器 UART1_DR1 写确认信息 A5H，启动发
    JRT UART_RX_EXIT
UART_RX_DaPro2.L
    ; 未收完
    INC UART_RX _SP                       ; 指针加 1
    ;在退出前，再判别一次接收有效标志 RXNE，以解决可能出现的过载现象
    BTJF UARTx_SR, #5, UART_RX_EXIT       ; 接收无效，退出
    ;RXNE 标志为 1，接收有效
    JPF UARTx_RX_proc                     ; 再执行一次接收，防止可能出现的过载
UART_RX_EEEOR.L                           ; 错误处理
    LD A, UARTx_DR                        ; 读数据寄存器，清除各种错误标志
UART_RX_EEEOR1.L
    BSET UARTx_CR2, #3                    ; TEN 位置 1
    MOV UARTx_DR, #0A6H            ; 向发送缓冲寄存器 UART1_DR1 写请求重发信息 A6H
UART_RX_EXIT.L
    IRET
    IRET
    IRET
    IRET
    IRET
```

可以看出，充分利用奇偶校验、帧错误侦测等可靠性检测手段后，UART 通信可靠性较高。在空闲期间 RX 引脚受到负脉冲干扰时，UART 误判为起始位，将按指定波特率接收，但奇偶校验不可能通过。在正常接收期间受到干扰，奇偶校验不正确的可能性就更大。

### 8.2.5 多机通信

在某些应用系统中，常需要多个单片机芯片协同工作，这就涉及多机通信问题。由 STM8S 构成的多机通信系统如图 8-10 所示。

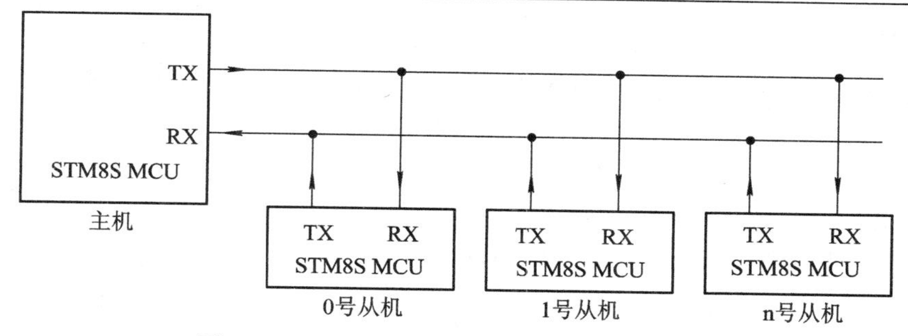


图 8-10　UART 多机通信系统硬件连接示意图

STM8S 系列 MCU 通用串行总线接口 UART 配置了支持多机通信功能的选择性接收控制，如表 8-4 所示。

**表 8-4　选择性接收控制位**

| RWU(接收/静默) | WAKE(唤醒方式) | 说　明 |
| --- | --- | --- |
| 0(正常接收) | x | 正常接收 |
| 1(静默状态) | 0(空闲帧唤醒) | 收到空闲帧后，自动清除 RWU 位，进入正常接收状态 |
| 1(静默状态) | 1(地址帧唤醒) | 收到与本机地址相同的地址帧时，自动清除 RWU 位，进入正常接收状态(注意：接收地址帧时 RXNE 也有效) |

在图 8-8 所示的多机通信系统中，由于各从机发送引脚 TX 通过“线与”方式与主机 RX 引脚相连，因此在多机通信系统中，从机 TX 引脚必须初始化为 OD 输出或带上拉输入方式，使从机 TEN 为 0 时(TX 引脚与 UART 接口发送端断开)，保证 TX 引脚“线与”功能。从机之间不能通信，而主机可与任意一个从机通信。为避免总线冲突，主机通过查询方式与从机通信，从机不能主动发送数据。

在多从机通信系统中，各从机可同时处于接收状态，但任何时候最多只有一台从机处于发送状态。为减小功耗，在非查询期间，主机可进入禁用模式(即使 UARTD 位为 1)，而从机不能进入禁用模式。

在 STM8S 多机通信系统中，可以选择 8 位数据(M=0)，也可以选择 9 位数据(M=1)。不论信息帧长度是 8 位还是 9 位，在多机通信方式中，也可以选择奇偶校验功能，如表 8-2 所示。

在多机通信方式中，主机与从机之间通信过程为：先发送目标从机地址(特征是数据最高位 MSB 为 1)，再发送数据信息(特征是数据最高位 MSB 为 0)。

### 1. 唤醒控制位 WAKE 为 0 时的多机通信系统

STM8S 提供了总线空闲检测功能。当 WAKE 为 0 时，可以利用 RWU 位完成多机通信控制，其过程如下：

(1) 开始时从机的 RWU 位为 0(处于正常接收状态)。

(2) 每次通信前，主机先延迟一个空闲帧以上时间，使各从机被唤醒(当 WAKE 为 0、RWU 为 1 时，空闲帧可以唤醒处于静默状态的 UART 接收功能)。

(3) 主机发送目标从机地址(在这种方式中，从机地址由用户设定，与 UART_CR4 位无关)。

(4) 从机接收了从机地址信息后，核对是否属于本机地址。不是本机地址，则将 RWU 位置 1，强迫从机进入静默状态(收到空闲帧，即总线空闲时被唤醒)；是本机地址则接收、处理地址帧，令 TEN 为 1，允许发送，向主机发送应答信号(目的是使主机确认该从机是否存在)，从机地址接收有效标志置 1，接收主机随后送来的数据信息。当从机接收了最后一个数据信息帧后，清除从机地址接收有效标志；发送结束后，清除 TEN 位。

由于空闲帧可以唤醒处于静默状态的 UART 串行接口，主机发送两信息帧的间隔可能会超出一帧间隔，即两信息帧之间从机可能被唤醒，因此在从机中必须设置从机地址接收有效标志位。在唤醒后接收到数据信息时，先检查地址接收有效标志是否存在，否则不处理，并进入静默状态。

### 2. 唤醒控制位 WAKE 为 1 时的多机通信系统

通过 AURT_CR4 寄存器设置从机地址(最多支持 16 个从机)，将从机 WAKE 置 1，使从机具有选择性接收——仅接收与自己地址编码相同的地址信息(数据最高位为 1)。

1) 从机个数在 16 以内的多机通信系统

开始时主机发送目标从机地址信息(无奇偶校验时，MSB 位为 1；有奇偶校验时，MSB-1 位为 1)，此时所有从机均自动接收并与自己的地址比较。

匹配时，UART 退出静默模式，自动清除 RWU 位，接收有效标志 RXNE(事先清除了 RWU 位)置 1(注意目标从机接收了地址信息帧，需要处理)，从机可以接收随后送来的数据信息(无奇偶校验时，MSB = 0；有奇偶校验时，MSB − 1 = 0)。通信结束后，通过手工方式将从机的 RWU(接收器接收控制)位置 1，强迫对应从机进入静默模式。

不匹配时，对应从机的 RWU(接收器接收控制)位被强迫置 1，从机进入静默模式，不接收任何信息。

在 16 从机模式下，唤醒控制位 WAKE 为 1 时的从机 UART 接收流程如图 8-11 所示。

2) 从机个数在 16 以上的多机通信系统

UART_CR4 寄存器的从机地址 AD[3:0] 只有 4 位，最多可以选择 16 个从机。当从机个数在 16 个以上时，可以将从机分组，每组最多从机数由 M(字长)、PCEN(奇偶校验允许)位定义，如表 8-5 所示。

**表 8-5　每组从机数及信息帧格式**

| M (字长) | PCEN (奇偶校验) | MSB (数据最高位) | 每组最大从机数 | MSB = 1 (地址帧格式) | MSB = 0 (数据帧格式与范围) |
|---|---|---|---|---|---|
| 0 | 0 | b7 | 8 | 1nnn a3～a0 | 0b6～b0 (00H～7FH) |
| 0 | 1 | b6 | 4 | x1nn a3～a0 | x0b5～b0 (00H～3FH) |
| 1 | 0 | T8/R8 | 16 | 1nnnn a3～a0 | 0b7～b0 (00H～FFH) |
| 1 | 1 | b7 | 8 | x1nnn a3～a0 | x0b6～b0 (00H～7FH) |

其中，x 为奇偶校验信息；低 4 位(a3～a0)为组编号；nn(b5～b4)、nnn(b6～b4)、nnnn(b7～b4)为组内从机编号。

当接收到地址信息时，同一组内的所有从机(低 4 位 b3～b0 相同)均被唤醒(RWU 自动清 0，并接收地址信息)，然后通过手工方式将接收到的地址信息与本机地址比较，若不同就强制将 RWU 位置 1。接收流程与图 8-11 类似，仅需增加地址信息判别与 RWU 置 1 两条指令。

这种分组方式还可以实现主机以广播方式与同组内的多个从机同时通信。

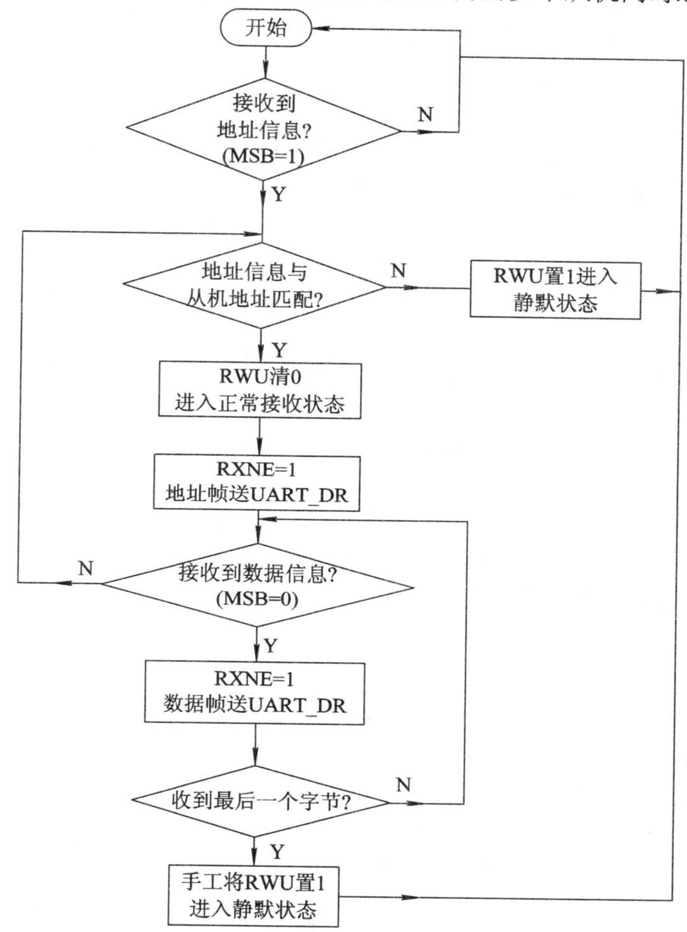


图 8-11　WAKE = 1 时 UART 串行接口接收流程

### 8.2.6　UART 同步模式

STM8S 的 UART1、UART2 支持同步模式，即提供了同步串行时钟输出信号 SCK，其目的是为了在异步通信方式中兼容串入并出的输出设备。在同步模式下，下列控制位必须清 0：UART_CR3 寄存器的 LINEN(禁止 LIN 模式)，UART_CR5 寄存器的 SCEN(禁止 LIN 模式下的时钟输出)、HDSEL(禁止半双工模式)、IREN(禁止红外模式)。

在同步模式下，UART 部件相当于 SPI 总线主设备，TX 相当于 MOSI 引脚(输出)、RX 相当于 MISO 引脚(输入)，SCK 输出同步时钟，可用这种方式将 UART 接口与 SPI 总线从设备相连，如图 8-12 所示。

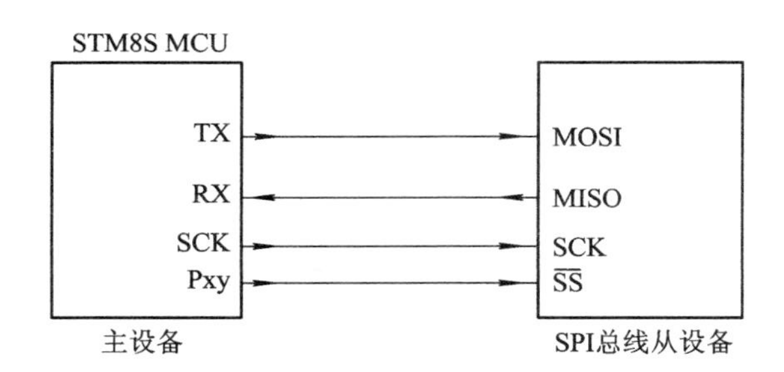


图 8-12　UART 以同步方式与 SPI 总线从设备的连接

在同步模式下，时钟极性、相位由 UART_CR3 寄存器的 CPOL、CPHA 位控制，发送最后一位时是否产生时钟由 LBCL 位控制，操作时序如图 8-13 所示。

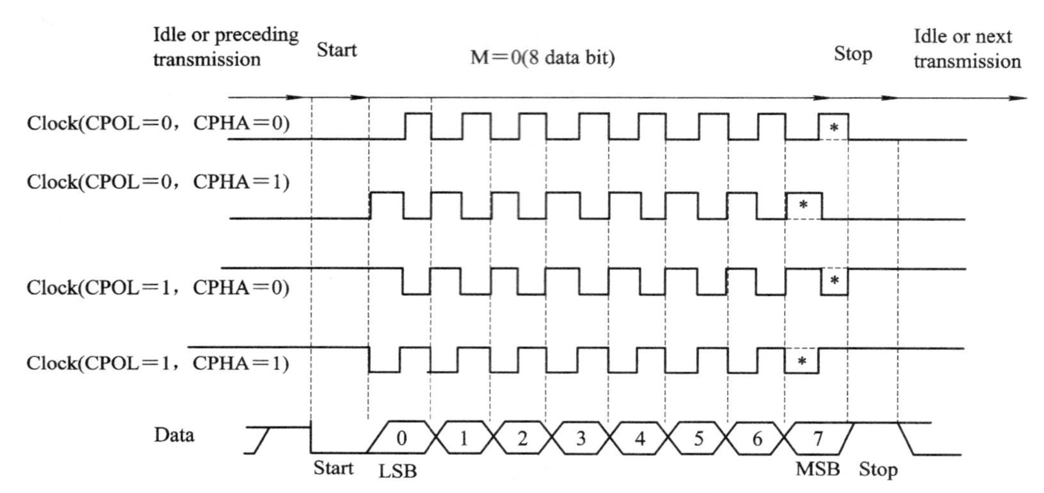


(a) 帧长为8位的同步传输时序

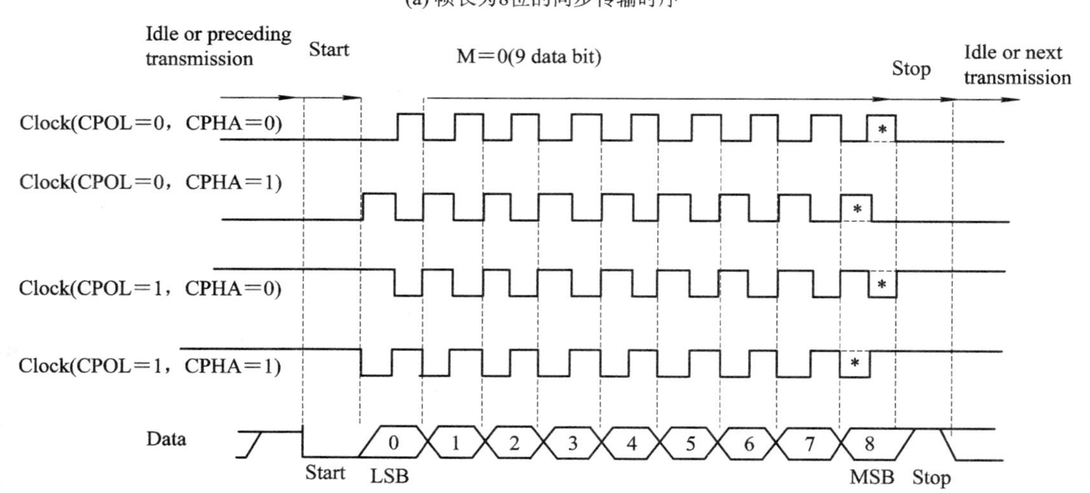


(b) 帧长为9位的同步传输时序

图 8-13　同步模式传输时序

可见，同步模式依然会出现起始位、停止位，只是在起始位、停止位期间不输出时钟，相当于忽略两个标志位的存在。为了与 SPI 总线协议保持一致，最后一位通常要输出时钟。在一般情况下，令 LBCL 为 1，否则将出现传输开始前与结束后 SCK 时钟电平不一致的现象。例如，在 CPOL、CPHA = 00 情况下，空闲状态时，SCK 时钟应为低电平；而当 LBCL 为 0 时，因最后一位不发送时钟，其结果是最后一位传输结束后 SCK 为高电平——这不符合 SPI 协议规定。

在同步模式中选择波特率时，尽可能地使 UART_DIV[3:0] 为 0，使数据建立与保持时间为 1/16 位的发送时间；此外，尽可能地用一条指令使 TEN、REN 位同时为 1(原因是在同步方式中，TEN 为 1，立即启动传输)，否则接收数据可能不可靠。

在同步模式中，对发送来说，TC、TXE 标志依然有效；对接收来说，仅 RXNE 标志有效，而 PE、NE、FE 等标志无效。

### 8.2.7　UART 串行通信的初始化步骤

#### 1．发送器初始化

(1) UART 发送功能未被激活时，UART_TX 引脚电平的状态由 GPIO 寄存器定义。为避免接收错误或总线瘫痪，最好将 UART_TX 引脚初始化为高电平的互补推挽方式或 OD 方式(点对点通信)、OD 方式或不带中断的上拉输入方式(多机通信)。

(2) 初始化 UART 控制寄存器 UART_CR1 的 M 位，选择数据帧的长度。

(3) 初始化 UART 控制寄存器 UART_CR3 的 STOP 位，选择停止位长度。

(4) 初始化外设时钟门控寄存器(CLK_PCKENR1)的 PCKEN13(控制 UART2/UART3)、PCKEN12(控制 UART1)，将波特率发生器的输入端连接到主时钟 $f_{MASTER}$。

(5) 按顺序初始化波特率分频器 UART_BRR2、UART_BRR1。

(6) 初始化 UART 控制寄存器 UART_CR2 内相关的中断控制位。理论上，既可以用查询方式感知发送结束，也可以用中断方式确定发送是否结束。不过，STM8 内核 CPU 工作速度快，而串行发送数据的速率低，因此，最好采用中断方式。

(7) 初始化 UART 接口的中断优先级别。

(8) 将 UART 控制寄存器 UART_CR2 的 TEN 位置 1，使能发送器。

(9) 将待发送数据送数据寄存器 UART_DR(对数据寄存器 UART_DR 进行写入时，状态寄存器 UART_SR 的 TXE 位被清 0，表示数据尚未送到串行输出寄存器中，此时不能对 UART_DR 寄存器写入)，触发发送过程。

#### 2．接收器初始化

(1) UART_RX 引脚初始化为不带中断的上拉输入方式。按发送器初始化过程(2)～(7)，选择数据帧长度、停止位长度、接收波特率、中断控制位及接收中断优先级。由于接收方无法确定发送方什么时候将数据送出，因此只能用中断方式确定接收是否有效。

(2) 将 UART 控制寄存器 UART_CR2 的 REN 位置 1，UART 接口部件便进入接收状态，并以 16 倍波特率的采样速率不断地检测 UART_RX 引脚的电平状态，以确定是否出现低电平的起始位。

# 8.3　RS232C 串行接口标准及应用

RS232C 是美国电子工业协会 EIA(Electronic Industry Association)于 1962 年制定的一种串行通信接口标准(1987 年 1 月修改的 RS232C 标准称为 RS232D，不过两者差别不大，因此仍用旧标准)。

RS232C 标准规定了在串行通信中数据终端设备(简称 DTE，如个人计算机)和数据通信设备(简称 DCE，如调制解调器)间物理连接线路的机械、电气特性，以及通信格式与约定，是异步串行通信中应用较广的总线标准之一。

## 8.3.1　RS232C 的引脚功能

完整的 RS232C 接口由主信道、辅助信道共 22 根连线组成。不过该标准对引脚的机械特性并未做出严格规定，一般采用标准的 25 芯 D 型插座(通过 25 芯 D 型插头连接)，各引脚信号含义如图 8-14(a)所示。

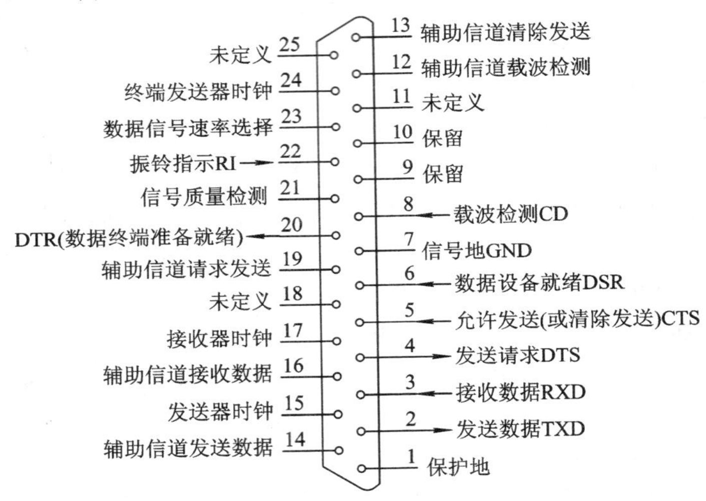


(a) 25芯D型插座 RS232C 接口信号名称及主要信号流向

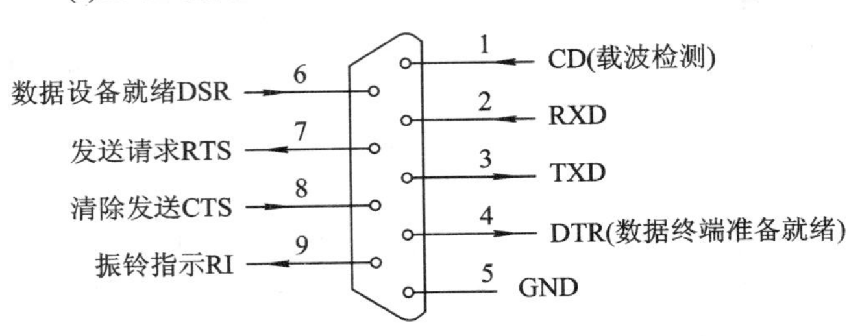


(b) 9芯D型插座 RS232C 接口信号名称及主要信号流向

图 8-14　RS232C 接口插座

尽管辅助信道也可用于串行通信，但其速率较低很少使用。此外，当两个设备以异步方式通信时，也无须使用主信道中所有的联络信号，因此 RS232C 接口也可以用 9 芯 D 型插座(如微机系统中的串行接口)，其各引脚信号含义如图 8-14(b)所示。

### 8.3.2 RS232C 串行接口标准中主信道重要信号的含义

RS232C 串行接口中，标准主信道重要信号的含义如下：

(1) TXD：串行数据发送引脚，输出。

(2) RXD：串行数据接收引脚，输入。

(3) DSR：数据设备(DCE)准备就绪信号，输入，主要用于接收联络。当 DSR 信号有效时，表明本地的数据设备(DCE)处于就绪状态。

(4) DTR：数据终端(DTE)就绪信号，输出，用于 DTE 向 DCE 发送联络。当 DTR 有效时，表示 DTE 可以接收来自 DCE 的数据。

(5) RTS：发送请求，输出。当 DTE 需要向 DCE 发送数据时，向接收方(DCE)输出 RTS 信号。

(6) CTS：发送允许或清除发送，输入。它作为“清除发送”信号使用时，由 DCE 输出，当 CTS 有效时，DTE 将终止发送(如 DCE 忙或有重要数据要回送 DTE)；而作为“允许发送”信号使用时，情况刚好相反：当接收方接收到 RTS 信号后进入接收状态，就绪后向请求发送方回送 CTS 信号，发送方检测到 CTS 有效后，启动发送过程。

### 8.3.3 电平转换

为保证数据可靠传送，RS232C 标准规定发送数据线 TXD 和接收数据线 RXD 均采用 EIA 电平，即传送数字“1”时，传输线上的电平在 −3～−15 V 之间；传送数字“0”时，传输线上的电平在 +3～+15 V 之间。单片机串行接口采用正逻辑的 TTL 电平，这样就存在 TTL 电平与 EIA 电平之间的转换问题。例如，当单片机与 PC 机进行串行通信时，PC 机 COM1 或 COM2 口发送引脚 TXD 信号是 EIA 电平，不能直接与单片机串行接口接收端 RXD 引脚相连；同样，单片机串行接口发送端 TXD 引脚输出信号采用正逻辑的 TTL 电平，也不能直接与 PC 机串行口 COM1 或 COM2 的 RXD 端相连。

RS232C 与 TTL 之间进行电平转换的芯片主要有：传输线发送器 MC1488(把 TTL 电平转成 EIA 电平)、传输线接收器 MC1489(把 EIA 电平转成 TTL 电平)、MAX232 以及 Sipex202/232 系列 RS232 电平转换专用芯片。

传输线发送器 MC1488 含有 4 个门电路发送器，TTL 电平输入，EIA 电平输出；而传输线接收器 MC1489 也含有 4 个接收器，EIA 电平输入，TTL 电平输出。但是，由 MC1488 和 MC1489 构成的 EIA 与 TTL 电平转换器需要 ±12 V 双电源，而单片机应用系统中一般只有 +5 V 电源，如果仅为了实现电平转换增加 ±12 V 电源，会使系统体积大、成本高。MAX232 以及 Sipex202/232 系列芯片集成度高，单 +5 V 电源(内置了电压倍增电路及负电源电路)工作，只需外接 5 个容量为 0.1～1 μF 的小电容就可以完成两路 RS232 与 TTL 电平之间的转换，是单片机应用系统中最常用的 RS232 电平转换芯片，其内部结构及典型应用电路如图 8-15 所示。

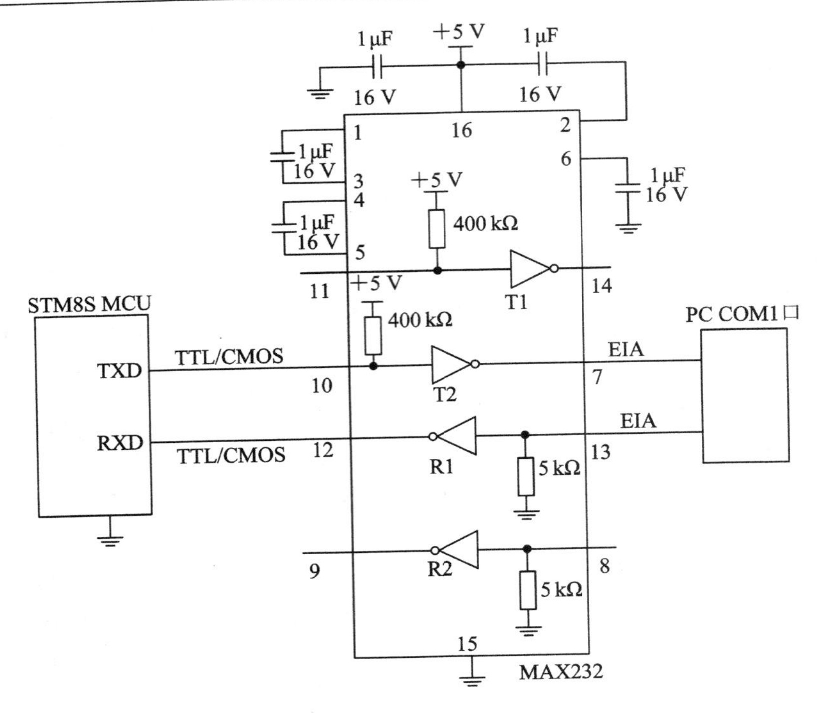


图 8-15　MAX232 电平转换芯片内部结构及应用

## 8.3.4　RS232C 的连接

RS232C 接口联络信号没有严格的定义，通过 RS232C 接口标准通信的两个设备可能只使用其中的一部分联络信号，在极端情况下可能不用联络信号，只通过 TXD、RXD 和 GND 三根连线实现串行通信。此外，联络信号的含义和连接方式也可能因设备种类的不同而有差异。正因如此，通过 RS232C 接口通信的设备可能遇到不兼容的问题。

下面是常见的 RS232C 连接方式。

(1) 两个设备通过 RS232C 标准连接时，可能只需“发送请求”信号 RTS 和“发送允许”信号 CTS 作联络信号，实现串行通信，如图 8-16 所示。

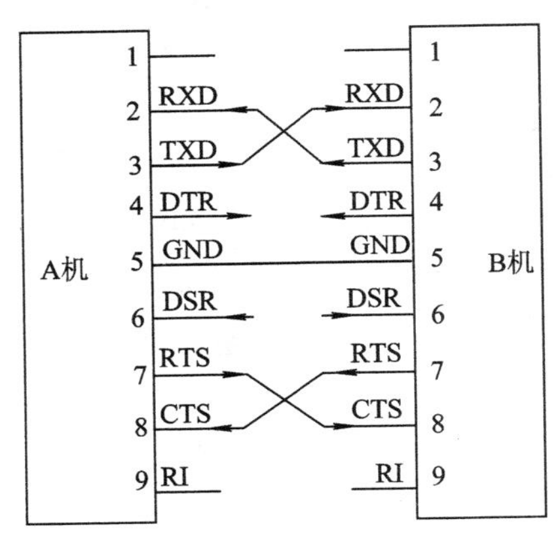


图 8-16　只有 RTS、CTS 联络信号的串行通信

(2) 没有联络信号的串行通信。如果通信双方“协议”好了收发条件(如通信数据量、格式等)，且在规定时间内准备就绪，则可以不用任何联络信号实现串行通信，如图 8-17 所示。

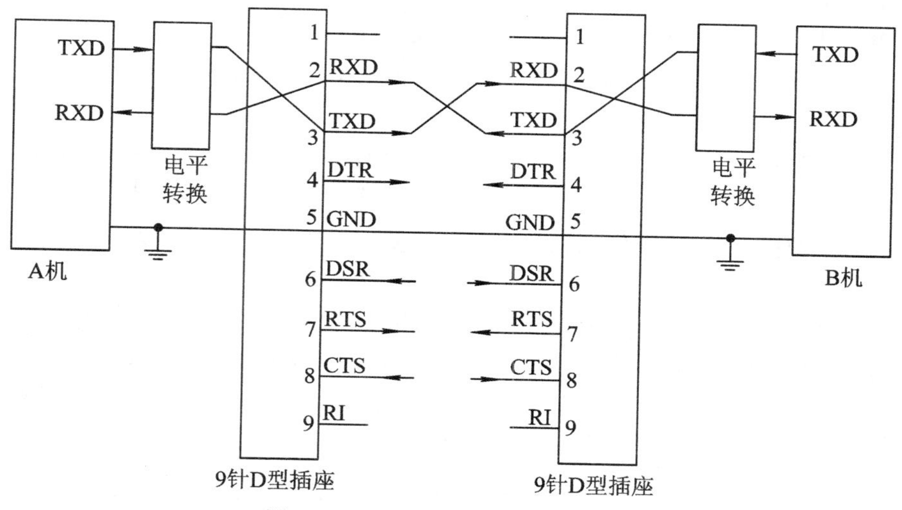


图 8-17　没有联络信号的串行通信

在图 8-17 中，如果通信双方距离很近，如同一个设备内的不同模块或同一个电路板上的两个 CPU，就无须使用电平转换芯片，将对应引脚直接相连即可。

### 8.3.5　通信协议及约定

在单片机应用系统中，由于通信双方彼此之间需要传输的数据量少，常使用没有联络信号的串行通信，只需明确如下的收发条件即可：

(1) 波特率(CPS)。发送、接收双方的波特率必须相同，误差不得超过一定的范围，否则不能正确接收。

(2) 数据位长度(8 位或 9 位)。

(3) 以二进制代码发送还是 ASCII 码形式发送。对于单片机与单片机之间的串行通信来说，以二进制代码发送还是 ASCII 码发送问题都不大。但当单片机与 PC 机串行通信时，以 ASCII 码发送可能更有利于 PC 控件的检测。

(4) 校验有无及校验方式。在串行通信中，除了使用奇偶校验、帧错误侦测等帧内检测方式外，还可能使用其他的检验方式——和校验(往往仅保留和的低 8 位或低 7 位，甚至低 4 位)、某个特征数码的倍数等。有时可能同时使用两种校验方式，以保证通信的可靠性。

(5) 信息帧格式。信息帧包括信息帧起始标志、结束标志、信息帧长度、校验方式及校验信息位置等。通常使用发送信息(命令、数据)中不可能出现的状态编码作为信息帧的起始和结束标志，它也常作为发送信息类别——是数据，还是命令的识别码。

(6) 字节与字节之间的等待时间。在接收方接收了一个字节信息后，往往需要对信息进行判别、存储等初步处理。在没有联络信号的情况下，当通信波特率较高时，发送了一个字节，必须等待特定时间后，才能发送下一个字节，等待时间应略大于接收方处理一个字节所需的最长时间。因此，为提高通信速度，接收中断服务程序执行时间应尽可能短。当然，通过联络信号检测接收设备是否就绪将缩短发送等待时间。例如，在图 8-16 所示串行通信线路中，接收中断有效，将 RTS 置为低电平表示接收方忙，在完成数据处理后，清除 RTS“忙”状态，这样发送方只要检测到接收方非忙就发送。

(7) 正确接收后的确认信号及时间，即发送了数据信息后，必须明确在多长时间内收到应答信号，否则就认为失败。

(8) 出错处理方式。对发送方来说，最常用的出错处理方式是重新发送，即明确发送失败后是否重发以及重发次数等；对接收方来说，常用的出错处理方式包括接收异常后是否要求发送方重发，在什么时候、用什么代码通知发送方等。

(9) 串行中断优先级。

例如，A 机向 B 机发送的信息帧中字节数变化大，如命令信息只有一个字节，而数据信息可能含有多个字节，且长度不确定。为简化 B 机接收程序，可使用命令、数据信息中不可能出现的数码作为信息帧的起始标志和结束标志。这样接收方只要收到帧起始标志字节，即认为是一帧信息的开始；收到结束标志，则认为已完整地接收了一帧信息。

当然，如果发送的信息量少，信息帧长度变化不大，也可不设结束标志，而采用每次固定发送若干字节方式。这样接收方收到帧起始标志后开始计数，当收了指定字节后，就认为已完整地接收了一帧信息。

例如，A 机仅需向 B 机发送少量信息，如一个字节的命令信息或一到两个字节的数据信息，且命令或数据信息中不含 0A2H、0A6H。为简化 B 机接收程序，可协议如下：

每次固定发送 4 个字节。其中，第一个字节为 A2H，是信息帧的起始标志，这样 B 机收到 A2H 时，即认为是信息帧的开始；第二、三个字节为发送的命令或数据；第四个字节高位为 0，低 7 位为第二、三字节之和的低 7 位。对于长度为一个字节的命令或数据，可用无用信息 A6H 或其他信息填充。

对于 B 机来说，如果收到的内容为 A2H，则认为是一帧信息的开始，复位接收计数器。当接收了 4 个字节后，就认为已完整地接收了一帧信息，校验正确后发特征字，如发送 A5H 给 A 机，表明正确接收了 A 机发来的信息。

下面是串行通信中常用的信息帧格式：

[帧首字节标志] + n 个字节信息(数据或命令) + [校验字节(可选)] + [帧尾字节标志](发送信息量不固定)

[帧首字节标志] + [信息长度字节] + n 个字节信息(数据或命令) + [校验字节(可选)](发送信息量不固定)

[帧首字节标志] + n 个字节信息(数据或命令) + [校验字节(可选)](固定长度)

## 8.4　RS422/RS485 总线

RS232 是单片机系统中最常见的串行通信方式接口标准，采用非平衡传输方式，硬件接口简单、成本低廉，但在严重干扰的情况下，误码率较高，可靠性降低。此外，它的最大传输距离也只有 15 m，仅适合低速短距离通信。为此，EIA 制定了一种采用平衡(差分)传输方式，通信距离延长到 1000 m，传输率达到 10 Mb/s 的 RS422/RS485 接口标准。

### 8.4.1　RS422 接口标准

RS422 接口标准的发送器将 TTL 电平的发送信号 $D_I$ 转换为差分(Differential Driver Mode)形式的 A、B 两路信号输出，即 A 路信号与 B 路信号极性相反。当 RS422 接口标准发送器输出信号电位差电平 $U_{AB}$ 在 +1.5～+6 V 之间时，定义为逻辑“1”；当输出信号电位差电平 $U_{AB}$ 在 −6～−1.5 V 之间时，定义为逻辑“0”。

相应地，RS422 标准接口的接收器，将接收到的 A、B 两路差分输入信号还原为 TTL 电平输出信号 $R_O$。对于接收器来说，当输入差分信号电平 $U_{AB}$≥+200 mV 时，输出信号 $R_O$ 为高电平(逻辑“1”)；差分信号电平 $U_{AB}$≤−200 mV 时，输出信号 $R_O$ 为低电平(逻辑“0”)。

可见，RS422 标准是一种采用平衡(差分)传输方式、单机发送多机接收的单向串行通信接口，如图 8-18(a)所示。为了能够实现收发全双工通信方式，需要 4 根传输线形成两对差分信号线，即采用 RS422 接口标准实现甲乙两设备之间数据接收与发送时，至少需要 5 根线(其中 4 根信号线和 1 根地线)，如图 8-18(b)所示。

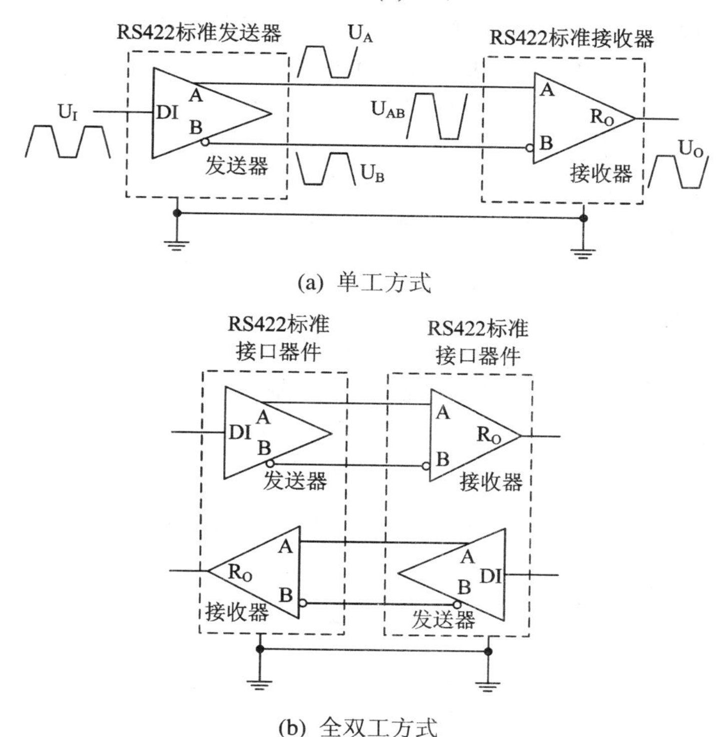


(a) 单工方式

(b) 全双工方式

图 8-18　RS422 接口标准串行通信示意图

发送器 A、B 两输出端电压差电平 $U_{AB}$ 的范围，以及接收器 A、B 两输入端电压差电平 $U_{AB}$ 的范围如图 8-19 所示。

发送器输出信号经双绞线传输到接收器 A、B 两输入端后，将会有不同程度的衰减。衰减幅度与传输线长度、线径(即直流电阻大小)等因素有关，当输入的差分信号 $U_{AB}$ 小于接收器最小输入电压(200 mV)时，接收器就无法识别。因此，尽管 RS422 接口标准最高传输率可达 10 Mb/s，但这时传输线长度就迅速锐减到 1 m 以下。实践表明，当传输线为 1000 m 时，传输率不超过 20 kb/s。

尽管在图 8-18 中将收、发双方的地线连在一起，不过 RS485、RS422 总线采用差分传送方式，并不一定需要将收、发双方的地线连在一起。

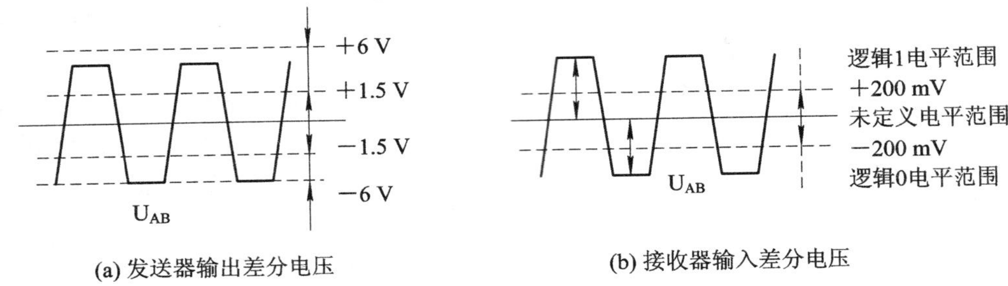


图 8-19　差分输出/输入信号电平范围

## 8.4.2　RS485 标准

采用 RS422 标准实现数据双向传输时，两设备之间至少需要 5 条传输线，这在远距离通信中，成本较高。为此，EIA 于 1983 年在 RS422 基础上制定了 RS485 接口标准，主要增加了多点、双向通信功能，即允许多个发送器连接到同一条总线上，同时增加了发送器的驱动能力和冲突保护功能，并扩展了总线的共模电压范围，后命名为 TIA/EIA-485-A 标准(简称 RS485 标准)。它实际上是 RS422 接口标准的发送器和接收器借助同一对差分信号线分时发送、接收数据，属典型的半双工通信方式。

在 RS485 接口标准中，由于收、发分时使用同一对数据线，因此必须给发送器增加使能控制信号 DE(高电平有效)。当发送控制信号 DE 无效(低电平状态)时，发送器不工作，发送器两差分输出信号线 A、B 处于高阻态。

相应地，为减小功耗，一般也给接收器增设使能控制信号 $\overline{\text{RE}}$ (低电平有效)。当接收控制信号 $\overline{\text{RE}}$ 无效时，接收器不工作，输出信号 $R_O$ 为高阻态，如图 8-20 所示。

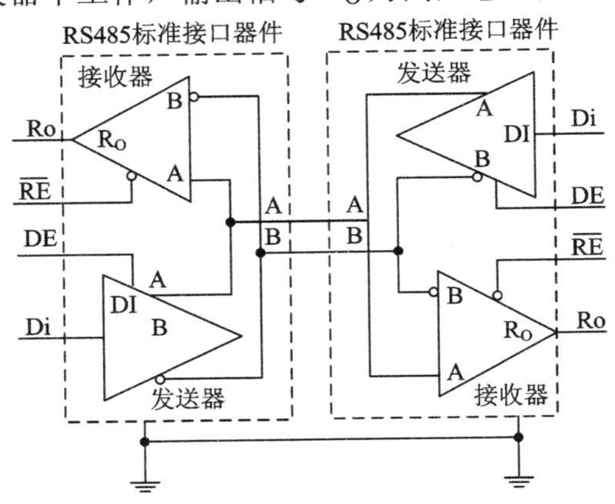


图 8-20　RS485 标准接口连接示意图

## 8.4.3　RS422/RS485 标准性能指标

为便于比较，表 8-6 列出了 RS232、RS422、RS485 三种接口标准的主要性能指标。

表 8-6　RS232、RS422、RS485 接口标准的主要性能指标

| 标　准 | RS232 | RS422 | RS485 |
|---|---|---|---|
| 传输方式 | 非平衡单端 | 平衡双端(差分) | 平衡双端(差分) |
| 节点数 | 1 发 1 收(即点对点) | 1 发 10 收(多点广播方式) | 1 发 32 收(多点广播方式) |
| 最高传输率 | 20 kb/s | 10 Mb/s | 10 Mb/s |
| 通信距离 | 12.7 m | 1000 m | 1000 m |
| 发送器<br>输出信号电平范围 | ±5.0～±15.0 V | ±2.0～±6.0 V | ±1.5～±6.0 V |
| 接收器<br>输入信号电平范围 | ±3.0～±15.0 V<br>逻辑 1(−3.0～−15.0 V)<br>逻辑 0(+3.0～+15.0 V) | ±200 mV～±6.0 V<br>逻辑 1($U_{AB}$≥200 mV)<br>逻辑 0($U_{AB}$≤−200 mV) | ±200 mV～±6.0 V<br>逻辑 1($U_{AB}$≥200 mV)<br>逻辑 0($U_{AB}$≤−200 mV) |
| 发送器负载阻抗 | 3～7 kΩ | 100 Ω | 54 Ω |
| 接收器输入电阻 | 3～7 kΩ | 4 kΩ(最小) | 不小于 12 kΩ |

### 8.4.4 RS485/RS422 标准接口芯片简介

采用 RS485/RS422 接口标准通信时，发送方需要通过专用的接口器件，将待发送的 TTL 电平兼容信号转换为两路差分信号输出；接收方也需要通过专用的接口器件，将差分形式输入的信号转换为 TTL 电平信号。目前 RS485、RS422 电平转换器件生产厂家很多，均采用单一 +5.0 V(或 +3.3 V)电源供电，同一种类型接口器件的引脚大多相互兼容(即一般可相互替换)，差别仅限于 ESD(人体放电保护)功能的有无与强弱、发送器负载能力的大小、最大传输率、电源电压的高低、功耗的大小等参数。

图 8-21 给出了 Sipex 公司的 SP485E 接口器件的内部框图及引脚排列顺序(与工业标准 485 总线接口芯片 75176 兼容)。

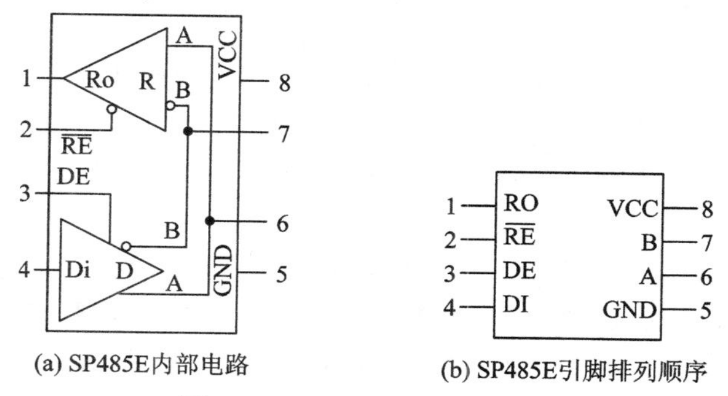


(a) SP485E内部电路　　(b) SP485E引脚排列顺序

图 8-21　RS485 总线接口器件

RS422 接口器件生产厂家很多，对于没有收发使能控制端的 RS422 总线接口芯片(如 Sipex 公司的 SP490E 芯片)，一般采用 DIP-8 或 SOP-8 封装方式，如图 8-22(a)所示；对于带有收发使能控制的 RS422 总线接口芯片(如 Sipex 公司的 SP491E 芯片)，一般采用 DIP-14 或 SOP-14 封装方式，如图 8-22(b)所示。

在图 8-22 中，A 为接收器同相信号输入端，B 为接收器反相信号输入端；Z 为发送器同相信号输出端，Y 为发送器反相信号输出端。

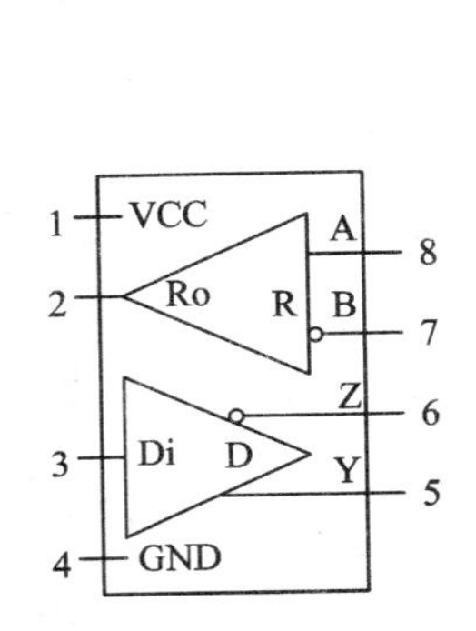


(a) 不带收发控制端的RS422接口芯片

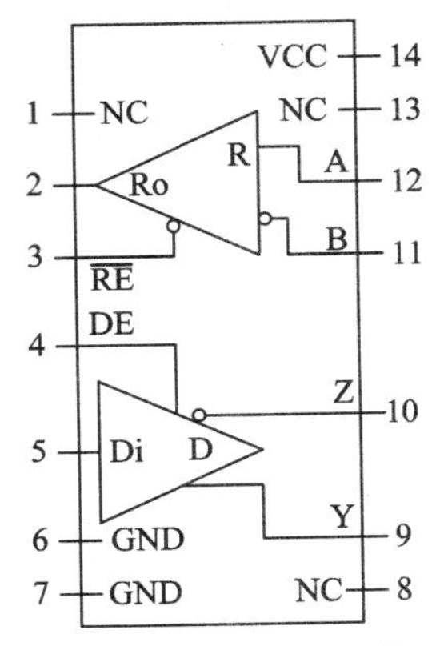


(b) 带收发控制端的RS422接口芯片

图 8-22　RS422 总线接口器件

在低速长距离的串行通信系统中，一般应优先使用 RS485 总线构成半双工通信方式，原因是它仅需要三根连线，一方面布线容易(可利用地线隔离)，可靠性高；另一方面，线材消耗小，成本低。只有在高速短距离通信中，才考虑使用 RS422 总线。

## 8.4.5　RS485/RS422 通信接口实际电路

由 RS485 接口标准器件组成的基本串行通信电路如图 8-23 所示。

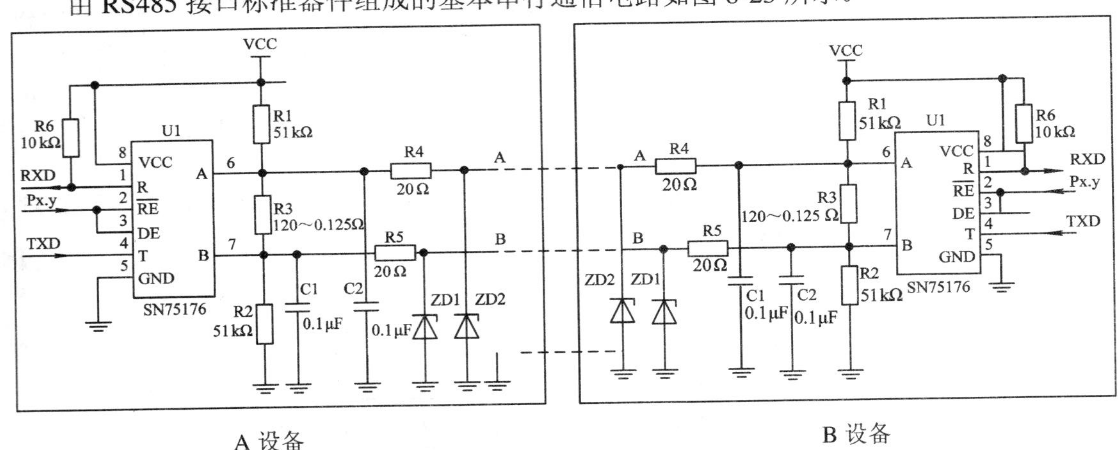


图 8-23　RS485 通信接口基本电路

在图 8-23 中，发送器输入端 T(即 Di)可与 MCU，如 STM8S UART 接口的串行数据发送端 TXD 相连，接收器的输出端可与 MCU UART 接口的串行数据输入端 RXD 相连。由于发送器使能端 DE 与接收器使能端 $\overline{\text{RE}}$ 一般连在一起，由 MCU 的另一个 I/O 引脚控制，当控制信号为高电平时，接收器输出端处于高阻态，因此，对于没有上拉输入的 RXD 引脚，则必须通过 10 kΩ 电阻接电源 VCC，以保证接收器输出为高阻态时，MCU 串行输入引脚电平处于确定的高电平状态。

R3 为终端匹配电阻，其大小原则上与传输线特性阻抗相同。由于双绞线特性阻抗大致为 120 Ω，因此 R3 一般取值为 120 Ω。不过，当通信距离小于 300 m 或通信速率较低(小于 20 kb/s)时，可以不接 R3(其好处是可以减小芯片的功耗)。

电阻 R1、R2 是为了保证在 RS485 总线处于悬空(没有连接)状态时，使 A、B 差分线处于确定的高、低电平状态，避免 RS485 网络瘫痪。

电容 C1、C2，电阻 R4、R5 是为了减小 RS485 总线工作的 EMI(电磁辐射干扰)而设置的，它能有效地减小信号传输过程中的波形上冲、下冲。在 EMI 要求严格时，最好用 100～220 μH 电感代替电阻 R4、R5，而在 EMI 要求不高的应用场合，可以省去电容 C1、C2。

ZD1、ZD2 是 TVS 管。尽管 RS485 总线内部具有一定的过压保护功能，但为了保证接口电路的安全，外接 TVS 管还是必要的。

R6 是上拉电阻，对于可编程为上拉输入方式的 MCU 引脚，可省略。当 RS485 总线通信速率较低且 MCU I/O 资源不够用时，也可以使用一只 PNP 三极管构成简易的收发自动切换电路，如图 8-24 所示。

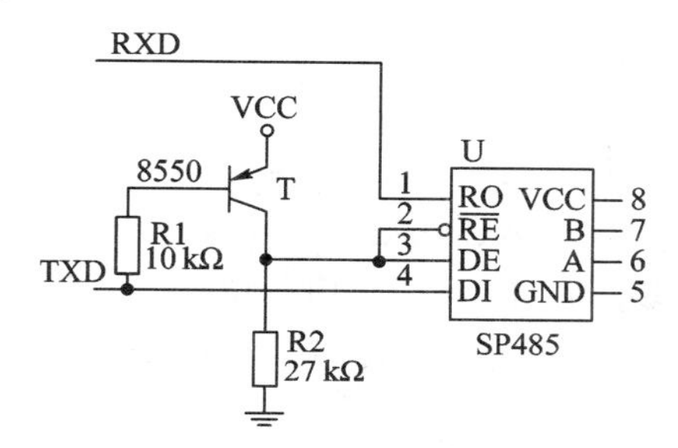


图 8-24　简易收发自动切换电路

当发送端 TXD 为低电平时，T 管饱和，收发控制信号为高电平，发送器处于发送状态；当发送端 TXD 为高电平时，T 管截止，收发控制信号为低电平，发送器内部输出信号处于高阻态，此时连接在 A 引脚的上拉电阻 R1 使差分输出线 A 为高电平、连载在 B 引脚的下拉电阻 R2 使差分输出线 B 为低电平，完成了逻辑电平“1”的发送。当收发控制信号为低电平时，接收器工作，接收器在 TXD 引脚发送逻辑电平“1”期间输出高电平。不过，由于在自动切换过程中，控制管 T 的开和关需要一定的时间，因此该简易自动切换电路不适合用于传输率大于 20 kb/s 的串行通信系统中。

## 8.4.6　避免总线冲突方式

RS485 总线属于“一主多从”半双工通信方式，任何时候系统中最多允许一个总线接口芯片处于发送状态，因此在正常状态下，多采用主机轮流查询方式与各从机通信，避免总线冲突。当 RS485 网络中同时存在两个或以上接口芯片处于发送状态时，网络会面临瘫痪，甚至烧毁 RS485 接口芯片的危险。在由 RS485 构成的多机通信系统中，应根据 MCU 复位期间及复位后 I/O 引脚电平的状态，保证从机上电复位期间及上电复位后处于接收状态(注：可不必关心主机的状态)。RS485 总线接口从机实用的上电抑制电路如图 8-25 所示。图中，上电复位期间，由 R1、C1 构成的 RC 充电电路将与非门输入端钳位在低电平状态，使施密特输入与非门 A 输出高电平，经与非门 B 反相后，收发控制端为低电平，保证了 RS485 总线接口芯片处于接收状态，只要时间常数 R1C1 大于 MCU 上电复位时间即可。图 8-25 中的与非门可以是 74HC132 芯片，也可以是 CD4093 芯片。对于上电复位期间和复位后处于高阻输入状态的 MCU 引脚，R2 不宜省略，以避免复位期间以及复位后与非门输入引脚处于悬空状态。

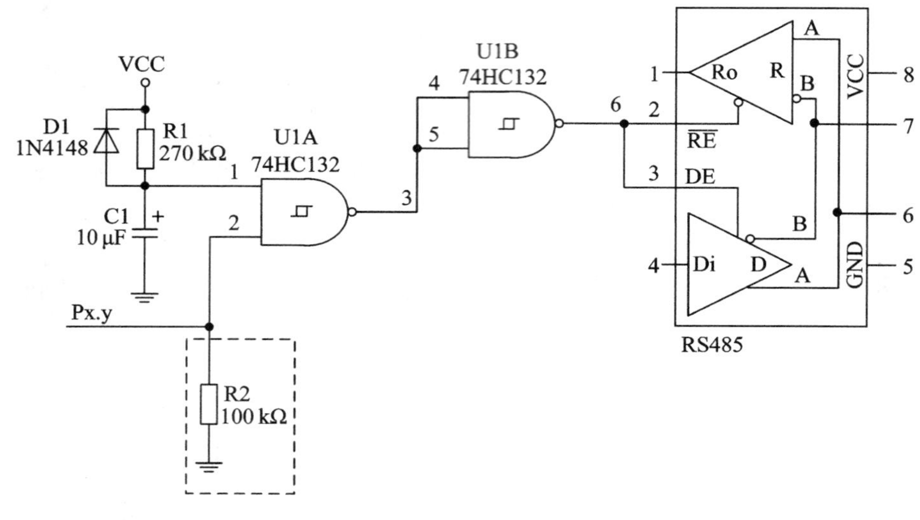


图 8-25　从机上电抑制电路

上电抑制电路形式还很多，例如，对于上电复位期间和复位后处于高电平状态的 MCU 引脚(如 MCS-51 芯片)，也可使用图 8-26(a)、(b)构成简单的上电抑制电路。

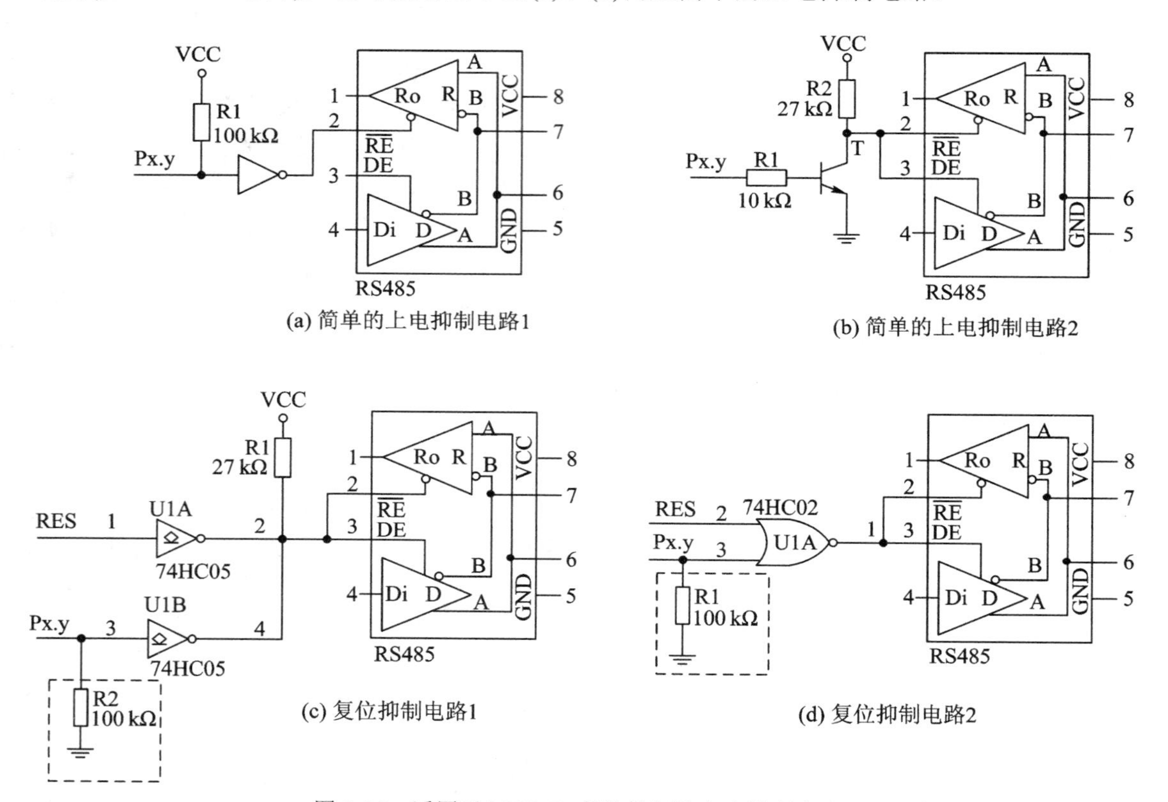


图 8-26　适用于 MCS-51 芯片控制的上电抑制电路

对于上电复位期间和复位后处于高电平状态的 MCU 引脚，如果 MCU 采用高电平复位方式，如 MCS-51，采用图 8-26(c)或(d)所示复位抑制电路更加可靠。

对于复位期间与复位后引脚为高阻输入状态的 MCU(如 STM8、LPC900 系列)，可采用图 8-27 所示的复位抑制电路。

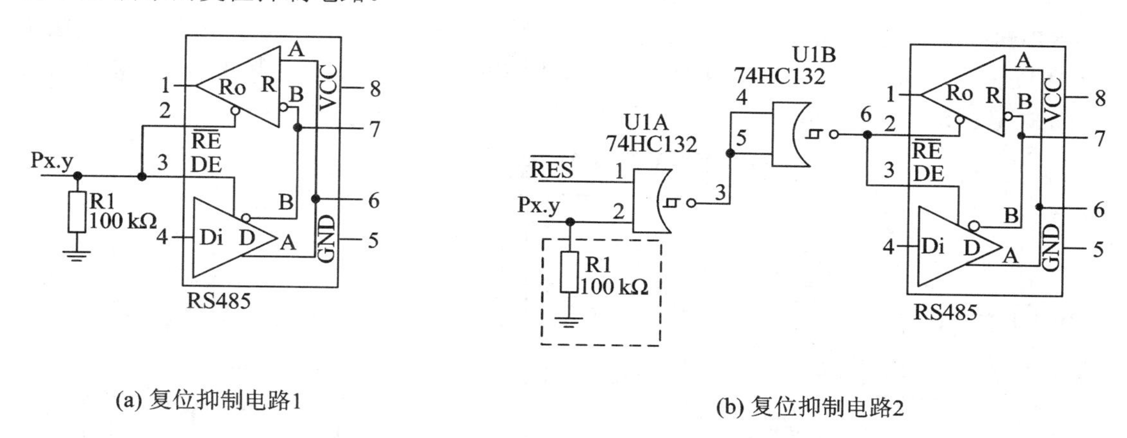


(a) 复位抑制电路1　　(b) 复位抑制电路2

图 8-27　复位期间与复位后 MCU 引脚处于高阻输入状态的复位抑制电路

## 8.5　串行外设总线接口(SPI)

STM8S 系列 MCU 内置了串行外设总线接口 SPI(Serial Peripheral Interface)部件。SPI 是一种高速的串行外设总线接口，采用全双工、同步串行通信方式，其通信协议简单，是单片机应用系统常用的一种串行通信方式之一。

SPI 总线有主、从两种工作模式，使用 MOSI(Master Out/Salve In)引脚、MISO(Master In/Salve Out)引脚、输入/输出同步时钟信号 SCK、从设备选择信号 $\overline{\text{NSS}}$，来完成两个 SPI 接口设备之间的数据传输。

SPI 总线通信过程总是由 SPI 主设备启动与控制，主设备提供了用于串行数据输入/输出的同步时钟信号 SCK，因此对主设备来说，SCK 是输出引脚；对从设备来说，SCK 是输入引脚。当 SPI 主设备通过 MOSI 引脚把数据串行传输到从设备，同时从设备通过 MISO 引脚将数据回送到主设备。显然，MOSI 引脚对主设备是输出，对从设备是输入；而 MISO 引脚对主设备是输入，对从设备是输出。

根据 SPI 总线传输协议，对主设备来说，MISO 引脚总是处于高阻输入状态。当 SPI 总线处于激活状态时，MOSI、SCK 引脚处于互补推挽输出状态；当 SPI 总线空闲时，MOSI、SCK 引脚处于高阻态，防止争夺 SPI 总线。

对于从设备来说，MOSI、SCK 引脚总是处于高阻输入状态。当 SPI 总线处于选中(片选信号输入端 $\overline{\text{NSS}}$ 为低电平时)状态时，MISO 引脚处于互补推挽输出状态；当 SPI 总线处于非选中(片选信号输入端 $\overline{\text{NSS}}$ 为高电平时)状态，MISO 引脚处于高阻态，防止争夺总线。

为保证通信的可靠性，当 SPI 时钟 SCK 频率较高时，输出引脚必须初始化为快速输出模式。在“单主机多从机”SPI 通信系统中，SPI 总线主设备通过控制从机片选信号 $\overline{\text{NSS}}$ 输入端的电平，选中指定的从设备。

## 8.5.1　STM8S 系列芯片 SPI 接口部件结构

STM8S 系列 MCU SPI 总线接口部件的结构如图 8-28 所示。它包括移位寄存器(SHIFT REGISTER)、波特率产生器(BAUD RATE GENERATOR)、主设备控制逻辑(MASTER CONTROL LOGIC)等部分。

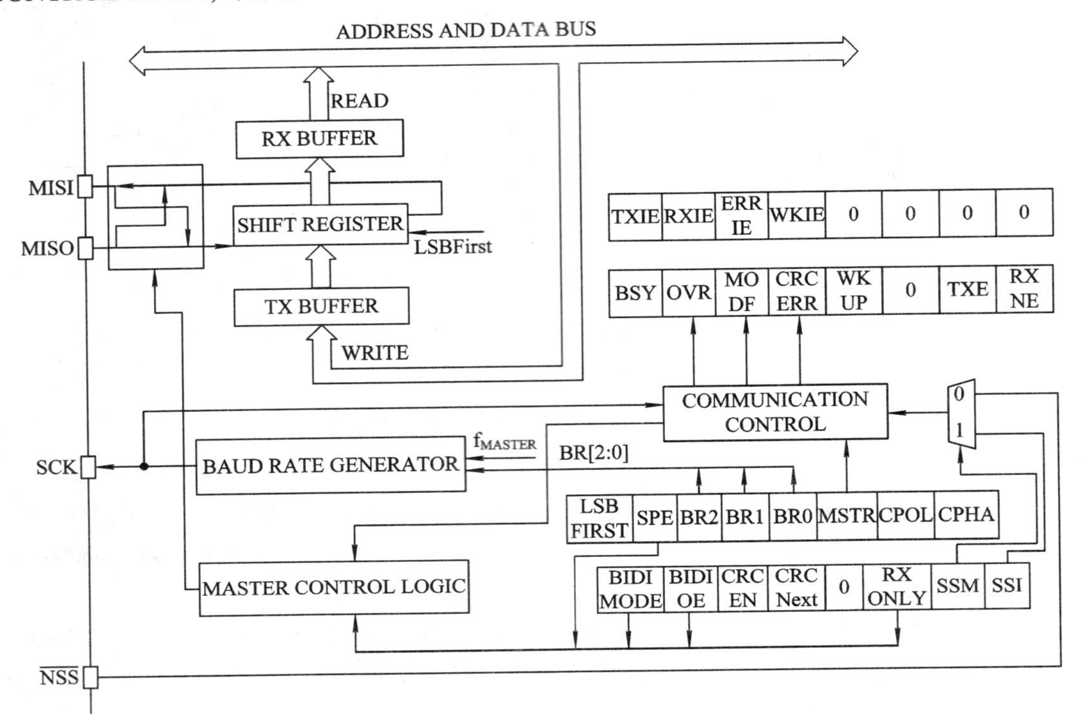


图 8-28　SPI 总线结构

STM8S 系列 MCU SPI 总线接口部件功能很强，除了支持主从设备、时钟速率、时钟极性、时钟相位等方式编程选择外，还具有如下功能：

(1) 主从设备可软件选择。在这种情况下，从设备选择端 $\overline{\text{NSS}}$ (PE5)可作为 GPIO 引脚使用。

(2) 单一数据线的半双工模式与接收模式。

(3) CRC 校验。

## 8.5.2　STM8S 系列芯片 SPI 接口部件功能

### 1. 数据传输时序

数据传输时序由数据传输顺序(LSBFIRST)、时钟极性(CPOL)、时钟相位(CPHA)确定，如图 8-29 所示。

在图 8-29 中，时钟极性 CPOL 确定了 SPI 总线空闲状态下时钟引脚 SCK 的电平状态，当 CPOL 为 0 时，在空闲状态下，SCK 引脚处于低电平；当 CPOL 为 1 时，在空闲状态下，SCK 引脚处于高电平。时钟相位 CPHA 确定了数据传送发生在时钟 SCK 的前沿还是后沿，具体情况如表 8-7 所示。

**表 8-7　CPHA 与 CPOL 不同组合对数据传输时序的影响**

| CPHA(时钟相位) | CPOL(时钟极性) | 数据采样发生在 SCK 时钟 | 空闲时的 MOSI、MISI 引脚 |
|---|---|---|---|
| 0 | 0 | 上升沿 | 数据有效 |
| 0 | 1 | 下降沿 | 数据有效 |
| 1 | 0 | 下降沿 | 数据无效 |
| 1 | 1 | 上升沿 | 数据无效 |

数据传输顺序(LSBFIRST)确定了是先输出低位(LSB)还是高位(MSB)。当 LSBFIRST 位为 0 时，先输出 MSB，如图 8-29 所示；当 LSBFIRST 位为 1 时，先输出 LSB。

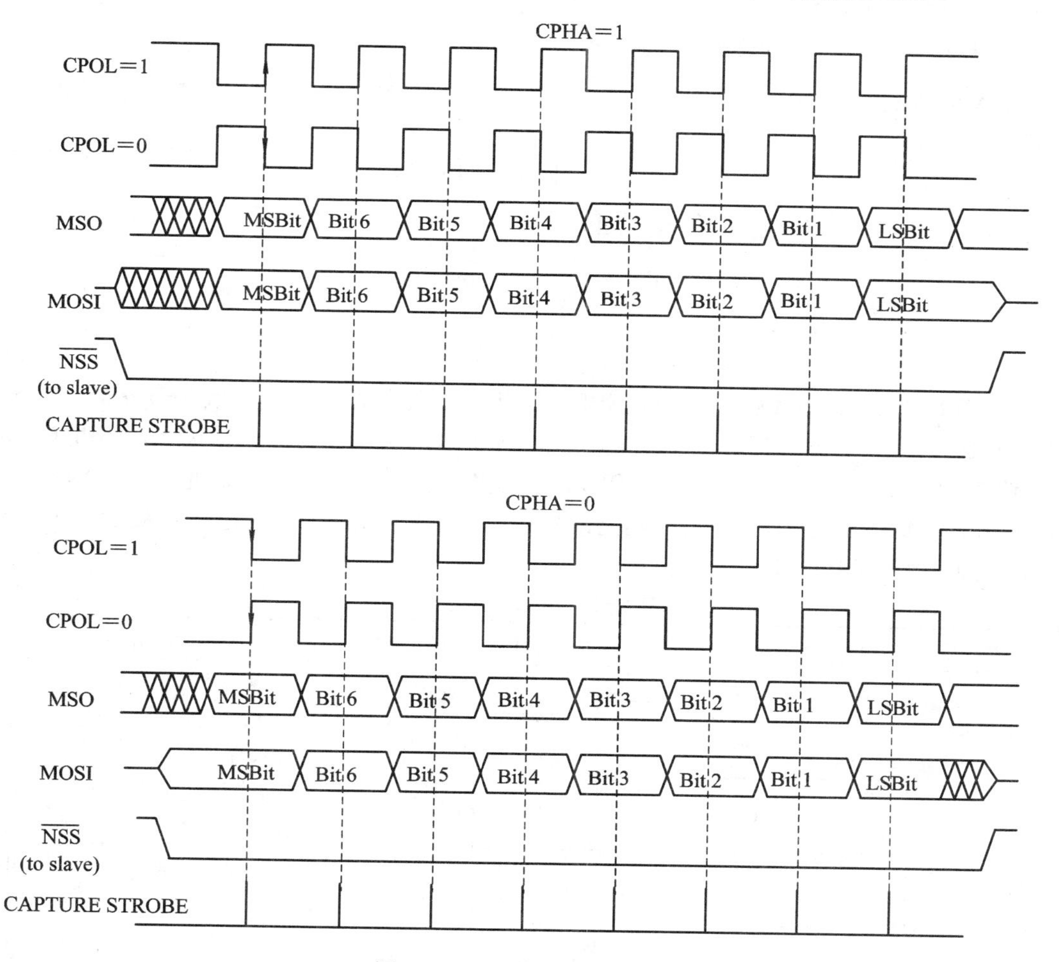


图 8-29　SPI 总线传输时序

为保证数据顺利传输，主从 SPI 设备的数据传输顺序(LSBFIRST)、时钟极性(CPOL)、相位(CPHA)必须一致。

由于 SPI 通信过程由主设备控制，串行移位时钟 SCK 由主设备提供，因此对从设备来说，SPI_CR1 寄存器中的波特率位没有意义。

对从设备来说，必须保证 SPI 总线在空闲状态下 SCK 引脚电平状态与 CPOL 位保持一致。

从图 8-29 所示的 SPI 总线数据传输时序可以看出，SPI 总线抗干扰能力比 UART 串行总线低。若时钟极性 CPOL 定义为 1(即总线空闲时 SCK 为高电平)，则在总线空闲期间，当从设备 $\overline{\text{NSS}}$、SCK 引脚同时受到负脉冲干扰时，从设备会出现误动作——串行移位寄存器通过 MISO 引脚输出一位；而在数据传输(从设备片选信号 $\overline{\text{NSS}}$ 有效)期间，如果 SCK 引脚受到正、负窄脉冲干扰，串行移位寄存器也会多移出一位。因此，SPI 总线仅适用于干扰不严重的高速近距离通信。此外，尽可能地将时钟极性(CPOL)定义为 0(使空闲时 SCK 引脚为低电平)，原因是总线空闲时，从设备选通信号 $\overline{\text{NSS}}$ 为高电平，可有效地避免共模干扰造成从设备误动作。

### 2. 从设备选通信号的硬件/软件选择

STM8S MCU 的 SPI 总线从设备选通信号 $\overline{\text{NSS}}$ 具有硬件、软件两种选择方式，如图 8-30 所示。

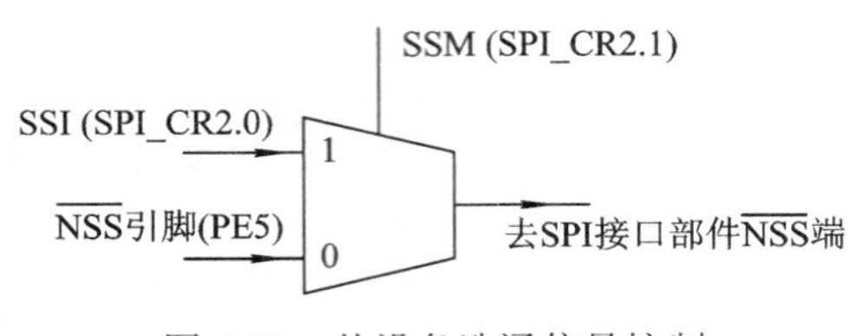


图 8-30　从设备选通信号控制

当 SPI_CR2 的 SSM 位为 0 时，SPI 总线从设备选择信号 $\overline{\text{NSS}}$ 来自 PE5 引脚，即采用硬件选通方式；当 SPI_CR2 的 SSM 为 1 时，SPI 总线从设备选择信号 $\overline{\text{NSS}}$ 由 SPI_CR2 的 SSI 位控制，此时 PE5 引脚可作为 GPIO 引脚使用，具体情况如表 8-8 所示。在 STM8S 系统中，若内部 $\overline{\text{NSS}}$ 无效(高电平)，则无论是主设备还是从设备，SPI 总线均处于禁用状态，输出引脚电平由 GPIO 寄存器定义。

**表 8-8　从设备选通信号**

| 主从属性 | 主从属性控制位 MSTR | SSM 位 | SSI 位 | $\overline{\text{NSS}}$引脚 |
|---|---|---|---|---|
| 主设备 | 1 | 0(硬件选择) | x | 在数据传送过程中，要求 $\overline{\text{NSS}}$ 引脚接高电平或初始化为带上拉的输入方式 |
| 从设备 | 0 | 0(硬件选择) | x | 在数据传送过程中，要求 $\overline{\text{NSS}}$ 引脚接低电平 |
| 主设备 | 1 | 1(软件选择) | 1 | 外部 PE5 引脚可作 GPIO 引脚使用 |
| 从设备 | 0 | 1(软件选择) | 0 | 外部 PE5 引脚可作 GPIO 引脚使用 |

在 STM8S 系统中，采用硬件方式产生主从设备选通信号时，SPI 总线在数据传送过程中，主设备的 $\overline{\text{NSS}}$ 引脚必须处于高电平状态，因此，作为主设备的 SPI 总线的 $\overline{\text{NSS}}$ 引脚一般不能作为 GPIO 引脚使用。此外，当 STM8 内核 MCU 为主设备时，考虑到 STM8 MCU 复位前后

I/O 引脚处于悬空输入状态，为防止从设备误传送，需在主设备的 SCK 引脚外接下拉(时钟相位 CPOL 为 0 时)或上拉电阻 R1(时钟相位 CPOL 为 1 时)；当从设备采用硬件选通方式，出于同样的理由，也需在作为从设备选通信号的 I/O 引脚外接上拉电阻 R2，以确保 STM8 内核 MCU 复位时从设备的 SCK、$\overline{\text{NSS}}$ 两输入信号处于期望的电平状态，如图 8-31 所示。

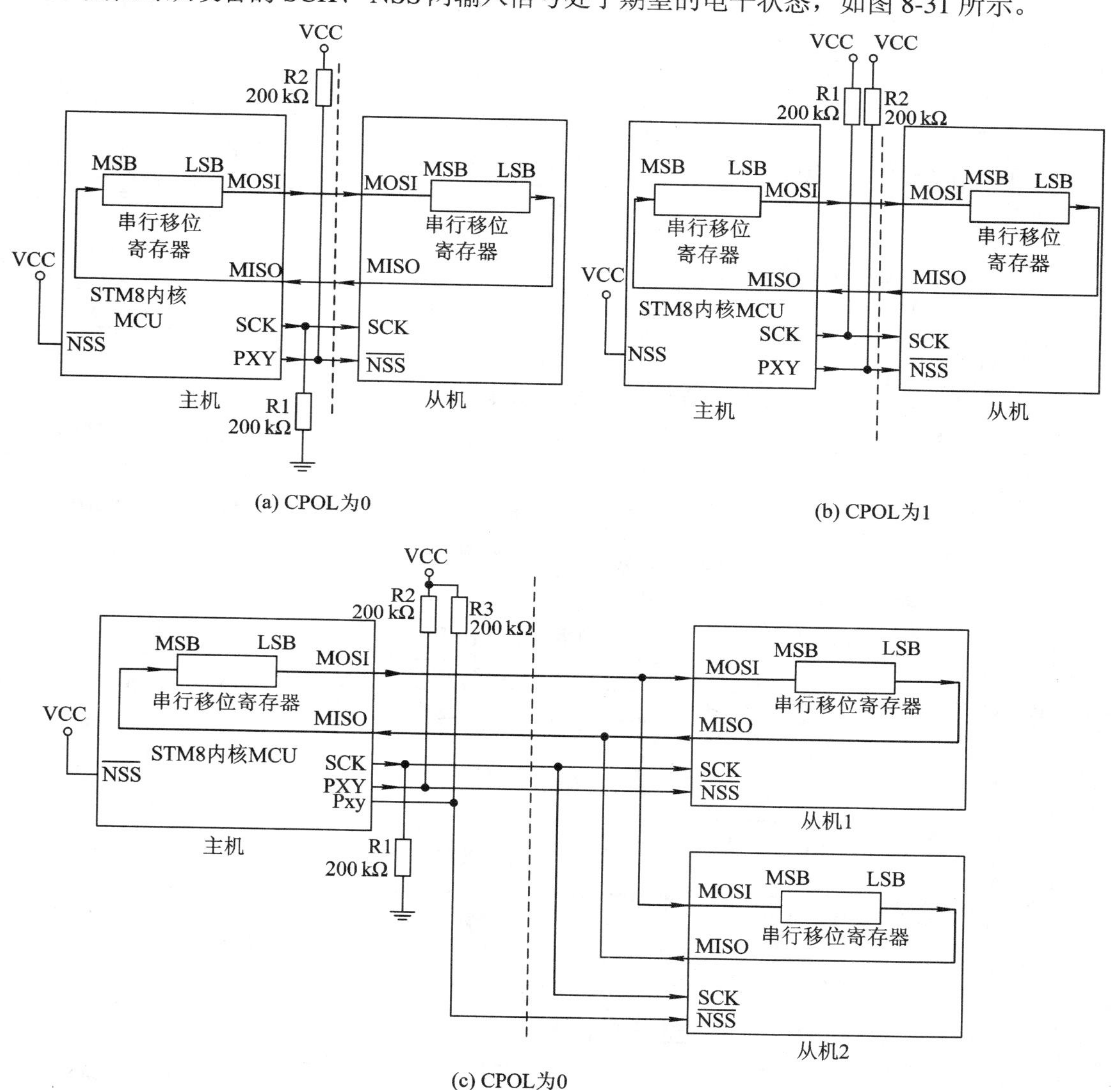


图 8-31　硬件从机选通方式的 SPI 通信系统

从图 8-31 可以看出，在 SPI 通信系统中，主设备与从设备串行移位寄存器通过 MOSI、MISO 引脚首尾相连。

在由 STM8 内核 MCU 内嵌 SPI 接口部件构成的“一主单从”或“一主多从”的 SPI 通信系统中，主设备、从设备均可选择软件从片选通方式，这样可将主、从机的 $\overline{\text{NSS}}$ 引脚均作为 GPIO 引脚使用。在“一主多从”的 SPI 通信系统中，如果从机采用硬件选通方式，如图 8-31(c)所示，依靠从设备 $\overline{\text{NSS}}$ 引脚选定指定从机，任何时候最多只有一个从设备选通信号 $\overline{\text{NSS}}$ 为低电平；如果采用软件选通方式，可利用 RXONLY 控制位，使未选中的从设备仅接收而不发送。

### 3. 数据传输模式

STM8 系列 MCU SPI 总线数据传输模式，由控制寄存器 SPI_CR2 的 BDM(单/双向数据传输模式)、BDOE(双向数据传输模式下输入/输出选择)、RXONLY(输出禁止)三个控制位来控制，如表 8-9 所示。

**表 8-9　数据传输模式**

| BDM<br>(单/双向数据传输模式) | BDOE<br>(双向数据传输模式下输入/输出选择) | RXONLY<br>(输出禁止) | 主设备 | | 从设备 | |
|---|---|---|---|---|---|---|
| | | | MOSI | MISO | MOSI | MISO |
| 0(双线单向) | x | 0(全双工) | O | I | I | O |
| | | 1(只接收) | Z | I | I | Z |
| 1(单线双向) | 0(数据输入) | x | I | Z | Z | I |
| | 1(数据输出) | | O | Z | Z | O |

注：O 表示输出(发送)；I 表示输入(接收)；Z 表示高阻(SPI 总线与该引脚断开)。

(1) 在 BDM = 0, RXONLY = 0 情况下的全双工模式。

这是一般的 SPI 总线通信接口方式，主设备使用 MOSI 引脚发送数据，使用 MISO 引脚接收数据；从设备使用 MISO 引脚发送数据，使用 MOSI 引脚接收数据。

对主设备来说，把数据写入 SPI_DR 寄存器后即刻触发数据发送过程，可通过 BSY(SPI 总线忙)或 TXE(发送缓冲器)判别当前帧是否发送结束。其操作时序如图 8-32 所示。

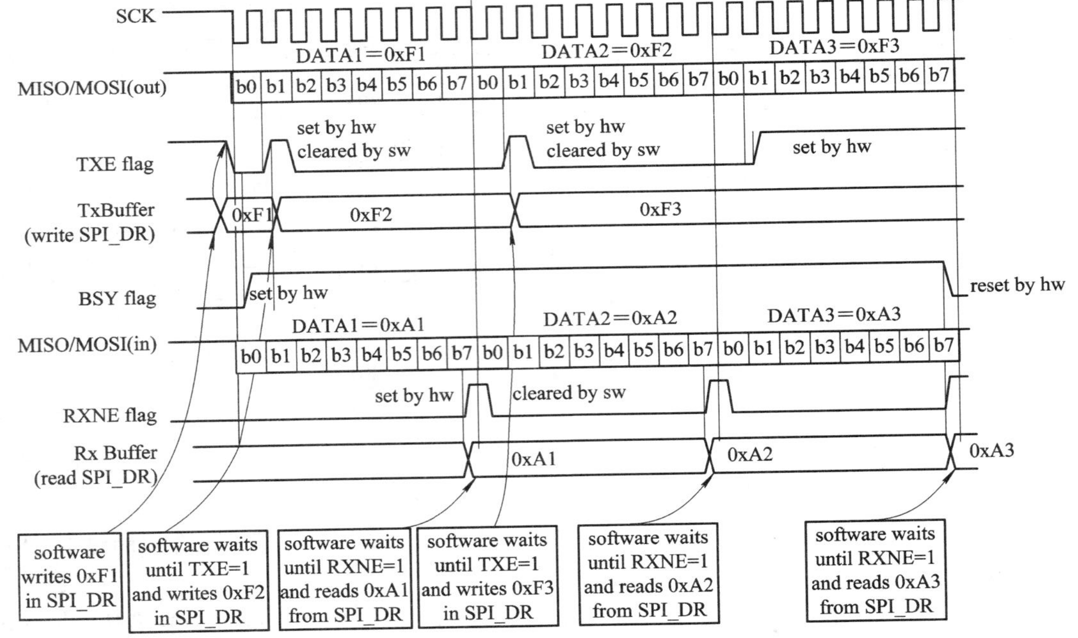


图 8-32　主设备在 BDM=0, RXONLY=0 情况下的时序

对从设备来说，SCK 引脚出现有效时钟边沿时，数据传输过程便开始了，因此一定要在数据传输过程开始前，将回送主设备的数据写入 SPI_DR 寄存器，可通过 RXNE 标志判别接收是否有效。其操作时序如图 8-33 所示。

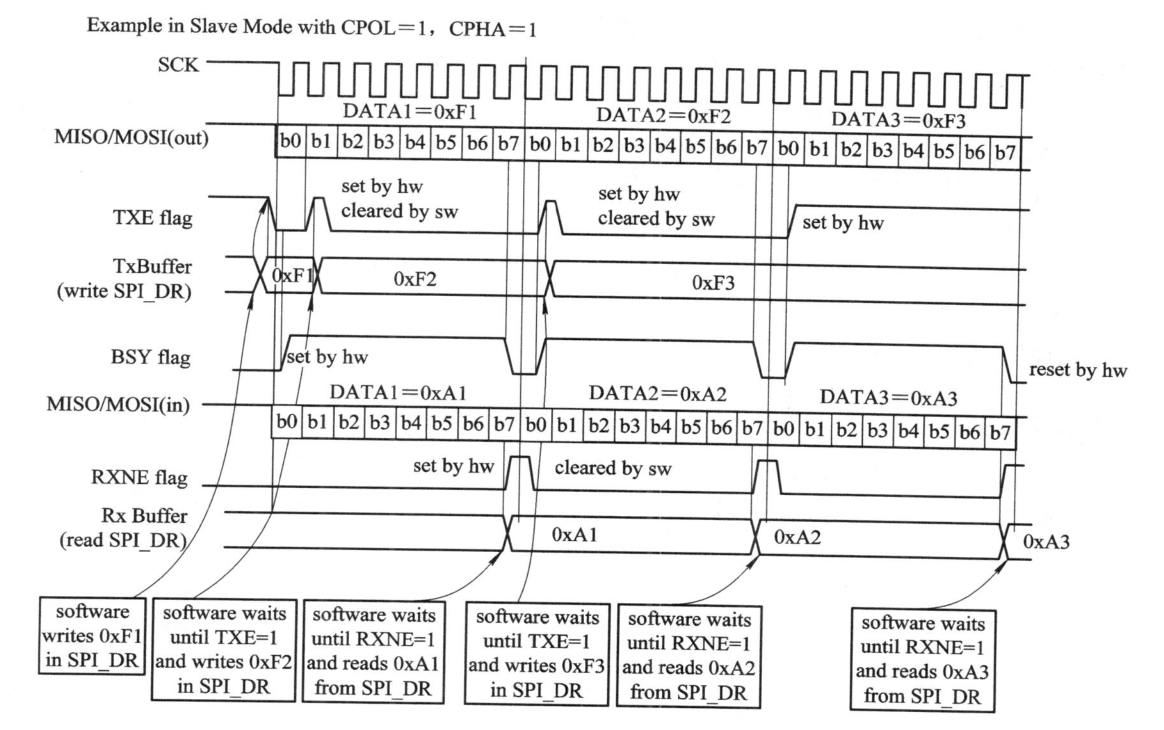


图 8-33　从设备在 BDM=0, RXONLY=0 情况下的时序

(2) 在 BDM=0, RXONLY = 1 情况下的单向接收模式。

在这种模式下，从设备仅接收数据不发送数据。这种模式主要用于软件从设备选通方式的多机通信系统中，如图 8-34 所示。

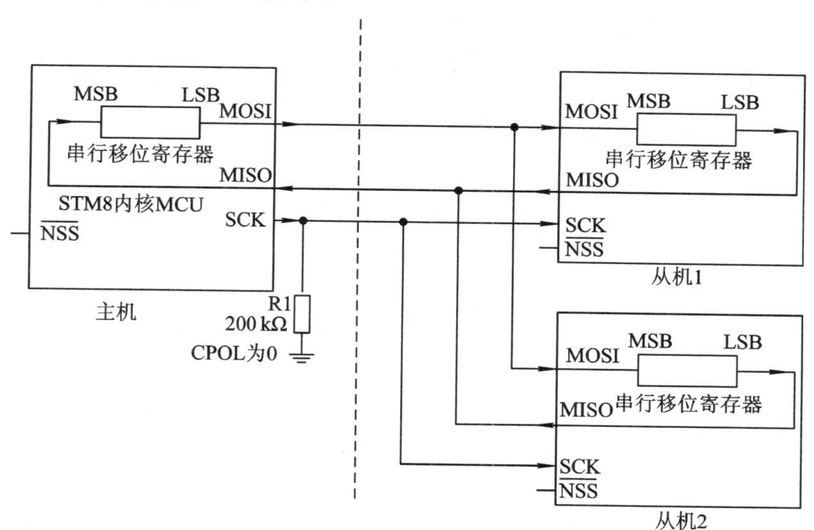


图 8-34　软件从设备选通 SPI 多机通信系统

由于没有从片硬件选通信号，而从机 SPI 总线又总是处于使能状态，因此可利用 RXONLY 信号控制从机 MISO 引脚的状态，避免“线与”形式的从机 MIOS 引脚出现总线争夺现象。

在初始化时让所有从机的 RXONLY 为 1，即所有从机均处于仅接收状态，从机的 MISO 引脚处于高阻状态，不发送数据(从机 MISO 引脚可以初始化为推挽输出状态)。

这种模式的通信过程为：主设备先发送目标从设备地址信息(特征是 MSB 为 1)，从机接收并与本机地址相比较，相同则清除 RXONLY 位，进入全双工方式与主设备通信，接收主设备随后送出的数据信息(特征是 MSB 为 1)。当从机接收完主设备信息后，再将 RXONLY 位置 1。

这种方式的缺点是：未选中的从设备也总是处于接收状态，不断监控接收信息，在一定程序度上降低了从设备 CPU 的利用率，不宜用在具有多个从设备、通信繁忙的 SPI 通信系统中。

(3) 在 BDM = 1 时的单线双向收发模式。

当配置寄存器 SPI_CR2 的 BDM 位控制为 1 时，主设备用 MOSI 引脚输出/输入数据，从设备用 MISO 引脚输入/输出数据。数据传输方向由 SPI_CR2 寄存器的 BDOE 位控制：当 BDOE 位为 1 时，数据输出；反之输入。该模式可以用于两 MCU 之间的通信，如图 8-35(a)所示，由于只有一条数据线，因此只能分时收发，即主机发送(BDOE 为 1)，从机接收(BDOE 为 0)或反过来。该模式特别适合于只接收不发送的某些逻辑电路，如图 8-35(b)所示。

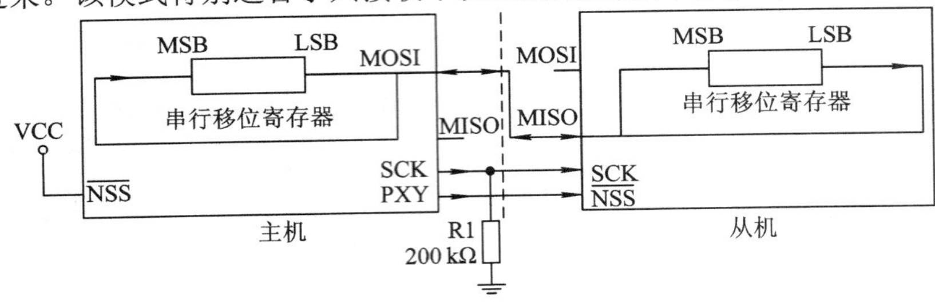


(a) 硬件从机选通方式单线半双工模式

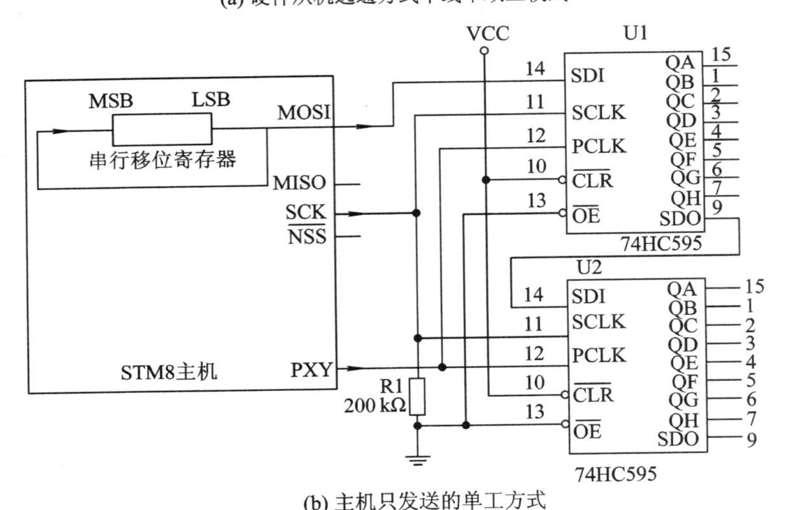


(b) 主机只发送的单工方式

图 8-35　DBM 为 1 的单线半双工模式

## 8.5.3　STM8S 系列芯片 SPI 接口部件的初始化

STM8S 系列芯片 SPI 接口部件的初始化步骤如下：

(1) 初始化与 SPI 总线有关的引脚。为保证空闲状态下，SPI 从设备通信的可靠性，必须初始化 MOSI、MISO、SCK、$\overline{\text{NSS}}$引脚的输入/输出方式，如表 8-10 所示。

表 8-10　与 SPI 总线有关引脚的初始化

| 主从属性 | MOSI 引脚 | MISO 引脚 | SCK 引脚 | 硬件选通模式下 $\overline{\text{NSS}}$ 引脚 |
|---|---|---|---|---|
| 主设备 | 推挽输出(单主机)(根据速率初始化 PC_CR2 寄存器位) | 不带中断的悬空输入 | 推挽输出(SPI 总线未激活时，通过 150～470 kΩ 上拉或下拉电阻使 SCK 引脚电平状态与 CPOL 位保持一致；根据速率初始化 CR2 寄存器位) | 不带中断的上拉输入(不连接)或外接上拉电阻的悬空输入 |
| 从设备 | 不带中断的悬空输入 | 高电平 OD 输出或不带中断的上拉输入① | 当 CPOL 位为 0 时，选择不带中断的悬空输入；<br>当 CPOL 位为 1 时，初始化为不带中断的上拉输入(总线空闲时，由主设备 SCK 引脚电平确定) | 不带中断的上拉输入方式 |

(2) 初始化外设时钟门控寄存器(CLK_PCKENR1)，接通 SPI 接口部件时钟(在 SPI 时钟未接通前，对 SPI 控制寄存器写操作无效)。

(3) 初始化 SPI_CR1 寄存器，选择 SPI 总线的波特率、数据串行传送顺序(即先输出 b0 位还是 b7 位)、时钟极性(CPOL)、相位(CPHA)、主从属性(MSTR)等。

```
MOV SPI_CR1, #x0xxxxxxB          ;在使能 SPI 总线前，选择 SPI 数据传输时序、主从属性
```

由 BR[2:0]控制 SCK 时钟频率，其取值由主时钟频率、SPI 总线最大波特率、SPI 通信线路长短决定。当 SPI 连线较长时，为保证通信可靠性，SCK 频率应适当降低。

(4) 根据主从设备选通信号 $\overline{\text{NSS}}$ 的来源，初始化 SPI_CR2 寄存器的 SSM 位与 SSI 位。

(5) 初始化 SPI_ICR 寄存器，禁止/允许 TXE、RXNE 等中断功能。

对于主设备来说，尤其是 SPI 通信速率较高时，选择查询方式可能更加合理。对于从设备来说，必须选择中断方式，原因是从设备无法预测主设备什么时候会发送数据。

(6) 在“一主多从”SPI 通信系统中，如果从机采用软件选通方式，则须将从机的 RXONLY 位置 1，禁止未选中从机的发送功能。

(7) 完成了所有初始化设置后，将 SPI 总线使能控制位 SPE 置 1。

当 SPI 总线处于使能状态下，对主设备来说，对 SPI 总线数据寄存器进行写入操作(此时发送缓冲寄存器状态位 TXE 被清 0)，启动 SPI 总线的发送过程。当数据寄存器 SPI_DR 的第一位(b0 或 b7，取决于 LSBFIRST 位)出现在 MOSI 引脚时，SPI_DR 寄存器内的数据被并行送入移位寄存器，TXE 位置 1，表示发送缓冲寄存器处于空闲状态，可以向数据寄存器写入新的数据。

当一个字节发送结束后，串行移位寄存器的内容并行送入接收缓冲寄存器(其内容来自从设备)，且 RXNE 位为 1，表明接收缓冲器内的数据有效。对数据寄存器 SPI_DR 读操作时，RXNE 位自动清 0。

在 SPI 通信系统中，对主设备来说，当 TXE 标志位为 1 时，尽管允许将新数据写入

① 在“一主单从”通信系统中，从设备的 MISO 引脚可初始化为推挽输出方式，在传输率较高时，可将 PC_CR2[7]寄存器位初始化为 1，选择高速输出方式。在“一主多从”通信系统中，从设备的 MISO 引脚只能初始化为高电平的 OD 输出方式或不带中断的上拉输入方式，使未选中从机 MISO 引脚具有“线与”功能。由于从机选通信号 $\overline{\text{NSS}}$ 无效或 RXOnly 为 1 时，从机 MISO 引脚电平状态由对应的 GPIO 寄存器定义，因此在多从机通信系统中，当从机 MISO 引脚被初始化为不带中断上拉输入方式时，则在 SPI 通信期间从机 MISO 引脚将处于低速推挽输出状态，可见在多从机通信系统中，通信速率不能超过 2 MHz。

SPI_DR 寄存器(即发送缓冲区)，但发送一个字节后，最好延迟一定时间，以便从设备有时间读取接收到的数据。因为自 SPI 中断有效到中断响应毕竟需要 11 个机器周期的时间，此外判读及处理接收数据、向数据寄存器 SPI_DR 装入新数据也需要一定的时间，所以在 SPI 总线中，主设备往往用 RXNE 或 BSY 标志(而不是用 TXE 标志)判别是否可以向 SPI_DR 寄存器写入新的信息。

主设备查询通信过程如图 8-36 所示。

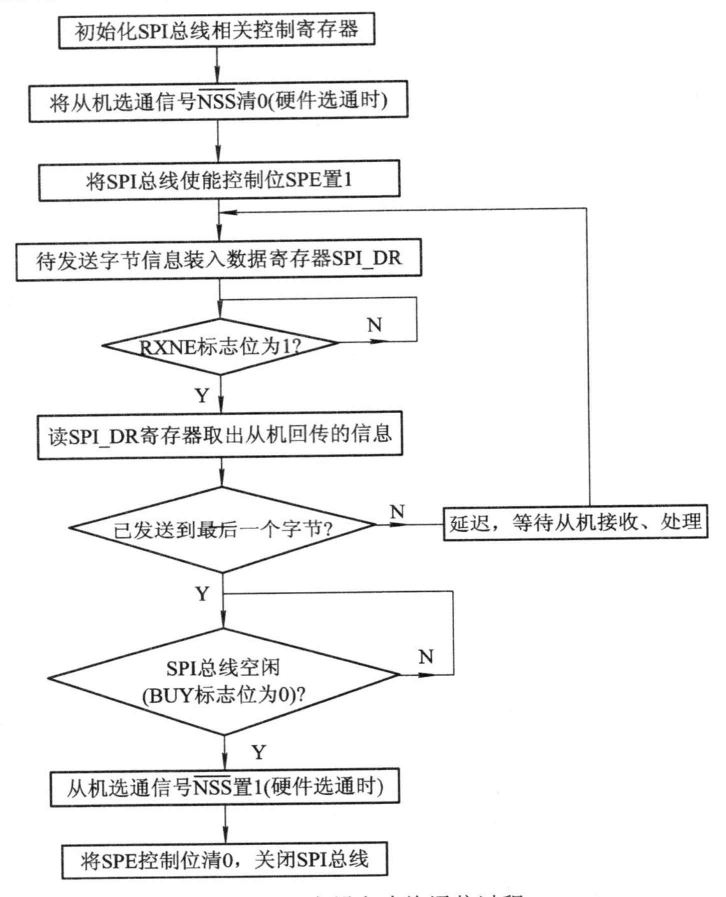


图 8-36　主设备查询通信过程

# 习　题　8

8-1　简述串行通信的种类及特征。

8-2　波特率的含义是什么？当信息帧长度为 11 位时，如果波特率为 2400 波特，则帧发送时间为多少？如果 STM8S CPU 时钟为 16 MHz，则其间可执行多少条单周期指令？

8-3　在 SPI 主设备中，若 SPI 总线速率较高，如波特率为 2 Mb/s，则采用什么方式(中断和查询)确定发送结束更加合理？

8-4　简述 STM8 内核 MCU 的 UART 通信接口信息帧的种类及格式。

8-5　在图 8-31(c)所示 SPI 通信系统中，是否允许两个从设备的选通信号同时为低电平？

# 第 9 章　ADC 转换器及其使用

为方便模拟量的输入和输出，许多 MCU 芯片均带有 1～2 路内含多个通道的逐次逼近型 AD 转换器以及 DA 转换器。其分辨率、转换速度与 MCU 芯片的用途定位有关，多数 8 位 MCU 芯片内嵌 AD 转换器的分辨率为 8～12 位，完成一次转换所需的时间在 2～15 μs 之间；而 32 位 MCU 芯片内嵌的 AD 转换器分辨率在 10～14 位之间，转换时间可达微秒级，甚至亚微秒级。

## 9.1　ADC 转换器概述

STM8S 系列 MCU 带有一路 10 位基于逐次逼近式的 ADC 转换器，最多支持 16 个通道(通道数多少与芯片封装引脚数目有关)。

STM8S207、STM8S208 芯片内置的 ADC 转换器属于功能相对简单的 ADC2 转换器，它最多支持 16 个通道，内部结构如图 9-1 所示。

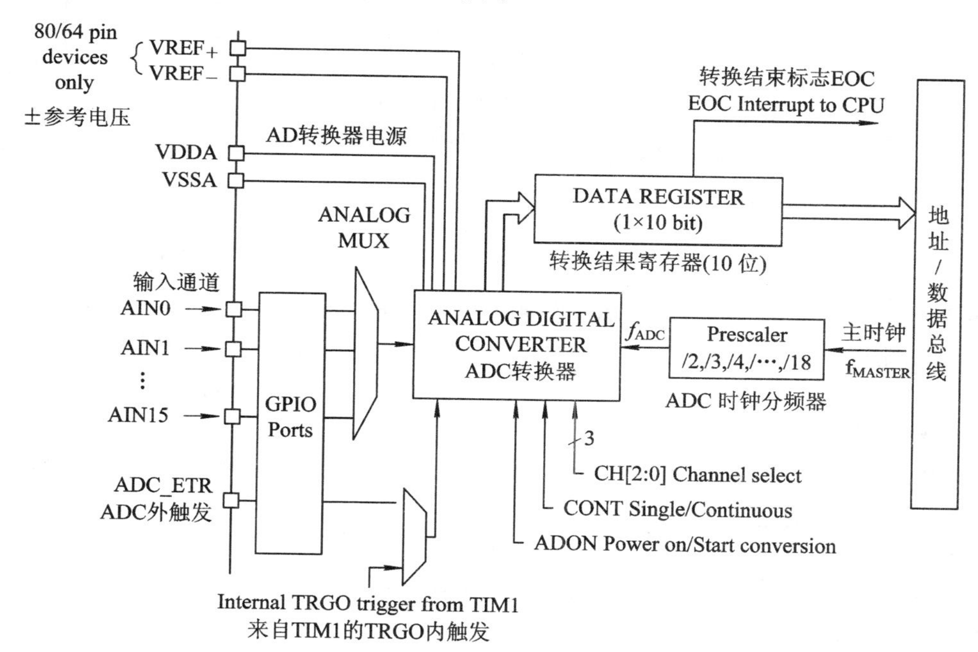


图 9-1　ADC2 内部结构

STM8S103、STM8S105 芯片内置的 ADC 转换器属于 ADC1 转换器，它最多支持 10 个通道，内部结构如图 9-2 所示。

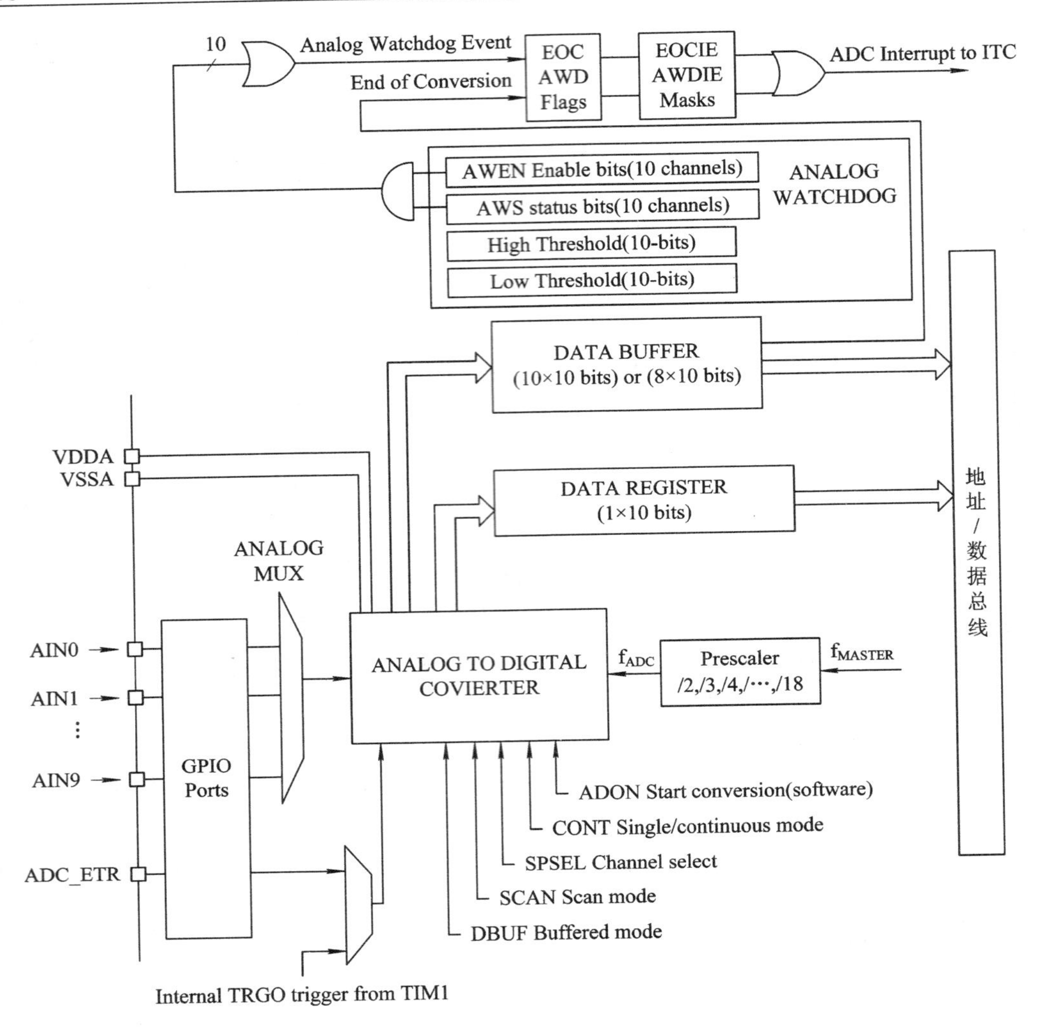


图 9-2　ADC1 内部结构

相对于 ADC2 转换器来说，ADC1 转换器的功能有所扩展，增加了转换结果上、下限检测报警功能(所谓的硬件 AD 看门狗功能，当 AD 转换结果超出设定的上值和下限值时，给出报警)。另外，除了具有单次、连续转换方式外，它还支持带缓冲的连续方式、单次扫描以及连续扫描三种工作方式。

STM8L151、STM8L152 系列芯片内嵌一路 12 位最多 25 个通道的 AD 转换器(转换时间为 1 μs)和一个单通道的 12 位 DA 转换器，功能更强。

## 9.2　ADC 转换器功能选择

### 9.2.1　分辨率与转换精度

STM8S 系列 ADC 转换器分辨率为 10 位，转换结果存放在两个 8 位寄存器中，可按

10位分辨率使用(数据右对齐，即高2位在ADC_DRH中、低8位在ADC_DRL中)，也可以按8位分辨率使用(数据左对齐，即高8位在ADC_DRH中、低2位在ADC_DRL中，并忽略转换结果的b1、b0位)。

在48及其以下引脚封装的STM8S芯片中，参考电平 $VREF_{+}$、$VREF_{-}$ 在内部分别与VDDA、VSSA直接相连，量化分辨率

$$1LSB=\frac{VDDA-VSSA}{1024} \quad (当 VREF_{+}=VDDA，VREF_{-}=VSSA)$$

固定，仅与电源VDDA有关。

在64、80引脚封装的STM8S芯片中，参考电平 $VREF_{+}$、$VREF_{-}$ 单独引出，量化分辨率

$$1LSB=\frac{VREF_{+}-VREF_{-}}{1024}$$

当需要进一步提高量化分辨率时，可使能内部模拟放大器：适当减小 $VREF_{+}$ (最小值为2.75 V)，或升高 $VREF_{-}$ (最大值为0.5 V)。例如，当 $VREF_{+}=VDDA=5.0\ V$，$VREF_{-}=VSSA=0$ 时，量化分辨率约为4.88 mV；而当 $VREF_{+}$ 接到3.0 V精密稳定参考电源，$VREF_{-}=VSSA=0$ 时，分辨率为 $\frac{VREF_{+}-VREF_{-}}{1024}=\frac{3}{1024}\approx 2.93\ mV$。

当采用8位分辨率(这时 $VREF_{+}$ 一般接VDDA，$VREF_{-}$ 接VSSA)时，量化分辨率

$$1LSB=\frac{VREF_{+}-VREF_{-}}{256}=\frac{VDDA-VSSA}{256}$$

当电源VDDA = 5.0 V时，量化分辨率1LSB为19.5 mV。

### 9.2.2　转换方式选择

STM8S系列ADC1、ADC2均支持单次、连续两种转换方式。此外，ADC1还支持带缓存的连续、单次或连续扫描方式。不同的转换方式与转换结果存放位置如表9-1所示(其中阴影部分为ADC1、ADC2共有特性)。

**表9-1　转 换 方 式**

| 转换方式选择位 | | | 转换方式 | 转换结果存放位置 |
|---|---|---|---|---|
| CONT (ADC_CR1[1]) | SCAN (ADC_CR2[1]) | DBUF (ADC_CR3[7]) | | |
| 0 | 0 | 0 | 单次 | ADC_DR (ADC_DRH/ADC_DRL) |
| 1 | 0 | 0 | 连续 | |
| 1 | 0 | 1 | 带缓存的连续 | ADC_DBxR |
| 0 | 1 | x | 单次扫描 | |
| 1 | 1 | x | 连续扫描 | |

(1) 由于ADC2没有SCAN、DBUF控制位，因此ADC2只有单次、连续两种工作方式。

(2) 在连续方式下，可将CONT位清0(强制选择单次)或将ADON位清0(关闭AD转

换器电源)方式退出连续转换方式。

(3) 由于 ADC 外设功耗较大($I_{DDA}$ 电流为 1000 μA 左右)，在 AD 转换结束后处于空闲状态时，最好将 ADON 位清 0，关闭 AD 转换器。

### 1. 单次转换方式

在单次转换方式中，转换结束(即 EOC 位由 0 变 1)后，转换器处于停止状态，如图 9-3(a)所示。

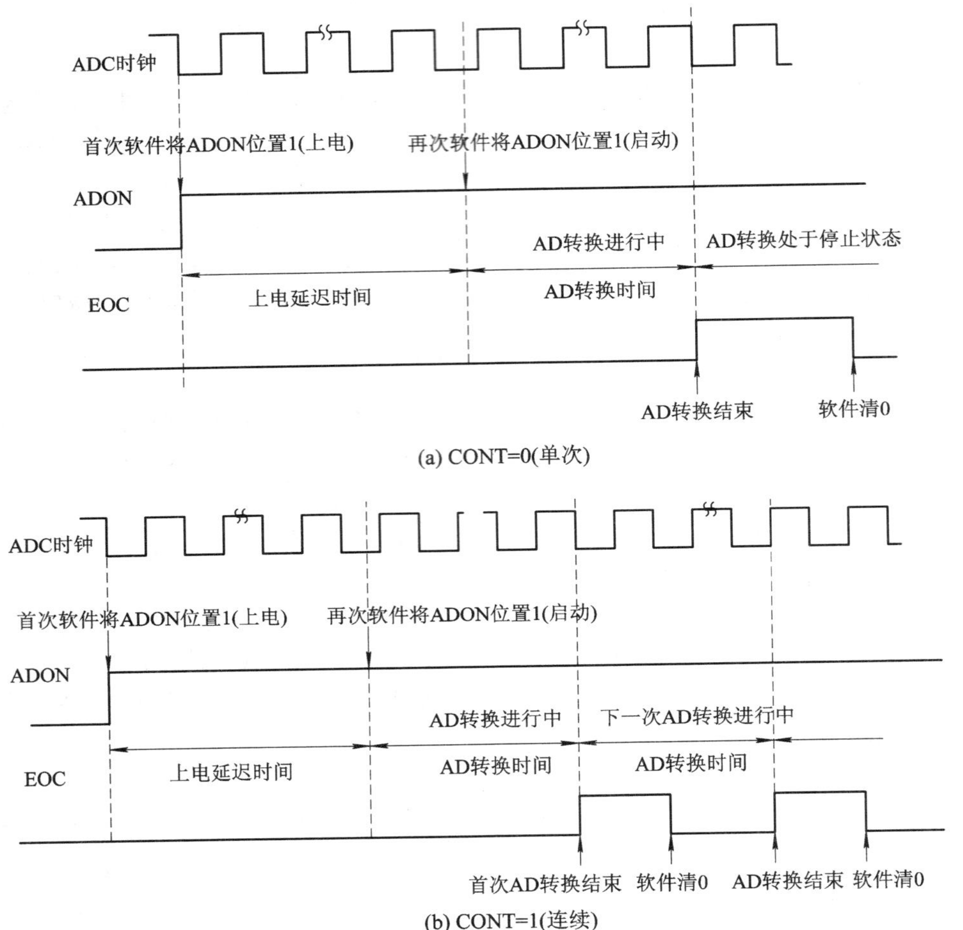


图 9-3　单次与连续转换时序

单次转换适用于对多个通道轮流进行转换。软件触发单次转换操作流程为：将 ADON 位置 1，给 ADC 上电→等待 ADC 稳定→设置通道号→再将 ADON 位置 1(软件触发)，启动 AD 转换→等待 AD 转换结束→读本通道 AD 转换结果，清除 EOC 标志→设置新的通道号→将 ADON 位置 1，触发下一轮 AD 转换进程。在完成了所有指定通道的转换后，必要时可将 ADON 位清 0，关闭 ADC 电源，减小系统功耗。

### 2. 连续转换方式

在连续转换方式中，上一次转换结束(即 EOC 位由 0 变 1)后，即刻启动下一次的 AD 转换(如图 9-3(b)所示)，相邻两次转换之间没有停顿，直到将 ADON 位清 0(关闭 AD 转换器电源)或将 CONT 位清 0(转入单次转换)，待本次转换结束后为止。当然，在连续方式中，必须在当前转换结束前读取上一次的转换结果，并清除转换结束标志 EOC，否则会出现数据覆盖(没有提示标志)。

显然，连续转换方式适合于对同一个通道进行连续多次 AD 转换的操作。

### 3. ADC1 支持的三种转换方式

#### 1) 带缓冲的连续方式

在 CONT 为 1 的情况下，当 ADC_CR3 寄存器的 DBUF 位为 1 时，ADC1 转换器工作在带缓冲的连续方式中，缓存的大小为 8 个(即 16 字节)或 10 个(即 20 字节)16 位寄存器。该方式与不带缓冲的连续方式区别在于：每一次 AD 转换结束后转换结果依次保存到 ADC_DBxRH(高位字节)和 ADC_DBxRL(低位字节)中(数据存放方式由 ADC_CR2 的 ALIGN 位定义)，而不是 ADC_DRH 与 ADC_DRL。当缓存满(即已连续进行了 8 次或 10 次转换)时，转换结束标志 EOC 有效。当 EOC 有效时，必须立即读走缓存中的数据，否则会出现数据覆盖。此时 ADC_CR3 寄存器中的 OVR 标志有效，提示出现了数据覆盖现象。

利用带缓冲连续转换方式，可自动对同一个通道进行连续 8 次或 10 次的 AD 转换操作。

#### 2) 单次扫描方式

在 CONT 为 0 的情况下，当 ADC_CR2 寄存器的 SCAN 位为 1 时，ADC1 转换器工作在单次扫描方式。在该方式中，触发后从 0 通道开始，在完成了上一个通道转换后，自动切换到下一个通道，转换结果依次存放到 DC_DBxRH(高位字节)和 ADC_DBxRL(低位字节)中(数据存放方式由 ADC_CR2 的 ALIGN 位定义)。当最后一个通道转换结束后，EOC 标志有效，并停止转换。这种方式与单次转换类似，只是无须人工切换通道，适合于对所有通道进行一次 AD 转换的情况。

单次扫描方式操作过程如下：在 AD 转换器上电情况下，触发转换→等待 AD 转换结束(EOC 有效)→从缓冲器中读各通道转换结果→清除 EOC 标志。

从单次扫描方式中不难理解缓存的大小为 8 个或 10 个 16 位寄存器的原因，因此 STM8S105、STM8S103 芯片最多封装引脚为 48 脚，AD 转换器通道数为 10 个。

#### 3) 连续扫描方式

在 CONT 为 1 的情况下，当 ADC_CR2 寄存器的 SCAN 位为 1 时，ADC1 转换器工作在连续扫描方式。它与单次扫描方式类似，在最后一个通道转换结束后，AD 转换器不停止，又自动从 0 号通道开始进行新一轮 AD 转换。如此往复，直到 CONT 为 0(将在下一轮的最后一个通道转换结束后停止)或 ADON 为 0(立即停止)。

在连续扫描方式中，当 EOC 标志有效(表示完成了一轮 AD 转换)时，必须立即读取 AD 转换的结果，并清除 EOC 标志，避免数据覆盖。此时 ADC_CR3 寄存器中的 OVR 标志有效，提示出现了数据覆盖现象。

在连续扫描转换方式中，避免使用“BRES ADC_CSR, #7”指令清除 EOC 标志，原因是该指令属于读改写指令，会改变通道号。可用 MOV 指令对 ADC_CSR 寄存器直接写入，在清除 EOC 的同时从 0 通道开始转换。这实际上与单次扫描方式没有本质上的区别，完全可采用单次扫描方式代替连续扫描方式：在完成单次扫描转换结果处理、清除 EOC 标志后，再通过软件触发——执行“BSET ADC_CR1, #0”指令，启动新一轮 AD 转换，获得连续扫描的效果。

### 9.2.3 转换速度设置

转换速度与 ADC 时钟 $f_{ADC}$ 有关：$f_{ADC}$ 由主时钟 $f_{MASTER}$ 分频产生，$f_{ADC}$ 最高频率为 4 MHz(VDDA 为 3.3 V)或 6 MHz(VDDA 为 5.0 V)。STM8S 完成一次 AD 转换需要 14 个 ADC 时钟(其中采样保持需要 3 个 ADC 时钟，而 10 位分辨率逐次逼近型 AD 转换需要 11 个时钟周期)，因此最短转换时间为 14 × 1/(4 MHz)周期，即 3.5 μs。

可根据输入模拟信号的频率、转换速度选择 ADC 时钟频率 $f_{ADC}$。

### 9.2.4 触发方式

ADC 转换触发方式有：软件触发、TIM1 触发以及 ADC_ETR(来自 PC0 引脚或 PD3 第二复用功能引脚)。

所谓软件触发方式是指在 ADON 位为 1 且至少延迟了一个 $T_{STAB}$ 的情况下，再次将 ADON 位置 1。

## 9.3 ADC 转换器初始化过程举例

在确保 ADC 转换器处于关闭(ADC_CR1 寄存器的 ADON 位为 0)状态下，可按下述步骤初始化 ADC 转换器。

(1) 初始化 ADC 控制/状态寄存器(ADC_CSR)，选定通道号 CH[3:0],以及转换结束检测方式(即设置转换结束中断控制 EOCIE 位的值)。采用中断方式还是查询方式由 ADC 转换时间(即由 ADC 时钟频率、转换方式)、CPU 时钟决定。例如，在单次、连续转换方式中，如果 ADC 时钟频率很高，完成一次 AD 转换所需时间很短，而 CPU 时钟频率不是很高，这时采用查询等待方式可能更合理，原因是中断响应、返回均需要 11 个机器周期。在扫描方式中，如果 AD 转换时钟频率较低，而 CPU 时钟频率较高，则采用中断方式可能更加合理。

(2) 初始化 ADC 配置寄存器 1(ADC_CR1)，选择相应的时钟分频系数 SPSEL [2:0]。STM8S 内置的 ADC 转换器转换时钟 $f_{ADC}$ 由主时钟 $f_{MASTER}$ 分频获得。对 STM8S207、STM8S208 芯片来说，最高频率为 4 MHz；对 STM8S103、STM8S105 芯片来说，最高频率为 6 MHz。因此，应根据主频率 $f_{MASTER}$ 的大小、转换速度高低，选择合适的分频系数 SPSEL [2:0]。

(3) 初始化 ADC 配置寄存器 2(ADC_CR2)，禁止/允许外部触发(即 b6，EXTTRIG)，选择外部触发，确定数据对齐(即 b3，ALIGN)方式(左对齐还是右对齐)。当 ALIGN = 0 时，选择左对齐方式，转换结果的高 8 位(b9～b2)在 ADC_DRH 中，低 2 位(b1、b0)在 ADC_DRL 的 b1、b0 位中，这适合 8 位分辨率的情况(先读高位字节，后读低位字节)。当 ALIGN = 1 时，选择右对齐方式，转换结果的高 2 位(b9、b8)在 ADC_DRH 的 b1、b0 位中，低 8 位(b7～b0)在 ADC_DRL 中，这适合 10 位分辨率的情况(先读低位字节，后读高位字节)。

(4) 初始化模拟信号输入引脚(采用不带中断的悬空输入方式)。

(5) 初始化 ADC 施密特触发器禁止寄存器高位(ADC_TDRH)、低位(ADC_TDRL)禁止模拟引脚的施密特触发功能(1 表示禁止，0 表示允许)，减少功耗。

(6) 将 ADON 位置 1，给 ADC 转换器加电。一旦 ADC 转换器的 ADON 位为 1，对应引脚就与 AD 转换器相连，不能再作为 GPIO 引脚使用。

至此，ADC 转换器已处于准备就绪状态，根据选定的触发方式，启动 ADC 转换器。

## 9.4　提高 ADC 转换精度与转换的可靠性

为获得精确、可靠的转换结果，在使用 AD 转换器时，可采用下述措施。

### 1. 模拟电源 VDDA 与 VSSA 的选择及滤波

当 VDD 稳定性很高或对 AD 转换结果精度要求不高时，一般均将 VDDA 与 VDD、VSSA 与 VSS 直接相连。这种方式虽然简单，但潜在风险是电源 VDD 波动、寄生在 VDD 上的高频噪音会影响 AD 转换结果。因此，在精度要求较高情况下，可在 VDD 与 VDDA 之间增加 LC 低通滤波(或将 VDDA 接到另一精密稳定独立电源上，与 VDD 分开)，如图 9-4 所示。

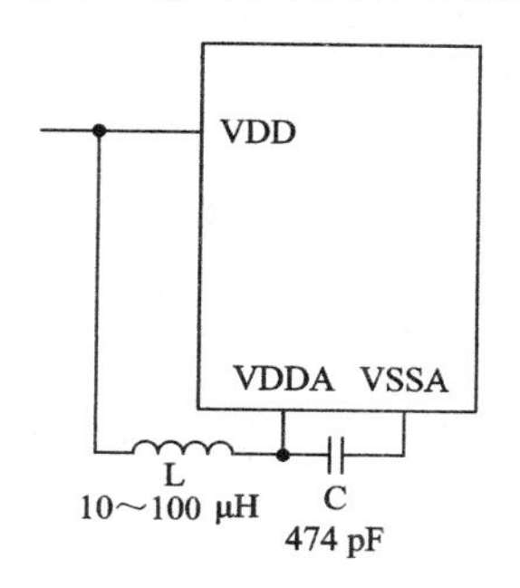


图 9-4　在 VDD 与 VDDA 增加 LC 滤波

当电源 VDD 纹波不大时，电感 L 可用 0 Ω 磁珠，甚至 0 Ω 电阻代替。

### 2. 模拟信号经 RC 低通滤波接 AD 输入引脚

根据被测量模拟信号 $V_{AIN}$ 频率、采样率(每秒转换次数)，依据采样定理，在输入引脚增加一个参数选择适当的 RC 低通滤波器(如图 9-5 所示)，滤除输入信号中的高频干扰信号。

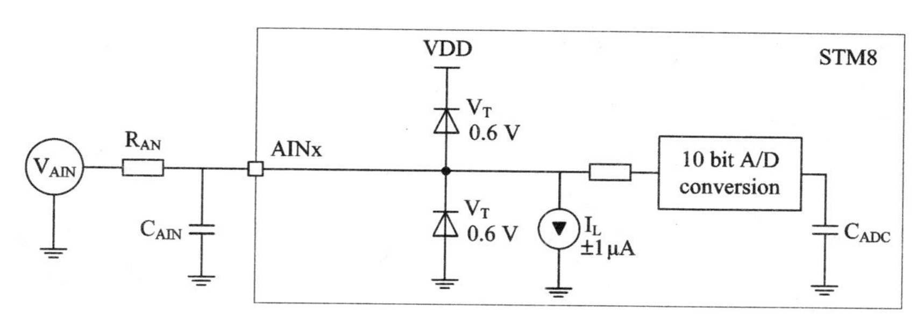


图 9-5　在输入引脚增加 RC 低通滤波器

输入信号 $V_{AIN}$ 的取值必须在两个参考电平值之间，否则精度无法保证，甚至获得错误的结果。模拟输入引脚必须初始化为不带中断的悬空输入方式，避免上拉电阻电流对转换结果的影响。

### 3. 参考电平的选择

对于 64 或 80 引脚封装的芯片，参考电平 $VREF_+$、$VREF_-$ 单独引出。为提高精度，可将 $VREF_+$ 接到精密、稳定的参考电源上(为降低系统复杂度，$VREF_-$ 一般与 VSSA 相连)。

对单一或少量设备，可用数字电压表测量 $VREF_+$ 与 $VREF_-$ 的差作为校正依据；对于大批量设备，逐一测量 $VREF_+$ 与 $VREF_-$ 的差值工作量大，只能将 $VREF_+$ 接到精密、稳定(温度系数低、纹波电压小)的参考电源上，如图 9-6 所示。一方面 AD 转换器正参考电压 $VREF_+$ 稳定性得到了提高；另一方面可充分利用精密参考电压输出特性设置 AD 转换器正参考电压 $VREF_+$ 的值，发挥模拟放大器的功能，进一步提高 AD 转换器的分辨率。

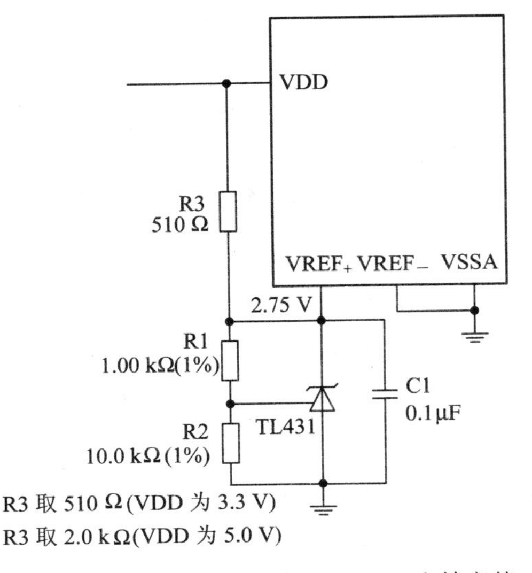


图 9-6 AD 转换器参考电压 $VREF_+$ 由精密基准电源提供

此外，还可以考虑使用 9.5 节介绍的软件滤波方式，进一步提高 AD 转换结果的真实性。

## 9.5 软 件 滤 波

软件滤波是硬件滤波的必要补充，主要针对 AD 转换后的数据进行处理，消除采集数据过程中可能存在的随机干扰，使结果更加真实可信。软件滤波灵活性大、可靠性高、频带宽(硬件滤波电路受 RLC 元件参数的限制，下限频率不可能太低)、成本低廉，因此在单片机应用系统中得到了广泛应用。

### 9.5.1 算术平均滤波法

算术平均滤波法，是对连续采样的 n 个值 $x_i$ (i = 1～n)求算术平均 $\left(\sum_{i=1}^{n} x_i\right)/n$ 。采用该方法可使 AD 转换结果的信噪比提高 $\sqrt{n}$ 倍。为方便 MCU 程序处理，采样点个数 n 一般按 2 的幂次选取，如 2、4、8、16 等，以便利用右移位指令，如 SRLW 指令实现和的平均。

**例 9-1** 假设 8 个 AD 转换数据(10 位)顺序存放在以 AD_DATA 为首地址的 RAM 单元中，求算术平均。

计算算术平均的程序段如下：

```
CLRW X                        ; 清除和单元
ADDW X, {AD_DATA+0}           ; 参与和运算的单元不多，不必用循环程序结构
ADDW X, {AD_DATA+2}           ; 每个转换结果不超过 3FFH，在和运算时不可能产生进位
```

```
ADDW X, {AD_DATA+4}
ADDW X, {AD_DATA+6}
ADDW X, {AD_DATA+8}
ADDW X, {AD_DATA+10}
ADDW X, {AD_DATA+12}
ADDW X, {AD_DATA+14}
SRLW X
SRLW X
SRLW X                          ；直接右移 3 次，实现除 8 运算
；结果在寄存器 X 中
```

### 9.5.2　滑动平均滤波法

在算术平均滤波法中，每计算一次数据需要 N 个采样数据，实时性差，尤其是在采样速度较慢(小于 10 个每秒)时，更不适用。

为此，可采用滑动平均滤波法：将 N 个采样数据排成一个队列，用最新采样数据代替队列中最先采样数据。这样队列中始终有 N 个数据，对这 N 个数据求算术平均作为滤波输出结果。

在实际编程时，为提高响应速度，并不是移动数据，而是设置一个指针，每次将新数据放入队列前，指针加 1，然后将数据放入指针对应的位置。

滑动平均计算方法与算术平均类似。

### 9.5.3　中值法

当采样数据中存在尖脉冲干扰时，采用算术平均和滑动平均滤波效果不好。例如，对 8 个采样结果进行算术平均，假设正确的采样结果应该为 40，其中有一次采样结果受负脉冲干扰，结果为 0，则平均后的结果为 35，相对误差达到了 12.5%。

为此，可采用中值法：即连续采样 n 个值 $x_0$、$x_1$、$x_2$、$x_3$、…、$x_{n-1}$，去掉其中的最大值、最小值后，对于剩余的 $n-2$ 个采样值再进行算术平均，就可以消除正、负尖脉冲对结果的影响。

在 MCU 应用系统中，为便于利用右移位指令(如 SRL 指令)求和的平均，采样点个数 n 一般取 $2^n+2$，如 4、6、10 等。

### 9.5.4　数字滤波

#### 1. 一阶低通滤波

一阶 RC 低通滤波器网络如图 9-7 所示，其输入、输出之间满足

$$RC\frac{du_o}{dt}+u_o=u_i$$

$$RC\frac{u_{on}-u_{o(n-1)}}{\Delta t}+u_{on}=u_{in}$$

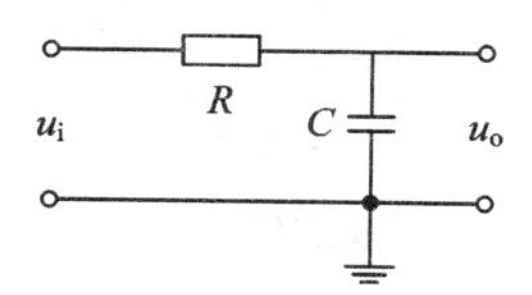

图 9-7　一阶 RC 低通滤波器

整理后，得

$$u_{on}=\frac{1}{1+\frac{RC}{\Delta t}}u_{in}+\frac{\frac{RC}{\Delta t}}{1+\frac{RC}{\Delta t}}u_{o(n-1)}$$

令 $\alpha=\frac{1}{1+\frac{RC}{\Delta t}}$，而 $\beta=\frac{\frac{RC}{\Delta t}}{1+\frac{RC}{\Delta t}}=1-\alpha$，则

$$u_{on}=\alpha\times u_{in}+\beta\times u_{o(n-1)}=\alpha\times u_{in}+u_{o(n-1)}-\alpha\times u_{o(n-1)}$$

由于 $\frac{RC}{\Delta t}>0$，很显然 $\alpha<1$。$\alpha$ 越大，$1-\alpha$ 就越小，当前采样值 $u_{in}$ 对滤波输出 $u_{on}$ 的贡献越大，即一阶低通滤波实质上是加权平均滤波。一阶低通滤波器截止频率为

$$f_0=\frac{1}{2\pi RC}=\frac{\alpha}{2\pi\Delta t(1-\alpha)}$$

可见，截止频率 $f_0$ 与加权系数 $\alpha$、采样间隔 $\Delta t$ (采样频率的倒数)有关。在采样间隔 $\Delta t$ 一定的情况下，$\alpha$ 越大，意味着等效滤波参数 RC 越小，截止频率 $f_0$ 越大；在加权系数 $\alpha$ 一定的情况下，选择不同的采样间隔 $\Delta t$，就能获得不同的截止频率 $f_0$。

在 MCU 应用系统中，为了计算方便，$\alpha$ 一般取 1/2、1/4、1/8、1/16 等参数。

在一阶低通数字滤波中，仅需要存储滤波器输出信号 $u_{o(n-1)}$ (存储资源开销小)，这是因为在计算下一个采样值 $u_{in}$ 对应的输出信号 $u_{on}$ 时，需要用到上一个时刻的输出信号 $u_{o(n-1)}$。

**例 9-2** 假设 8 位 AD 转换结果(滤波输入)存放在 R00、R01 中，一阶低通滤波输出存放在 R02、R03 单元中，$\alpha$ 取 1/16。

参考程序段如下：

```
LV1_PASS:
    LDW X,R02          ; 取前一个时刻，即 uo(n-1)
    SRLW X
    SRLW X
    SRLW X
    SRLW X             ; 左移 4 次，实现/16 操作，XH 为整数部分，XL 为小数部分
    LDW R04, X         ; 暂时保存到 R04、R05 存储单元中
    LDW X, R02
    SUBW X, R04        ; 计算 uo(n-1) • αuo(n-1)
    LDW R04, X         ; 暂时保存到 R04、R05 存储单元中
    LDW X, R00
    SRLW X
    SRLW X
    SRLW X
```

```
    SRLW X              ；计算 α×u_in
    ADDW X, R04
    LDW R02, X          ；保存滤波输出结果 u_on
  RET
```

可见当 $\alpha$ 取 $1/2^n$ 时，能利用移位指令实现除法运算，一次滤波运算处理耗时少，如例 9-2 仅需 32 个机器周期。

可以证明，当 $\alpha$ 取 1/16 时，对于从 0 跳变到满幅(即 255)的阶跃输入信号，经过 137 次滤波处理后，输出 $u_{on}$ 才达到满幅(即 255)。当采样率为 10 ms(对应的截止频率为 1 Hz)时，大约经过 1.37 s 后才能获得正确的结果。

为提高响应速度，对慢信号来说，可用

(1)“$u_{in}-u_{o(n-1)}$大于给定值”进行判别，其中的给定值往往就是转换器的分辨率(即 1)。即当 $u_{in}-u_{o(n-1)}>1$ 时，取 $u_{on}=u_{in}$；只有当 $u_{in}-u_{o(n-1)}\leqslant 1$ 时，才需要计算。但这种方法不能滤除随机强干扰信号，在工业控制中不宜采用。

(2) 过采样技术。采样定时时间到连续进行多次(如 8、16)采样，这样既能克服系统反映慢的问题，又能对随机强干扰信号也有较强的抑制作用，广泛应用于工业控制。

**例 9-3**　假设 10 位 AD 转换结果(滤波输入)存放在 R00、R01、R02 中，一阶低通滤波输出存放在 R03、R04、R05 单元中，为滤除 100 Hz 以上交流干扰信号，采样频率取 500 Hz(采样间隔为 2 ms)。

当 $\alpha$ 取 1/4 时，截止频率 $f_0$ 约为 26 Hz，小于 100 Hz，参考程序段如下：

```
    LDW X,R03
    LD A, R05
    SRLW X              ；右移一次
    RRC A               ；把 C 移到十分位，实现了除 2 操作
    SRLW X              ；再右移一次
    RRC A               ；把 C 移到十分位，实现了除 4 操作
    LDW R06, X          ；暂时保存到 R06、R07、R08 中
    LD R08, A

    LD A, R05
    SUB A, R08
    LD R08, A
    LD A, R04
    SBC A, R07
    LD R07, A
    LD A, R03
    SBC A, R06
    LD R06, A

    LDW X, R00
```

```
LD A, R02
SRLW X                ; 右移一次
RRC A                 ; 把 C 移到十分位，实现了除 2 操作
SRLW X                ; 再右移一次
RRC A                 ; 把 C 移到十分位，实现了除 4 操作

ADD A, R08
LD R05, A
LD A, XL
ADC A, R07
LD R04, A
LD A, XH
ADC A, R06
LD R03, A
```

**2. 一阶高通滤波**

一阶 RC 高通滤波器网络如图 9-8 所示，其输入、输出之间满足

$$\frac{\mathrm{d}u_{\mathrm{o}}}{\mathrm{d}t}+\frac{1}{RC}u_{\mathrm{o}}=\frac{\mathrm{d}u_{\mathrm{i}}}{\mathrm{d}t}$$

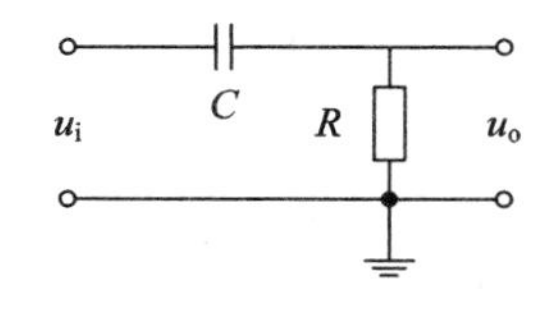


图 9-8　一阶 RC 高通滤波器

两边积分

$$u_{\mathrm{i}}=\frac{1}{RC}\int u_{\mathrm{o}}\mathrm{d}t+u_{\mathrm{o}}$$

$$u_{\mathrm{in}}=\frac{\Delta t}{RC}\frac{u_{\mathrm{on}}+u_{\mathrm{o(n-1)}}}{2}+u_{\mathrm{on}}$$

当 $\Delta t$ 很小时，有

$$\int u_{\mathrm{o}}\mathrm{d}t\approx\frac{u_{\mathrm{on}}+u_{\mathrm{o(n-1)}}}{2}\Delta t$$

整理后，得

$$u_{\mathrm{on}}=\frac{1}{1+\frac{\Delta t}{2RC}}u_{\mathrm{in}}-\frac{\frac{\Delta t}{2RC}}{1+\frac{\Delta t}{2RC}}u_{\mathrm{o(n-1)}}=\alpha\times u_{\mathrm{in}}-\beta\times u_{\mathrm{o(n-1)}}=u_{\mathrm{in}}-\beta\times u_{\mathrm{in}}-\beta\times u_{\mathrm{o(n-1)}}$$

其中

$$\alpha=\frac{1}{1+\frac{\Delta t}{2RC}}=\frac{\frac{2RC}{\Delta t}}{1+\frac{2RC}{\Delta t}}，\quad\beta=\frac{\frac{\Delta t}{2RC}}{1+\frac{\Delta t}{2RC}}=\frac{1}{1+\frac{2RC}{\Delta t}}=1-\alpha$$

当 $\Delta t$ 一定时，RC 越大，说明 $1-\alpha$ 越小，即 $\alpha$ 越大，当前采样值对滤波器输出的贡献就越大。为方便计算，$1-\alpha$ 一般取 1/2、1/4、1/8 或 1/16。例如，当 $\Delta t$ 取 10 ms 时，如果

$1-\alpha$ 取 1/16，则截止频率 $f_0 = 1/2\pi RC = 2.1$ Hz。

### 3. 一阶带通滤波

一阶带通滤波器，可以看成由截止频率为 $f_2$ 的一阶低通滤波器和截止频率为 $f_1$ 的一阶高通滤波器串联组成，如图 9-9 所示。

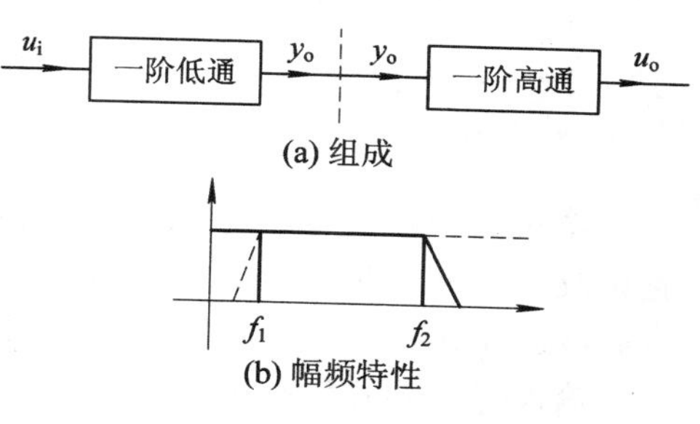


图 9-9　一阶带通滤波器

低通滤波器的输出信号用 $y_{on}$ 表示，则

$$y_{on} = \alpha_1 \times u_{in} + \beta_1 \times y_{o(n-1)}$$

而低通滤波器的输出就是高滤波器的输入，显然

$$u_{on} = \alpha_2 \times y_{on} - \beta_2 \times u_{o(n-1)}$$

$$u_{o(n-1)} = \alpha_2 \times y_{o(n-1)} - \beta_2 \times u_{o(n-2)}$$

即一阶带通滤波器的输出

$$u_{on} = \alpha_1\alpha_2 u_{in} + \alpha_2\beta_1 y_{o(n-1)} - \beta_2 u_{o(n-1)} = \alpha_1\alpha_2 u_{in} + (\beta_1 - \beta_2)u_{o(n-1)} + \beta_1\beta_2 u_{o(n-2)}$$

### 4. 二阶低通滤波

二阶低通滤波器，可以看成由截止频率分别为 $f_1$、$f_2$ 的两个一阶低通滤波器串联组成，根据一阶低通滤波器的特性，不难得到二阶低通滤波器的输出为

$$u_{on} = \alpha_1\alpha_2 u_{in} + (\beta_1 + \beta_2)u_{o(n-1)} - \beta_1\beta_2 u_{o(n-2)}$$

### 5. 二阶高通滤波

二阶高通滤波器，可以看成由截止频率分别为 $f_1$、$f_2$ 的两个一阶高通滤波器串联组成，根据一阶高通滤波器的特性，不难得到二阶高通滤波器的输出为

$$u_{on} = \alpha_1\alpha_2 u_{in} - (\beta_1 + \beta_2)u_{o(n-1)} - \beta_1\beta_2 u_{o(n-2)}$$

## 习　题　9

9-1　STM8S 系列 MCU 内置的 ADC 转换器属于何种类型？在电源电压 VCC 为 5.0 V 的情况下，分别指出 STM8S207、STM8S105 芯片完成一次 AD 转换所需的最短时间。

9-2　STM8S 系列 MCU 内置的 ADC 转换器分辨率为多少位？如何进一步提高 AD 转换精度？

9-3　当把 STM8S 系列 MCU 内置的 ADC 转换器做 8 位分辨率 ADC 使用时，应注意什么？

9-4　对读 ADC 转换结果 ADC_DRH、ADC_DRL 寄存器的顺序有无要求？请分别写出 ALIGN 控制位为 0、1 的情况下将转换结果送寄存器 X 的指令。

# 第 10 章　数字信号输入/输出接口电路

输入/输出接口电路是单片机应用系统中必不可少的单元电路之一，它涉及数据输入电路以及经过单片机处理后的数据输出电路。单片机应用系统总是要对输入信号进行比较、判断或运算处理，然后输出适当的控制信号去控制特定的设备。

输入/输出量可以是模拟信号，也可以是开关信号。对于模拟信号，经过放大、限幅、低通滤波电路后，送入单片机芯片内嵌的 AD 转换电路转化为数字信号，这时单片机才能处理；单片机处理的结果也需要经过 DA 转换、平滑滤波后，才能得到模拟信号。本章主要介绍数字信号的输入/输出(I/O)接口电路。

## 10.1　开关信号的输入/输出方式

开关信号包括脉冲信号、电平信号两类。在单片机控制系统中，常采用下列方式实现开关信号的输入和输出。

### 1．直接解码输入/输出方式

在这种方式中，直接利用 MCU I/O 引脚输入/输出开关信号，如图 10-1(a)所示，其中 Pxn、Pxm 作为输入引脚，当按键 K1、K2 断开时，Pxn、Pxm 引脚为高电平；当 K1、K2 被按下时，相应的引脚为低电平。对于可编程选择为带上拉输入方式的 I/O 引脚(如 STM8S 系列芯片)，或内置了上拉电阻的 I/O 引脚，不需要外接上拉电阻 R1、R2。而对于 CMOS 输入结构的 I/O 口，输入时 I/O 引脚处于悬空状态，如 PIC16C 系列 MCU 的 I/O 端口，对于这类 I/O 引脚，作输入引脚使用时，必须外接上拉电阻，使按键 K1、K2 不被按下时，输入引脚为高电平。

在图 10-1(a)中，Pyn、Pym 作为输出引脚，驱动 LED 发光二极管；Pzn 也作为输出引脚，驱动蜂鸣器。如果 MCU I/O 引脚驱动电流有限，则必须外接驱动器，如集电极开路输出的 7407、7406 或小功率三极管等。

在直接编码输入/输出方式中，每一个 I/O 引脚仅能输入或输出一个开关信号，各引脚相互独立，没有编码关系。显然，I/O 引脚利用率低，只适用于仅需输入或输出少量开关信号的场合。

### 2．编码输入/输出方式

在这种方式中，将若干条用途相同(均为输入或输出)的 I/O 引脚组合在一起，按二进制编码后作输入或输出。例如，对于 n 条输出引脚，经二进制译码器译码后，可以控制 $2^n$ 个设备；对于 $2^n$ 个不同时有效的输入量，经编码器与 MCU 连接时，也只需要 n 个引脚，如图 10-1(b)所示。

显然，采用编码输入/输出时，MCU I/O 引脚利用率最高，但硬件开销大，在单片机控制系统中很少采用。

### 3. 矩阵输入/输出方式

在这种方式中，将 MCU I/O 引脚分成两组，用 N 条引脚构成行线，M 条引脚构成列线，行、列的交叉点就构成了所需的 N×M 个检测点。显然，所需的 I/O 引脚数目为 N+M，而检测点总数达到了 N×M 个，如图 10-1(c)所示。采用这种方式，I/O 引脚的利用率较高，硬件开销较少，因此得到了广泛应用。

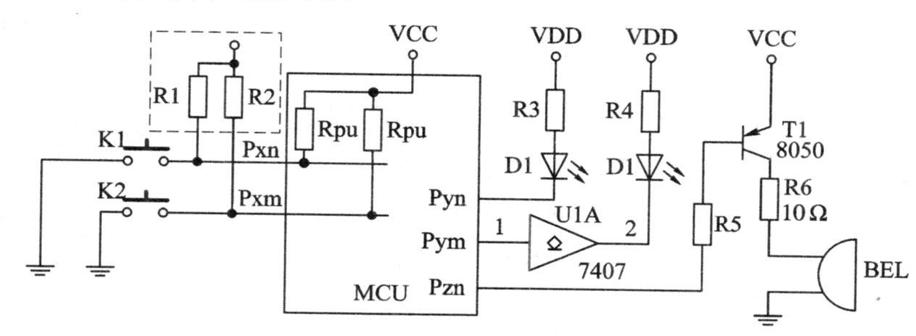


(a) 直接解码输入/输出方式

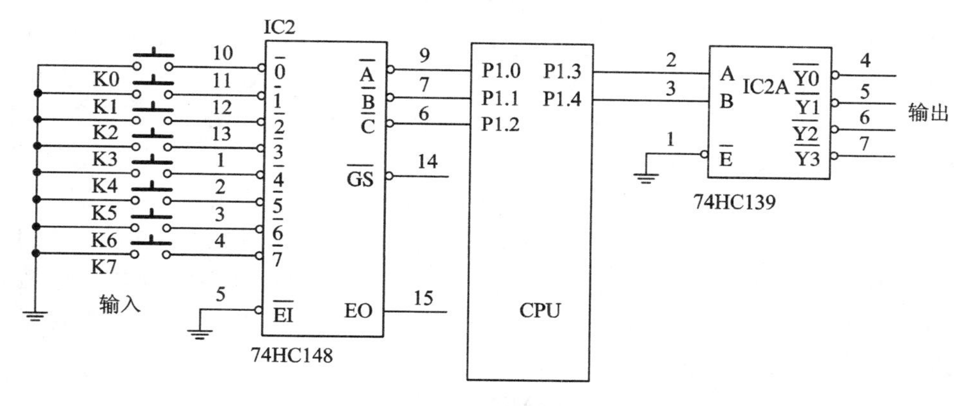


(b) 编码输入/输出方式

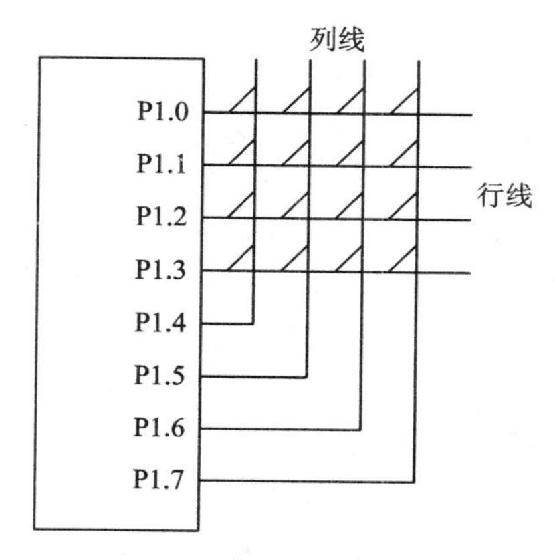


(c) 矩阵输入/输出方式

图 10-1 开关信号输入/输出方式

在矩阵编码方式中，如果行线、列线均定义为输出状态，就可以输出 N × M 个开关量，如点阵式 LED 驱动电路；当行、列线中有一组为输出线，另一组为输入线时，就构成了 N × M 个输入检测点，如矩阵键盘电路。

## 10.2　I/O 资源及扩展

通过单片机芯片实现数字信号的输入处理和输出控制时，必须了解以下问题：

(1) 准确理解 MCU 各引脚的功能，确定可利用的 I/O 资源，并做出尽可能合理的使用规划。

STM8S 系列 MCU 芯片 I/O 引脚较多，所有 I/O 引脚均可编程为上拉或悬空输入方式、OD 或推挽输出方式，数字信号输入/输出接口电路相对简单。唯一需要注意的是，48 脚及以下封装的 STM8S 系列芯片几乎所有的 GPIO 引脚均具有复用功能——某一个内嵌外设输入或输出引脚，因此，当系统中需要保留对应外设输入/输出功能时，必须保留对应的 GPIO 引脚。

(2) 作输出控制信号线时，必须了解 MCU 复位期间和复位后该引脚的电平状态。STM8S 系列 MCU 芯片在复位期间和复位后各 I/O 端口的状态，可参阅第 2 章有关内容。

(3) 了解 I/O 端口输出级电路结构和 I/O 端口的负载能力。只有准确了解 MCU I/O 端口输出级电路结构和负载能力，才可能设计出原理正确、工作可靠的 I/O 接口电路。

对于输出口，当输出高电平时，给负载提供的最大驱动电流就是该输出口高电平的驱动能力。当输出电流大于最大驱动电流时，上拉 P 沟 MOS 管内阻上的压降将增加，$V_{OH}$ 会下降。当 $V_{OH}$ 小于某一个数值时，后级电路会误认为输入为低电平，产生逻辑错误(即使不产生逻辑错误，后级输入电路功耗也会增加)。因此，要注意输出高电平时的负载能力。

当输出低电平时，输出级下拉 N 沟 MOS 导通，负载电流倒灌。同样，倒灌的电流也不能太大，否则输出级可能因过流而损坏，即使没有损坏，也会因灌电流太大，造成输出低电平 $V_{OL}$ 上升，使后级输入电路功耗增加。当 $V_{OL}$ 大于某一个数值时，后级电路同样会误以为输入高电平，产生逻辑错误。

MCU 芯片 I/O 端口负载能力可参阅 MCU 芯片数据手册。

(4) 了解 I/O 端口输出电平范围。

(5) 了解高阻输入及 OD 输出状态下，I/O 端口的最大耐压。

### 10.2.1　STM8S 系统扩展 I/O 引脚资源策略

STM8S 芯片总线不开放，在 STM8S 中扩展 I/O 引脚的原则是：

(1) 外部所有输入信号直接与 MCU 的 I/O 引脚相连，以便 MCU 直接处理。

(2) 高速输出信号直接从 MCU 芯片 I/O 引脚输出。

(3) 当 I/O 引脚资源紧张时，低速脉冲信号、电平信号可通过串入并出移位寄存器芯片，如一片或两片 74HC595 串行输出。

(4) 更换封装，如 44 引脚封装芯片 I/O 资源的分配难以进行时，可采用 48 引脚、64 引脚，甚至 80 引脚芯片。在其他条件相同的情况下，64 引脚封装芯片价格可能仅比 48 引脚封装高一点。

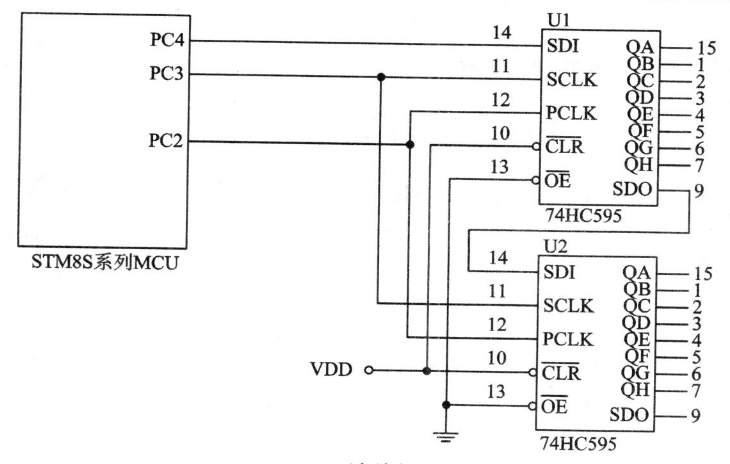


(a) 连线短

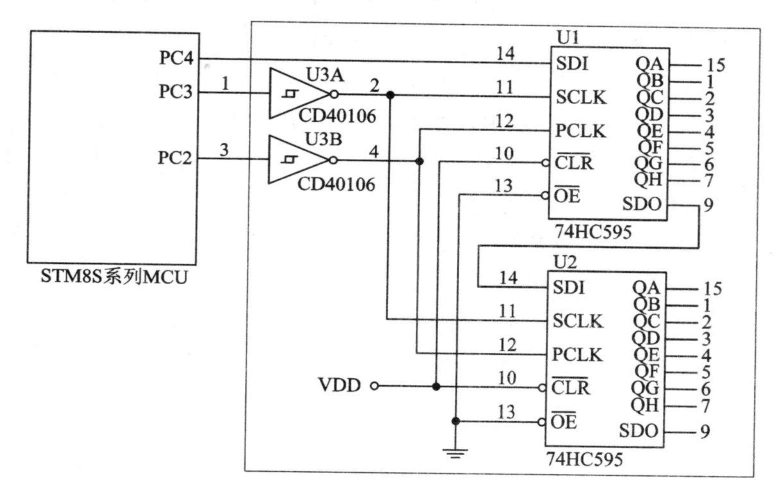


(b) 连线长加驱动芯片(下降沿有效)

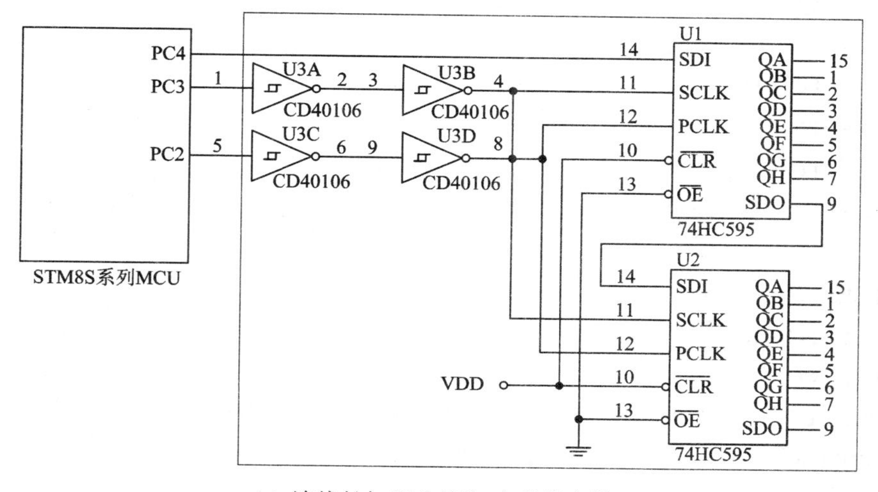


(c) 连线长加驱动芯片(上升沿有效)

图 10-2　通过“串入并出”芯片扩展输出引脚

(5) 必要时可考虑用另一个 MCU 芯片扩展 I/O 引脚。

以上原则对任何总线不开放的 MCU 芯片均适用。

### 10.2.2 利用串入并出及并入串出芯片扩展 I/O 口

在速度要求不高的情况下，利用 74HC164、74HC594、74HC595 等“串入并出”芯片扩展输出口，利用 74HC165、74HC597 等“并入串出”芯片扩展输入口，是一种简单、实用的 I/O 口扩展方式。当串行口未用时，可借助串行口(UART 或 SPI 总线)完成串行数据的输入或输出。而当串行口已作它用时，可根据串行输入/输出芯片的操作时序，使用 I/O 引脚模拟串行移位脉冲，完成数据的输入/输出过程。例如，在图 10-2 中使用 STM8S 芯片三根 I/O 引脚，借助两片 74HC595 就将 3 根 I/O 引脚通过串行移位方式扩展为 16 根输出线。

由于 74HC595 对串行移位脉冲 SCLK 边沿要求较高，因此当连线不太长时，将 STM8S 系列 MCU 引脚编程为快速推挽输出方式后，可将 MCU 芯片 I/O 引脚与 74HC595 直接相连，如图 10-2(a)所示。如果连线较长或 MCU 芯片 I/O 引脚驱动能力不足(如 MCS-51 兼容芯片的 P1～P3 口引脚)时，可在 74HC595 芯片串行移位脉冲输入引脚前插入具有施密特触发特性的反相器(如 CD40106、74HC14 等)，使串行移位脉冲 SCLK 及并行送数脉冲 PCLK 边沿变陡，如图 10-2(b)所示。在理论上加两个反相器，如图 10-2(c)所示，可使 SCLK、PCLK 保持上升沿有效，但会使系统功耗增加，因此不推荐使用图 10-2(c)所示的长线驱动方式。

**例 10-1** 假设 U1 扩展输出引脚输出的信息存放在 EDATA1 单元中，U2 扩展输出引脚输出的信息存放在 EDATA1 + 1 单元中，则将数据串行输出到 74HC595 的输出端的程序段如下：

```
; 在 RAM1 段定义 EDATA1、EDATA2 变量
EDATA1    DS.B     1          ; U1 输出信息
EDATA2    DS.B     1          ; U2 输出信息
; ------I/O 引脚初始化------
BSET PC_DDR, #4               ; 1，PC4 引脚定义为输出(SDI)
BSET PC_CR1, #4               ; 1，选择推挽方式
BSET PC_CR2, #4               ; 1，选择高速输出
#Define SDi PC_ODR, #4        ; 将 PC4 引脚用定义为串行数据输入端 SDi

BSET PC_DDR, #3               ; 1，PC3 引脚定义为输出(SCLK)
BSET PC_CR1, #3               ; 1，选择推挽方式
BSET PC_CR2, #3               ; 1，选择高速输出
#Define SCLK PC_ODR, #3       ; 将 PC3 引脚用定义为串行移位脉冲 SCLK
BRES SCLK                     ; 静态时 SCLK 引脚输出低电平

BSET PC_DDR, #2               ; 1，PC2 引脚定义为输出(PCLK)
```

```
    BSET PC_CR1, #2              ; 1，选择推挽方式
    BRES PC_CR2, #2              ; 0，选择低速输出
    #Define PCLK PC_ODR, #2      ; 将 PC2 引脚用定义为并行送数脉冲 PCLK
    BRES PCLK                    ; 静态时 PCLK 引脚输出低电平

    ; ------串行数据输出程序段------
    LDW X, #1                    ; 先输出 U2 芯片的引脚信息
Serial_LOOP1:
    LD A, (EDATA1,X)             ; 取输出数据
    MOV R03, #8                  ; 左移 8 次
Serial_LOOP2:
    BRES SCLK                    ; 串行移位脉冲(SCLK)置为低电平
    RLC A                        ; 带进位 C 循环左移，即先输出 b7 位
    BCCM SDi                     ; C 送 SDi 引脚(即数据送 SDI 引脚)
    NOP                          ; 插入 NOP 指令适当延迟(是否延迟由 CPU 指令周期决定)
    BSET SCLK                    ; 串行移位脉冲(SCLK)置为高电平，形成上升沿
    DEC R03
    JRNE R03, Serial_LOOP2
    DECW X
    JRPL Serial_LOOP1            ; 当 X≥0 时，循环
    BRES SCLK                    ; 串行移位脉冲(SCLK)恢复为低电平状态
    BSET PCLK                    ; 并行输出锁存脉冲(PCLK)置为高电平，形成上升沿
    NOP                          ; 插入 NOP 指令适当延迟(是否延迟由 CPU 指令周期决定)
    BRES PCLK                    ; 并行输出锁存脉冲(PCLK)恢复为低电平状态
```

### 10.2.3　利用 MCU 扩展 I/O

当 I/O 引脚资源不够时，用另一块 MCU 来扩展 I/O 端口在特定的应用系统中可能更实用。第一，不仅扩展了 I/O 引脚，也扩展了其他硬件资源(如定时/计数器、中断输入端等)。第二，部分工作可由扩展 MCU 完成，减轻了主 MCU 的负担。第三，MCU I/O 端口电平状态可以编程设置，从而省去承担逻辑转换的与非门电路芯片。当使用 I/O 端口输出级电路结构可编程选择的 MCU 扩展 I/O 引脚时，除了具有上述特性外，还能简化 I/O 接口电路，因此，强烈推荐优先考虑通过 MCU 扩展 I/O 端口。

利用 MCU 扩展 I/O 资源时，可使用 UART、SPI 接口同步串行通信方式或并行通信方式实现两个 MCU 之间的信息交换，如图 10-3 所示。

在图 10-3 所示的双 MCU 系统中，从 MCU 芯片不需要晶振电路，可将从 MCU 芯片时钟选为外部时钟输入方式(两者或从 MCU 芯片使用内部 RC 振荡器也是允许的)。从 MCU 复位引脚 NRST 经隔离二极管与主 MCU 复位引脚相连，主 MCU 复位时，将强迫从 MCU 芯片复位；而从 MCU 芯片内部复位时，由于隔离二极管的存在，因此主 MCU 复位引脚无效。

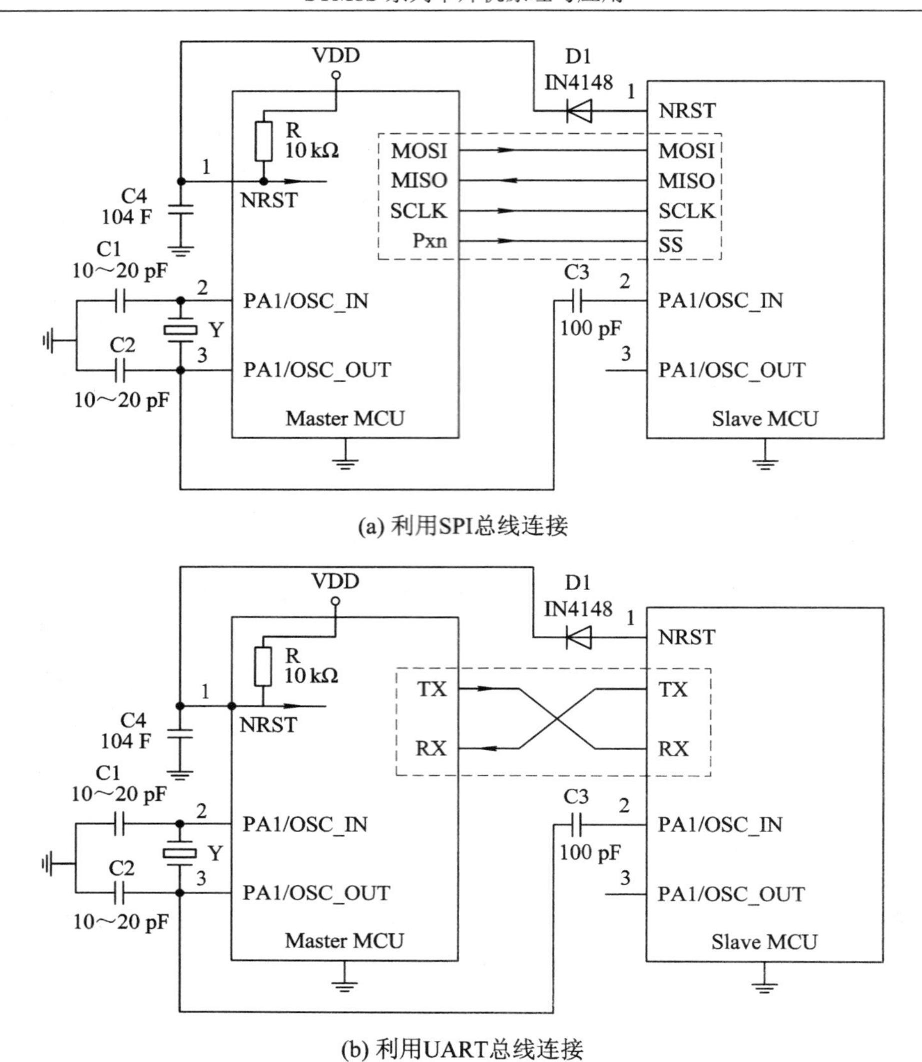


(a) 利用SPI总线连接

(b) 利用UART总线连接

图 10-3　由两片 STM8S 系列 MCU 构成的双 MCU 系统

## 10.3　STM8S 与总线接口设备的连接

STM8S 系列 MCU 总线不开放，当需要与总线接口设备，如总线接口液晶模块(LCM)相连时，可用 MCU 的某一个 I/O 引脚模拟总线接口设备的读选通信号($\overline{RD}$)以及写控制信号($\overline{WR}$)，如图 10-4 所示。

为方便数据传送，可将 STM8S MCU 某一个 I/O 口作为数据输入/输出口，与总线接口设备数据线 D7～D0 相连。由于在 STM8S 系列 MCU 的 PA 口～PE 口中，很多引脚具有复用功能或引脚总数小于 8 根，因此在实际应用系统中，不一定能将 PA 口～PE 口作为数据总线口，此时可选择 64 引脚或 80 引脚封装型号，将其中功能单一的 I/O 口作为数据总线接口，如图 10-4 中的 PG 口。

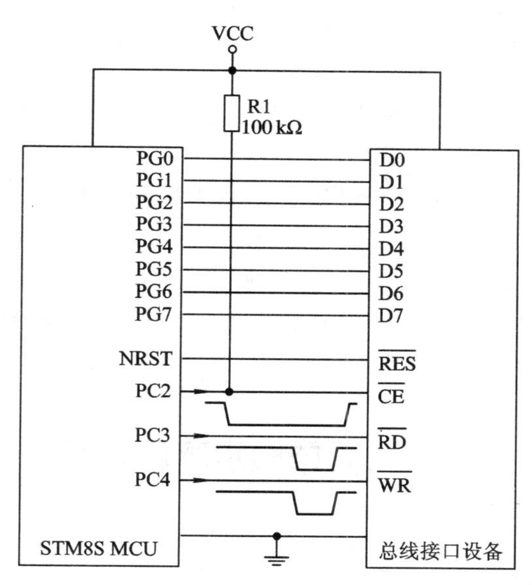


图 10-4　STM8S MCU 与总线设备连接示意图

将 MCU 芯片 I/O 口中未分配的 I/O 引脚作为片选信号 $\overline{CE}$(由于 STM8 复位后，I/O 引脚处于悬空输入状态，因此在 $\overline{CE}$ 引脚接 100 kΩ 上拉电阻 R1，使复位后总线接口设备处于未选中状态，以免误写入)、读选通信号($\overline{RD}$)以及写控制信号($\overline{WR}$)，通过软件方式完成数据的输出与输入过程。

实现图 10-4 所示连接的程序段如下：

```
; ------数据口初始化指令系列------
MOV PG_CR1, #0FFH        ; 输出时，PG 口处于推挽方式；输入时，PG 口带上拉电阻
CLR PG_CR2               ; 输出时，PG 口处于低速方式
; ------写操作指令系列------
BRES PC_ODR, #2          ; 输出片选信号 CE
; NOP                    ; 根据总线设备片选信号 CE 有效到可进行操作的时间
                         ; 插入 NOP 指令延迟
MOV PG_DDR, #0FFH        ; PG 口定义为输出
MOV PG_CR2, #0FFH        ; 根据速度，选择 PG 口输出信号边沿时间

LD PG_ODR, A             ; 存放在累加器 A 中的数据输出到数据总线
BRES PC_ODR, #4          ; 使写控制信号 WR 为低电平，形成 WR 选通脉冲的前沿(下降沿)
; NOP                    ; 根据总线设备写选通脉冲 WR 宽度，插入 NOP 指令延迟
BSET PC_ODR, #4          ; 使写控制信号 WR 为高电平，形成 WR 选通脉冲的后沿(上升沿)
BSET PC_ODR, #2          ; 如果是非连续写操作，则取消片选信号 CE
; -----读操作指令系列-----
CLR PG_DDR               ; PG 口定义为输入
CLR PG_CR2               ; CR2 寄存器为 0(PG 口没有中断功能，在输入状态下可不理会
                         ; CR2 的内容)
```

```
BRES PC_ODR, #2        ; 输出片选信号 CE
; NOP                  ; 根据总线设备片选信号 CE 有效到可进行操作的时间，插入 NOP
                       ; 指令延迟
BRES PC_ODR, #3        ; 使读选通信号 RD 为低电平，形成 RD 选通脉冲的前沿(下降沿)
; NOP                  ; 根据总线设备读选通脉冲 RD 宽度，插入一定数目的 NOP 指令延迟
LD A,PG_IDR            ; 从总线上读数据(存放在累加器 A 中)
BSET PC_ODR, #3        ; 使读选通信号 RD 为高电平，形成 RD 选通脉冲的后沿(上升沿)
BSET PC_ODR, #2        ; 如果是非连续读操作，则取消片选信号 CE
```

## 10.4　简单显示驱动电路

### 10.4.1　发光二极管

发光二极管 LED 具有体积小，抗冲击、震动性能好，可靠性高，寿命长，工作电压低，功耗小，响应速度快等优点，常用于显示系统的状态、系统中某一个功能电路，甚至某一个输出引脚的电平状态，如电源指示、停机指示、错误指示等，使人一目了然。

此外，将多个 LED 管芯组合在一起，就构成了特定字符(文字或数码)的显示器件，如七段、八段 LED 数码管和点阵式 LED 显示器。将发光二极管和光敏三极管组合在一起，就构成了光电耦合器件以及由此衍生出来的固态继电器。因此，了解 LED 发光二极管的性能和使用方法，对单片机控制系统的设计非常必要。

发光二极管在本质上与普通二极管差别不大，也是一个 PN 结，同样具有正向导通，反向截止的特性。发光二极管的伏安特性曲线与普通二极管相似，如图 10-5 所示(为了便于比较，图中用虚线表示普通二极管的伏安特性曲线)。

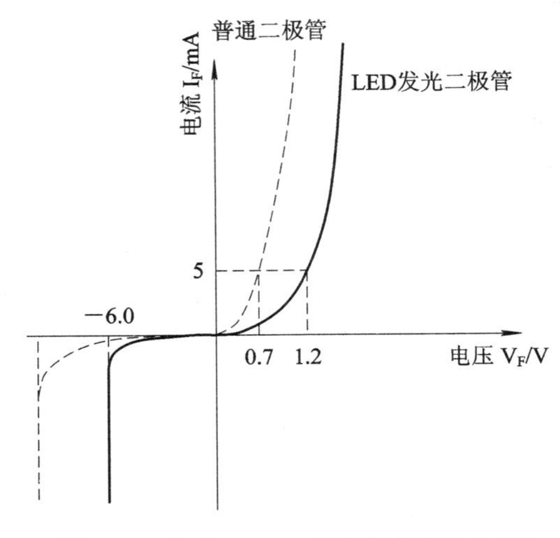


图 10-5　红光 LED 二极管伏安特性曲线

由图 10-5 看出：

(1) 当外加正向电压小于 0.9 V 时，LED 不导通；当外加电压大于正向阈值电压时，LED 导通，同时发光。显然，LED 二极管的正向导通电压比普通二极管大，其大小与 LED 材料有关，如表 10-1 所示。

**表 10-1　LED 正向压降与材料的关系**

| LED 材料 | 光颜色 | 正向导通电压 $V_F$ (V) |
|---|---|---|
| 砷化镓(GaAs) | 红光 | 1.2 |
| 磷化镓铟(InGaP) | 红光/黄橙 | 1.6～2.0 |
| 磷砷化镓(GaAsP) | 红光 | 1.6～1.8 |
| 镓铝砷(GaAlAs) | 红光 | 1.6～1.8 |
| 磷化镓(GaP) | 红光 | 1.9～2.5 |
| 氮化镓铟(InGaN) | 蓝光 | 3.0～3.7 |
| 磷化铟镓铝(AlGaInP) | 橙绿/绿光 | 3.0～3.5 |

(2) LED 导通后，伏安特性曲线更陡，即 LED 导通后内阻更小，因此有时也作为降压元件使用，如将 +5 V 电源降为 +3 V 电源。

(3) LED 二极管反向击穿电压比普通二极管低，一般在 5～10 V 之间。

LED 二极管的亮度与 LED 材料、结构以及工作电流有关。一般来说，工作电流越大，LED 二极管的亮度也越大，但亮度与工作电流的关系因材料而异。例如 GaP 发光二极管，当工作电流增加到一定数值后，电流增加，LED 亮度不再增大，即出现亮度饱和现象。而 GaAsP 发光二极管的亮度随电流的增大而增大，在器件因功耗增加而损坏前观察不到亮度饱和现象。

LED 发光二极管工作电流一般控制在 2～20 mA 之间，最大不超过 50 mA，否则会损坏。而小尺寸高亮度 LED 工作电流控制在 2～10 mA 范围内，就可获得良好的发光效果。

### 10.4.2　驱动电路

直径在 5 mm 以下的小尺寸高亮度 LED 工作电流不大，一般可直接由 MCU 芯片 I/O 引脚驱动，如图 10-6(a)所示。

对于推挽输出引脚，采用图 10-6(b)所示的高电平有效驱动方式似乎没有什么不妥，但是应该避免使用高电平有效驱动方式，原因是空穴迁移率远低于电子迁移率，导致尺寸、掺杂浓度相同的 P 沟 MOS 管沟道电阻大于 N 沟 MOS 管，除非是上下两管导通电阻相同(体现在相同驱动电流的情况下，两管压降相同)。

例如，对 STM8S 芯片标准驱动能力引脚来说，当负载电流均为 4 mA 时(芯片温度为 85℃)，从技术手册查到在拉电流负载状态下，P 沟管压降(VDD−$V_{OH}$)为 0.5 V，而在灌电流负载状态下，N 沟管压降($V_{OL}$)约为 0.3 V，管耗差 0.8 mW。

尽管许多 MCU 芯片单个 I/O 引脚拉电流及灌电流能力均达 10～20 mA，驱动小尺寸 LED 发光二极管似乎不是问题，但受 MCU 芯片散热条件限制，同一个 I/O 口以及所有 I/O 引脚电流总和有严格的限制(参见 2.3.7 节)。因此，当灌电流或拉电流大于 2 mA 时，建议在负载与 MCU 芯片之间增设驱动器(门电路或三极管等)，如图 10-6(c)～(e)所示。

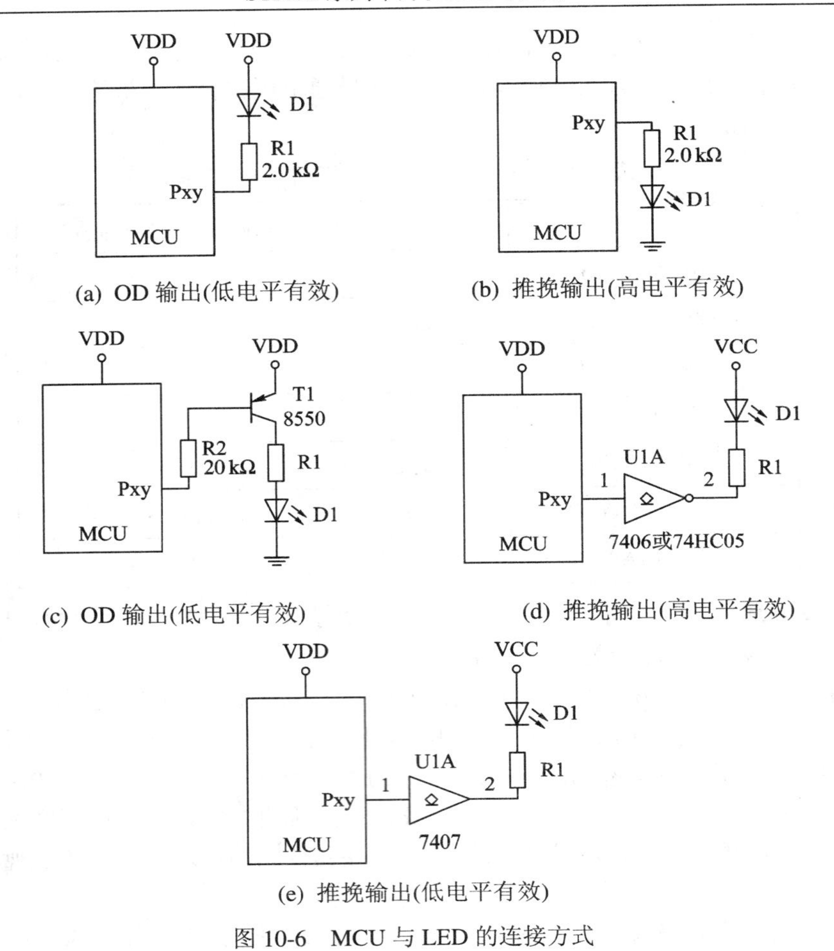


(a) OD 输出(低电平有效)　　(b) 推挽输出(高电平有效)

(c) OD 输出(低电平有效)　　(d) 推挽输出(高电平有效)

(e) 推挽输出(低电平有效)

图 10-6　MCU 与 LED 的连接方式

图 10-6(a)采用直接驱动方式，I/O 引脚定义为 OD 输出方式，限流电阻由 LED 工作电流 $I_F$ 确定，即

$$R1=\frac{VDD-V_F-V_{OL}}{I_F}$$

其中，$V_F$ 为 LED 二极管工作电压，其大小与材料有关(对于红光 LED，估算限流电阻时 $V_F$ 一般取 2.0 V)；$V_{OL}$ 为 MCU I/O 引脚输出低电平时电压，其大小与灌电流有关(此处为 $I_F$)，可从数据手册中查到。

图 10-6(b)也采用直接驱动方式，I/O 引脚定义为推挽输出方式。输出高电平时，LED 发光，其限流电阻的计算与图 10-6(a)的类似。

图 10-6(c)采用 PNP 三极管驱动，当 Pxy 引脚输出低电平时，三极管饱和导通，限流电阻 R1 与 LED 内阻(几欧姆～几十欧姆)构成了集电极等效电阻 $R_C$。限流电阻 R1 的大小由 LED 二极管工作电流 $I_F$ 决定，即

$$I_C=I_F=\frac{VDD-V_F-V_{CES}}{R1}$$

其中，$I_C$ 为集电极电流；VDD 为电源电压；$V_{CES}$ 为三极管饱和压降，一般取值在 0.1～0.2

V 之间，具体数值与三极管种类、负载电流 $I_F$ 有关。

当 VDD 为 5 V，$V_F$ 取 2.0 V，$V_{CES}$ 取 0.2 V，$I_F$ 取 4 mA 时，限流电阻 R1 大致为 680 Ω。

当 Pxy 引脚输出高电平时，三极管截止，LED 不亮。值得注意的是，为使 LED 工作时，驱动管处于饱和状态，发光二极管 LED 不宜串在发射极。

图 10-6(d)～(e)采用集电极开路输出(OC 门)的集成驱动器，如 7407(同相驱动)、7406(反相驱动)、74HC05(工作电流在 3 mA 以内)，限流电阻的计算方法与图 10-6(a)相同。

## 10.4.3 LED 发光二极管显示状态及同步

一般来说，单个 LED 有“亮”、“灭”两种状态，但在单片机应用系统中，由于 I/O 引脚数量、成本等因素的限制，有时需要一只 LED 发光二极管显示出更多的状态。例如，电源监控设备中的电源指示灯可能会用“灭”、“常亮”、“快闪”、“慢闪”四种状态分别表示“无交流”、“交流正常”、“过压”、“欠压”四种状态。例如，带有后备电池设备的电源指示灯也可用“灭”、“常亮”、“快闪”、“慢闪”分别表示“无交流/电池电压正常”、“交流正常/电池电压正常”、“交流正常/电池低压”、“无交流/电池低压”四种状态。在这种情况下，要用两位二进制数记录每一只 LED 发光二极管的状态，如 00 表示灭、01 表示慢闪、10 表示快闪、11 表示常亮。这样一个字节的内部 RAM 单元可记录 4 个 LED 指示灯的状态。

当系统中存在两个或两个以上 LED 发光二极管以闪烁方式表示不同的状态时，就遇到 LED 显示同步问题，否则可能出现甲灯亮时，乙灯灭——呈现类似霓虹灯的走动显示效应。

解决方法：快闪、慢闪时间呈倍数关系，如快闪切换时间为 0.15～0.25 s，慢闪切换时间可设为 0.45～0.75 s(2～3 倍)，然后在定时中断服务程序中设置快、慢闪切换标志，并根据 LED 状态信息关闭或打开 LED 指示灯。

**例 10-2**　假设某系统存在 4 个具有快慢闪状态的 LED 指示灯(LED1、LED2、LED3、LED4)，且分别与 PC1～PC4 引脚相连，如图 10-7 所示。试写出相应的显示驱动程序。

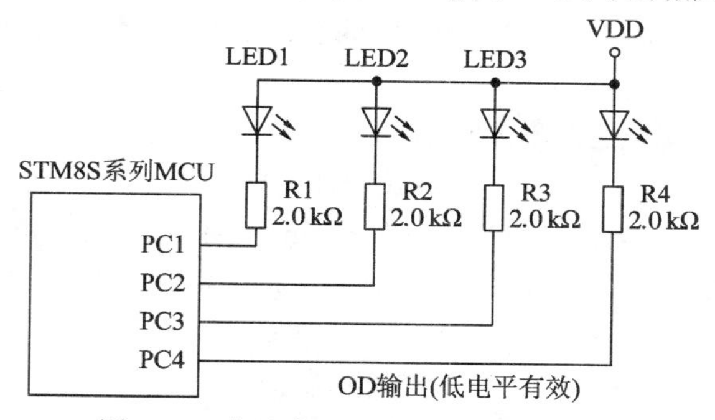


图 10-7　小尺寸 LED 与 MCU 相连特例

分析：用 LED_stu 单元记录 4 个 LED 发光二极管的状态，其中，LED_stu[1:0]位记录 LED1 状态；LED_stu[3:2]位记录 LED2 的状态；LED_stu[5:4]位记录 LED3 的状态；LED_stu[7:6]位记录 LED4 的状态。如果主定时器每 10 ms 中断一次，则在主定时器中断服务程序中与 LED 发光二极管显示有关的程序段如下：

```
LED_stu   DS.B  1    ;在 ram0 段中定义 LED 状态变量 LED_stu
LED_SF    DS.B  1    ;为方便判别，LED 慢闪亮灭时间取 0.48 s，快闪亮灭时间取 0.16 s
    #define LED_Faster_SB LED_SF, #0          ; LED_SF 的 b0 位为快闪标志
```

```
    #define LED_low_SB      LED_SF, #1          ; LED_SF 的 b1 位为慢闪标志
LEDTIME DS.B  1                                 ; LED 切换时间计时器 LEDTIME
    ; ****I/O 引脚初始化****
    BSET PC_DDR, #1                             ; PC1 输出
    BRES PC_CR1, #1                             ; 选择 OD 输出方式
    #define LED1_Con   PC_ODR, #1;              ; LED1 指示灯定义为 LED1_Con
    BSET LED1_Con                               ; 开始时引脚输出高电平(LED1 指示灯灭)
          ⋮                                     ; PC2～PC4 引脚初始化指令系列(略)
    #define LED2_Con   PC_ODR, #2               ; LED2 指示灯定义为 LED2_Con
    BSET LED2_Con                               ; 开始时引脚输出高电平(LED2 指示灯灭)
    #define LED3_Con   PC_ODR, #3               ; LED3 指示灯定义为 LED3_Con
    BSET LED3_Con                               ; 开始时引脚输出高电平(LED3 指示灯灭)
    #define LED4_Con   PC_ODR, #4               ; LED4 指示灯定义为 LED4_Con
    BSET LED4_Con                               ; 开始时引脚输出高电平(LED4 指示灯灭)

    ; ****在主定时器中与 LED 显示有关的指令系列****
          ⋮                          ; 略去与 LED 显示无关指令系列
    INC LEDTIME                      ; 切换时间计时器加 1
    LD A, LEDTIME
    CP A, #48                        ; 48 × 10 ms，即 0.48 s
    JRC LED_ Disp_NEXT1
    CLR LEDTIME                      ; 切换时间计时器到 48(48 是 16 的 3 倍，且容易判别)时清 0
    BCPL LED_low_SB                  ; 慢闪切换标志取反
    JRT LED_ Disp_NEXT2              ; 48 被 16 整除，即慢闪、快闪切换时间到同时有效
LED_ Disp_NEXT1:
    ; 判别当前时间计数器是否为 16 的倍数
    AND A, #0FH                      ; 仅保留低 4 位 b3～b0
    JREQ LED_ Disp_NEXT2             ; 低 4 位 b3～b0 说明当前时间被 16 整除
    JP LED_ Disp_EXIT                ; 不是 16 的倍数，说明切换时间未到
LED_ Disp_NEXT2:
    BCPL LED_faster_SB               ; 快闪切换标志取反
    ;-------------------LED1 显示设置-----------------------
    LD A, LED_stu
    AND A, #03H                      ; 保留 LED1 状态位(b1、b0)
    JRNE LED_ Disp_LED11
    ; 为 00 态，LED 指示灯灭
    BSET LED1_Con                    ; 输出高电平，使 LED1 灭
    JRT LED_ Disp_LED14
LED_ Disp_LED11:
```

```
        CP A, #01H
        JRNE LED_ Disp_LED12
        ; 为 01 态，LED 指示慢闪
        BTJT LED_low_SB, LED_ Disp_LED121
LED_ Disp_LED121:                          ; 慢闪标志送 C
        BCCM LED1_Con                      ; C 送 LED1_Con 引脚，控制 LED1 亮、灭
        JRT LED_ Disp_LED14
LED_ Disp_LED12:
        CP A, #02H
        JRNE LED_ Disp_LED13
        ; 为 10 态，LED 指示快闪
        BTJT LED_faster_SB, LED_ Disp_LED131
LED_ Disp_LED131:                          ; 快闪标志送 C
        BCCM LED1_Con                      ; C 送 LED1_Con 引脚，控制 LED1 亮、灭
        JRT LED_ Disp_LED14
LED_ Disp_LED13:
        ; 肯定属于 11 态，LED 应常亮
        BRES LED1_Con                      ; LED1_Con 输出低电平，使 LED1 常亮
LED_ Disp_LED14:
;-------------------LED2 显示设置-----------------------
        LD A, LED_stu
        AND A, #0CH                        ; 保留 LED2 状态位(b3、b2)
        JRNE LED_ Disp_LED21
        ; 为 00 态，LED 指示灯灭
        BSET LED2_Con                      ; LED2_Con 输出高电平，使 LED2 灭
        JRT LED_ Disp_LED24
LED_ Disp_LED21:
        CP A, #04H
        JRNE LED_ Disp_LED22
        ; 为 01 态，LED 指示慢闪
        BTJT LED_low_SB, LED_ Disp_LED221
LED_ Disp_LED221:                          ; 慢闪标志送 C
        BCCM LED2_Con                      ; C 送 LED2_Con 引脚，控制 LED2 亮、灭
        JRT LED_ Disp_LED24
LED_ Disp_LED22:
        CP A, #08H
        JRNE LED_ Disp_LED23
        ; 为 10 态，LED 指示快闪
        BTJT LED_faster_SB, LED_ Disp_LED231
```

```
LED_ Disp_LED231:                           ; 快闪标志送 C
    BCCM LED2_Con                           ; C 送 LED2_Con 引脚，控制 LED2 亮、灭
    JRT LED_ Disp_LED24
LED_ Disp_LED23:
    ;肯定属于 11 态，LED 应常亮
    BRES LED2_Con                           ; LED2_Con 输出低电平，使 LED2 常亮
LED_ Disp_LED24:
;------------------LED3 显示设置----------------------
    LD A, LED_stu
    AND A, #30H                             ; 保留 LED3 状态位(b5、b4)
    CP A, #00H
    JRNE LED_ Disp_LED31
    ; 为 00 态，LED 指示灯灭
    BSET LED3_Con                           ;LED3_Con 输出高电平，LED3 灭
    JRT LED_ Disp_LED34
LED_ Disp_LED31:
    CP A, #10H
    JRNE LED_ Disp_LED32
    ; 为 01 态，LED 指示慢闪
    BTJT LED_low_SB, LED_ Disp_LED321
LED_ Disp_LED321:                           ; 慢闪标志送 C
    BCCM LED3_Con                           ; C 送 LED3_Con 引脚，控制 LED3 亮、灭
    JRT LED_ Disp_LED34
LED_ Disp_LED32:
    CP A, #20H
    JRNE LED_ Disp_LED33
    ; 为 10 态，LED 指示快闪
    BTJT LED_faster_SB, LED_ Disp_LED331
LED_ Disp_LED331:                           ; 快闪标志送 C
    BCCM LED3_Con                           ; C 送 LED3_Con 引脚，控制 LED3 亮、灭
    JRT LED_ Disp_LED34
LED_ Disp_LED33:
    ; 肯定属于 11 态，LED 应常亮
    BRES LED3_Con                           ; LED3_Con 输出低电平，使 LED3 常亮
LED_ Disp_LED34:
;------------------LED4 显示设置----------------------
    LD A, LED_stu
    AND A, #0C0H                            ; 保留 LED4 状态位(b7、b6)
    CP A, #00H
```

```
    JRNE LED_ Disp_LED41
    ；为 00 态，LED 指示灯灭
    BSET LED4_Con                    ；输出高电平，使 LED4 灭
    JRT LED_ Disp_LED44
LED_ Disp_LED41:
    CP A, #40H
    JRNE LED_ Disp_LED42
    ；为 01 态，LED 指示慢闪
    BTJT LED_low_SB, LED_ Disp_LED421
LED_ Disp_LED421:                    ；慢闪标志送 C
    BCCM LED4_Con                    ；C 送 LED4_Con 引脚，控制 LED4 亮、灭
    JRT LED_ Disp_LED44
LED_ Disp_LED42:
    CP A, #80H
    RNE LED_ Disp_LED43
    ；为 10 态,LED 指示快闪
    BTJT LED_faster_SB, LED_ Disp_LED431
LED_ Disp_LED431:                    ；快闪标志送 C
    BCCM LED4_Con                    ；C 送 LED4_Con 引脚，控制 LED4 亮、灭
    JRT LED_ Disp_LED44
LED_ Disp_LED43:
    ；肯定属于 11 态，LED 应常亮
    BRES LED4_Con                    ;LED4_Con 输出低电平，使 LED4 常亮
LED_ Disp_LED44:
LED_ Disp_EXIT:
    IRET
    IRET
    IRET
    IRET
    IRET
```

## 10.5　LED 数码管及其显示驱动电路

LED 数码管是单片机控制系统中最常用的显示器件之一。在单片机系统中，常用一只或数只，甚至十几只 LED 数码管，来显示 MCU 的处理结果、输入/输出信号的状态或大小。

### 10.5.1　LED 数码管

LED 数码管的外观如图 10-8(a)所示，笔段及其对应引脚排列如图 10-8(b)所示，其中，

a～g 段用于显示数字或字符的笔画；dp 显示小数点；而 3、8 引脚连通，作为公共端。一英寸以下的 LED 数码管内，每一笔段含有 1 只 LED 发光二极管，导通压降为 1.2～2.5 V；而一英寸及以上 LED 数码管的每一笔段，由多只 LED 发光二极管以串、并联方式连接而成，笔段导通电压与笔段内包含的 LED 发光二极管的数目、连接方式有关。在串联方式中，确定电源电压 VCC 时，每只 LED 工作电压通常以 2.0 V 计算。例如，4 英寸七段 LED 数码显示器 LC4141 的每一个笔段均由四只 LED 发光二极管按串联方式连接而成，因此导通电压应在 7～8 V 之间，电源电压 VCC 必须取 9 V 以上。

根据 LED 数码管内各笔段 LED 发光二极管的连接方式，可以将 LED 数码管分为共阴和共阳两大类。在共阴 LED 数码管中，所有笔段的 LED 发光二极管的负极连在一起，如图 10-8(c)所示；而在共阳 LED 数码管中，所有笔段的 LED 发光二极管的正极连在一起，如图 10-8(d)所示。由于共阳 LED 数码管与 OC、OD 门驱动器连接方便，因此在单片机控制系统中，多用共阳 LED 数码管。

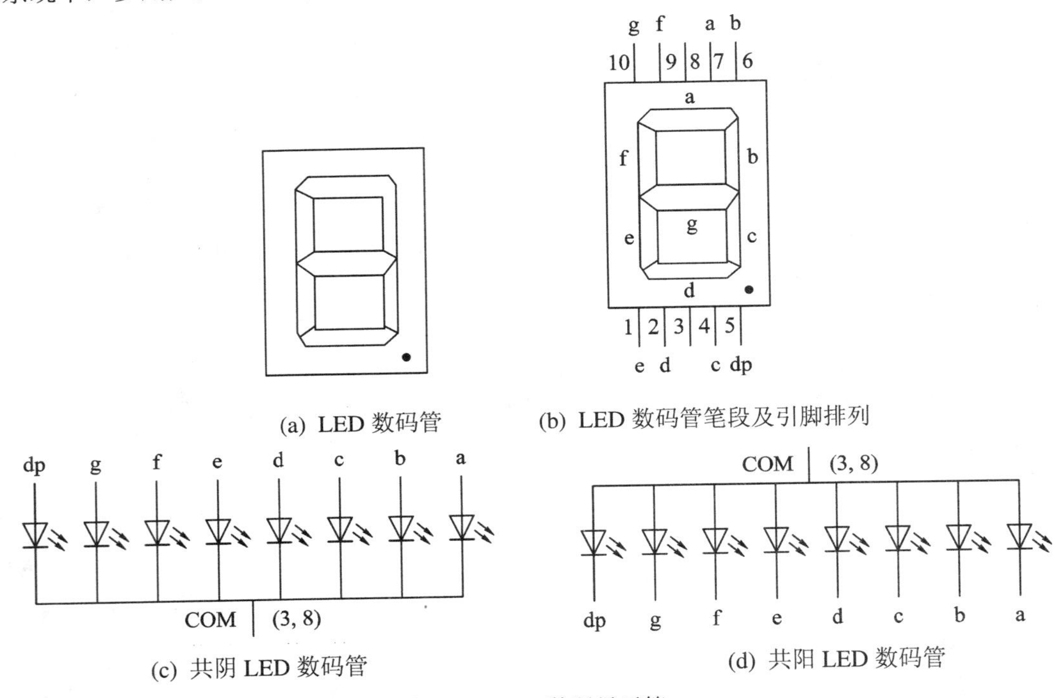


(a) LED 数码管　(b) LED 数码管笔段及引脚排列

(c) 共阴 LED 数码管　(d) 共阳 LED 数码管

图 10-8　LED 数码显示管

LED 数码管有单体、双体、三体等多种封装形式。对于双体、三体封装形式 LED 数码管，其引脚排列与笔段的对应关系可能会因生产厂家的不同而不同，通过数字万用表或指针式万用表 10 k 欧姆挡，就能判别出连接方式(是共阴还是共阳)及其公共端，借助外部电源与一只电阻值为 1 kΩ 的限流电阻识别出引脚排列方式。

## 10.5.2　LED 数码显示器接口电路

从 LED 数码管的结构可以看出，点亮不同的笔段就可以显示出不同的字符。例如，笔段 a、b、c、d、e、f 被点亮时，就可以显示数字“0”；笔段 a、b、c、d、g 被点亮就显示数字“3”。在理论上，七个笔段可以显示 128 种不同的字符，扣除其中没有意义的状态组合后，八段 LED 数码管可以显示的字符如表 10-2 所示。

**表 10-2　八段 LED 数码管可以显示的字符**

| 字符 | 字形 | b7<br>$\overline{dp}$ | b6<br>$\overline{g}$ | b5<br>$\overline{f}$ | b4<br>$\overline{e}$ | b3<br>$\overline{d}$ | b2<br>$\overline{c}$ | b1<br>$\overline{b}$ | b0<br>$\overline{a}$ | 共阳<br>笔段码 | 共阴<br>笔段码 |
|---|---|---|---|---|---|---|---|---|---|---|---|
| 0 | 0 | 1 | 1 | 0 | 0 | 0 | 0 | 0 | 0 | COH | 3FH |
| 1 | 1 | 1 | 1 | 1 | 1 | 1 | 0 | 0 | 1 | F9H | 06H |
| 2 | 2 | 1 | 0 | 1 | 0 | 0 | 1 | 0 | 0 | A4H | 5BH |
| 3 | 3 | 1 | 0 | 1 | 1 | 0 | 0 | 0 | 0 | B0H | 4FH |
| 4 | 4 | 1 | 0 | 0 | 1 | 1 | 0 | 0 | 1 | 99H | 66H |
| 5 | 5 | 1 | 0 | 0 | 1 | 0 | 0 | 1 | 0 | 92H | 6DH |
| 6 | 6 | 1 | 0 | 0 | 0 | 0 | 0 | 1 | 0 | 82H | 7DH |
| 7 | 7 | 1 | 1 | 1 | 1 | 1 | 0 | 0 | 0 | F8H | 07H |
| 8 | 8 | 1 | 0 | 0 | 0 | 0 | 0 | 0 | 0 | 80H | 7FH |
| 9 | 9 | 1 | 0 | 0 | 1 | 0 | 0 | 0 | 0 | 90H | 6FH |
| A | A | 1 | 0 | 0 | 0 | 1 | 0 | 0 | 0 | 88H | 77H |
| B | b | 1 | 0 | 0 | 0 | 0 | 0 | 1 | 1 | 83H | 7CH |
| C | C | 1 | 1 | 0 | 0 | 0 | 1 | 1 | 0 | C6H | 39H |
| D | d | 1 | 0 | 1 | 0 | 0 | 0 | 0 | 1 | A1H | 5EH |
| E | E | 1 | 0 | 0 | 0 | 0 | 1 | 1 | 0 | 86H | 79H |
| F | F | 1 | 0 | 0 | 0 | 1 | 1 | 1 | 0 | 8EH | 71H |
| P | P | 1 | 0 | 0 | 0 | 1 | 1 | 0 | 0 | 8CH | 73H |
| H | H | 1 | 0 | 0 | 0 | 1 | 0 | 0 | 1 | 89H | 76H |
| L | L | 1 | 1 | 0 | 0 | 0 | 1 | 1 | 1 | C7H | 38H |
| Y | y | 1 | 0 | 0 | 1 | 0 | 0 | 0 | 1 | 91H | 6EH |
| — | — | 1 | 0 | 1 | 1 | 1 | 1 | 1 | 1 | BFH | 40H |
| 不显示 | | 1 | 1 | 1 | 1 | 1 | 1 | 1 | 1 | FFH | 00H |

依据显示驱动方式的不同，可将 LED 数码管显示驱动电路分为静态显示方式和动态显示方式。

### 1. LED 静态显示接口电路

LED 静态显示接口电路由笔段代码锁存器、笔段译码器(采用软件译码的 LED 静态显示驱动电路不需要笔段译码器)、驱动器等部分组成。在单片机应用系统中，一般不用七段译码器芯片，如 74249、CD4511 等构成笔段译码器，而采用软件译码方式，原因是软件译码灵活、方便。下面介绍单片机系统中常用的 LED 静态显示接口电路。

(1) 图 10-9 所示是一位共阳 LED 静态显示驱动电路， PG 口输出笔段代码。该电路的优点是结构简单，直接利用 MCU 的 PG 口输出数据寄存器 PG_ODR 作笔段码锁存器，其缺点是占用了 PG0～PG7 八根 MCU I/O 引脚。

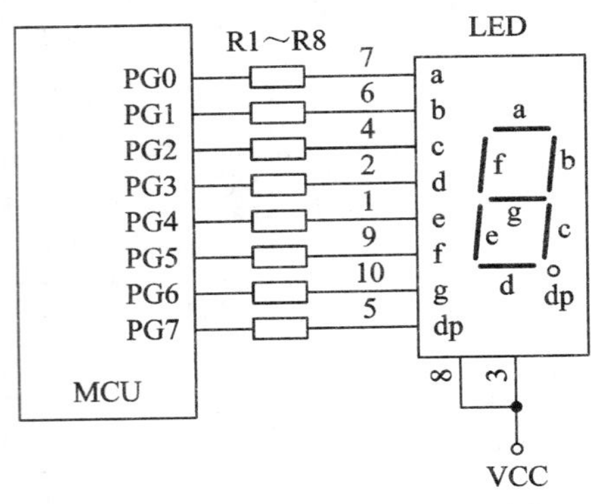


(a) I/O口引脚与笔段编号按顺序连接

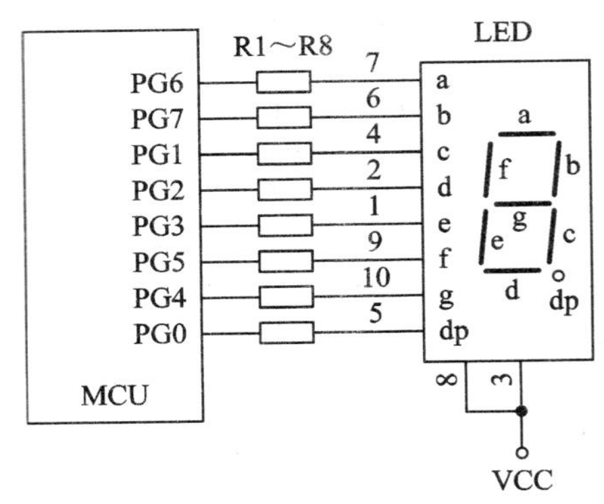


(b) I/O口引脚与笔段编号按PCB连线交叉尽量少方式连接

图 10-9　直接利用 MCU I/O 驱动小尺寸 LED 数码管

在图 10-9(a)中，LED 笔段编号 a～dp 按顺序分别接到 PG0～PG7 引脚，笔段码表中的数据可直接引用表 10-2 中的共阳 LED 数码管笔段代码信息，驱动程序段如下：

```
    CLRW X
    LD XL, A                ; 存放在累加器 A 中的显示数码送寄存器 X
    LD A, (LEDTAB,X)        ; 取出显示数码对应的笔段码
    LD PG_ODR, A            ; 笔段码送 PG 口，显示(PG 口初始化为 OD 输出方式)数码信息
      ⋮
LEDTAB:                     ; 笔段码表首地址
    DC.B C0H,0F9H,0A4H,.    ; 笔段代码表
```

例如，显示数字“0”时，要求 a、b、c、d、e、f 笔段亮，即 PG0～PG5 输出低电平，PG6 输出高电平，PG7 与笔段无关，规定输出高电平，因此数字“0”的笔段代码为 C0H。同理，可以推算出其他数字或字符的笔段代码。

在 PCB 设计时，如果发现按图 10-9(a)所示顺序连接时，连线交叉多，可调整 LED 数码管笔段编号与 I/O 引脚之间的连接关系，如选择类似图 10-9(b)所示的连接关系。在这种情况下，驱动程序没有变化，仅需要根据其连线关系重新构造 LED 笔段码表。可见，在 MCU 控制系统中，采用软件译码方式非常灵活、方便。

(2) 当需要驱动两位或以上 LED 数码管时，为减少 I/O 引脚开销，常用串行移位方式输出 LED 数码管的笔段码信息，如图 10-10 所示。

LED 数码管显示驱动电路在本质上依然是静态显示驱动方式，用 74HC595 串行移位寄存器作笔段码锁存器。借助串行移位寄存器 74HC595 的级联功能，可获得两位或两位以上 LED 数码管静态显示驱动电路。

根据 74HC595 串行移位规则(串行输入端 SDI 接 b0)，先输出 LED2 的 dp 段码，最后输出 LED1 的 a 段码。由于 SPI 总线可以先发送 b7 位(MSB)，因此，图 10-10(a)可以直接

使用表 10-2 给出的笔段码信息。而在图 10-10(b)中使用 UART 串行接口输出笔段码信息时，由于 UART 接口只能先输出 b0 位(LSB)，因此不能直接使用表 10-2 所示笔段码，需要按倒序方式重新编排表 10-2 中笔段码信息，即 b7 与 b0 对调，b6 与 b1 对调，b5 与 b2 对调，b4 与 b3 对调。

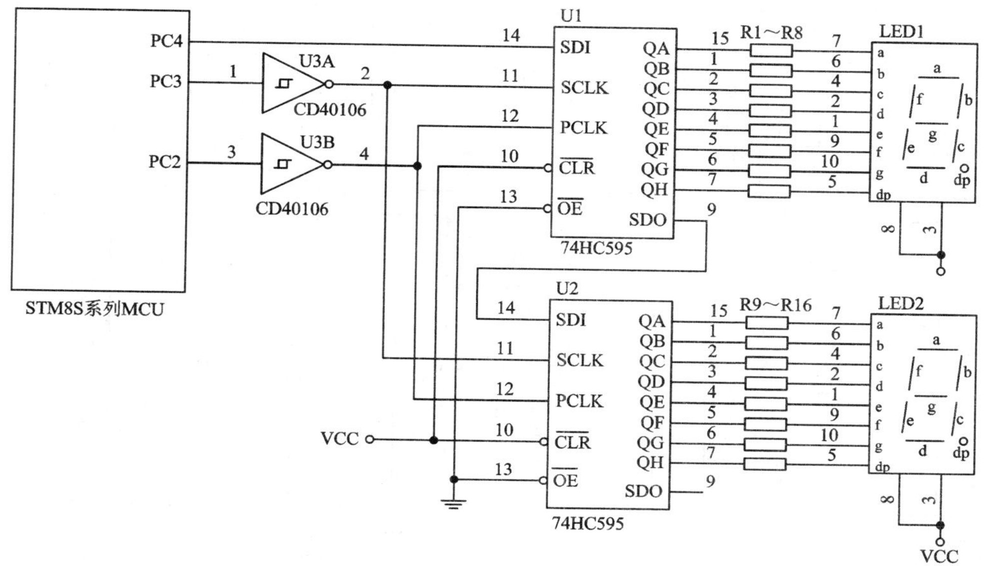


(a) 通过SPI总线接口借助74HC595串入并出芯片驱动

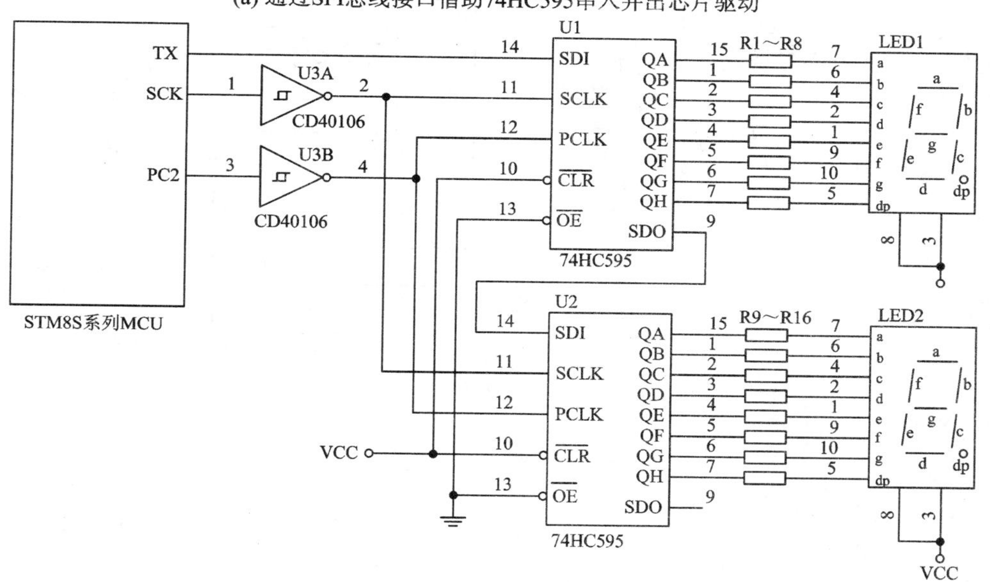


(b) 通过同步UART接口借助74HC595串入并出芯片驱动

图 10-10　串行输出 LED 笔段码的静态显示驱动电路

可见，借助 74HC595 芯片，通过串行输出方式驱动 LED 数码管方式，不仅占用 MCU I/O 的引脚少，且 MCU 散发的热量小，系统的热稳定性高。

当LED数码管工作电流较大(5 mA 以上)或驱动电压较高(如 5 V 以上)时，可在 74HC595 与数码管之间增加 OC 输出 7406(反相)、7407(同相)芯片作笔段码驱动器，如图 10-11 所示。

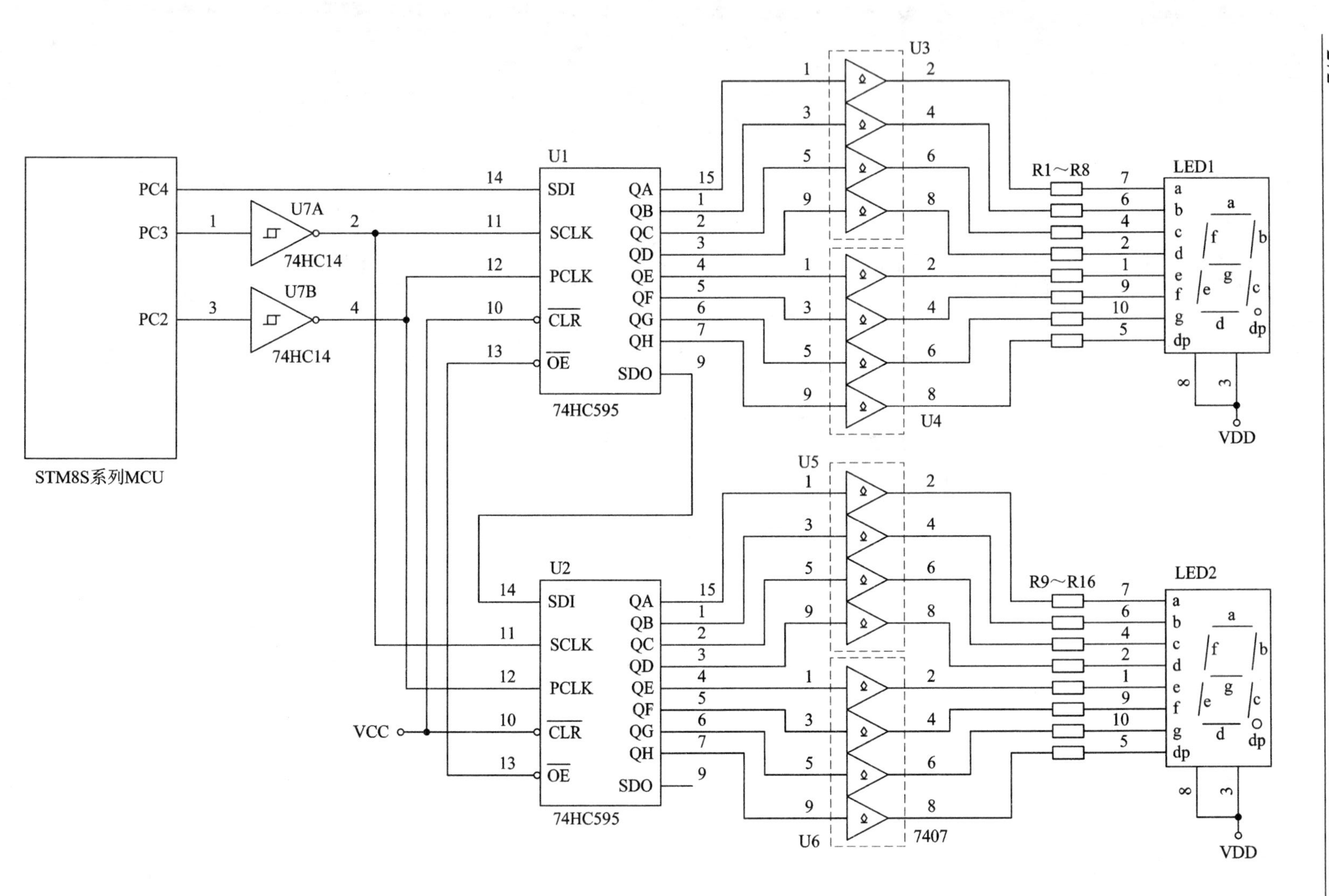

图 10-11　高压或大电流 LED 数码管静态显示驱动电路

### 2. LED 显示器动态显示方式

在静态显示方式中，显示驱动程序简单，CPU 占用率低(更新显示内容时，才需要输出笔段码信息)，但每一位 LED 数码管需要一个 8 位锁存器来锁存笔段码信息，硬件开销大成本高，仅适用于显示位数较少(4 位以下)的场合。当需要显示的位数在 4～12 时，多采用“按位扫描、软件译码(在单片机系统中一般不用硬件译码)的动态显示”方式。而当显示位数大于 12 时，可采用分组按位扫描或按笔段扫描的动态显示方式。

在按位扫描的动态显示方式中，每位 LED 数码管同笔段引脚并联在一起，共用一套笔段代码锁存器(由于单片机的 I/O 口、串行移位寄存器均具有输出锁存功能，因而不需要额外的笔段代码锁存器)、译码器(采用软件译码时，不用译码器)及驱动器。为了控制各位 LED 数码管轮流工作，各显示位的公共端与位译码(采用软件译码时不用)、锁存、驱动电路相连。这样就可以依次输出每一个显示位的笔段代码和位扫描码，轮流点亮各位 LED 数码显示管，实现按位扫描动态显示。可见，在动态显示方式中，仅需一套笔段代码锁存、译码(软件译码除外)、驱动器，以及一套位扫描码锁存、驱动器，硬件开销少。

在动态显示方式中，各 LED 数码管轮流工作，为防止出现闪烁现象，LED 数码管刷新频率必须大于 25 Hz，即同一个 LED 数码管相邻两次点亮时间间隔必须小于 40 ms。对于具有 N 个 LED 数码管的动态显示电路来说，如果 LED 显示器刷新频率为 f，那么刷新周期为 1/f，则每一位的显示时间为 $1/(f\times N)$秒。显然，位数越多，每一位的显示时间就越短，在驱动电流一定的情况下，亮度就越低。正因如此，在动态 LED 显示电路中，需适当增大驱动电流，一般取 10～20 mA，以抵消因显示时间短而引起的亮度下降现象。为保证一定的亮度，实验表明：对于普通亮度 LED 来说，在驱动电流取 30 mA 的情况下，每位显示时间不能小于 1 ms；对于高亮度 LED 来说，在驱动电流取 20 mA 的情况下，每位显示时间也不能小于 1 ms。

在图 10-12 中，使用 PG 口作为笔段码锁存器，7407 作笔段码驱动器(由于在 LED 动态显示电路中，为获得足够亮度，限流电阻较小，LED 瞬态电流较大，一般不能省去笔段码驱动器，除非 LED 尺寸很小，每段工作电流在 3 mA 以下)；PB 口作位扫描码锁存器，用中功率 PNP 管，如 8550 作位驱动器。显然，笔段码、位扫描码均采用软件译码方式。

LED 动态显示器显示时，依次将各位笔段码送 PG 口，位扫描码送 PB 口，即可分时显示所有位。就微观来说，任意时刻只有一只 LED 数码管工作，利用人眼视觉的惰性特征，只要刷新频率不小于 25 Hz，宏观上就看到所有位同时显示，且没有闪烁感。

从图 10-12 可以看出，在软件译码的动态 LED 显示电路中，无论显示位数有多少个，仅需一套笔段码锁存器与驱动器，一套位扫描码锁存器与驱动器，硬件开销少。因此，在单片机应用系统中得到了广泛应用。

另外，PB 口采用 OD 输出方式，低电平驱动能力强，可吸收 10 mA 的灌电流，当 PNP 三极管电流放大系数 $\beta$ 大于 100 时，集电极最大电流 $I_{Cmax}$ 达到 1 A，足可以驱动 50 只动态工作电流为 20 mA 的发光二极管。例如，基极限流电阻取 3.6 kΩ，基极电流 $I_B$ 约为 1.1 mA，各笔段限流电阻取 200～300 Ω。当 LED 工作电压 $V_F$ 取 2.0 V 时，LED 工作电流 $I_F$ 约为 8.5～13 mA 之间。这样的电路结构简单，仅使用 8 只中功率 PNP 管、2 片 7407 同相驱动器，驱动程序的编写、调试难度也不大。

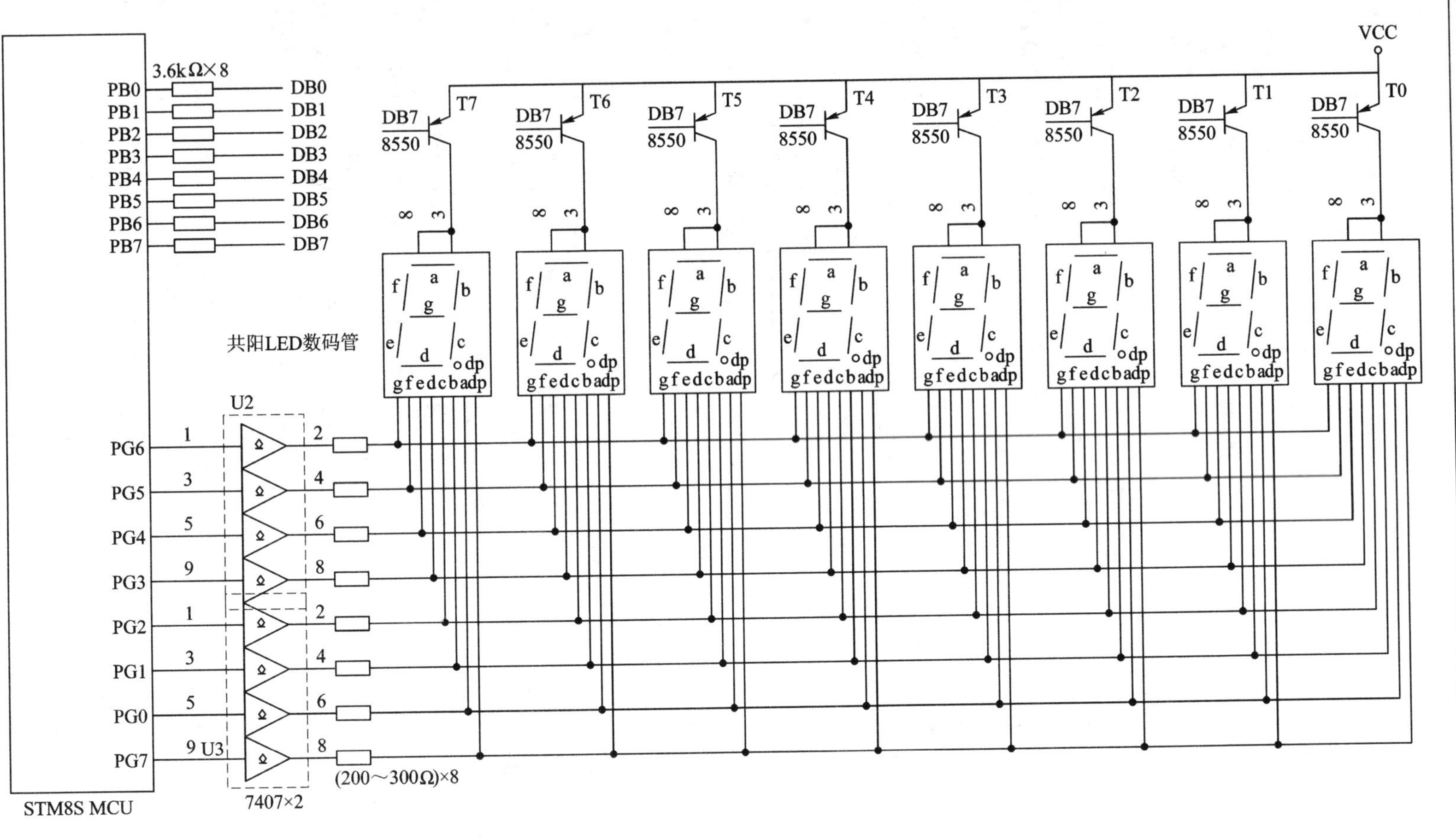


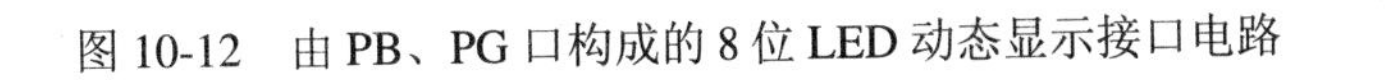
图 10-12　由 PB、PG 口构成的 8 位 LED 动态显示接口电路

在动态扫描显示方式中，一般使用定时中断方式确定各位切换时间。由于显示位数较多，刷新频率取值较低，如 50 Hz，则一位显示时间为 1/(50 × 8) = 2.5 ms，即定时时间为 2.5 ms。

用软件方式完成笔段译码时，一般采用双显示缓冲区结构：显示数码缓冲区和笔段代码缓冲区。当有数据进入数码缓冲区时，执行查表操作，把显示数码缓冲区内的数码转换为笔段码并保存到笔段代码缓冲区内；在显示定时中断服务程序中，只需将笔段码缓冲区的信息输出到笔段代码锁存器中，原因是不会经常改写显示的内容。这样就能有效地减少显示驱动程序的执行时间，提高系统的响应速度。

图 10-12 所示接口电路的显示驱动参考程序如下：

```
.LED_NO_BUF      DS.B   8     ; 在 ram1 段内定义数码显示缓冲区(假设低位放在低地址)
.LED_SEG_BUF     DS.B   8     ; 在 ram1 段内定义笔段代码缓冲区(假设低位放在低地址)
.LED_SP          DS.B   1     ; 在 ram1 段内定义 LED 位扫描指针
.NDHZ            DS.B   1     ; 在 ram1 段内定义“灭 0”标志
;*********定义 I/O 引脚输出方式*********
    MOV PB_DDR, #0FFH           ; DDR 为 1，PB 口输出
    CLR PB_CR1                  ; CR1 为 0，采用 OD 输出方式
    MOV PB_ODR, #0FFH           ; PB 口初始为高电平
    MOV PG_DDR, #0FFH           ; DDR 为 1，PG 口输出
    MOV PG_CR1, #0FFH           ; CR1 为 1，PG 口采用推挽输出方式
;**********定义中断服务程序中显示驱动程序*********
    INC LED_SP                  ; 显示指针加 1
    LD A, LED_SP
    CP A, #8
    JRC LED_DISP_NEXT1
    ; 指针不小于 8，从 0 开始
    CLR LED_SP
LED_DISP_NEXT1:
    LD A, LED_SP                      ; 取显示指针
    JRNE LED_DISP_NEXT21
    ; 指针为 0，显示第 0 位
    MOV PB_ODR, #11111110B            ; 除 b0 位外，其他非显示位扫描信号为 1
    MOV PG_ODR, { LED_SEG_BUF+0}      ; 第 0 位笔段码信息送 PG 口
    JRT LED_DISP_EXIT
LED_DISP_NEXT21:
    CP A, #1
    JRNE LED_DISP_NEXT22
    ; 指针为 1，显示第 1 位
    MOV PB_ODR, #11111101B            ; 除 b1 位外，其他非显示位扫描信号为 1
    MOV PG_ODR, { LED_SEG_BUF+1}      ; 第 1 位笔段码信息送 PG 口
```

```
    JRT LED_DISP_EXIT
LED_DISP_NEXT22:
    CP A, #2
    JRNE LED_DISP_NEXT23
    ；指针为 2，显示第 2 位
    MOV PB_ODR, #11111011B              ；除 b2 位外，其他非显示位扫描信号为 1
    MOV PG_ODR, { LED_SEG_BUF+2}  ；第 2 位笔段码信息送 PG 口
    JRT LED_DISP_EXIT
LED_DISP_NEXT23:
    CP A, #3
    JRNE LED_DISP_NEXT24
    ；指针为 3，显示第 3 位
    MOV PB_ODR, #11110111B              ；除 b3 位外，其他非显示位扫描信号为 1
    MOV PG_ODR, { LED_SEG_BUF+3}  ；第 3 位笔段码信息送 PG 口
    JRT LED_DISP_EXIT
LED_DISP_NEXT24:
    CP A, #4
    JRNE LED_DISP_NEXT25
    ；指针为 4，显示第 4 位
    MOV PB_ODR, #11101111B              ；除 b4 位外，其他非显示位扫描信号为 1
    MOV PG_ODR, { LED_SEG_BUF+4}  ；第 4 位笔段码信息送 PG 口
    JRT LED_DISP_EXIT
LED_DISP_NEXT25:
    CP A, #5
    JRNE LED_DISP_NEXT26
    ；指针为 5，显示第 5 位
    MOV PB_ODR, #11011111B              ；除 b5 位外，其他非显示位扫描信号为 1
    MOV PG_ODR, { LED_SEG_BUF+5}  ；第 5 位笔段码信息送 PG 口
    JRT LED_DISP_EXIT
LED_DISP_NEXT26:
    CP A, #6
    JRNE LED_DISP_NEXT27
    ；指针为 6，显示第 6 位
    MOV PB_ODR, #10111111B              ；除 b6 位外，其他非显示位扫描信号为 1
    MOV PG_ODR, { LED_SEG_BUF+6}  ；第 6 位笔段码信息送 PG 口
    JRT LED_DISP_EXIT
LED_DISP_NEXT27:
    ；指针肯定为 7，显示第 7 位
```

```
    MOV PB_ODR, #01111111B            ; 除 b7 位外，其他非显示位扫描信号为 1
    MOV PG_ODR, { LED_SEG_BUF+7}      ; 第 7 位笔段码信息送 PG 口
LED_DISP_EXIT:
    ; 显示驱动程序结束
```

注：为便于读者理解 LED 动态扫描显示原理，在上述程序段中有意详细给出了各位扫描输出指令。程序段中带灰色背景部分，完全可用查表指令代替，这不仅减小了代码量，也缩短了执行时间，提高了系统的响应速度。

```
    LD A, LED_SP
    CLRW X
    LD XL, A                          ; 显示指针送 X 寄存器
    LD A, (SCAN_TAB,X)                ; 查表位扫描码表，取出对应位的扫描码
    LD PB_ODR,A                       ; 位扫描码送 PB 口
    LD A, (LED_SEG_BUF, X)            ; 取对应位笔段码，并送 PG 口显示
    LD PG_ODR,A
LED_DISP_EXIT:

; ******当显示信息变化时，把显示缓冲区内数码转换为笔段码，并存放在笔段码缓冲区中*****
; ******(检查高位是否为 0，若是要灭 0)******
LED_NO_TO_Seg:                        ; 转换程序段
    PUSHW X
    PUSHW Y
    LDW X, #07                        ; 从最高位开始
    BSET NDHZ, #0                     ;“灭 0”标志预先置为有效
LED_Seg_LOOP1:
    LD A, (LED_NO_BUF, X)
    BTJF NDHZ, #0, LED_Seg_NEXT1
    ; “灭 0”标志有效，说明前一位为 0，要检查当前位是否为 0，若为 0，不显示
    TNZ A                             ; 测试 A 是否为 0
    JRNE LED_Seg_NEXT0                ; 不为 0，则立即清除“灭 0”标志
    ; 当前位内容为 0，不显示，须送关闭码 FFH 到笔段码缓冲区
    LD A, #0FFH
    JRT LED_Seg_NEXT2
LED_Seg_NEXT0:
    BRES NDHZ, #0                     ;“灭 0”标志无效
LED_Seg_NEXT1:
    CLRW Y
    LD YL, A                          ; 显示数码送 Y
    LD A, (DISPTAB, Y)                ; 查表取出笔段码信息
```

```
LED_Seg_NEXT2:
    LD (LED_SEG_BUF, X), A          ; 笔段码信息送笔段码缓冲区
    DECW X                          ; 指针减 1
    JRNE LED_Seg_LOOP1
    ; 转换不需要“灭 0”的个位
    LD A, {LED_NO_BUF+0}            ; 取个位数码
    CLRW Y
    LD YL, A                        ; 显示数码送 Y
    LD A, (DISPTAB, Y)              ; 查表取出笔段码信息
    LD (LED_SEG_BUF, X), A          ; 笔段码信息送笔段码缓冲区
    POPW Y
    POPW X
    RET
DISPTAB:                            ; 七段共阳 LED 笔段码(0～F)
    DC.B 0C0H,0F9H,0A4H,0B0H,99H,92H,82H,0F8H,80H,90H,88H,83H,0C6H,0A1H,86H,8EH
SCAN_TAB:                           ; 位扫描码
    DC.B 0FEH,0FDH,0FBH,0F7H,0EFH,0DFH,0BFH,7FH
```

当 MCU I/O 引脚资源紧张时，可采用串行移位方式输出位扫描码、笔段码，如图 10-13 所示。其中，U1 作位扫描码锁存器；U2 作笔段码锁存器，OC 输出 7407 芯片 U4～U5 作笔段码驱动器(74HC595 芯片输出高、低电平时，驱动电流仅为 2 mA 左右，而动态显示方式笔段电流较大，必须设置笔段码驱动器)；施密特输入反相器 U3 可选择：当连线较长或 MCU 驱动能力不足时，可考虑在 74HC595 串行移位脉冲 SCLK 输入端、并行锁存脉冲 PCLK 的输入端，增加 74HC14 反相器，以改善移位脉冲(SCLK)与并行锁存脉冲(PCLK)的边沿。

图 10-13 所示电路显示驱动程序与图 10-12 所示并行输出方式的显示驱动程序基本相同，唯一区别是：位扫描码不送 PB_ODR 寄存器，而是某一个 RAM 单元，如 U1_Buffer；笔段码不送 PG_ODR 寄存器，而是某一个 RAM 单元，如 U2_Buffer。然后将位扫描码 U1_Buffer 与笔段码 U2_Buffer 以串行方式输出到 U1、U2 芯片中。

由于图 10-13 所示电路中占用的 MCU I/O 引脚少，仅需增加 2 片 74HC595，因此成本低廉，在单片机应用系统中得到了广泛应用。注：笔段码信息与图 10-12 的略有不同，必须根据连线关系重新构造。

当 LED 显示位数较多，如 12 位以上时，即使将显示刷新率降到 25 Hz(实际上当刷新频率降到 25 Hz 时，人眼已感到存在轻微的闪烁感)后，仍不能保证每位显示时间大于 1 ms 时，可采用按笔段扫描方式或按位分组扫描方式的动态显示驱动电路。

在按笔段扫描方式中，不论位数多少，对于八段数码显示器来说，笔段引脚只有 8 根，即使显示刷新频率为 50 Hz，按笔段扫描时，每一笔段显示时间依然为 $1/(50 \times 8) = 2.5$ ms。显示时，每次点亮所有位的一个笔段(即扫描信息从笔段引脚 dp～a 输入)，各位同一笔段的显示信息由位选择电路控制，如图 10-14 所示(LED 数码管为共阴连接方式)。

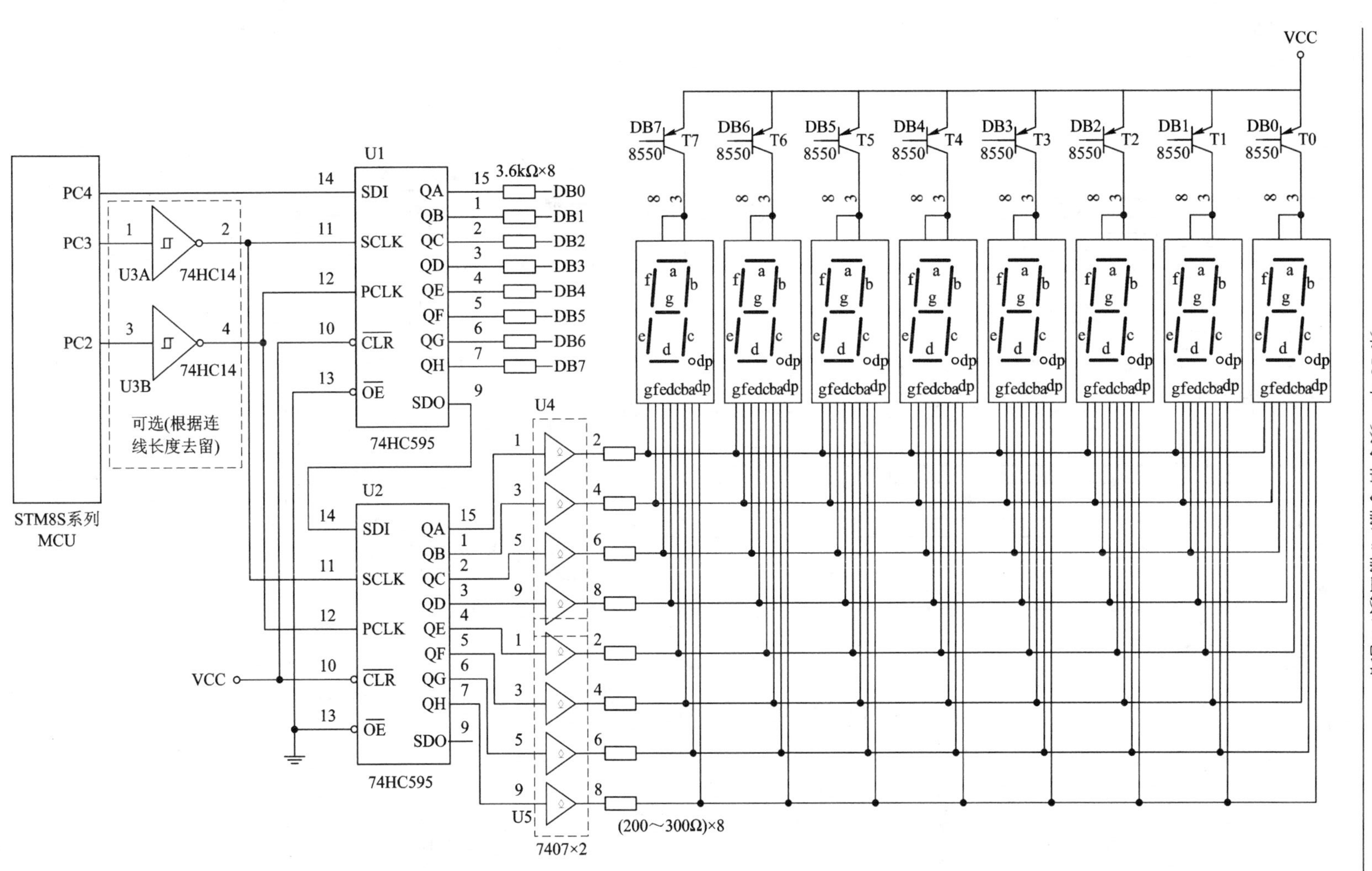


图 10-13　以串行方式输出位扫描码及笔段码的 LED 动态显示驱动电路

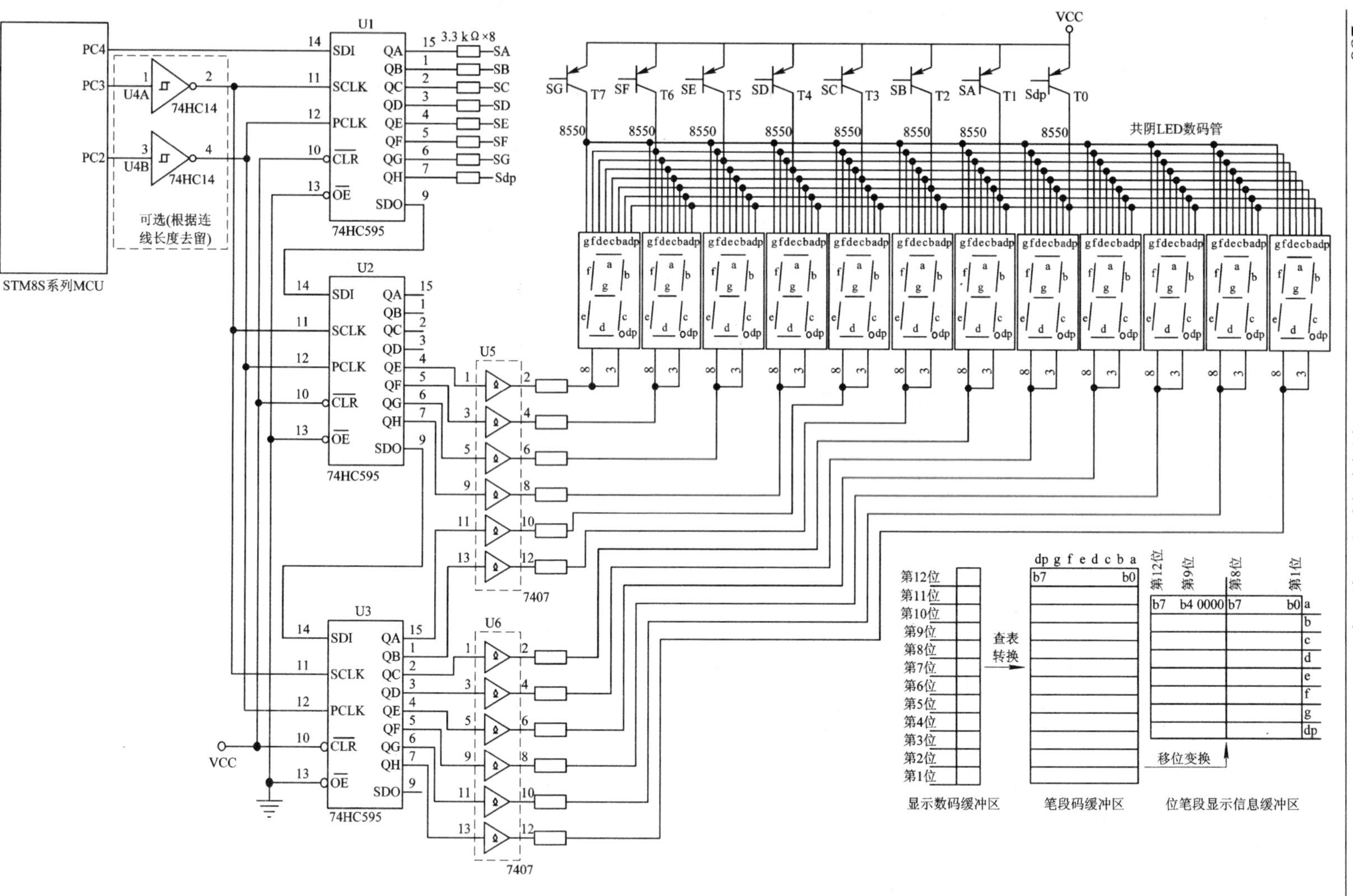

图 10-14　按笔段扫描动态显示驱动电路

图 10-14 所示显示驱动电路显示时，先将显示数码缓冲区内的数码转换为笔段码，然后将笔段码缓冲区内的信息转化为位笔段显示信息码，如图 10-15 所示。其显示时只要将位笔段的显示信息送位选择口即可。

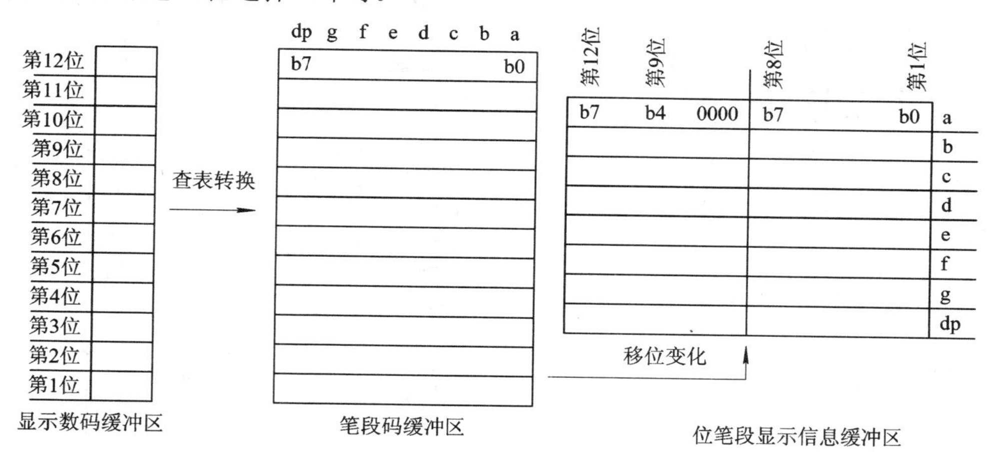


图 10-15　查表转换示意图

在按位分组扫描方式中，每次同时显示各组中的一位。例如，在图 10-16 所示电路中，将 16 个 LED 数码显示管分成两组，其中，U6 输出第一组(1～8 位)LED 数码显示管的笔段代码；U2 输出第二组(9～16 位)LED 数码显示管的笔段代码。而位扫描信号由 U1 输出(同时显示两只 LED 数码管，当两只 LED 数码管共 16 个笔段全亮时，所需驱动电流较大，选择 PNP 基极电阻时，必须保证 PNP 管饱和)。在按位分组扫描显示时，依次将第一组(即 1～8 位)笔段码送 U6，第二组(即 9～16 位)笔段码送 U2，然后将扫描码送 U1，这样一次扫描将同时显示两位，尽管显示的位数多了，但每一个 LED 数码显示管显示时间并没有缩短。显然，在这种显示方式中，每组需要一套笔段码锁存和驱动器，硬件成本略有上升，但显示驱动程序与一般动态显示电路的相似，驱动程序的编写和调试相对较容易。

### 10.5.3　LED 点阵显示器及其接口电路

LED 数码显示器能够显示的字符信息有限，为了能够显示更多、更复杂的字符，如汉字，甚至图形等信息，常采用点阵式 LED 显示器。在点阵式 LED 显示器中，行、列交叉点对应一只发光二极管(假设正极接行线，负极接列线，当然也可以倒过来，只是驱动电路略有不同)，二极管的数量决定了点阵式 LED 显示器的分辩率。图 10-17 给出了 16×64 点阵式 LED 及其显示驱动电路，该点阵式 LED 可显示两行 7×7 点阵西文字符(每行 8 个)，或一行 16×16 点阵字模汉字(每行 4 个)。将若干小块 LED 点阵式显示器的行线或列线连接一起，就可以构成更大点阵的 LED 显示器。在大屏幕 LED 显示器中，发光二极管数目可达上万只。

点阵式 LED 显示驱动多采用动态扫描方式，由行(或列)扫描电路及信息显示输出电路(列或行)组成。其中，行扫描电路由行扫描信息锁存器(可并行输出，也可以串行输出)、行驱动器两部组成(一般点阵 LED 显示器由 MCU 芯片控制，不需要硬件译码电路)，每次扫描一行；信息显示由列线输出，由列锁存器(由于列数较多，因此采用串行输出方式可减少 MCU 引脚的开销)、列驱动器(为保证一定的亮度，列驱动电流 $I_F$ 一般取 10～20 mA，必须在锁存器后加驱动电路)组成。

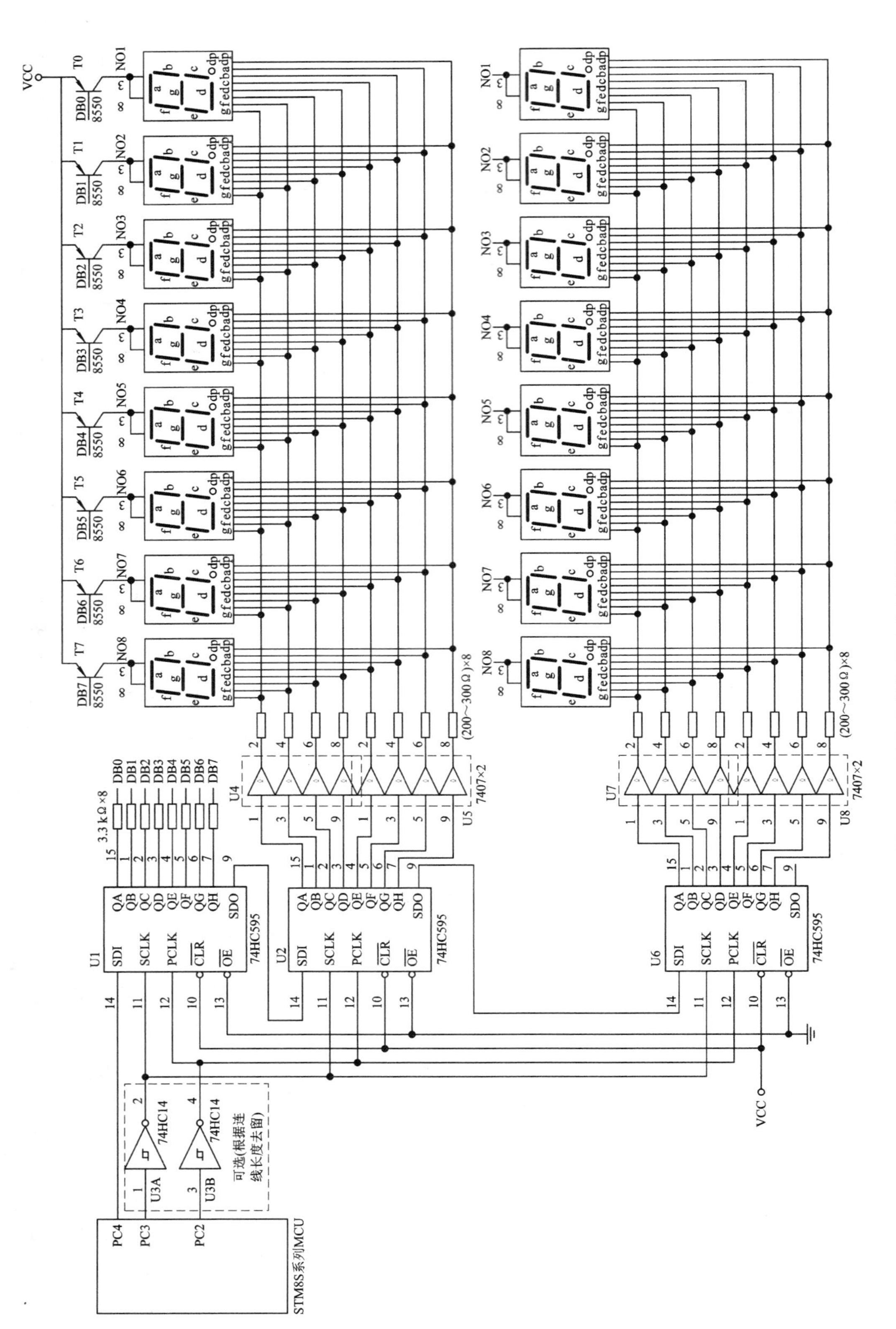


图 10-16　按位分组扫描动态显示驱动电路

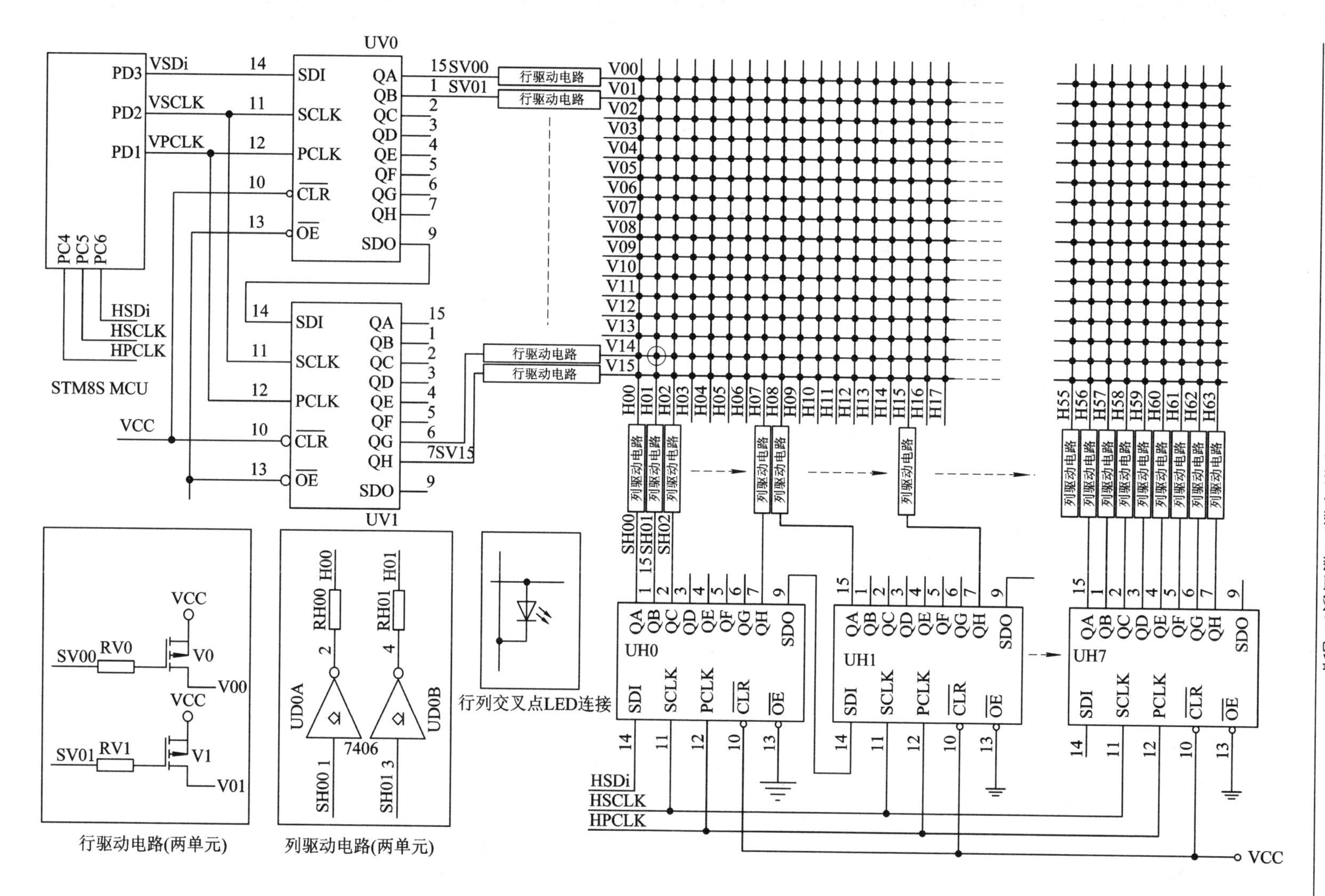


图 10-17　16×64 点阵 LED 显示器结构

为便于读者理解点阵式 LED 显示驱动方式，在图 10-17 中，采用串入并出数字芯片 74HC595 构成行、列信息锁存器。行驱动器由大功率 P 沟 MOS 管组成(当同一行上所有 LED 被点亮时，驱动电流较大，其值为列数乘 $I_F$，因此最好采用功率 MOS 管驱动)。当行扫描锁存器输出低电平时，PMOS 管导通，驱动电压通过 MOS 管源极 S→漏极 D 施加到点阵式 LED 显示器对应的行线上。而当行扫描锁存器输出高电平时，PMOS 管截止。显示信息由列线输入，对于要显示的像点，列锁存器输出高电平，经 OC 输出 7406 反相后，列线输出低电平，对应的 LED 导通。而对于非显示像点，列锁存器输出低电平，经 OC 输出 7406 反相后，列线输出高电平，对应的 LED 截止。

行扫描驱动电路中电阻 RV00～RV15 的取值为 20～30 Ω，目的是防止 MOS 管栅极产生尖峰过冲脉冲。列驱动电路中限流电阻 RH00～RH63 的计算方法为

$$\text{RH00}\sim\text{RH63}=\frac{\text{VCC}-V_F-|V_{DS}|-V_{OL}}{I_F}$$

其中，$V_F$ 为 LED 工作电压，可按 2.0 V 计算；$|V_{DS}|$为行扫描驱动 PMOS 管导通电压，其值与 PMOS 管导通电阻、行驱动电流有关；$V_{OL}$ 为 7406 输出低电平电压，当 $I_F$ 为 10～20 mA 时，可按 0.4 V 计算。

根据列锁存器的特征及其与列线的连接关系，确定 LED 行线上显示点与锁存器位之间的对应关系，从而确定显示 RAM 与 LED 屏像素的对应关系(指屏幕行上每 8 个像点与显示 RAM 是按顺序还是倒序关系对应)。

对于图 10-17 来说，根据列锁存器与列线的连接关系，即列锁存器 UH0 的 b0 位对应行线的第 0 个像素，b1 位对应行线的第 1 个像素…… b7 位对应行线的第 7 个像素；UH1 的 b0 位对应行线的第 8 个像素…… b7 位对应行线的第 15 个像素；依次类推，UH7 的 b7 位对应行线的第 63 个像素。显然，所需显示 RAM 的容量为 16(行) × 8B(每行含有 64 列，即 8 字节)，共计 128 字节。

可见，LED 分辨率越高，所需显示 RAM 的容量就越大。对于 48 × 192 点阵式 LED 屏来说，将需要 RAM 的容量为 48(行) × 24 B，即 1152 B。而 STM8 系列 MCU 芯片 RAM 容量的最大值为 6 KB，可用约 4 KB 作显示 RAM，能直接控制 128 × 240 点阵式 LED 屏。

根据 74HC595 的串行移位时序，显示时，先输出同一行显示 RAM 中的最后一个字节的 b7 位，然后输出同一行显示 RAM 中倒数第二字节的 b7 位，依次类推，最后输出同一行显示 RAM 中的首字节的 b7 位。

为避免闪烁，行扫描频率取 50 Hz，则每隔 1.25 ms 输出一行，在定时中断服务程序中，显示驱动参考程序如下：

```
V_SCAN_NO.B      DS.B      1        ; 行扫描计数器
DISP_RAM_Buf     DS.B      128      ; 显示缓冲区
  ……                                ; 略去相关 I/O 引脚定义
  #define VPCLK PD_ODR, #1          ; 定义行扫描锁存脉冲
  #define VSCLK PD_ODR, #2          ; 定义行扫描串行移位脉冲
  #define VSDi    PD_ODR, #3        ; 定义行扫描串行数据输入引脚
  #define HPCLK PC_ODR, #4          ; 定义显示信息锁存脉冲
  #define HSCLK PC_ODR, #5          ; 定义显示信息串行移位脉冲
```

```
    #define HSDi     PC_ODR, #6           ; 定义显示信息串行数据输入引脚
; ------行扫描驱动程序---
    LD A, V_SCAN_NO
    INC A                                 ; 行扫描指针加 1
    CP A, #16
    JRC V_SCAN_NEXT1
    ; 行扫描指针不小于 16，指针回零
    CLR A
V_SCAN_NEXT1:
    LD V_SCAN_NO, A                       ; 回写行扫描指针
    CLRW X
    LD XL, A                              ; 行指针送寄存器 X
    LDW X, (SCAN_TAB,X)                   ; 通过查表取出行扫描信息
    CPLW X                                ; 取反(使显示行输出低电平，不显示行输出高电平)
    BRES VPCLK                            ; 并行锁存脉冲为低电平
    MOV R11, #16
 V_SCAN_LOOP1:
    BRES VSCLK                            ; 行串行移位脉冲为低电平
    RLCW X                                ; 先输出 b15 位
    BCCM VSDi                             ; 数据送行扫描串行输入端
    NOP                                   ; 根据 CPU 频率，插入 NOP 指令延迟
    BSET VSCLK                            ; 行串行移位脉冲为高电平
    DEC R11
    JRNE V_SCAN_LOOP1
    BRES VSCLK                            ; 行串行移位脉冲为低电平
    BSET VPCLK                            ; 行并行锁存脉冲为高电平
    NOP
    BRES VPCLK                            ; 行并行锁存脉冲为低电平
; ------显示信息输出程序---
    CLRW X
    LD A, V_SCAN_NO                       ; 取当前行号
    LD XL, A                              ; 行号送寄存器 X
    SLLW X
    SLLW X
    SLLW X                                ; 每行有 8 个字节，即行号须乘以 8
    ADDW X, #7                            ; 从该行最后一个字节开始显示
    MOV R10, #8                           ; 每行含有 8 个字节
    BRES HPCLK                            ; 列并行锁存脉冲为低电平
 H_RAM_LOOP1:
```

```
        LD A , (DISP_RAM_Buf,X)          ; 取出显示 RAM 内容
        MOV R11, #8                      ; 每个字节为 8 位
    H_RAM_LOOP11:
        BRES HSCLK                       ; 列串行移位脉冲为低电平
        RLC A                            ; 先输出 b7 位
        BCCM HSDi                        ; 送显示信息串行数据输入端
        NOP
        BSET HSCLK                       ; 列串行移位脉冲为高电平
        DEC R11
        JRNE H_RAM_LOOP11
        ; 当前字节已送出
        DECW X                           ; 指针减 1
        DEC R10                          ; 字节计数器减 1
        JRNE H_RAM_LOOP1
        ; 同一行上所有字节已送出
        BRES HSCLK                       ; 列串行移位脉冲为低电平
        BSET HPCLK                       ; 列并行锁存脉冲为高电平
        NOP
        BRES HPCLK                       ; 列并行锁存脉冲为低电平
        IRET
    SCAN_TAB:                            ; 行扫描码
        DC.W 0001H, 0002H, 0004H, 0008H, 0010H, 0020H, 0040H, 0080H
        DC.W 0100H, 0200H, 0400H, 0800H, 1000H, 2000H, 4000H, 8000H
```

当行数超过 16 时，在行频率为 50 Hz 的条件下，每行显示时间将小于 1 ms。为保证一定的亮度，可采用图 10-16 所示的分组驱动方式。例如，对于 48 行点阵 LED 屏，可分为 3 组(每组 16 行)，即需要额外增加两套列驱动电路，连线也变得更加复杂。为此，常使用专用的集成控制芯片(或 PFGA)作高点阵 LED 驱动电路中的控制芯片。

## 10.6　LCD 模块显示驱动电路

液晶，即液态晶体，是某些有机化合物特有的物态，其物理特性介于液态和晶体之间，既有液体的流动性，又有晶体的光学各向异性。利用液晶旋光特性制成的显示器称为液晶显示器，简称 LCD(Liquid Crystal Device)。

LCD 显示器体积小，重量轻，工作电压低(3～6 V)，功耗小(μW/cm$^2$ 以下，比 LED 显示器低得多，特别适合作为靠电池作动力的应用系统的显示部件)，分辨率高，可逼真地实现彩色显示，通过平面刻蚀工艺，可设计出任意形状的显示图案，广泛用作数字化仪器仪表(如示波器、万用表)、家用电器(如钟表、手机、数码相机、空调机遥控器)、笔记本电脑等电子设备的显示器件。因此，理解 LCD 显示器结构、种类、工作原理，以及与单片机的连接方式具有重要意义。

液晶显示器种类很多，根据显示原理，可以将 LCD 显示器分为电场效应型、电流效应型、电热效应型与热光效应写入型等。电场效应型又可细分为扭曲向列型(TN)、超扭曲向列型(STN)、宾主效应型、铁电效应型等。下面简要介绍仪器仪表中常用的依据 TN 型液晶电控旋光显示原理获得的反射式场效应型和透射式场效应型 LCD 显示器的结构。

LCD 显示器件属于一种利用光反射的被动显示器件，适宜在明亮的场合下使用，即对于反射式 LCD 显示器，需要在光的照射下，才能看到显示的字符或数字；对于透射式的 LCD 显示器，需要在背景光的照射下，才能观察到显示的字符或数字。这是 LCD 显示器件的缺点。

由于 LCD 器件的特殊性——即使是最简单的笔段型 LCD 显示器件也不宜用直流驱动，所有 LCD 显示器件均需采用类似 LED 的动态扫描方式，使笔段或点阵平均电压为 0；同时为保证不显示笔段或点阵与背电极的电压差小于阈值电压，还需采用偏压法驱动，导致了 LCD 显示驱动电路的复杂化，因此 LCD 显示器件均附着在 LCD 显示驱动电路板上，形成 LCD 模块(简称 LCM)。

LCD 显示驱动电路由 LCD 显示控制芯片、行显示驱动芯片、列显示驱动芯片、SRAM 存储器芯片等组成(目前也有用一块 FPGA 芯片构成 LCD 模块显示驱动电路)，其核心是显示控制芯片。常见的 LCD 显示控制芯片有 S6B0108、HT1621、SED1520、T6963C、ST7920、RA8835、SPLC780D 等。

LCD 显示模块 LCM 种类很多，根据显示原理可分为 STN、TFT 等；根据显示方式可分为笔段型、点阵字符型、点阵图形等；根据显示信息传送方式可分为串行接口(UART 或 SPI)和并行接口(总线方式、非总线方式)。低分辨率字符型 LCM 可采用串行接口方式，为提高数据的传输速率，在中、高分辨率 LCD 模块中，多采用并行接口方式。即使是相同分辨率、相同接口的 LCD 模块，也会因显示控制芯片的不同而差异很大。

作为电子工程技术人员，只需了解 LCD 模块接口的种类、信号含义、传输时序、显示控制芯片型号(决定了 LCD 显示屏上像点与显示 RAM 之间的对应关系、显示控制命令及格式、显示信息的写入方式)等，就能使用 LCD 模块显示控制系统的信息，无须掌握 LCD 工作原理、LCD 模块内显示驱动电路的连接方式等。换句话说，在控制系统中，对于 LCD 显示模块，必须掌握以下内容：

(1) LCD 显示模块(LCM)接口信号的含义，以及与 MCU 的连接方式(总线方式、间接方式)、传输时序。

(2) LCD 显示屏上像点(或笔段)与 LCM 模块控制芯片内显示 RAM 单元(字节或位)之间的对应关系(显示 RAM 中一个字节与显示屏上 8 个像点之间的对应关系，即是横向关系还是纵向关系；显示 RAM 字节内的 b0 位对应显示屏上 8 个像点中的哪一个，即字模是否要倒向)。

(3) 在点阵图形 LCD 显示器上显示西文、汉字、图形的原理与过程，包括 LCD 模块初始化、汉字机内码的定义方法、汉字字模获取手段(选择适合的字模提取软件与提取方式)，以及如何将字模信息写入 LCD 显示 RAM 等。

下面以 TG240128A LCD 图形显示模块(该模块采用日本东芝公司 T6963C 点阵图形液晶显示控制芯片)为例，介绍 STM8S MCU 与 LCD 显示模块的连接方式与驱动程序。

### 10.6.1 以 T6963C 为显示控制芯片的 LCD 模块接口及时序

采用 T6963C 点阵图形液晶显示控制芯片的 LCD 模块，以总线方式与 MCS-51 MCU

芯片相连，可直接挂接到MCS-51系统总线上，分辨率为240×128个点，可显示16行8×8点阵西文字符(每行30个)或8行16×16点阵汉字(每行15个)。其引脚排列及操作时序如图10-18所示。

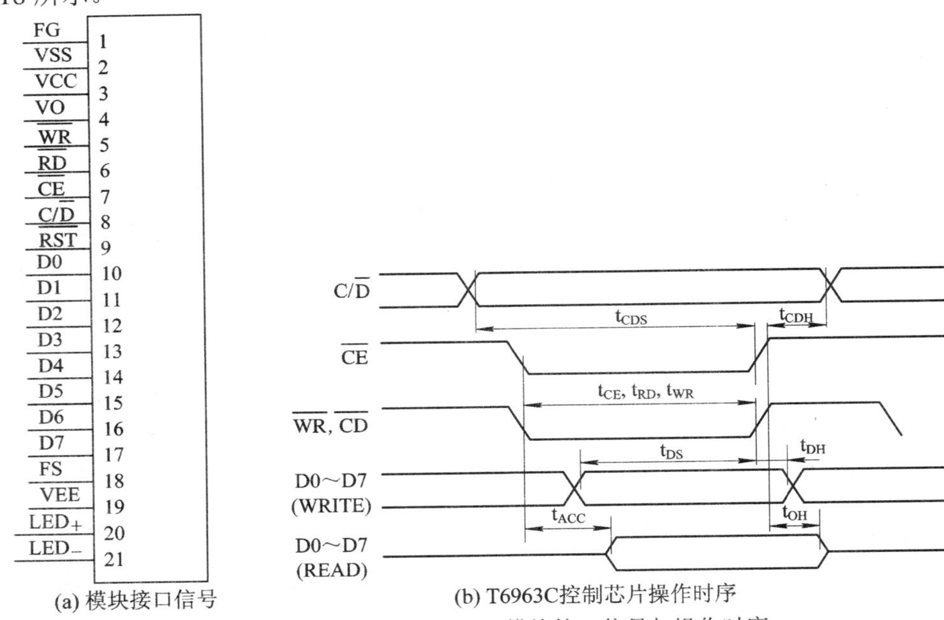


(a) 模块接口信号　　(b) T6963C控制芯片操作时序

图10-18　TG240128A　LCD模块接口信号与操作时序

T6963C LCD图形显示控制模块接口信号的含义如表10-3所示。

**表10-3　T6963C LCD图形显示控制模块接口信号**

| 引脚编号 | 引脚符号 | 含　义 |
|---|---|---|
| 1 | FG | 金属外框地(一般可接逻辑地) |
| 2 | VSS | 逻辑地 |
| 3 | VDD | 逻辑电源(+5.0 V) |
| 4 | Vo | LCD操作电压(控制对比度) |
| 5 | $\overline{\text{WR}}$ | 写选通信号，输入，低电平有效(可直接与MCS-51外部RAM写选通信号$\overline{\text{WR}}$相连) |
| 6 | $\overline{\text{RD}}$ | 读选通信号，输入，低电平有效(可直接与MCS-51外部RAM读选通信号$\overline{\text{RD}}$相连) |
| 7 | $\overline{\text{CE}}$ | 片选信号，输入，低电平有效 |
| 8 | C/$\overline{\text{D}}$ | 命令/数据选择端，输入。高电平为命令；低电平为数据 |
| 9 | $\overline{\text{RST}}$ | 芯片复位信号，输入，低电平有效 |
| 10～17 | D0～D7 | 数据总线，双向三态(可直接与MCS-51数据总线相连) |
| 18 | FS | 字型选择输入端。接VDD时，选择6×8点阵；接VSS时，选择8×8点阵(在图形状态下，忽略该引脚) |
| 19 | VEE | LCD模块负压输出端 |
| 20 | $\text{LED}_+$ | LED背光正极(VDD电源经限流、降压后可作为LED背光电源) |
| 21 | $\text{LED}_-$ | LED背光负极 |

尽管以T6963C为显示控制芯片的LCD模块支持总线操作方式，但是STM8S系列MCU没有总线功能，只能借助I/O引脚通过软件方式模拟产生$\overline{\text{CE}}$、$\overline{\text{RD}}$、$\overline{\text{WR}}$控制信号，完成命令、数据的传送过程。

图 10-19 给出了 STM8S 与 TG240128A LCD 模块连接的实例。

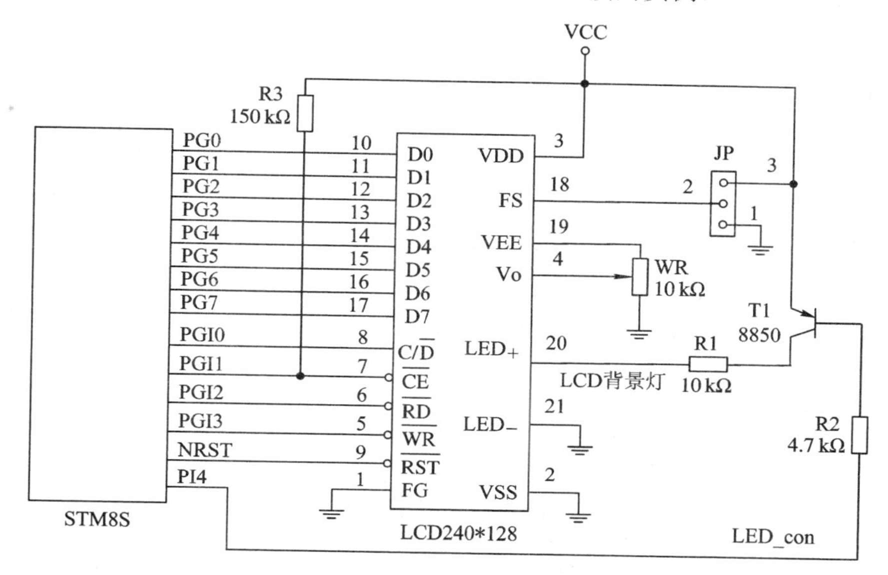


图 10-19　STM8S 与 TG240128A LCD 模块连接实例

为方便数据传送，模块数据总线 D[7:0] 最好与 STM8S 一个完整 I/O 口连接，而控制信号$\overline{\text{CE}}$、$\overline{\text{RD}}$、$\overline{\text{WR}}$、LED_con(背光开关)可以与 STM8S MCU 未分配的 I/O 引脚相连。由于模块复位引脚$\overline{\text{RST}}$低电平有效，因此可直接与 STM8S MCU 的复位引脚 NRST 相连，MCU 复位时强迫 LCD 模块复位。考虑到 STM8S 复位期间及复位后，I/O 引脚处于悬空输入状态，在$\overline{\text{CE}}$引脚接 150 kΩ 电阻到电源 VCC，使 MCU 复位后 LCD 模块的片选信号处于未选中的高电平状态。

## 10.6.2　T6963C 操作命令

T6963C 操作命令包括读状态字节、地址指针设置、显示区域及显示方式设置等，如表 10-4 所示。

表 10-4　T6963C 操作命令

| 命　令 | 控制状态 | | | 命令码 | | | | | | | | 参数 | 执行时间 |
|---|---|---|---|---|---|---|---|---|---|---|---|---|---|
| | C/$\overline{\text{D}}$ | $\overline{\text{RD}}$ | $\overline{\text{WR}}$ | D7 | D6 | D5 | D4 | D3 | D2 | D1 | D0 | | |
| 读状态字节 | 1 | 0 | 1 | S7 | S6 | S5 | S4 | S3 | S2 | S1 | S0 | 无 | — |
| 设置地址指针 | 1 | 1 | 0 | 0 | 0 | 1 | 0 | 0 | N2 | N1 | N0 | 2 | 检查状态 |
| 设置显示区域 | 1 | 1 | 0 | 0 | 1 | 0 | 0 | 0 | 0 | N1 | N0 | 2 | 检查状态 |
| 设置显示方式 | 1 | 1 | 0 | 1 | 0 | 0 | 0 | CG | N2 | N1 | N0 | 无 | |
| 设置显示状态 | 1 | 1 | 0 | 1 | 0 | 0 | 1 | N3 | N2 | N1 | N0 | 无 | |
| 设置光标形状 | 1 | 1 | 0 | 1 | 1 | 0 | 0 | 0 | N2 | N1 | N0 | 无 | |

续表

| 命　令 | 控 制 状 态 | | | 命 令 码 | | | | | | | | 参数 | 执行时间 |
|---|---|---|---|---|---|---|---|---|---|---|---|---|---|
| | $C/\overline{D}$ | $\overline{RD}$ | $\overline{WR}$ | D7 | D6 | D5 | D4 | D3 | D2 | D1 | D0 | | |
| 数据自动读写设置 | 1 | 1 | 0 | 1 | 0 | 1 | 1 | 0 | 0 | N1 | N0 | 无 | |
| 数据一次读写设置 | 1 | 1 | 0 | 1 | 1 | 0 | 0 | 0 | N2 | N1 | N0 | 1 | |
| 读屏(单字节)设置 | 1 | 1 | 0 | 1 | 1 | 1 | 0 | 0 | 0 | 0 | 0 | 无 | 检查状态 |
| 屏拷贝(一行)设置 | 1 | 1 | 0 | 1 | 1 | 1 | 0 | 1 | 0 | 0 | 0 | 无 | 检查状态 |
| 位操作 | 1 | 1 | 0 | 1 | 1 | 1 | 1 | N3 | N2 | N1 | N0 | 无 | 检查状态 |
| 数据写 | 0 | 1 | 0 | 数据 | | | | | | | | 无 | 检查状态 |
| 数据读 | 0 | 0 | 1 | 数据 | | | | | | | | 无 | 检查状态 |

表 10-4 中 N3、N2、N1、N0 的取值与命令具体动作有关，详细情况可参阅 T6963C 用户手册。

### 1. 状态字节的含义

T6963C 状态字节 S7～S0 各位的含义如表 10-5 所示。

表 10-5　T6963C 状态字节 S7～S0 各位含义

| 状态位 | 用　途 | 含　　义 |
|---|---|---|
| S0(STA0) | 指令读写就绪标志 | 1，准备就绪；0，忙 |
| S1(STA1) | 数据读写就绪标志 | 1，准备就绪；0，忙 |
| S2(STA2) | 数据自动读就绪标志 | 1，准备就绪；0，忙 |
| S3(STA3) | 数据自动写就绪标志 | 1，准备就绪；0，忙 |
| S4(STA4) | 未定义 | |
| S5(STA5) | 控制器运行检测可能性 | 1，可能；0，不可能 |
| S6(STA6) | 屏读或屏拷贝错误标志 | 1，错误；0，正确 |
| S7(STA7) | 闪烁状态 | 1，闪烁；0，不闪烁 |

对 T6963C 进行不同的操作前，必须先检查标志位，以确认控制芯片是否处于准备就绪状态，或操作是否成功。例如，执行命令写入操作时，需要判别 S0、S1 是否为 1(就绪)；在执行数据自动读写时，要检查 S2、S3 是否为 1(就绪)；在屏读/屏拷贝操作后，要检查 S6 状态是否为 0。而 S5、S7 指示控制芯片内部运行状态，对模块操作时一般用不到。

### 2. 命令格式及执行过程

T6963C 命令的格式为

- 双参数命令：D1(参数 1)　D2(参数 2)　COM(命令码)
- 单参数命令：D(参数)　COM(命令码)
- 无参数命令：COM(命令码)

T6963C 命令的执行过程可用图 10-20 描述。

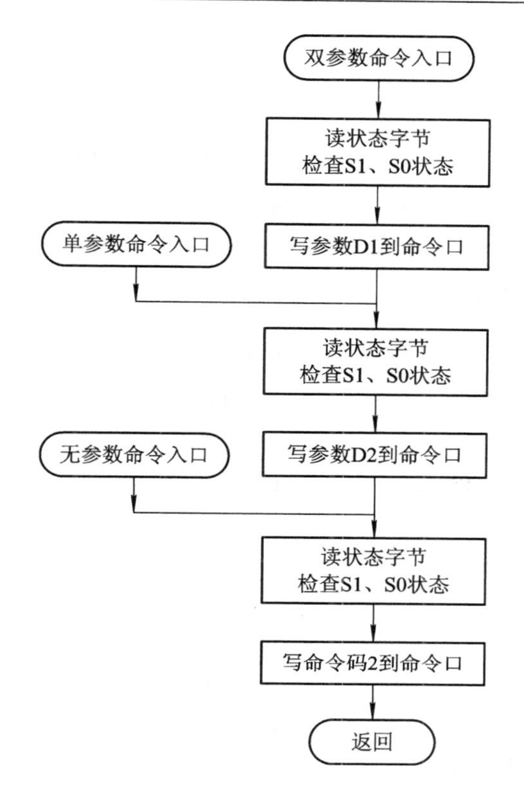


图 10-20　命令执行过程

执行命令前均须读出状态字节，判别控制器是否准备就绪(表示可以接受新命令)。对于含有参数命令来说，参数写入数据口，命令写入命令口。

```
; ------变量定义------
  segment 'ram0'
.LCD_D2        DS.B      ; LCD 控制器双参数命令的第二个参数(也作为单参数命令中的参数)
.LCD_D1        DS.B      ; LCD 控制器双参数命令的第一个参数
; 以上两变量要求相邻，且 LCD_D2 在前
.LCD_COM       DS.B      ; LCD 控制器命令码
; ------控制引脚的初始化------
; 初始 PG 口(即数据输入/输出口)
    #define LCD_DDR PG_DDR          ; 数据总线输入/输出控制
    MOV LCD_DDR, #0                 ; 0，开始数据总线定义为输入
    MOV PG_CR1, #0FFH               ; 1，输入带上拉；输出为推挽
    MOV PG_CR2, #0                  ; 0，输入禁止中断；输出为低速度
    #define Data_IN PG_IDR          ; 定义数据输入口
    #define Data_Out PG_ODR         ; 定义数据输出口

; 初始 PI0(C/D̄)引脚(输出)
```

```
    BSET PI_DDR, #0                 ; 1(输出)，PI0(C/D̄)输出
    BSET PI_CR1, #0                 ; 1(推挽)
    BRES PI_CR2, #0                 ; 0(低速)
    BSET PI_ODR, #0                 ; 1(开始为高电平，即命令)
    #Define CD_Con PI_ODR, #0       ; 命令(1)/数据(0)控制信号

; 初始 PI1(C̄Ē)引脚(输出)
    BSET PI_DDR, #1                 ; 1(输出)，PI1(C̄Ē)输出
    BSET PI_CR1, #1                 ; 1(推挽)
    BRES PI_CR2, #1                 ; 0(低速)
    BSET PI_ODR, #1                 ; 1(开始为高电平，即片选信号无效)
    #Define CE_Con PI_ODR, #1       ; C̄Ē(片选)控制信号

; 初始 PI2(R̄D̄)引脚(输出)
    BSET PI_DDR, #2                 ; 1(输出)，PI2(C̄D̄)输出
    BSET PI_CR1, #2                 ; 1(推挽)
    BRES PI_CR2, #2                 ; 0(低速)
    BSET PI_ODR, #2                 ; 1(高电平，即非读操作期间R̄D̄信号无效)
    #Define RD_Con PI_ODR, #2       ; R̄D̄(读选通)信号

; 初始 PI3(W̄R̄)引脚(输出)
    BSET PI_DDR, #3                 ; 1(输出)，PI3(W̄R̄)输出
    BSET PI_CR1, #3                 ; 1(推挽)
    BRES PI_CR2, #3                 ; 0(低速)
    BSET PI_ODR, #3                 ; 1(高电平，即非写操作期间W̄R̄信号无效)
    #Define WR_Con PI_ODR, #3       ; W̄R̄(写选通)信号

; 初始 PI4(LED 背光控制)引脚(输出)
    BSET PI_DDR, #4                 ; 1(输出)，PI4(LED 背光控制)输出
    BSET PI_CR1, #4                 ; 1(推挽)
    BRES PI_CR2, #4                 ; 0(低速)
    BSET PI_ODR, #4                 ; 1(高电平，非显示期间 LED 背光信号无效)
    #Define LED_Con PI_ODR, #4      ; LED_CON(LED 背光控制)信号

; ------双参数、单参数、无参数命令参考程序段------
.LCDWR_DD.L                         ; LCD 双参数命令写入子程序
    ; 入口参数：
    ; LCD_D1——双参数命令的第一个参数
    ; LCD_D2——双参数命令的第二个参数
```

```
    ; LCD_COM——命令码
    ; 出口参数: 无

    ; 读写操作前，先检查 LCD 的 S1、S0 状态，以确定 LCD 控制器是否处于准备就绪状态
    BRES CE_Con                 ; LCD 控制器片选信号 CE 有效
    BSET CD_Con                 ; C/D 控制位为 1，选择命令
    MOV LCD_DDR, #0             ; 0，数据总线处于输入状态
LCDWR_D_LOOP1.L
    BRES RD_Con                 ; 读选通信号有效
    NOP                         ; 根据 CPU 主频率，插入 1 到 2 条 NOP 指令，使读脉冲宽
                                ; 度 Trd > 80 ns
    NOP
    LD A, Data_IN               ; 读数据输入口
    BSET RD_Con                 ; 取消读选通信号
    AND A, #03H                 ; 保留 S1、S0 状态位
    CP A, #03H
    JRNE LCDWR_D_LOOP1
    ; LCD 准备就绪，写命令的第一个参数
    BRES CD_Con                 ; C/D 控制位为 0，选择数据
    MOV LCD_DDR, #0FFH          ; 1，数据总线处于输出状态
    MOV Data_Out, LCD_D1        ; 双参数命令中的第一个参数 D1 送数据输出口
    BRES WR_Con                 ; 写选通信号有效
    NOP                         ; 根据 CPU 主频率，插入 1 到 2 条 NOP 延迟，使 LCD 数据
                                ; 建立时间 Tds、写脉冲宽度 Twr > 80 ns
    NOP
    BSET WR_Con                 ; 取消写选通信号

.LCDWR_SD.L                     ; LCD 单参数命令写入子程序
    ; 入口参数:
    ; LCD_D2——单参数命令中的参数(双参数命令的第二个参数)
    ; LCD_COM——命令码
    ; 出口参数: 无

    ; 读写操作前，先检查 LCD 的 S1、S0 状态，以确定 LCD 控制器是否处于准备就绪状态
    BRES CE_Con                 ; LCD 控制器片选信号 CE 有效
    BSET CD_Con                 ; C/D 控制位为 1，选择命令
    MOV LCD_DDR, #0             ; 0，数据总线处于输入状态
LCDWR_D_LOOP2.L
    BRES RD_Con                 ; 读选通信号有效
```

```
        NOP                            ; 根据 CPU 主频率，插入 1 到 2 条 NOP 延迟，使读脉冲宽
                                       ; 度 Trd > 80 ns
        NOP
        LD A, Data_IN                  ; 读数据输入口
        BSET RD_Con                    ; 取消读选通信号
        AND A, #03H                    ; 保留 S1、S0 状态位
        CP A, #03H
        JRNE LCDWR_D_LOOP2
        ; LCD 准备就绪，写命令的第二个参数(或单命令参数)
        BRES CD_Con                    ; C/D̄ 控制位为 0，选择数据
        MOV LCD_DDR, #0FFH             ; 1，数据总线处于输出状态
        MOV Data_Out, LCD_D2           ; 双参数命令中的第二个参数 D2(单参数命令中的参数)送
                                       ; 数据输出口
        BRES WR_Con                    ; 写选通信号有效
        NOP                            ; 根据 CPU 主频率，插入 1 到 2 条 NOP 指令，使 LCD 数
                                       ; 据建立时间 Tds、写脉冲宽度 Twr > 80 ns
        NOP
        BSET WR_Con                    ; 取消写选通信号

.LCDWR_ND.L                            ; LCD 无参数命令写入子程序
        ; 入口参数：
        ; LCD_COM——         命令码
        ; 出口参数:无

        ; 读写操作前，先检查 LCD 的 S1、S0 状态，以确定 LCD 控制器是否处于准备就绪状态
        BRES CE_Con                    ; LCD 控制器片选信号 C̄Ē 有效
        BSET CD_Con                    ; C/D̄ 控制位为 1，选择命令
        MOV LCD_DDR, #0                ; 0，数据总线处于输入状态
LCDWR_D_LOOP3.L
        BRES RD_Con                    ; 读选通信号有效
        NOP                            ; 根据 CPU 主频率，插入 1 到 2 条 NOP 指令，使读脉冲宽
                                       ; 度 Trd > 80 ns
        NOP
        LD A, Data_IN                  ; 读数据输入口
        B SET RD_Con                   ; 取消读选通信号
        AND A, #03H                    ; 保留 S1、S0 状态位
        CP A, #03H
        JRNE LCDWR_D_LOOP3
        ; LCD 准备就绪，写命令码
```

```
        BSET CD_Con                  ；C/D̄控制位为 1，选择命令
        MOV LCD_DDR, #0FFH           ；1，数据总线处于输出状态
        MOV Data_Out, LCD_COM        ；命令码通过数据总线送命令口(特征是C/D̄控制位为 1)
        BRES WR_Con                  ；写选通信号有效
        NOP                          ；根据 CPU 主频率，插入 1 到 2 条 NOP 指令,使 LCD 数据
                                     ；建立时间 Tds、写脉冲宽度 Twr > 80 ns
        NOP
        BSET WR_Con                  ；取消写选通信号
        NOP                          ；根据 CPU 主频率，需要插入 1 条 NOP 延迟，使数据保持
                                     ；时间 Tdh > 40 ns
        BSET CE_Con                  ；取消 LCD 控制器片选信号 CE̅
        RETF
```

### 10.6.3 屏幕像点与显示 RAM 之间的对应关系及模块的初始化

TG240128A 显示模块的分辨率为 240 1B28 点，显示 RAM 的容量为 8 KB，可以存储 16 页文本字符或两页图形点阵信息。屏幕像点与显示 RAM 之间按横向关系对应，即显示 RAM 中的一个字节与显示屏某行一组像点(包含 8 个像点)一一对应，且 b0 位对应像点组中的第 0 个像点；b1 位对应像点组中的第 1 个像点；依次类推，b7 位对应像点组中的第 7 个像点。

模块初始化包括：设置显示文本显示缓冲区(如果需要的话)、图形显示缓冲区首地址；设置文本、图形显示区的宽度；设置显示方式及显示状态等。参考程序段如下：

```
    LCDIC:                           ；LCD 模块初始化指令系列
      ；设置文本显示缓冲区首地址(从显示 RAM 的 1000H 开始，共计 32 字节 × 16 行)
      ；即共计 512 字节
；    MOV LCD_D1, #00H               ；文本显示缓冲区首地址低 8 位送 D1
；    MOV LCD_D2, #10H               ；文本显示缓冲区首地址高 8 位送 D2
；    MOV LCD_COM, #40H              ；设置文本显示缓冲区首地址命令码 40H 送 LCD_COM
；    CALLF LCDWR_DD                 ；调用双参数命令写入子程序,设置文本显示缓冲区

      ；设置文本显示缓冲区宽度，即一个文本行(8 点/行)占用的字节数
；    MOV LCD_D1, #32                ；文本显示缓冲区一行宽度取 32 字节
；    MOV LCD_D2, #00H               ；固定为 0
；    MOV LCD_COM, #41H              ；设置文本显示缓冲区一行宽度命令码 41H
；    CALLF LCDWR_DD                 ；调用双参数命令写入子程序

      ；设置图形显示缓冲区首地址(从显示 RAM 的 0000H 开始，共 32 字节 × 128 图形行)
      ；即共计 4096 字节，即 4 KB
      MOV LCD_D1, #00H               ；图形显示缓冲区首地址低位送 D1
      MOV LCD_D2, #00H               ；图形显示缓冲区首地址高位送 D2
```

```
    MOV LCD_COM, #42H          ; 设置图形显示缓冲区首地址命令码 42H
    CALLF LCDWR_DD             ; 调用双参数命令写入子程序

    ; 设置图形显示缓冲区宽度，即一个图形行(1 点/行)占的字节数
    MOV LCD_D1, #32            ; 图形显示缓冲区一行宽度取 32 个字节
    MOV LCD_D2, #00H           ; 固定为 0
    MOV LCD_COM, #43H          ; 设置图形显示缓冲区一行宽度命令码 43H
    CALLF LCDWR_DD             ; 调用双参数命令写入子程序
    ;设置文本及图形显示方式
    MOV LCD_COM, #80H          ; 文本、图形以“逻辑或”，即叠加方式显示，用 CGROM 字符
    CALLF LCDWR_ND             ; 调用无参数命令写入子程序
    ;设置显示状态(开相应显示状态)
    MOV LCD_COM, #98H          ; b0 为 0，不允许光标闪动
                               ; b1 为 0，暂不启动光标显示
                               ; b2 为 0，不允许文本显示
                               ; b3 为 1，允许图形显示
    CALLF LCDWR_ND             ; 调用无参数命令写入子程序
     ; 设置光标形状
;    MOV LCD_COM, #0A7H        ; 光标高度为 8 点(即占 8 行)
;    CALLF LCDWR_ND            ; 调用无参数命令写入子程序
RET
RET
RET
```

### 10.6.4 应用举例

由于多数 LCD 模块没有内置汉字库，因此在点阵图形 LCD 显示屏上显示汉字时，需要用汉字字模提取软件，如 zimo221 等获取 LCD 显示 RAM 与显示像素排列一致的相应点阵汉字字模，相同字体、点阵的汉字字模以常数表形式顺序存放在 MCU 的 Flash ROM 存储区中。在特定仪器仪表中，需要在 LCD 屏上显示的汉字数量并不多，完全可使用不带汉字库的 LCD 模块，通过字模提取软件获取特定字体、点阵的汉字字模信息，这样不仅灵活、方便(由于成本等因素，多数带字库的 LCD 模块也仅仅提供 24 点阵宋体一级、二级汉字字模)，而且降低了系统硬件的成本(在分辨率、显示屏尺寸相同的条件下，带汉字字模的 LCD 模块价格远高于不带汉字字模的 LCD 模块)。

当系统所需的汉字数少于 256 个时，可用一个字节记录汉字顺序号(即用户定义的汉字机内码)；反之，则需要用两个字节表示汉字机内码(其中，一个字节记录区码；另一个字节记录位码)。

在显示屏上指定位置显示：16 × 8 点阵西文字符，16 × 16 点阵汉字，24 × 24 点阵汉字，以及在指定位置显示或清除一个像点等的参考程序段如下：

```
.HZJNQMA    DS.B               ; 汉字区码存储单元
```

```
.HZJNWMA    DS.B            ; 汉字位码存储单元
.HZLCD_X    DS.B                ; 在 LCD 显示屏上水平方向显示位置(0～29)
.HZLCD_Y    DS.B                ; 在 LCD 显示屏上的行坐标(0～7)
.LCD_disp_stu  DS.b
    #define NOTB LCD_disp_stu, #0       ; 反显示标志(1，反显示；0，正常)

; 入口参数：HZJNQMA——借用汉字区码存储单元存放西文字符顺序号
;           HZLCD_X——在 LCD 显示屏上水平方向显示位置(0～29)
;           HZLCD_Y——在 LCD 显示屏上的行坐标(0～7)
;           NOTB——反显示标志(1，反显示；0，正常)
; 使用了寄存器 X、Y、A, R07 存储单元

XWTOLCD:                            ; 16×8 点阵西文字模送显示 RAM
    ; 先计算西文字符机内顺序号
    LD A, HZJNQMA
    AND A, #3FH                     ; 西文机内码为 0～63，高两位，b7b6 为 00
    LD YL, A                        ; 送 YL 保存
    ; 计算西文点阵信息相对偏移地址
    LD A, #16                       ; 一个 16×8 点阵西文字模占 16 个字节
    MUL Y, A                        ; 对应字模相对偏移地址在寄存器 Y 中

    ; 根据显示位置确定显示 RAM 首地址
    LD A, HZLCD_Y                   ; 取出该汉字在 LCD 上的显示行
    LD XL, A
    LD A, #16                       ; 一个西文字符占用 16 点(即 16 个图形行)
    MUL X, A                        ; 换算为图形行(图形行在寄存器 XL 中)
    LD A, #32                       ; 为方便计算，T6963C 控制器图形区宽度为 32 个字节
    MUL X, A
    CLR LCD_D2                      ; 高位清 0
    MOV LCD_D1, HZLCD_X             ; HZLCD_X 坐标值送 LCD_D1 单元
    ADDW X, LCD_D2                  ; 利用字相加，至此完成了 32y + x 计算
    ; 加图形显示缓冲区首地址(0000H)，不需要加显示缓冲区首地址
    LDW LCD_D2, X                   ; 结果回送 LCD_D2、LCD_D1 单元
    ; 至此 LCD_D2、LCD_D1 记录了该西文在显示 RAM 中偏移地址
    ; 将 16×8 点阵西文字模码送 LCD 显示 RAM 中
    MOV R07, #16                    ; 一共送 16 个字节
XWTOLCD_LOOPB2:
    ; 把显示地址送 LCD 控制器
    MOV LCD_COM, #24H               ; 设置显示地址设置命令码 24H
```

```
    CALLF LCDWR_DD                  ；调用双参数命令写入子程序
    LDF A, (XWTAB,Y)
    BTJF NOTB, XWTOLCD_NEXT1
    CPL A                           ；当反显示标志有效时，显示码取反
XWTOLCD_NEXT1:
    LD LCD_D2, A                    ；点阵信息送 D2(单参数命令)
    MOV LCD_COM, #0C0H              ；一次数据写命令码 C0H
    CALLF LCDWR_SD                  ；调用单参数命令写入子程序
    ；一个图形行占用 32 个字节，每写入 1 个字节后，显示地址加 32，指向下一个图形行
    ADDW X, #32                     ；按字相加(寄存器 X 依然保存显示首地址)
    LDW LCD_D2, X                   ；地址送 LCD_D2、LCD_D1 单元
    INCW Y                          ；指向下一个字节
    DEC R07
    JRNE XWTOLCD_LOOPB2             ；重新设置显示地址
    RET
    RET


；入口参数：HZJNQMA——汉字机内区码(每区包含 16 个汉字)
；          HZJNWMA——汉字机内位码(每区包含 16 个汉字，位码编号在 0～F)
；          HZLCD_X——在 LCD 显示屏上水平方向显示位置(0～29)
；          HZLCD_Y——在 LCD 显示屏上的行坐标(0～7)
；          NOTB——反显示标志(1，反显示；0，正常)
；使用了寄存器 X、Y、A, R06、R07 存储单元
HZ16TOLCD:                          ；16×16 点阵汉字字模送显示 RAM
    ；先计算汉字机内码顺序号
    LD A, HZJNQMA
    LD YL, A
    LD A, #16                       ；每区包含 16 个汉字，区号最大值为 15
    MUL Y, A                        ；YH 为 0
    LD A, YL
    ADD A,   HZJNWMA                ；汉字顺序号在 A 中
    LD YL, A                        ；送 YL 保存
    ；计算该汉字点阵信息相对偏移地址
    LD A, #32                       ；16 点阵汉字字模占 32 个字节
    MUL Y, A                        ；对应字模相对偏移地址在寄存器 Y 中
    ；根据显示位置确定显示 RAM 首地址
    LD A, HZLCD_Y                   ；取出该汉字在 LCD 屏上的显示行
    LD XL, A
```

```
        LD A, #16                       ; 一个西文字符占用 16 个点(即 16 个图形行)
        MUL X, A                        ; 换算为图形行(图形行在寄存器 XL 中)
        LD A, #32                       ; 为方便计算，T6963C 控制器图形区宽度为 32 个字节
        MUL X, A
        CLR LCD_D2                      ; 高位清 0
        MOV LCD_D1, HZLCD_X             ; HZLCD_X 坐标值送 LCD_D1 单元
        ADDW X, LCD_D2                  ; 利用字相加，至此完成了 32y + x 计算
        ; 加图形显示缓冲区首地址(0000H)，不需要加显示缓冲区首地址
        LDW LCD_D2, X                   ; 结果回送 LCD_D2、LCD_D1 单元
        ;至此 LCD_D2、LCD_D2 记录了该汉字在显示 RAM 中的偏移地址
        ; 将 16 × 16 点阵汉字字模信息送 LCD 显示 RAM 缓冲区
        MOV R07, #16                    ; 16 点阵汉字占用 16 个图形行，需要送 32 个字节
    HZ16TOLCD_LOOPB2:
        ; 把显示地址送 LCD 控制器
        MOV LCD_COM, #24H               ; 设置显示地址设置命令码 24H
        CALLF LCDWR_DD                  ; 调用双参数命令写入子程序
        MOV R06, #2                     ; 送 2 次，共计 16 × 2 字节
    HZ16TOLCD_LOOPB1:
        LDF A, (HZ16TAB,Y)
        BTJF NOTB, HZ16TOLCD_NEXT1
        CPL A                           ; 当反显示标志有效时，显示码取反
    HZ16TOLCD_NEXT1:
        LD LCD_D2, A                    ; 点阵信息送 D2(单参数命令)
        MOV LCD_COM, #0C0H              ; 一次数据写命令码 C0H(地址自动加 1)
        CALLF LCDWR_SD                  ; 调用单参数命令写入子程序
        INCW Y                          ; 指向下一个字节
        DEC R06
        JRNE HZ16TOLCD_LOOPB1           ; 同一行写入操作时，不需要重新设置显示地址
        ; 一个图形行占用 32 个字节，每写入 2 个字节后，显示地址加 32，指向下一个图形行
        ADDW LCD_D2, #32                ; 按字相加(寄存器 X 依然保存显示首地址)
        LDW LCD_D2, X                   ; 地址送 LCD_D2、LCD_D1 单元
        DEC R07
        JRNE HZ16TOLCD_LOOPB2           ; 重新设置显示地址
        RET
        RET

; 入口参数：HZJNQMA—— 借用汉字区码存储单元存放该字符顺序号(编码范围 00～FFH)
;           HZLCD_X——在 LCD 显示屏上水平方向显示位置(0～29)
;           HZLCD_Y——在 LCD 显示屏上的行坐标(0～4)(24 点阵行)
```

```
;               NOTB——反显示标志(1，反显示；0，正常)
; 使用了 X、Y、A 寄存器，R06、R07 存储单元
HZ24TOLCD:                          ; 24 点阵汉字(或图形)字模送显示 RAM 缓冲区
    ; 计算 24 点阵汉字(图形)字模信息相对偏移地址
    LD A, HZJNQMA
    LD YL, A
    LD A, #72                       ; 24 点阵汉字字模占 72 个字节
    MUL Y, A                        ; 对应字模相对偏移地址在寄存器 Y 中
    ; 根据显示位置确定显示 RAM 首地址
    LD A, HZLCD_Y                   ; 取出该汉字在 LCD 屏上的显示行
    LD XL, A
    LD A, #24                       ; 而一个 24 点阵字符占用 24 个点(即 24 个图形行)
    MUL X, A                        ; 换算为图形行(图形行在寄存器 XL 中)
    LD A, #32                       ; 为方便计算，T6963C 控制器图形区宽度为 32 个字节
    MUL X, A
    CLR LCD_D2                      ; 高位清 0
    MOV LCD_D1, HZLCD_X             ; X 坐标值送 LCD_D1 单元
    ADDW X, LCD_D2                  ; 利用字相加，至此完成了 32y + x 计算
    ; 图形显示缓冲区首地址(0000H)，不需要加显示缓冲区首地址
    LDW LCD_D2, X                   ; 结果回送 LCD_D2、LCD_D1 单元
    ; 至此 LCD_D2、LCD_D1 记录了该西文在显示 RAM 中偏移地址
    ; 将汉字点阵信息送 LCD 显示 RAM 缓冲区
    MOV R07, #24                    ; 24 点阵汉字占用 24 个图形行，需要送 72 个字节
HZ24TOLCD_LOOPB2:
    ; 把显示地址送 LCD 控制器
    MOV LCD_COM, #24H               ; 设置显示地址设置命令码 24H
    CALLF LCDWR_DD                  ; 调用双参数命令写入子程序
    MOV R06, #3                     ; 送 3 次(共计 24×3，即 72 个字节)
HZ24TOLCD_LOOPB1:
    LDF A, (HZ24TAB,Y)
    BTJF NOTB, HZ24TOLCD_NEXT1
    CPL A                           ; 当反显示标志有效时，显示码取反
HZ24TOLCD_NEXT1:
    LD LCD_D2, A                    ; 点阵信息送 D2(单参数命令)
    MOV LCD_COM, #0C0H              ; 一次数据写命令码 C0H(地址自动加 1)
    CALLF LCDWR_SD                  ; 调用单参数命令写入子程序
    INCW Y                          ; 指向下一个字节
    DEC R06
    JRNE HZ24TOLCD_LOOPB1           ; 同一行写入操作时，不需要重新设置显示地址
```

```
  ; 一个图形行占用 32 个字节，每写入 3 个字节后，显示地址加 32，指向下一个图形行
   ADDW X, #32                ; 按字相加(寄存器 X 依然保存显示首地址)
   LDW LCD_D2, X              ; 地址送 LCD_D2、LCD_D1 单元
   DEC R07
   JRNE HZ24TOLCD_LOOPB2      ; 重新设置显示地址
   RET
   RET
; 在 LCD 显示屏上指定位置显示一个点
; 根据 T6963C 控制芯片显示 RAM 与 LCD 像点之间的对应关系
; 入口参数：(HZLCD_X, HZLCD_Y)定义 LCD 显示屏上像点水平、垂直位置
          ; HZLCD_X  参数取值范围在 0～239 之间(水平方向共有 240 点)
          ; HZLCD_Y  参数取值范围在 0～127 之间(垂直方向共有 128 行)
          ; NOTB 位记录显示点信息(1，显示；0，不显示)
; 使用了寄存器 X、A，R06 存储单元
DISPPT:
   CLRW X
   LD A, HZLCD_X              ; 取水平位置
   LD XL, A                   ; 水平位置坐标送寄存器 X
   LD A, #8
   DIV X,A                    ; HZLCD_X/8 的商就是水平方向的字节编号
   LD R06, A                  ; 余数就是对应该字节位编码(目前暂存在 R06 单元中)
   LD A, XL
   LD   LCD_D1, A             ; 水平方向字节编号暂存在 LCD_D1 存储单元中
 ; 计算并设置图形显示首地址
   LD A, HZLCD_Y              ; 取垂直位置
   LD XL, A
   LD A, #32                  ; 一行占用 32 个字节
   MUL X, A
   CLR LCD_D2                 ; 高位字节清 0，以便能用字加法指令
   ADDW X, LCD_D2             ; 按字相加，加水平方向字节编号，完成了 32y + x 计算
 ; 图形显示缓冲区首地址为 0000H，不需要再加首地址
  LDW LCD_D2, X               ; 回送 LCD_D2 字单元
   MOV LCD_COM, #24H          ; 设置显示地址命令码 24H
  CALLF LCDWR_DD              ; 调用双参数命令写入子程序
 ; 执行位操作命令，写入
   BTJT NOTB, DISPPT_NEXT1
DISPPT_NEXT1:                 ; 位显示信息送进位标志 C
   BCCM R06, #3               ; 位显示信息送 b3 位
   LD A, R06                  ; 取字节内的位编号
```

```
    OR A, #0F0H                 ; 位操作命令码格式为 1111xyyyB
                                ; 其中，x 为显示信息；yyy 为位编号(0～7)
    LD LCD_COM, A               ; 位操作命令码送 LCD_COM
    CALLF LCDWR_ND              ; 调用无参数命令写入子程序
    RET
    RET
; 存放在 Flash ROM 中的字模信息(为便于理解，在此每种点阵字库给出两字节，其他省略)
XWTAB.L
; 16×8 点阵数据及西文字符(大写)
; --  文字:  0  --
; --  宋体 12;  此字体下对应的点阵为：宽×高=8×16    --
  DC.B  000H,000H,000H,018H,024H,042H,042H,042H,042H,042H,042H,042H,024H,018H, 000H,000H
 ; --  文字:  1  --
 ; --  宋体 12;  此字体下对应的点阵为：宽×高=8×16    --
  DC.B  000H,000H,000H,010H,070H,010H,010H,010H,010H,010H,010H,010H,010H,07CH, 000H,000H

 ; 16×16 点阵(宋、规则、小四)
 HZ16TAB.L
 ; (0,0)号
 ; --  文字:  接  --
 ; --  宋体 12;  此字体下对应的点阵为：宽×高=16×16    --
  Dc.B  010H,040H,010H,020H,013H,0FCH,0FDH,008H,010H,090H,017H,0FEH,014H,000H, 018H,080H
  Dc.B  030H,080H,0DFH,0FEH,011H,010H,013H,010H,010H,0E0H,010H,050H,051H,08CH,026H,004H
 ; (0,1)号
 ; --  文字:  警  --
 ; --  宋体 12;  此字体下对应的点阵为：宽×高=16×16    --
 Dc.B  014H,040H,07FH,040H,014H,07EH,07FH,048H,061H,0A8H,0BDH,010H,025H,028H,03DH,044H
 Dc.B  002H,082H,0FFH,0FEH,000H,000H,01FH,0F0H,000H,000H,01FH,0F0H,010H,010H,01FH,0F0H

 ; 24×24 点阵(宋、规则、小二)
 HZ24TAB.L
 ; N-00
 ; --  文字:  公  --
 ; --  宋体 18;  此字体下对应的点阵为：宽×高=24×24    --
   DC.B  00H,00H,00H,00H,00H,00H,00H,02H,00H,00H,62H,00H,00H,0C2H,00H,00H
   DC.B  82H,00H,01H,81H,00H,01H,01H,00H,03H,00H,80H,02H,00H,0C0H,04H,10H
   DC.B  60H,08H,18H,38H,10H,30H,1CH,20H,30H,00H,00H,60H,00H,00H,40H,00H
   DC.B  00H,82H,00H,01H,81H,00H,01H,00H,80H,02H,00H,40H,0FH,0FFH,0E0H,07H
   DC.B  00H,60H,00H,00H,20H,00H,00H,00H
```

```
; N-01
; --   文字:  安  --
; --   宋体 18;  此字体下对应的点阵为：宽 × 高 = 24 × 24   --
  DC.B   00H,00H,00H,00H,00H,00H,00H,10H,00H,00H,08H,00H,00H,08H,00H,00H
  DC.B   00H,08H,0FH,0FFH,0F8H,08H,00H,10H,18H,20H,20H,00H,60H,00H,00H,60H
  DC.B   00H,00H,40H,0CH,3FH,0FFH,0F0H,00H,81H,80H,00H,81H,00H,01H,03H,00H
  DC.B   03H,02H,00H,00H,0F6H,00H,00H,0EH,00H,00H,19H,0C0H,00H,30H,70H,01H
  DC.B   0C0H,18H,0EH,00H,08H,10H,00H,00H
```

# 10.7　键 盘 电 路

在单片机应用系统中，除了复位按钮外，可能还需要其他按键，以便控制系统的运行状态，或向系统输入运行参数。键盘电路一般由键盘接口电路、按键(由控制系统运行状态的功能键和向系统输入数据的数字键组成)以及键盘扫描程序等部分组成。

## 10.7.1　按键结构与按键电压波形

在单片机控制系统中广泛使用的机械键盘的工作原理是：按下键帽时，按键内的复位弹簧被压缩，动片触点与静片触点相连，按键两个引脚连通，接触电阻值的大小与按键接触的面积及材料有关，一般在数十欧姆以下；松手后，复位弹簧将动片弹开，使动片与静片触点脱离接触，两引脚恢复断开状态。可见，机械键盘或按钮的基本工作原理就是利用动片和静片触点的接触和断开，来实现键盘或按钮两引脚的通和断，如图 10-21 所示。

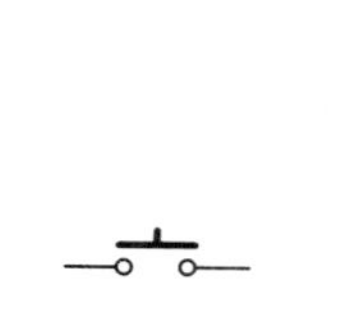

(a) 按键电气图形符号

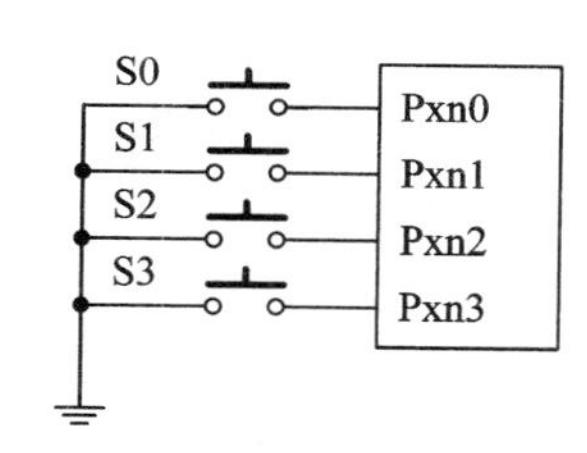


(b) 依赖软件消除抖动的简单按键电路

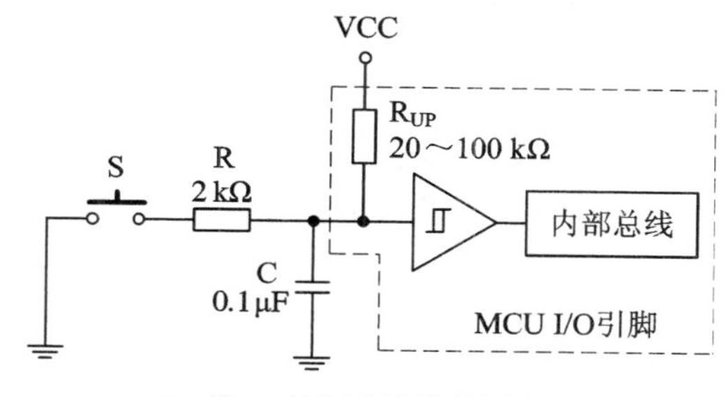


(c) 带RC低通滤波的按键电路

图 10-21　键盘按键的电气符号及简单的键盘电路

在图 10-21(b)所示键盘电路中，没有按键被按下时，Pxn3～Pxn0 引脚内部的上拉电阻将 Pxn3～Pxn0 引脚置为高电平。而当 S3～S0 之一被按下时，相应按键将两引脚连通，对应引脚接地。

在理想状态下，引脚电压的变化如图 10-22(a)所示。实际上，在按键被按下或放开的瞬间，由于机械触点存在弹跳现象，实际按键电压波形如图 10-22(b)所示，即机械按键在按下和释放瞬间存在抖动现象，抖动时间的长短与按键的机械特性有关，一般在 5～10 ms 之间，而按键稳定闭合期的长短与按键时间有关，从数百毫秒到数秒不等。为了保证按键由按下到松开之间仅视为一次或数次输入(对于具有重复输入功能的按键)，必须在硬件或软件上采取去抖动措施，避免一次按键输入一串数码的现象。

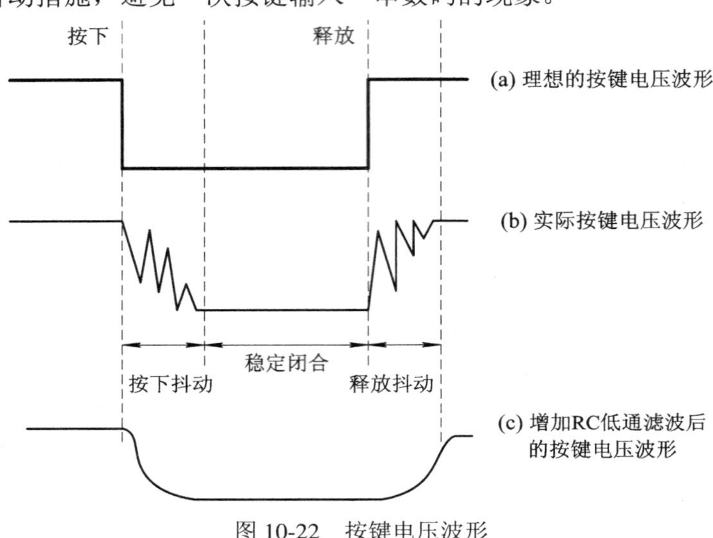


图 10-22　按键电压波形

在硬件上，可利用单稳态电路或由 RC 低通滤波器与施密特触发器构成按键消抖动电路，如图 10-21(c)所示。图中上拉电阻 $R_{UP}$ 与电容 C 构成了低通滤波电路，因为电容两端电压不能突变，致使引脚电压波形按图 10-22(c)所示的规律变化，而电阻 R 限制了按键按下瞬间电容的放电电流，避免火花，延长了按钮触点的寿命。只要电阻 $R_{UP}$、电容 C 参数选择得当(时间常数 $\tau = R_{UP} \cdot C$，一般取值范围在 3～10 ms 之间)，就能可靠地消除按键抖动现象。由于多数 MCU 输入引脚内置了上拉电阻 $R_{UP}$ 以及施密特触发器，仅需外接电阻 R 与电容 C，成本并不高，因此为减小电磁干扰，RC 低通滤波消抖动电路有时也被采用。不过，在单片机应用系统中最常见的方法，是利用延迟方式消除按键抖动问题，原因是不增加硬件成本，PCB 连线容易。

在单片机系统中，按键识别过程为：通过随机扫描、定时中断扫描或中断监控方式，发现按键被按下后，延迟 10～20 ms(原因是机械按键由按下到稳定闭合的时间为 5～10 ms)后，再去判别按键是否处于按下状态，并确定是哪一按键被按下。对于每按一次仅视为一次输入的设定来说，在按键稳定闭合后，对按键进行扫描，读出按键的编码(或称为键号)，执行相应操作(不必等待按键释放)；对于具有重复输入功能的按键设定来说，在按键稳定闭合期内，每隔特定的时间，如 250 ms(即按下某键不动，一秒内重复输入该键四次)或 500 ms(每秒重复输入该键两次)对按键进行检测，当发现按键仍处于按下状态时，就输入该键，直到按键被释放为止。

## 10.7.2　键盘电路形式

根据所需按键的个数、I/O 引脚输出级电路的结构以及可利用的 I/O 引脚数目，确定键盘电路的形式。

对于仅需要少量按键的控制系统，可采用直接解码输入方式，其特点是键盘接口电路简单。例如，在空调控制系统中，往往仅需要“开/关”、“工作模式转换”(自动、冷、暖、除湿、送风)、“强”、“弱”等按钮。对于按键较多的控制系统，可选择矩阵键盘电路形式。

下面分别介绍直接解码输入键盘和矩阵键盘接口电路的组成及监控程序的编写规则。

### 1. 直接解码输入键盘

通过检测单片机 I/O 引脚的电平状态，判别有无按键输入就构成了直接解码键盘，如图 10-21(b)所示。其优点是键盘接口电路简单，但占用 MCU I/O 引脚较多，适用于仅需少量，如 1～5 个按键的场合。由于多数 MCU，如 STM8S 系列 MCU 芯片输入引脚可编程为带上拉输入方式，因此对于按键输入引脚一般无须外接上拉电阻，除非该引脚不存在上拉电路，如 MCS-51 的 P0 口引脚、STM8S 的 PE1 及 PE2 引脚。

### 2. 矩阵键盘

当系统所需按键个数较多，如 6 个以上按键时，为减少键盘电路占用的 I/O 引脚数目，一般采用矩阵键盘形式，如图 10-23～图 10-25 所示。在矩阵键盘电路中，行线是输入引脚，列线是输出引脚。当然也可以倒过来，将行线作为输出引脚，列线作为输入引脚。

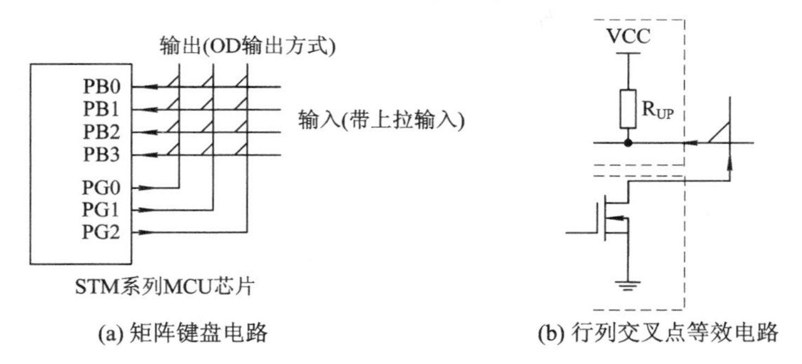


图 10-23　由 STM8 系列 MCU 芯片引脚构成的矩阵键盘电路

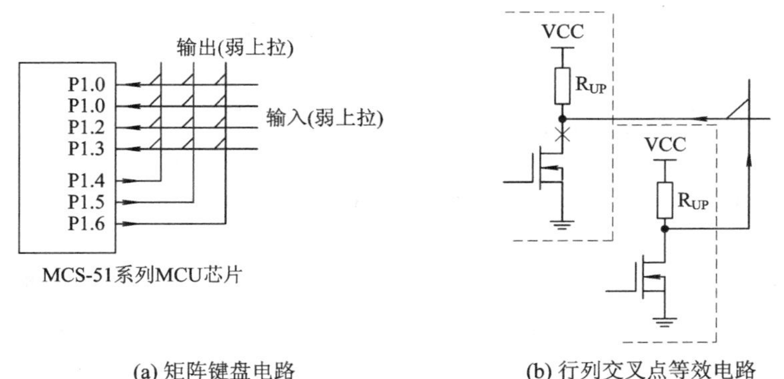


图 10-24　由 MCS-51 系列 MCU 芯片引脚构成的矩阵键盘电路

图 10-23(a)使用 STM8 系列芯片的 I/O 引脚构成矩阵键盘的行、列线，其中 PB3～PB0 作行线，输入(引脚定义为带上拉输入方式，无需外接上拉电阻)；PG2～PG0 作列线，输出(定义为 OD 输出方式)。为便于理解，在图 10-23(b)中给出了行、列交叉点的等效电路。输出线 PG2～PG0 轮流输出低电平，如果没有按键被按下，则 PB3～PB0 引脚输入全为高电平；如果有按键被按下，则 PB3～PB0 引脚之一就为低电平。该电路适合于具有弱上拉输入、OD 输出的 MCU 矩阵键盘接口电路。

图 10-24(a)使用 MCS-51 系列 MCU 的 P1 口作矩阵键盘的行、列线，其中 P1.3～P1.0 作行线，输入；P1.6～P1.4 作列线，输出。由于 P1.3～P1.0 引脚内置了上拉电阻，因此也无需外接上拉电阻。为便于理解，在图 10-24(b)中给出了行、列交叉点的等效电路，根据 MCS-51 I/O 输出级电路结构，作输入引脚使用前，必须向 I/O 口锁存器写入“1”，使下拉 N 沟 MOS 管截止。P1.6～P1.4 三条列扫描线轮流输出低电平，然后读 P1.3～P1.0，如果没有按键被按下，则 P1.3～P1.0 引脚均为高电平；如果其中某一个按键被按下，P1.3～P1.0 引脚之一就为低电平。例如，当 P1.6～P1.4 输出为 110 时，即 P1.4 引脚输出低电平，如果输入的 P1.2 引脚为低电平，则肯定是 P1.4 列线与 P1.2 行线交叉点对应的按键被按下。

图 10-25 适用于具有互补 CMOS 输出结构(如数字 IC)芯片 I/O 引脚组成的矩阵键盘电路。在这种 I/O 引脚结构中，作为输出引脚使用时，上下两驱动管轮流导通，不允许输出引脚“线与”；作为输入引脚使用时，引脚悬空，必须外接上拉电阻。为便于理解，图 10-25(b)给出了行列交叉点的等效电路。

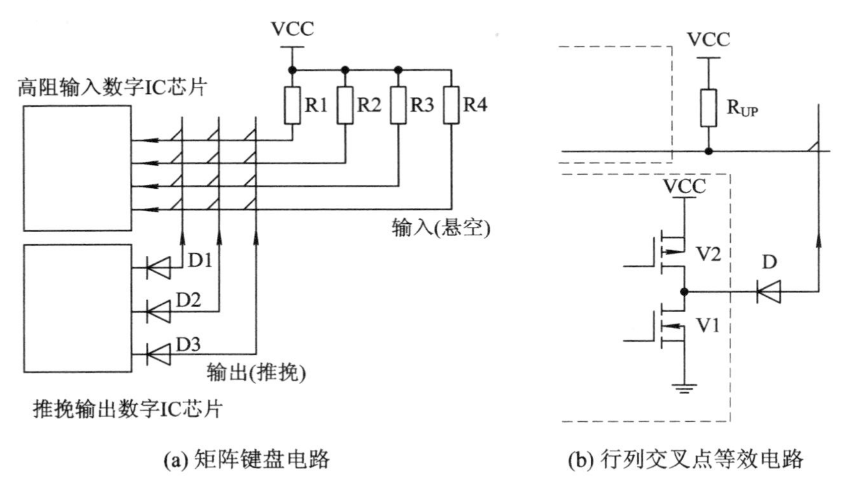


(a) 矩阵键盘电路　　(b) 行列交叉点等效电路

图 10-25　由具有推挽输出、高阻输入的数字 IC 引脚构成的矩阵键盘电路

在图 10-25 中，扫描输出引脚必须外接保护二极管，以防止同一行上两个或两个以上按键被同时按下时(在按键过程中，出现这一现象是不可避免的)，输出引脚通过行线形成“线与”关系，损坏输出引脚输出级电路。原因是当同一行上两个按键被同时按下时，相应的两条列线通过按键触点借助行线连接在一起，而在列扫描输出信号中，总有一个输出低电平(相应 I/O 引脚输出级下拉 MOS 管 V1 导通)，其他输出高电平(相应 I/O 引脚输出级上拉 MOS 管 V2 导通)，结果输出高电平的引脚通过行线向输出低电平的引脚灌入大电流，损坏输出引脚的输出级电路。为此，必须在输出引脚接反向二极管，防止输出高电平引脚的输出电流灌入输出低电平的引脚。

当然，在矩阵键盘电路中，如果 MCU I/O 引脚资源紧张，也可以通过“串入并出”数字 IC 芯片，如 74HC595 输出扫描信号，如图 10-26 所示。

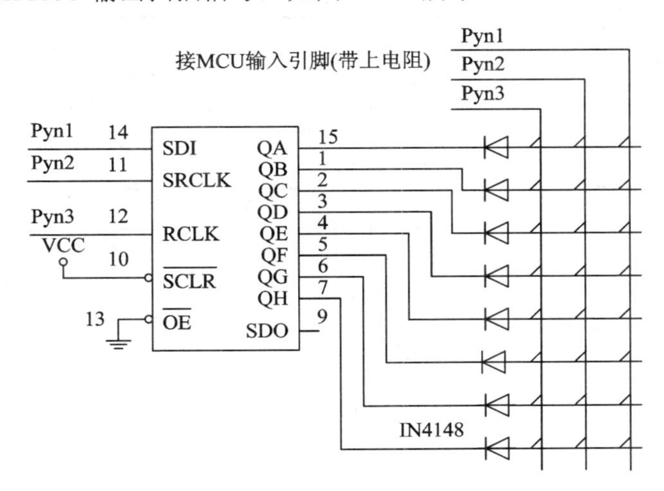


图 10-26　通过“串入并出”数字 IC 芯片输出扫描信号

### 10.7.3　键盘按键编码

在键盘电路中，按键的个数不止一个，即存在键盘按键编码(键值)问题。按键编码与按键功能(即键名)有关联，但又是两个不同的概念。键盘电路结构不同，确定键值的方式也不同。例如，对于图 10-21 这样的简单键盘接口电路，将 S0 对应的按键值定义为“0”；S1 对应的按键值定义为“1”；依次类推，S3 对应的按键值定义为“3”。对于图 10-24 所示的矩阵键盘接口电路，确定键值的方法很多：可用行、列对应的二进制值作为键值，例如，当列线 P1.6～P1.4 输出的扫描信号为 110，如果 P1.4 与 P1.0 交叉点对应的按键，即第一个按键被按下时，从 P1.3～P1.0 口读入的信息必然为 1110，因此 P1.0 与 P1.4 交叉点对应的按键值为 110，1110B(即 06EH)；同理，P1.0 与 P1.5 交叉点对应的按键值为 101，1110B(即 05EH), P1.0 与 P1.6 交叉点对应的按键值为 011，1110B(即 3EH)。通过这种编码方式获得的键值分散性大，且不等距。因此，一般按顺序对键盘按键进行编码，而将按键行列对应的二进制码作为按键的扫描码，通过查表转换为键值。例如，对于图 10-27 所示由 STM8S 引脚(PB4～PB0 引脚作扫描输出，PC3～PC0 引脚作输入)组成的 4 × 5 矩阵键盘，可按下列顺序对按键进行编码：

将 PC0 引脚对应行线的行号定义为 0，PC1 引脚对应行线的行号定义为 1，PC2 引脚对应行线的行号定义为 2，PC3 引脚对应行线的行号定义为 3；PB0 引脚对应列线的列号定义为 0，PB1 引脚对应列线的列号定义为 1，依次类推，PB4 引脚对应列线的列号定义为 4，则

$$键盘任意按键的扫描码 = 5 \times 行号 + 列号(一行为 5 列)$$

或

$$键盘任意按键的扫描码 = 4 \times 列号 + 行号(一列为 4 行)$$

需要指出的是，许多 MCU 芯片，如 STM8S 系列 MCU 芯片外设种类很多，几乎所有引脚均具有复用输入或复用输出功能：当对应外设处于允许状态占用了某一个端口特定引脚后(或由于 PCB 连线的原因)，不能将同一个 I/O 口相邻的引脚作键盘输入引脚、键盘扫描输出引脚时，可将键盘输入引脚、扫描输出引脚分别映射到某一个 RAM 存储单元中，

以方便输入判别和输出扫描。

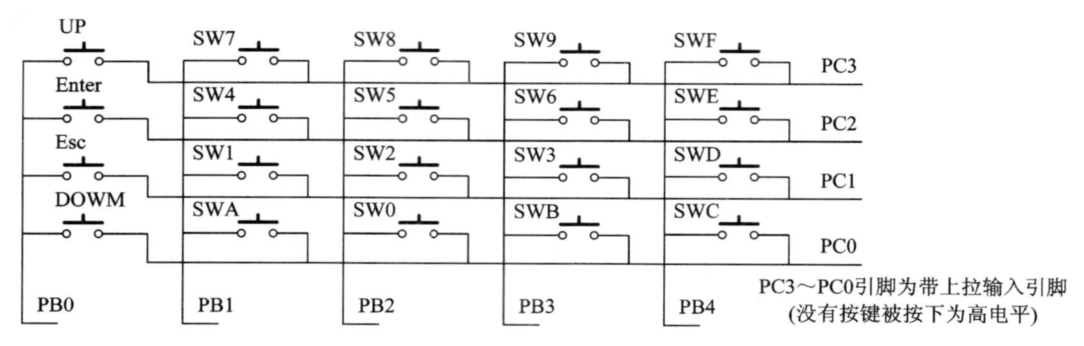


图 10-27　键盘按键扫描码

### 10.7.4　键盘监控方式

在单片机应用系统中，可采用查询方式(包括随机扫描方式和定时中断扫描方式)或硬件中断方式监视键盘有无按键输入。

**1．随机扫描方式**

在随机扫描方式中，CPU 完成某一个特定任务后，执行键盘扫描程序，以确定键盘有无按键被按下，然后根据按键功能执行相应的操作。但是，这种扫描方式不能在执行按键规定操作中检测键盘有无输入，失去了对系统的控制，没有实用价值。

**2．定时扫描方式**

定时扫描方式与随机扫描方式基本相同，它是通过定时中断方式，每隔一定的时间(如10～30 ms，由于按键动作较慢，为提高 CPU 利用率，实践表明，每隔 20 ms 对键盘扫描一次较为合理)扫描键盘，检查是否有按键被按下，由于键盘反映速度快，因此在执行按键功能规定的操作过程中，可通过键盘命令进行干预，如取消或暂停等。

在定时扫描方式中，为提高 CPU 的利用率，应避免通过被动延迟 10～20 ms 方式等待按键稳定闭合，可在定时中断服务程序中，用 3 位存储单元记录最近三次定时中断检测到的按键状态(可初始化为 111 态)。如果规定没有按键被按下时为“1”，有按键被按下时为“0”，则按键状态的含义如下：

(1) 111：表示最近三次定时扫描均未发现按键被按下。

(2) 110：表示前两次定时扫描未检测到按键被按下，只在本次定时扫描检测到按键被按下，未经延迟，不对按键进行扫描。

(3) 100：表示最近两次定时扫描检测到按键被按下，且至少延迟了一次定时中断时间；可对按键进行扫描，确定哪个按键被按下，并执行按键规定的动作。

(4) 000：表示处于按键稳定闭合期。

(5) 001：表示按键可能处于释放状态。

(6) 011：表示按键已经释放。

(7) 010：表示在很短时间内(小于两次定时中断时间)检测到按键处于释放状态。实际上是按键过程中的无意松动，作 000 态处理。

(8) 101：表示在很短时间内(小于两次中断时间间隔)检测到按键处于按下状态。实际上是负脉冲干扰，作 111 态处理。

在以上按键状态中，对于没有重复输入功能的按键设定来说，只需检查并处理 100、010、101 三个状态；而对于具有重复输入功能的按键设定来说，也只需检查并处理 100、010、101、000 四个状态。

利用一个字节的 RAM 单元保存按键值和按键有效标志。在单片机控制系统中，按键个数一般不超过 64 个，为减小内存开销，可使用该字节的 b7 位作为按键有效标志。这样不仅记录了最近按了哪个按键，也记录是否已执行了按键规定的动作。

定时中断键盘按键扫描的流程如图 10-28 所示。

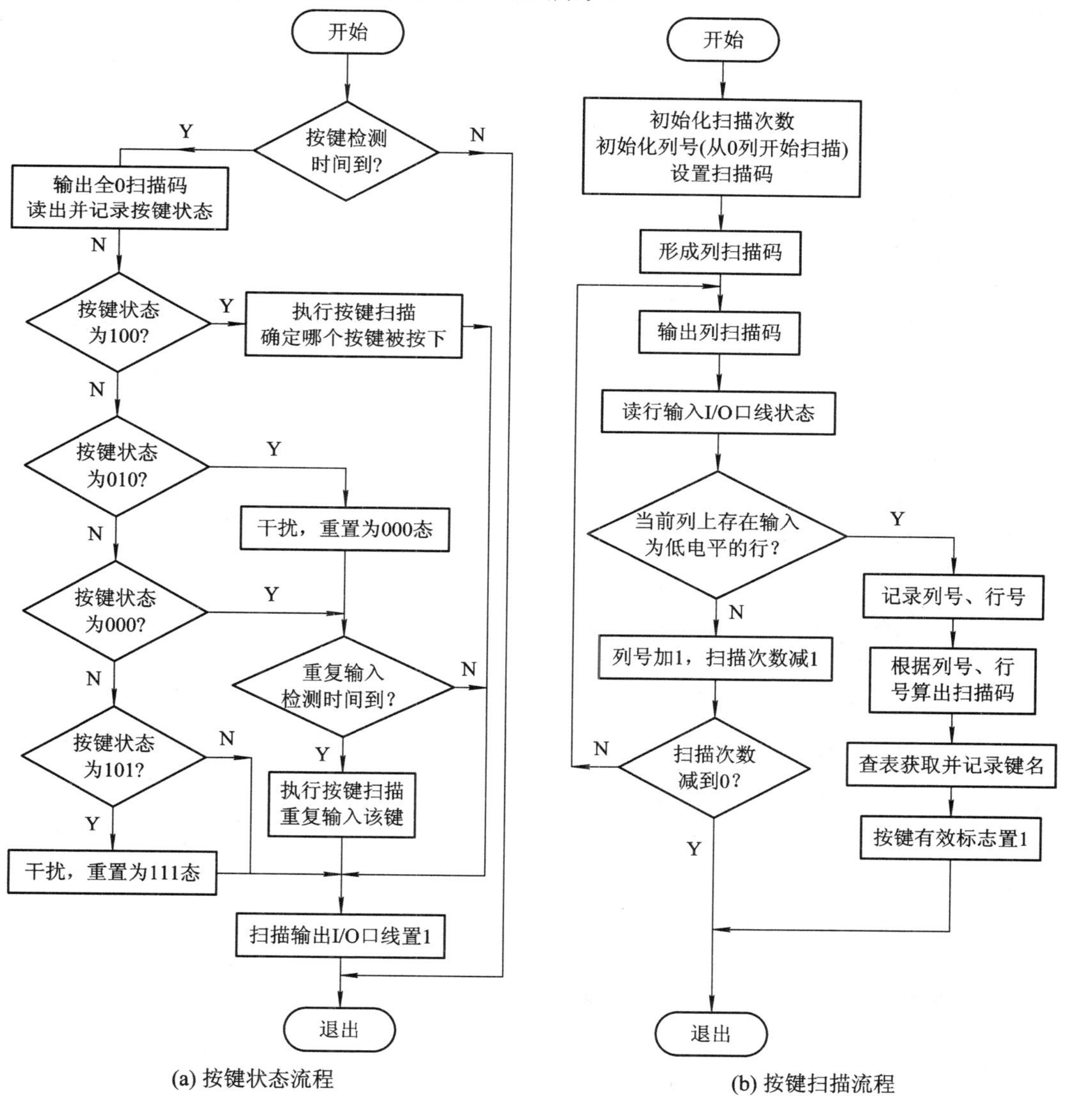

(a) 按键状态流程　　(b) 按键扫描流程

图 10-28　定时中断键盘扫描流程

下面给出图 10-27 所示矩阵键盘电路的定时中断扫描参考程序。

```
；功能描述：利用定时 TIM3 溢出中断(溢出时间为 2.0 ms)，每 20 ms 对键盘扫描一次，按下某键不
；放时，每秒重复输入 4 次，按键值记录在 KEYNAME 单元中外部程序执行了按键功能后，将按键
；有效标志清 0，允许接收新按键
  KEYNAME   DS.B 1        ；b4～b0 位记录按键值
                          ；b7 作为按键值有效标志：b7 为 0 时，表示 b4～b0 位中的按键值无效
                          ；b7 为 1 时，表示 b4～b0 位记录的按键值有效，且尚未处理，不能
                          ；接受新按键；b6～b5 保留
  KeySTU   DS.B 1         ；键盘按键状态寄存器，其中 b2、b1、b0 分别记录最近
                          ；三次扫描的按键状态
                          ；b4 作为启动键盘扫描标志
   KeyTIME    DS.B 1      ；按键时间计数单元
   T20msB     DS.B 1      ；20 ms 定时计数单元

   ；------在主定时器中与键盘有关的指令系列------
       DEC T20msB
       JRNE interrupt_TIM3_Key1
       ；时间回零，重置键盘扫描检测时间
       MOV T20msB, #10  ；          ；每 2 ms 中断一次，即键盘扫描间隔为 2 × 10 = 20 ms
       BSET KeySTU, #4  ；          ；启动键盘扫描标志
   interrupt_TIM3_Key1.L
       ；长时间按键处理
       LD A, KeySTU
       AND A, #07H                  ；仅保留 b2～b0 位
       JRNE interrupt_TIM3_Key_exit
       ；按键状态为 000，按键闭合时间加 1
       LD A, KeyTIME                ；取按键闭合时间
       CP A, #125
       JRNC interrupt_TIM3_Key_exit
       ；小于 125 × 2 ms，时间加 1
       INC KeyTIME
  interrupt_TIM3_Key_exit.L

  ；----------键盘定期扫描程序----------
  SCAN_Key.L                        ；键盘定期扫描程序
       BTJT KeySTU, #4, SCAN_Key_NEXT1
       ；键盘扫描时间未到，退出
       JPF SCAN_Key_EXIT            ；退出键盘扫描状态
```

```
SCAN_Key_NEXT1.L
    LD A, PB_ODR
    AND A, #11100000B
    LD PB_ODR, A               ; 输出全 0 的扫描码
    NOP                        ; 可插入数条 NOP 延迟，使引脚输入信号稳定
    LD A, PC_IDR               ; 读键盘输入口
    AND A, #0FH
    CP A, #0FH
    JRNE SCAN_Key_NEXT2
    ; 等于 0FH，说明 PC3～PC0 输入引脚为高电平，没有任何按键被按下
    SCF                        ; C 标志为 1
    JRT SCAN_Key_NEXT3
SCAN_Key_NEXT2.L
  ; 不等于 0FH，说明 PC3～PC0 中至少有一根输入线为低电平，即键盘至少有一个按键被按下
  RCF                          ; C 标志为 0
SCAN_Key_NEXT3.L
  ; 保存按键状态
  LD A, KeySTU
    RLC A                      ; 循环左移，将 b2←b1、b1←b0、b0←C
  AND A, #07H                  ; 仅保留 b2～b0 位
  LD KeySTU, A                 ; 回写按键状态，也清除启动键盘扫描标志(b4)
  ; 判别按键状态
  JREQ SCAN_Key_NEXT41         ; 处于 000 态，跳转
  CP A, #010B
  JRNE SCAN_Key_NEXT4
  ; 等于 010，按键输入引脚受到正脉冲干扰(多为按键过程中的无意松动)，置为 000 态
  BRES KeySTU, #1              ;把 KeySTU 的 b1 清 0，使其变为 000 态
SCAN_Key_NEXT41.L
  LD A, KeyTIME                ; 取按键闭合时间
  CP A, #125
  JRC SCAN_Key_EXIT            ; 2 × 125 ms 时间未到，退出
  CLR KeyTIME                  ; 按键闭合时间清 0
  JRT   SCAN_Key_NEXT6         ; 执行按键检测，确定哪个按键被按下
SCAN_Key_NEXT4.L
  CLR KeyTIME                  ; 非 000 与 010 态，则清除按键闭合时间
  CP A, #101B
  JRNE SCAN_Key_NEXT5
  ; 等于 101，按键输入引脚受到负脉冲干扰，置为 111 态
```

```
    BSET KeySTU, #1              ；把 KeySTU 的 b1 置 1，使其变为 111 态
    JPF SCAN_Key_EXIT            ；退出键盘扫描状态
SCAN_Key_NEXT5.L
    CP A, #100B
    JRNE SCAN_Key_EXIT
    ；等于 100，说明有按键被按下，且至少延迟了 20 ms 时间(实际延迟时间在 20～40 ms 之间)
SCAN_Key_NEXT6.L
    CALL Key_Check_Proc          ；执行按键检测，确定哪个按键被按下
SCAN_Key_EXIT.L
    ；键盘扫描结束，对于 STM8 内核芯片无须取消全 0 扫描信号
    RETF
    RETF
    RETF
    RETF
    RETF
；----------按键检测程序----------
Key_Check_Proc.L
；使用资源：寄存器 X、A，R10、R11 两个存储单元
    ；先确认按键是否仍处于按下状态
    LD A, PB_ODR
    AND A, #11100000B
    LD PB_ODR, A                 ；输出全 0 的扫描码
    LD A, PC_IDR                 ；读键盘输入口
    AND A, #0FH
    CP A, #0FH
    JRNE Key_Check_Proc_NEXT1
    ；键盘输入引脚状态全为 1，说明本次扫描无效
    JPF Key_Check_Proc_EXIT
Key_Check_Proc_NEXT1.L
    ；判别上一次按键是否已处理
    BTJF KEYNAME, #7, Key_Check_Proc_NEXT2
    ；b7 为 1，说明上次按键结果未处理，退出
    JPF Key_Check_Proc_EXIT
Key_Check_Proc_NEXT2.L
    ；开始执行键盘扫描
    MOV R11, #00011110B          ；按键初始扫描码
    CLR R10                      ；初始化扫描次数(共计 5 列)
Key_Check_Proc_LOOP1.L
```

```
    LD A, PB_ODR
    AND A, #11100000B

    OR A, R11                   ; 与扫描码或形式
    LD PB_ODR, A                ; 输出扫描码
    NOP                         ; 可插入数条 NOP 延迟，使引脚输入信号稳定
    BTJT PC_IDR, #0, Key_Check_Proc_NEXT20
    ; PC0 引脚输入为 0，说明 PC0 引脚存在按键输入
    MOV R11, #0                 ; 借用 R11 记录行号
    JPF Key_Check_Proc_NEXT3
Key_Check_Proc_NEXT20.L
    BTJT PC_IDR, #1, Key_Check_Proc_NEXT21
    ; PC1 引脚输入为 0，说明 PC1 引脚存在按键输入
    MOV R11, #1                 ; 借用 R11 记录行号
    JPF Key_Check_Proc_NEXT3
Key_Check_Proc_NEXT21.L
    BTJT PC_IDR, #2, Key_Check_Proc_NEXT22
    ; PC2 引脚输入为 0，说明 PC2 引脚存在按键输入
    MOV R11, #2                 ; 借用 R11 记录行号
    JPF Key_Check_Proc_NEXT3
Key_Check_Proc_NEXT22.L
    BTJT PC_IDR, #3, Key_Check_Proc_NEXT23
    ; PC3 引脚输入为 0，说明 PC3 引脚存在按键输入
    MOV R11, #3                 ; 借用 R11 记录行号
    JRT Key_Check_Proc_NEXT3
Key_Check_Proc_NEXT23.L
    ; 本列没有按键被按下，扫描下一列
    LD A, R11
    SCF                         ; C 标志为 1
    RLC A                       ; 左移一位，形成下一列的扫描码
    AND A, #1FH                 ; 仅保留扫描码
    LD R11, A                   ; 保存扫描码
    ; 列号加 1 并判别是否已完成扫描操作
    INC R10                     ; 列号加 1
    LD A, R10
    CP A, #5
    JRC Key_Check_Proc_LOOP1
    ; 已扫描了全部列，没有发现按键
```

```
    JRT Key_Check_Proc_EXIT
Key_Check_Proc_NEXT3.L
    ; 形成按键扫描码

  ;  LD A, R10
  ;  LD XL, A
  ;  LD A, #4                    ; 列号乘以 4
  ;  MUL X, A
  ;  LD A, XL
  ;  ADD A, R11                  ; 列号乘以 4 加行号就是对应按键的扫描码
  ;  LD XL, A
    ; 由于列号仅需乘以 4，因此可用如下指令系列代替上述注销的指令
    CLRW X
    LD A, R10
    LD XL, A
    SLLW X
    SLLW X
    CLR R10                     ; 清除高 8 位 R10，以便将 R10、R11(存放行号)作字单元相加
    ADW X, R10                  ; 列号乘以 4 加行号就是对应按键的扫描码
    LD A, (KEYTAB,X)            ; 通过查表获得键名
    OR A, #80H                  ; b7 为 1，按键值有效
    LD KEYNAME, A               ; 保存输入的按键名
Key_Check_Proc_EXIT.L
    RETF
    RETF
    RETF
 ;************按键扫描码、键值对应关系************
KEYTAB.L
    DC.B 10H        ; 扫描码为 0，即 PB0 与 PC0 交叉点对应“↓”
    DC.B 11H        ; 扫描码为 1，即 PB0 与 PC1 交叉点对应“ESC”
    DC.B 12H        ; 扫描码为 2，即 PB0 与 PC2 交叉点对应“Enter”
    DC.B 13H        ; 扫描码为 3，即 PB0 与 PC3 交叉点对应“↑”
    DC.B 0AH        ; 扫描码为 4，即 PB1 与 PC0 交叉点对应数字键“A”
    DC.B 01H        ; 扫描码为 5，即 PB1 与 PC1 交叉点对应数字键“1”
    DC.B 04H        ; 扫描码为 6，即 PB1 与 PC2 交叉点对应数字键“4”
    DC.B 07H        ; 扫描码为 7，即 PB1 与 PC3 交叉点对应数字键“7”
    DC.B 00H        ; 扫描码为 8，即 PB2 与 PC0 交叉点对应数字键“0”
    DC.B 02H        ; 扫描码为 9，即 PB2 与 PC1 交叉点对应数字键“2”
```

```
DC.B 05H        ; 扫描码为 A，即 PB2 与 PC2 交叉点对应数字键“5”
DC.B 08H        ; 扫描码为 B，即 PB2 与 PC3 交叉点对应数字键“8”
DC.B 0BH        ; 扫描码为 C，即 PB3 与 PC0 交叉点对应数字键“B”
DC.B 03H        ; 扫描码为 D，即 PB3 与 PC1 交叉点对应数字键“3”
DC.B 06H        ; 扫描码为 E，即 PB3 与 PC2 交叉点对应数字键“6”
DC.B 09H        ; 扫描码为 F，即 PB3 与 PC3 交叉点对应数字键“9”
DC.B 0CH        ; 扫描码为 10，即 PB4 与 PC0 交叉点对应数字键“C”
DC.B 0DH        ; 扫描码为 11，即 PB4 与 PC1 交叉点对应数字键“D”
DC.B 0EH        ; 扫描码为 12，即 PB4 与 PC2 交叉点对应数字键“E”
DC.B 0FH        ; 扫描码为 13，即 PB4 与 PC3 交叉点对应数字键“F”
```

以上键盘扫描程序不是通过被动延迟方式去除按键抖动，这样做提高了 CPU 的利用率，使扫描程序结构清晰且代码短。尽管需要定时器支持，但可利用系统主定时器定时，并没有额外占用硬件资源。因此定时中断扫描方式在单片机应用系统中得到了广泛应用。

如果矩阵键盘电路扫描输出引脚、输入引脚不是来自同一个 I/O 口的相邻引脚(如图 10-27 中的 PB4～PB0、PC3～PC0)，而是不同的 I/O 口或同一个 I/O 口中非相邻引脚，则在上述程序中，使用两个 RAM 存储单元分别代替 PB_ODR、PC_IDR 寄存器，再通过位操作指令输出、输入即可。实际上这种情况很常见，原因是键盘输入、输出引脚要求不高——任何具有 OD 输出特性的引脚均可键盘扫描输出引脚，任何具有上拉输入的引脚均可作为键盘检测输入引脚。在应用系统引脚资源分配过程中，往往是最后分配，引脚相邻的可能性才很小。

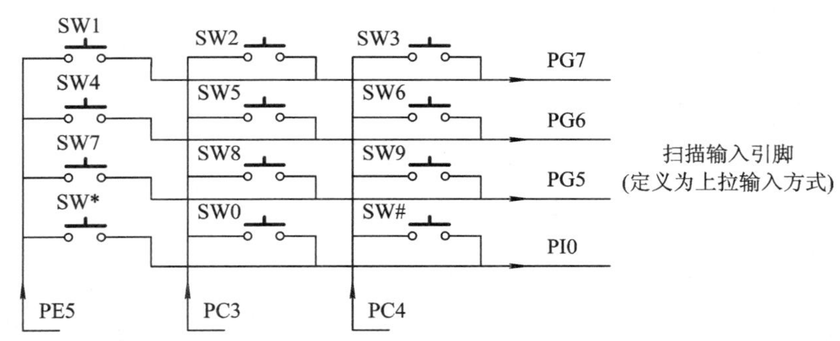


图 10-29　输出、输入线来自不同 I/O 口引脚的矩阵键盘电路

例如，在图 10-29 所示的 4(行) × 3(列)电话机键盘电路中，与扫描输出、输入相关的指令系列如下：

```
KeyScan_IN    DS.B 1            ; 键盘输入检测引脚在 RAM 中的映像地址
KeyScan_Out   DS.B 1            ; 键盘扫描输出引脚在 RAM 中的映像地址


    LD A, KeyScan_Out
    AND A, #11111000B
    LD KeyScan_Out, A           ; 输出全 0 的扫描码
```

```
    ; 通过位操作指令，将扫描输出信号送各自的扫描输出引脚
    BTJT KeyScan_Out, #0, Scan_Out_NEXT0
Scan_Out_NEXT0:                         ; 读 KeyScan_Out 的 b0 位到 C 标志
    BCCM PE_ODR, #5                     ; PE5←KeyScan_Out 的 b0 位
    BTJT KeyScan_Out, #1, Scan_Out_NEXT1
Scan_Out_NEXT1:                         ; 读 KeyScan_Out 的 b1 位到 C 标志
    BCCM PC_ODR, #3                     ; PC3←KeyScan_Out 的 b1 位
    BTJT KeyScan_Out, #2, Scan_Out_NEXT2
Scan_Out_NEXT2:                         ; 读 KeyScan_Out 的 b2 位到 C 标志
    BCCM PC_ODR, #4                     ; PC4←KeyScan_Out 的 b2 位
    ; 通过位操作指令，把键盘输入引脚状态送输入检测映射单元 KeyScan_IN
    BTJT PI_IDR, #0, Scan_IN _NEXT0     ; 读 PI0 引脚状态到 C 标志
Scan_IN _NEXT0:
    BCCM KeyScan_IN, #0                 ; KeyScan_IN 的 b0 位←PI0 引脚状态
    BTJT PG_IDR, #5, Scan_IN _NEXT1
Scan_IN _NEXT1:
    BCCM KeyScan_IN, #1
    BTJT PG_IDR, #6, Scan_IN _NEXT2
Scan_IN _NEXT2:
    BCCM KeyScan_IN, #2
    BTJT PG_IDR, #7, Scan_IN _NEXT3
Scan_IN _NEXT3:
    BCCM KeyScan_IN, #3
    LD A, KeyScan_IN                    ; 读键盘输入口
    AND A, #0FH                         ; 屏蔽与键盘输入无关的高 4 位
```

### 3. 中断方式

在控制系统中，并不需要经常监控键盘是否有按键输入。因此，在查询扫描方式和定时中断扫描方式中，CPU 常处于空扫描状态，在一定程度上降低了 CPU 的利用率。为此，也可用中断方式，尤其是拥有众多外中断输入引脚的 MCU 芯片，如 STM8S 系列芯片，这样既不会增加硬件成本，又避免了空扫描现象。

对于图 10-23 所示的矩阵键盘电路，如果扫描输入引脚全部来自 PA～PE 口上的同一个引脚(原因是 STM8S 系列 MCU 芯片同一 I/O 口的中断引脚属于同一类中断逻辑)，则可将键盘输入引脚初始化为带中断输入功能(外中断触发方式定义为“仅下降沿”触发)的上拉输入方式。

在判别按键状态期间，扫描输出引脚全为 0，当有按键被按下时，键盘输入引脚对应的外中断必然有效。为处理按键抖动问题，可在外中断服务程序中，启动一个由定时器(如系统主定时器)控制的计时器(定时时间为 10～20 ms)，关闭键盘的输入引脚中断，然后返回，如图 10-30(a)所示。在定时时间到并确认按键处于按下状态后，执行按键扫描程序，

确定是哪一个按键被按下，然后开放键盘输入引脚的中断功能，等待按键。操作流程如图10-30(b)所示。

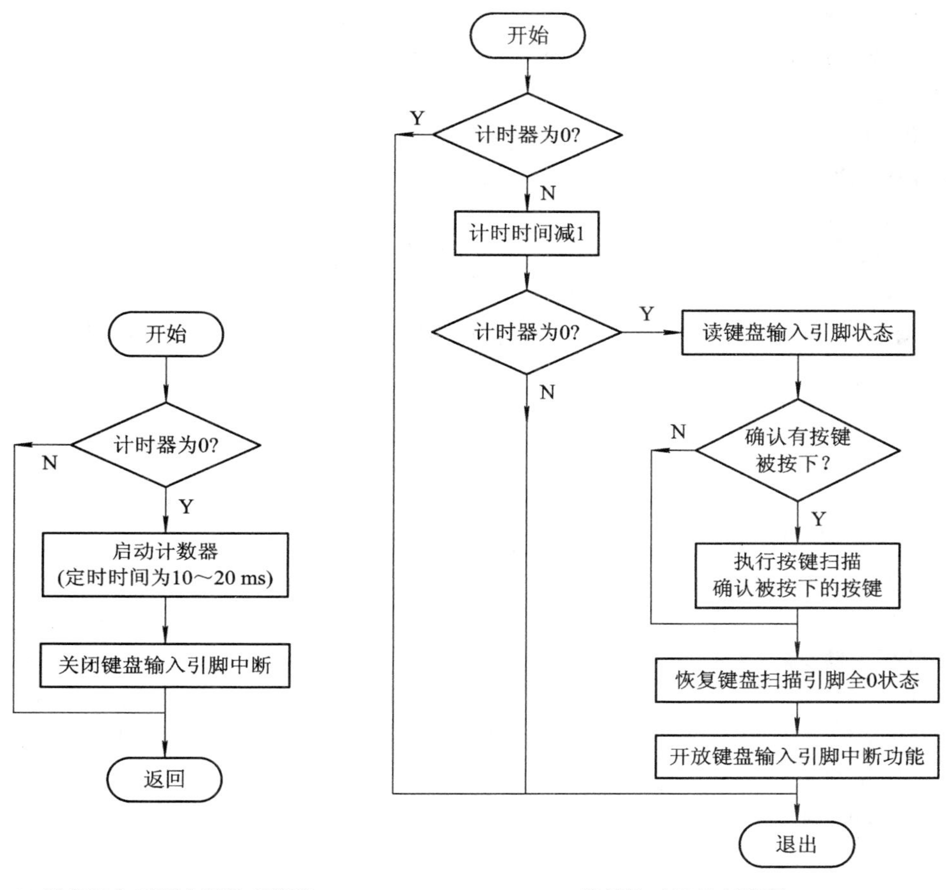


(a) 键盘输入引脚中断处理流程　　(b) 按键计时器处理流程

图 10-30　中断扫描方式按键检测流程

图 10-23 所示键盘中断扫描方式的参考程序如下(假设一次按键仅视为一次输入)：

```
KEYNAME    DS.B 1      ; b3～b0 位记录按键值(由于只有 12 个按键)
                       ; b7 作为按键值有效标志：b7 为 0 时，表示 b3～b0 位中的按键值无效
                       ; b7 为 1 时，表示 b4～b0 位记录的按键值有效，且尚未处理，不能
                       ; 接受新按键；b6～b4 保留
T20msB          DS.B 1 ; 20 ms 定时计数单元
  ; 初始化 PB3～PB0 引脚
    LD A, PB_DDR
    AND A, #0F0H
    LD PB_DDR, A       ; PB_DDR 寄存器位为 0，输入
    LD A, PB_CR1
    OR A, #0FH
```

```
    LD PB_CR1, A                ; PB_CR1 寄存器位置 1，上拉
    ; 初始化 PB 口外中断
    BRES EXTI_CR1, #2
    B   SET EXTI_CR1, #3        ; b3b2 位初始化为 10，即 PB 口中断输入选择下沿触发方式
    BSET ITC_SPR2, #0
    BSET ITC_SPR2, #1           ; 初始化 PB 口中断优先级(4 号中断)，优先级为 11
    LD A, PB_CR2
    OR A, #0FH
    LD PB_CR2, A                ; 1，允许 PB 口中断
    LD A, PG_ODR
    AND A, #0F8H                ; 输出全 0 扫描码，即 PG2、PG1、PG0 引脚为低电平
    LD PG_ODR, A
    RIM                         ; 开中断
    JRT $                       ; 虚拟主程序，等待中断

  ; PB 口中断服务程序
    Interrupt PORTB_INT
PORTB_INT.L
    TNZ T20msB
    JRNE PORTB_INT_EXIT              ; 上一次按键输入尚未处理(实际上多是按键抖动引起)
    MOV T20msB, #10                  ; 10 × 2 ms，即延迟 20 ms 后执行键盘扫描
    LD A, PB_CR2
    AND A, #0F0H
    LD PB_CR2, A                     ; 0，关闭 PB 口(即键盘输入检测)中断
PORTB_INT_EXIT.L
    IRET
  ; --------在主定时器(假设每 2 ms 中断一次)中与键盘检测有关的指令系列--------
    TNZ T20msB                       ; 对软件计数器进行测试
    JREQ interrupt_TIM3_KeyEXIT
    DEC T20msB                       ; 定时时间不为 0，则减 1
    JRNE interrupt_TIM3_KeyEXIT
    ; 定时时间到！执行键盘扫描
    CALL Key_Check_Proc              ; 执行按键扫描，确定哪个按键被按下
interrupt_TIM3_KeyEXIT:
    ; --------按键检测程序--------
Key_Check_Proc.L
    ; 使用资源:寄存器 X、A，R10、R11 两个存储单元
    ; 先确认按键是否仍处于按下状态
    LD A, PB_IDR                     ; 读键盘输入口
```

```
        AND A, #0FH                        ；屏蔽与键盘输入无关的位
        CP A, #0FH
        JRNE Key_Check_Proc_NEXT1
        JPF Key_Check_Proc_EXIT            ；键盘输入引脚状态全为 1，说明本次扫描无效
    Key_Check_Proc_NEXT1.L
        ；判别上一次按键是否已处理
        BTJF KEYNAME, #7, Key_Check_Proc_NEXT2
        ；b7 为 1，说明上次按键结果未处理，退出(忽略本次按键操作)
        JPF Key_Check_Proc_EXIT
    Key_Check_Proc_NEXT2.L
        ；开始执行键盘扫描
        MOV R11, #00000110B                ；按键初始扫描码
        CLR R10                            ；初始化扫描次数(共计 3 列)
    Key_Check_Proc_LOOP1.L
        LD A, PG_ODR
        AND A, #11111000B
        OR A, R11                          ；与扫描码或形式
        LD PG_ODR, A                       ；输出扫描码
        NOP                                ；可插入数条 NOP 指令延迟，使引脚输入信号稳定
        BTJT PB_IDR, #0, Key_Check_Proc_NEXT20
        ；PB0 引脚输入为 0，说明 PB0 引脚存在按键输入
        MOV R11, #0                        ；借用 R11 记录行号
        JPF Key_Check_Proc_NEXT3
    Key_Check_Proc_NEXT20.L
        BTJT PB_IDR, #1, Key_Check_Proc_NEXT21
        ；PB1 引脚输入为 0，说明 PB1 引脚存在按键输入
        MOV R11, #1                        ；借用 R11 记录行号
        JPF Key_Check_Proc_NEXT3
    Key_Check_Proc_NEXT21.L
        BTJT PB_IDR, #2, Key_Check_Proc_NEXT22
        ；PB2 引脚输入为 0，说明 PB2 引脚存在按键输入
        MOV R11, #2                        ；借用 R11 记录行号
        JPF Key_Check_Proc_NEXT3
    Key_Check_Proc_NEXT22.L
        BTJT PB_IDR, #3, Key_Check_Proc_NEXT23
        ；PB3 引脚输入为 0，说明 PB3 引脚存在按键输入
        MOV R11, #3                        ；借用 R11 记录行号
        JRT Key_Check_Proc_NEXT3
    Key_Check_Proc_NEXT23.L
```

```
    ; 本列没有按键被按下，扫描下一列
    LD A, R11
    SCF                          ; C 标志为 1
    RLC A                        ; 左移一位，形成下一列的扫描码
    AND A, #1FH                  ; 仅保留扫描码
    LD R11, A                    ; 保存扫描码
    ; 列号加 1 并判别是否已完成扫描操作
    INC R10                      ; 列号加 1
    LD A, R10
    CP A, #3
    JRC Key_Check_Proc_LOOP1
    ; 已扫描了全部列，没有发现按键
    JRT Key_Check_Proc_EXIT
Key_Check_Proc_NEXT3.L
    ; 形成按键扫描码
    CLRW X
    LD A, R10
    LD XL, A
    SLLW X
    SLLW X
    CLR R10                  ; 清除高 8 位 R10，以便将 R10、R11(存放行号)作字单元相加
    ADW X, R10               ; 列号乘以 4 加行号就是对应按键的扫描码
    LD A, (KEYTAB,X)         ; 通过查表获得键名
    OR A, #80H               ; b7 为 1，按键值有效
    LD KEYNAME, A            ; 保存输入的按键名
Key_Check_Proc_EXIT.L
    LD A, PG_ODR
    AND A, #0F8H             ; 输出全 0 扫描码，即 PG2、PG1、PG0 引脚为低电平
    LD PG_ODR, A
    LD A, PB_CR2
    OR A, #0FH
    LD PB_CR2, A             ; 1，允许 PB 口中断
    RETF
    ;***********按键扫描码、键值对应关系***********
    KEYTAB.L
    ; 键名表(略)
```

对于图 10-24 所示的 MCS-51 键盘电路，使用中断扫描方式时需要在键盘输入线上增加 74HC21 与门电路，便构成了图 10-31 所示具有中断检测方式的矩阵键盘。

当键盘上任意一个按键被按下时，74HC21 与门输出低电平，$\overline{\text{INT1}}$ 中断有效(定义为下

沿触发方式)，表明键盘有按键输入。不过 MCS-51 外中断输入线太少，需要增加并不常用的“与门”电路芯片，占用一个外中断输入端。因此，在 MCS-51 系统中应尽量避免使用中断扫描方式。

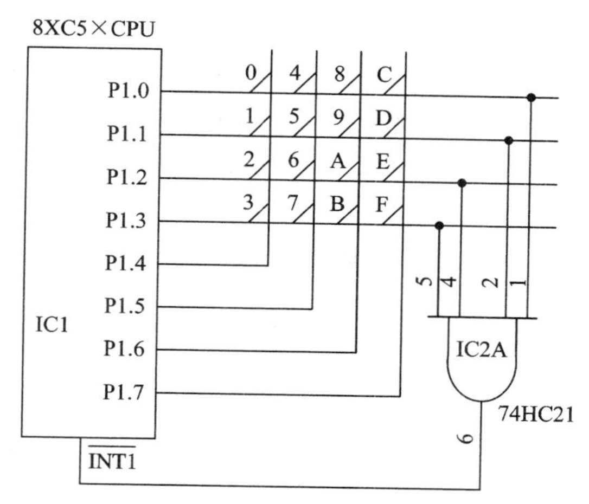


图 10-31　采用中断扫描方式的键盘接口电路

在键盘电路中，需要认真考虑的问题如下：

(1) 根据所需的按键个数以及可利用的 MCU I/O 引脚，确定键盘电路形式，即是采用直接解码键盘，还是矩阵键盘。

(2) 确定按键编码与按键功能。在按键个数有限的情况下，可以定义同一个按键在不同操作状态下，具有不同的按键功能，即是否需要设置“多功能键”。

(3) 确定键盘按键扫描方式，即根据系统的实际情况，选择随机扫描方式、定时中断扫描方式(尽可能采用这种扫描方式)或中断检测方式。

(4) 不同扫描方式的键盘扫描程序略有区别，但均需要检测有无按键被按下，延迟(必须避免使用软件延迟方式)去除按键抖动，确定键号，并根据键号执行相应的操作。

## 10.8　光电耦合器件接口电路

光电耦合器件是将砷化镓制成的发光二极管(发光源)与受光源(如光敏三极管、光敏晶闸管或光敏集成电路等)封装在一起，构成电一光一电转换器件，其内部结构如图 10-32 所示。从发光二极管的特性可以看出，发光强度与流过发光二极管中的电流大小有关，这样就将输入回路中变化的电流信号转化为变化的光信号，而光敏三极管中集电极电流大小与注入的光强度有关，从而实现了“电一光一电”的转换。由于输入回路与输出回路之间通过光实现耦合，因此光电耦合器件也称为光电隔离器件，简称光耦。

光耦器件具有如下特点：

(1) 输入回路与输出回路之间通过光实现耦合，彼此之间的绝缘电阻很高($10^{10}$ Ω 以上)，并能承受 2000 V 以上的高压，因此输入回路与输出回路之间在电气上完全隔离。由于输入、输出自成系统，无须共地，且绝缘和隔离性能都很好，因此有效地避免了输入/输出回路之间的相互作用。

(2) 由于光耦中的发光二极管以电流方式驱动，动态电阻很小，输入回路中的干扰，如电源电压波动、温度变化引起的热噪声等，均不会耦合到输出回路。

(3) 作为开关使用时，光耦器件具有寿命长，反应速度快(开关时间在微秒(μs)级)的特点，而高速光耦开关时间只有 10 ns。

光耦器件广泛应用于彼此需要隔离的数字系统中，根据受光源结构的不同，可将光耦器件分为晶体管输出的光电耦合器件和晶闸管输出的光电耦合器件两大类。

在晶体管输出的光电耦合器件中，受光源为光敏三极管。光敏三极管可以有基极(如图 10-32(a)所示的 4N25～4N38 等)，也可以没有基极(如图 10-32(b)所示的 TLP124、TLP126，图 10-32(c)所示的 PC817 等)。部分光耦输出回路的晶体管采用达林顿结构，以提高电流传输比(如图 10-32(d)所示的 4N33、H11G1、H11G2、H11G3 等)。在图 10-32(d)中，泄放电阻 R 的作用是给 V1 管的漏电流提供泄放通路，防止热电流引起 V2 管误导通；二极管 VD 的作用是防止输出管 CE 结反偏，保护输出管。

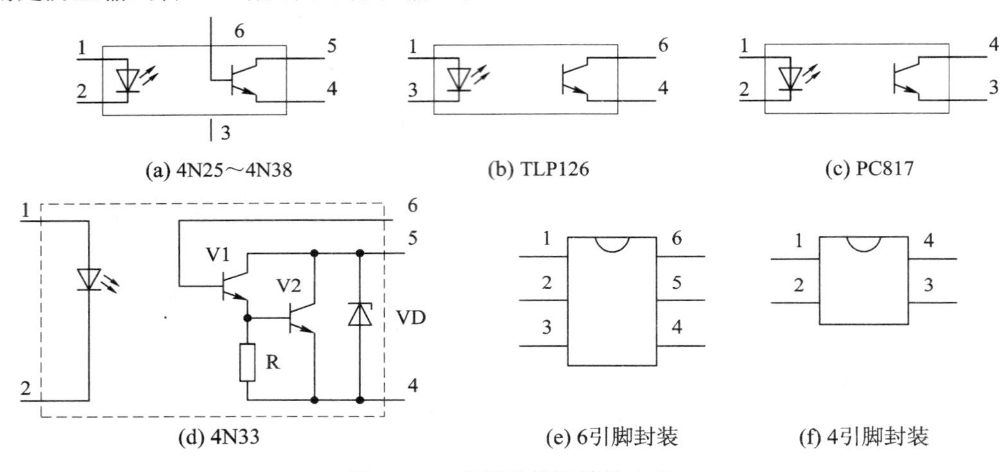


图 10-32　光耦结构及等效电路

晶体管输出的光电耦合器件与单片机的基本接口电路如图 10-33 所示，图中的输入回路与 LED 发光二极管的驱动电路相同。当驱动电流较小时，直接使用 MCU 的 I/O 引脚控制光耦的输入级，如图 10-33(a)所示。当驱动电流在 10 mA 以上时，最好使用驱动器，如图 10-33(b)所示，MCU I/O 引脚输出低电平，7407 输出级饱和导通，光耦内部的 LED 发光，工作电流 $I_f = (VCC1-V_f-V_{OL})/R1$；输出回路的三极管因受光照而饱和导通，集电极输出低电平。

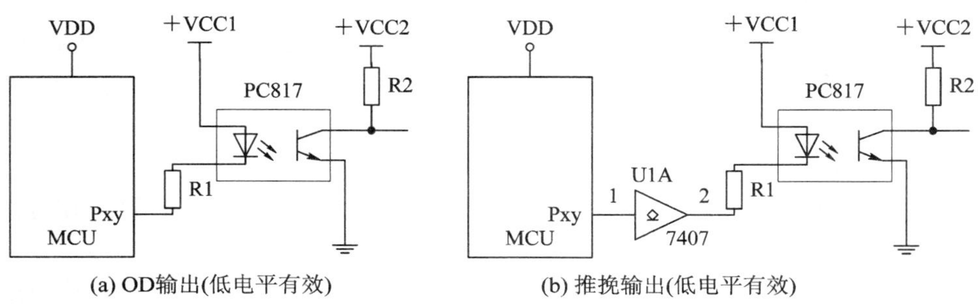


图 10-33　PC817 光耦与单片机的接口电路

在基极开路的情况下，输出回路的集电极电流 $I_c$ 与输入回路发光二极管的工作电流 $I_f$ 有关，$I_f$ 越大，$I_c$ 也越大，把 $I_c/I_f$ 称为光电耦合器件的电流传输比。电流传输比受 $I_f$ 影响较大，当 $I_f$ 小于 10 mA 时，发光二极管处于非线性区，电流传输比较小；当 $I_f$ 大于 20 mA 时，发光二极管出现亮度饱和现象，电流传输比也会下降；当 $I_f$ 在 10～20 mA 范围内时，$I_c/I_f$ 近似为常数，仅与光耦器件类型有关。对于单个晶体管输出的光耦，电流传输比一般在 0.2～2.0 之间，即 $I_f$ 在 15 mA 时，$I_c$ 为 3 mA 左右。对于达林顿管输出的光耦，如 4N33，其电流传输比高达 500。

当单片机 I/O 引脚输出高电平时，7407 输出级截止，光耦内部的 LED 不导通，由于没有光照，因此三极管截止，集电极输出高电平。

如果 I/O 引脚输出脉冲信号，则光耦集电极也将输出一个脉冲信号。由于光耦导通时，需要光注入后才能形成基极电流，导通延迟时间 $t_{on}$ 约为数微秒(μs)；输入回路截止时，即停止光注入后，也需要延迟一段时间 $t_{off}$，集电极才能输出高电平，$t_{off}$ 约为几微秒到几十微秒(与输出回路中三极管的结构有关)，因此，普通光耦只能传输 10 kHz 以内的脉冲信号。

## 10.9　单片机与继电器接口电路

继电器是单片机控制系统中常用的开关元件，用于控制电路的接通和断开，包括电磁继电器、接触器和干簧管。继电器由线圈及动片、定片组成。线圈未通电(即继电器未吸合)时，与动片接触的触点称为常闭触点；当线圈通电时，与动片接触的触点称为常开触点。

继电器的工作原理是利用通电线圈产生磁场，吸引继电器内部的衔铁片，使动片离开常闭触点，并与常开触点接触，实现电路的连通、断开。由于其采用触点接触方式，因此接触电阻值小，允许流过触点的电流值大(电流值的大小与触点材料及接触面积有关)。另外，控制线圈与触点完全绝缘，因此控制回路与输出回路具有很高的绝缘电阻。

根据线圈所加电压类型可将继电器分为两大类，即直流继电器和交流继电器。其中的直流继电器使用最为普及，只要在线圈上施加额定的直流电压，继电器就吸合，与单片机接口方便。

直流继电器线圈吸合电压以及触点额定电流是直流继电器两个非常重要的参数。例如，对于 6 V 继电器来说，驱动电压必须在 6 V 左右，当驱动电压小于额定吸合电压时，继电器吸合动作缓慢，甚至不能吸合或颤动，影响继电器的寿命或造成被控设备的损坏；当驱动电压大于额定吸合电压时，会因线圈过流而损坏。

小型继电器与单片机接口电路如图 10-34 所示，其中的二极管 D1 的作用是为了防止继电器断开瞬间引起的高压击穿驱动管。

图 10-34(a)、(b)适合驱动吸合电流小于 30 mA 的小微型继电器，图 10-34(c)适合驱动电流较大的继电器。对于图 10-34(b)来说，当 PXY 引脚输出高电平时，MCU 引脚电位接近 VCC，为防止 MCU 引脚过压击穿，VCC 不能大于 MCU 引脚可承受的最大电压(一般不超过 5.0 V)。当驱动管 T1 导通时，继电器吸合。反之，当 T1 管截止，继电器不吸合。在继电器由吸合到断开的瞬间，线圈中的电流不能突变，将在线圈两端产生上负下正的感应电压，使驱动管集电极承受高电压(电源电压 VCC 加感应电压)，有可能损坏驱动管，为此

须在继电器线圈两端并接一只续流二极管 D1，使线圈两端的感应电压被钳位在 0.7 V 左右。继电器正常工作时，线圈两端电压上正下负，续流二极管 D1 对电路没有影响。

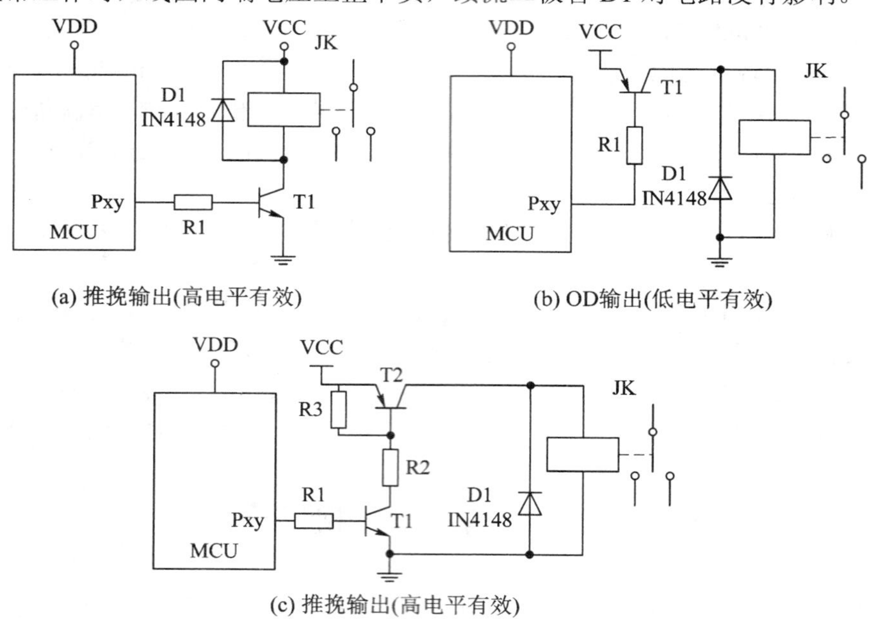


图 10-34　单片机与继电器接口电路

当然，如果需要控制的继电器数目较多，为提高系统的可靠性、减小 PCB 板面积、降低成本，对于中小功率直流继电器来说，最好采用 OC 输出高压大电流达林顿结构专用的反相驱动器，如八反相OC输出高压大电流驱动芯片ULN2803(输入与TTL兼容)、ULN2804、ULN2802，七反相 OC 输出高压大电流驱动芯片 MC1413(输入与 TTL 兼容)、ULN20××、75468 等。这些反相高压大电流反相驱动器的内部包含了 8(或 7)个反相驱动器，并在每个驱动器上并接了续流二极管，如图 10-35(b)所示。各单元内部等效电路如图 10-35(a)所示，由达林顿管(T1、T2)、限流电阻 R1、泄放电阻 R2 及 R3、保护二极管 D1 及 D2、续流二极管 D 组成，每个反相驱动器最多可以吸收 200～500 mA 的电流，最大耐压为 50 V，完全可以驱动小功率直流继电器。

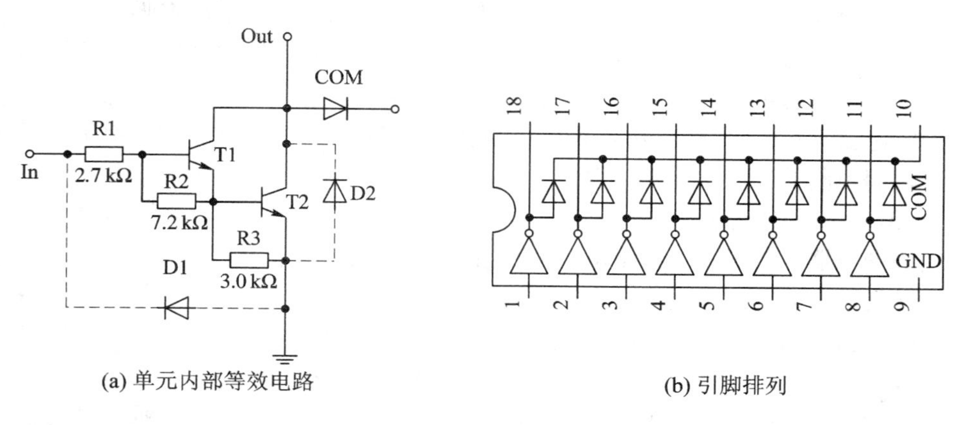


图 10-35　ULN2803 芯片内部单元电路结构与引脚排列

尽管图 10-35 仅给出了 ULN2803 芯片内部单元等效电路，但是 ULN 系列驱动芯片内部电路形式几乎相同，只是在 R1～R3 的电阻值、三极管参数(如 $VB_{CBO}$、$VB_{CEO}$、最大驱动电流)上略有不同。这类专用的集成驱动芯片功能完善，可直接用于驱动多个小型继电器，如图 10-36 所示。

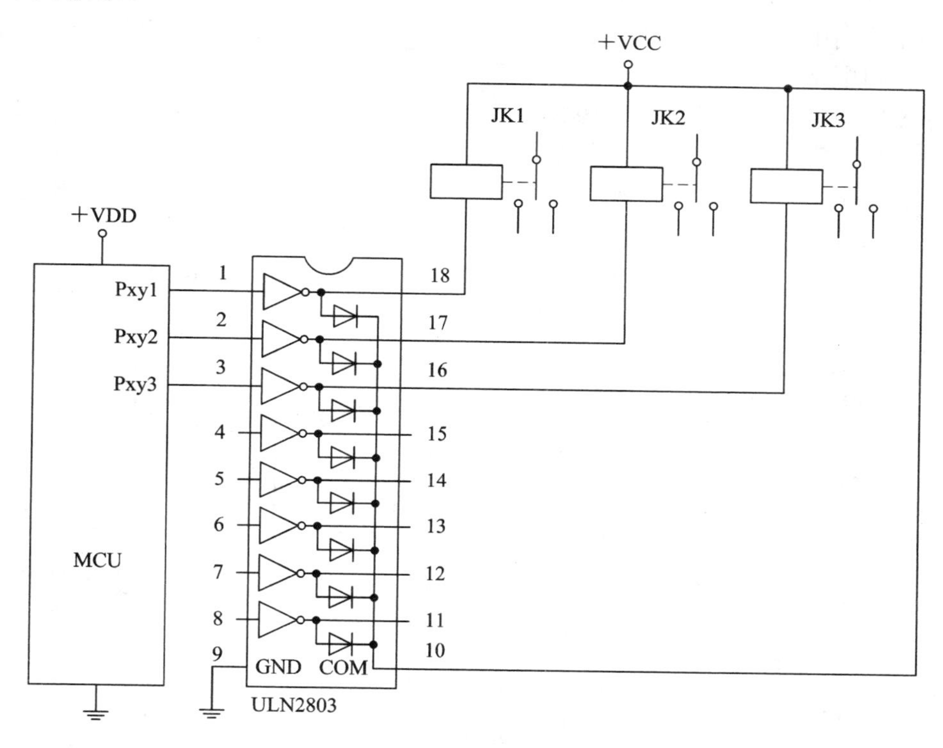


图 10-36　借助 ULN2803 芯片驱动多个直流继电器

## 10.10　电平转换电路

在数字电路系统中，一般情况下，不同种类的器件(如 TTL、CMOS、HCMOS 等)不能直接相连；电源电压不同的 CMOS、HCMOS 器件因输出电平不同也不能直接相连，这就涉及电平转换问题。目前，单片机应用系统中的 MCU、存储器、μP 监控芯片、I/O 扩展与接口电路芯片等多采用 HCMOS 工艺，另外 74LS 系列数字电路芯片已普遍被 74HC 系列芯片取代。也就是说，数字电路系统中的门电路、触发器、驱动器尽可能地采用 74HC 系列(或高速的 74AHC 系列)芯片、CD40 系列或 CD45 系列的 CMOS 器件(速度较 HCMOS 系列慢，但功耗比 HC 系列芯片低，电源电压范围宽。当电源电压大于 5.5 V 时，CMOS 数字逻辑器件就成了唯一可选的数字 IC 芯片)，尽量不用 74LS 系列芯片(速度与 74HC 系列相同，但电源范围限制为 5.0 V ± 5%、功耗大、价格甚至比 74HC 系列高)与 74 系列芯片(在 74 系列中，只有输出级可承受高压的 7406、7407 OC 门电路芯片仍在使用)。

根据 CMOS、HCMOS 芯片输出高低电平的特征和输入高低电平的范围，在电源电压 VDD 相同，且不大于 5.5 V 的情况下，这些芯片能直接相连。因此，在现代数字电子电路中只需要解决具有不同电源电压的 CMOS、HCMOS 器件之间的连接问题。

### 10.10.1　高压器件驱动低压器件接口电路

高压器件驱动低压器件(如 +5 V 驱动 +3 V 或 +9 V 驱动 +5 V、+3 V)时，一般不能直接相连，应根据高压器件输出口结构(漏极开路的 OD 门、准双向或 CMOS 互补推挽输出)选择相应的接口电路。

对于 OD 输出引脚，可采用图 10-37(a)所示电路，上拉电阻 R 一般值在 10～510 kΩ 之间，具体数值与前级输出信号频率有关。输出信号频率高，如 1 MHz 以上方波信号，R 取值小一些；输出信号频率低，R 取值可大一些，以减小输出低电平时上拉电阻 R 的功耗。

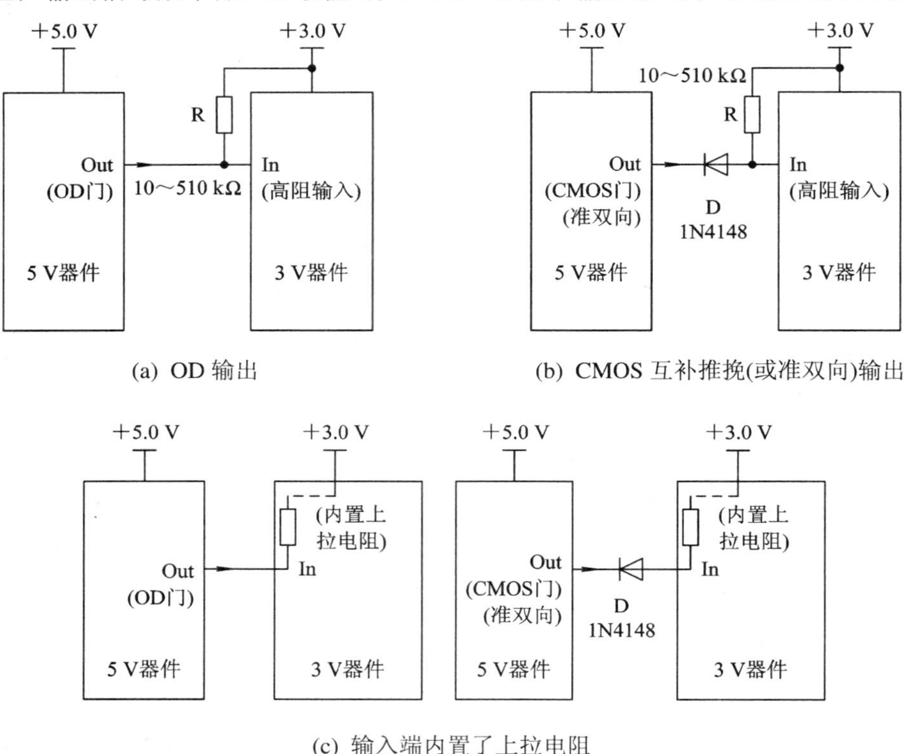


图 10-37　高压器件驱动低压器件接口电路

对于 CMOS 互补推挽输出、准双向(如 MCS-51 的 P1～P3 口)输出，须在两者之间加隔离二极管，如图 10-37(b)所示，其中电阻 R 选择与图 10-37(a)相同，二极管 D 可采用小功率开关二极管，如 1N4148。前级输出高电平时，二极管 D 截止，后级输入高电平电压 $V_{IH}$ 接近电源电压 VDD。当前级输出低电平时，二极管 D 导通，后级输入低电平电压 $V_{IL} = V_{OL} + V_D$ (二极管导通压降)。显然 $V_{IL} < 1.0$ V，当后级电路为 HCMOS、CMOS 器件时，只要输入级 N 沟 MOS 管的阈值电压 $U_{TH} > 1.0$ V，就能正常工作。

对于后级输入端已内置了上拉电阻(如准双向结构的 MCS-51 P1～P3 口，等效上拉电阻值约为 30 kΩ；STM8S MCU 带上拉输入引脚的上拉电阻典型值为 45 kΩ)，则外置上拉电阻 R 可以省略，如图 10-37 (c)所示。

## 10.10.2　低压器件驱动高压器件接口电路

低压器件驱动高压器件时，应根据前级输出口电路结构，选择图 10-38(a)～(g)所示电路作为相应的接口电路。

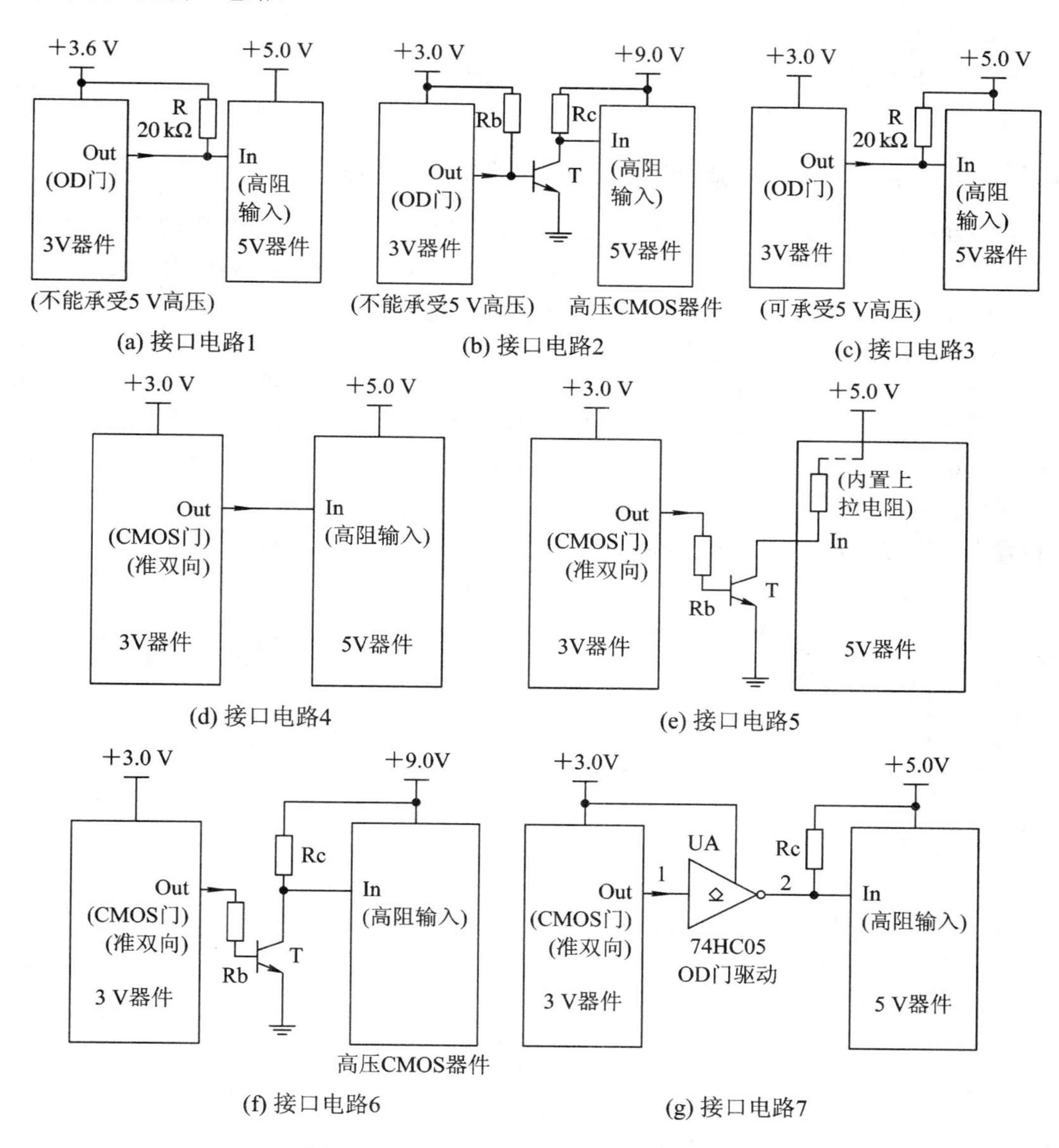


图 10-38　低压器件驱动高压器件接口电路

当前级为 OD 输出结构时，如果前级输出高电平 $V_{OH}$>VDD/2(后级电源电压的二分之一)，可采用图 10-38(a)～(c)所示的接口电路，上拉电阻 R 的取值原则上与图 10-37(a)相同。当处于截止状态的输出管不能承受高压，且两电源的电压差小于后级输入高电平电压最小值 $V_{IHmin}$ 时，可采用图 10-38(a)所示电路。该电路的缺点是后级输入高电平电压 $V_{IH}$ = 3.5 V(前级电源电压 VDD 为 3.6 V)，仅比 2.5 V 高 1.0 V，即输入高电平噪声容限偏小；此外，

输入高电平电压 $V_{OH}$ 偏小，容易引起后级 CMOS 反相器 P 沟 MOS 管未能可靠截止，漏电流大，仅适用于两个电源电压差值不大的情形。当两个电源的电压差值较大时，只能采用图 10-38(b)所示电路。反之，当处于截止状态的输出管可以承受高压时(如 P89LPC900 系列 MCU 引脚处于 OD 输出状态时)，则采用图 10-38(c)所示电路，该电路后级输入高电平电压 $V_{IH}$ 接近 5.0 V，噪声容限较高。

对于 CMOS 输出或准双向输出结构，可采用图 10-38(d)～(g)电路，其中图 10-38(d)也存在与图 10-38(a)类似的缺点。

### 10.10.3 非轨对轨运放构成的比较器驱动数字 IC 电路

使用非轨对轨运放，如 LM324、LM358、MC4558 等构成的比较器驱动 74HC 数字电路芯片时，要特别留意非轨对轨运放输出高电平电压 $V_{OH}$ 不满幅的现象(即 $V_{OH}$ 达不到电源电压 VCC)。例如，当电源电压 VCC 为 5.0 V 时，$V_{OH}$ 最大值约为 3.5 V；当电源电压 VCC 为 3.3 V 时，$V_{OH}$ 最大值约为 1.8 V。因此当运放电源电压 VCC 为 5.0 V 时，可通过 1～5.1 kΩ 的电阻直接驱动电源电压 VDD 为 3.3 V 的 74HC 系列数字 IC，如图 10-39(b)所示，无须二极管隔离，否则会使具有施密特输入特性的 74HC 芯片，如 74HC14 六反相器等无法工作，如图 10-39(a)所示。而当运放电源电压 VCC 与 74HC 数字 IC 电源电压 VDD 均为 3.3 V，由于运放输出高电平电压 $V_{OH}$ = 1.8 V(位于 3.3～1.5 V 之间)远小于 VDD，因此在驱动带施密特输入特性的 74HC 芯片外，还需要外接上拉电阻，如图 10-39 (c)所示。

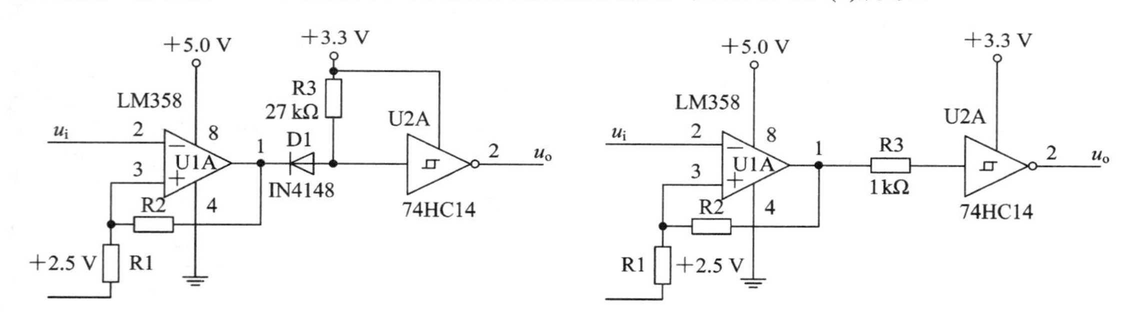


(a) 通过隔离二极管驱动(错误)　　(b) 通过电阻直接驱动(正确)

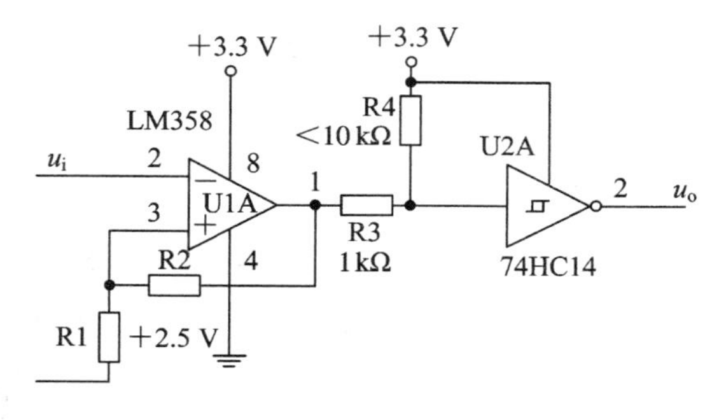


(c) 通过上拉电阻驱动(正确)

图 10-39　由非轨对轨运放构成的比较器驱动 74HC 数字电路

# 习　题　10

10-1　写出图 10-2(b)所示串行输出电路的驱动程序。

10-2　指出键盘电路的扫描方式。

10-3　比较定时扫描与中断扫描方式各自的优缺点。

10-4　在 STM8 内核 MCU 应用系统中，键盘能否采用中断扫描方式？此时对输入引脚有什么要求？

10-5　写出图 10-29 所示矩阵键盘电路完整的定时扫描程序与中断扫描程序。

10-6　假设图 10-34(b)中的 MCU 为 STM8S 芯片，电源电压 VDD 为 3.3 V，那么电源 VCC 最大取值为多少？能否驱动 3.3 V、6.0 V、12.0 V 直流继电器？

# 第 11 章 STM8S 应用系统设计

不同的单片机应用系统其控制对象、设计目的、技术指标等不尽相同，使得相应的设计方案、设计步骤、开发过程等不完全一样，但也存在着一些共性问题。本章将介绍单片机应用系统的一般开发过程和硬件/软件设计的基本方法。

## 11.1 硬 件 设 计

在设计系统硬件电路时，一般遵循以下原则：

(1) 硬件结构应结合控制程序设计一并考虑。同一般的计算机系统一样，单片机应用系统的软件和硬件在逻辑功能上是等效的。具有相同功能的单片机应用系统，其软硬件功能可以在很宽的范围内变化。一些硬件电路的功能可以由软件来实现，反之亦然。例如，系统日历时钟可以用实时/日历时钟芯片(如 MC146818、PCF8563)实现，也可以用定时中断方式实现；无线或红外解码电路(PWM 编码或曼彻斯特编码)，既可由相应解码芯片承担，也可以通过软件方式(如利用具有上、下沿触发捕获功能的定时器)实现。在应用中，系统软件和硬件功能的划分要根据系统的要求而定，用硬件实现可提高系统反应速度、减少存储容量、缩短软件开发周期，但会增加系统的硬件成本、降低硬件的利用率，使系统的灵活性与适应性变差。若用软件来实现某些硬件功能，可以节省硬件开支，增强系统的灵活性和适应性，但系统反应速度会有所下降(对实时性要求很高的控制系统，可优先考虑用硬件实现)，软件设计费用和所需存储器的容量将相应增加。对产量大、价格敏感的民用产品，原则上能用软件实现的功能，不用硬件电路完成。在总体设计时，必须权衡利弊，仔细划分好硬件功能和软件功能，软件能实现的功能尽可能由软件来完成，以简化系统的硬件电路，降低成本，提高系统的可靠性。

(2) 系统中关联器件要尽可能地做到性能匹配。例如，在低功耗单片机应用中，包括 MCU 在内，系统中所有芯片都应选择低功耗器件。

(3) 单片机外接电路较多时，必须考虑其驱动能力。若驱动能力不足，则系统工作不稳定。这时应增设线驱动器或降低电源电压，减小芯片功耗，降低总线负载。

(4) 可靠性及抗干扰设计是硬件系统设计中不可缺少的一部分。可靠性、抗干扰能力与硬件系统自身的品质有关，诸如构成系统的各种芯片及元器件的选择、电路设计的合理性、印刷电路板的布线、去耦滤波、通道隔离等，都必须认真对待。

为了提高单片机控制系统的可靠性，单片机控制系统中的 IC 芯片的连线中必须放置相应的滤波电容，这点最容易被线路设计者忽略。

在 74 系列及 CMOS 小规模数字集成电路中，每 1～2 块芯片的电源引脚和地之间应加接一个容量为 0.01～0.22 μF 的高频滤波电容，滤波电容放置的位置尽可能接近芯片的电源引脚，原则是“先滤波后使用”，如图 11-1 所示。工作频率越高，滤波电容的容量就可以越小。例如，当系统工作频率大于 10 MHz 时，滤波电容的容量可取 0.01～0.047 μF。

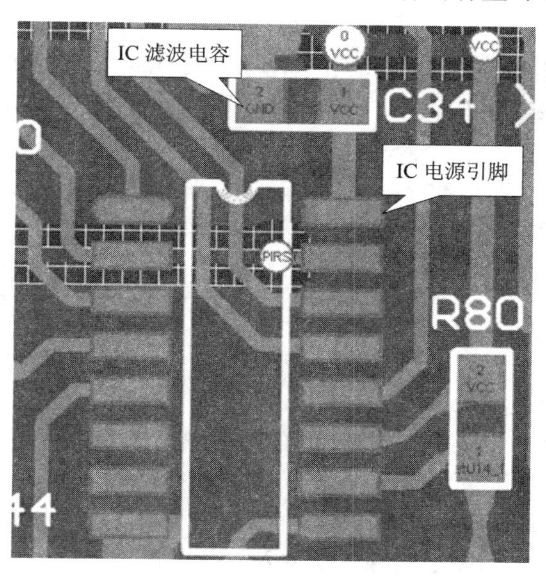


图 11-1　IC 电源引脚滤波

对于 74 系列中规模集成电路，如锁存器、译码器、总线驱动器等，以及 MCU、存储器芯片等，每块芯片的电源引脚和地引脚之间均需要加接滤波电容。

此外，在印制板电源入口处应加接容量为 10～47 μF 的低频滤波电容。

(5) TTL 电路未用引脚的处理。在 TTL 单元电路中，一些单元含有多个引脚，当仅使用其中部分引脚时，如将“2 输入与非门”作为反相器使用时，就遇到多余引脚问题。

对于未用的与门(包括与非门)引脚，可采取下列方法进行处理：

- 当电路工作频率不高时，可悬空(视为高电平，但不允许带长开路线)。
- 当电源电压不超过 5.5 V 时，可直接与电源 VCC 相连。其优点是无须增加额外的元器件；缺点是当电源部分出现故障，如电压大于 5.5 V 时，可能损坏与电源相连的与非门电路芯片。
- 将所有未用的输入端连在一起，并通过 2.0 kΩ 电阻接电源 VCC。其缺点是需要增加一个电阻。
- 在前级驱动能力足够时，将多余的输入端并接到已使用的输入端上。其缺点是除了要求前级电路具有足够的驱动能力外，还增加了前级电路的功耗。

对于未用的或门(包括或非门)引脚，一律接地。

(6) CMOS、HCMOS 电路未用引脚的处理。

对于未用的与非门(包括与门)引脚，可采取下列方法进行处理：

- 直接与电源 VDD 相连。其优点是不需要增加额外的元器件；缺点是当电源部分出现故障时，可能损坏与电源相连的与非门电路芯片。
- 将所有未用的输入端连在一起，并通过 100 kΩ 电阻接电源 VDD。其缺点是需要增加一个电阻。

● 当输入信号为低频脉冲信号或电平信号时，也可将多余的输入端并接到已使用的输入端上。其缺点是除了要求前级电路具有足够的驱动能力外，还增加了前级电路的功耗。

对于未用的或非门(包括或门)引脚，一律接地。

对于 CMOS、HCMOS 电路芯片来说，如果是数字 IC，则同一个封装管座中未用单元的所有输入端一律接地。总之，CMOS、HCMOS 数字 IC 芯片的输入引脚在任何时刻都不允许悬空。

对于模拟比较器、放大器来说，反相端接地，同相端接输出端。

(7) 工艺设计，包括机架机箱、面板、配线、接插件等，必须兼顾电磁兼容的要求，并考虑安装、调试、维护等操作是否方便。

## 11.1.1 硬件资源分配

### 1. 引脚资源分配

STM8S MCU 芯片 I/O 口任意一个引脚的输入/输出方式均可编程选择，对引脚分配的要求并不严格，只需注意以下几点：

(1) PA 口～PE 口引脚具有中断功能，而 PF 口～PI 口引脚没有中断功能。此外在 PA 口～PE 口中，同一个 I/O 引脚上的外中断输入只能选择同一种触发方式。

(2) 由于 STM8S 内嵌外设种类很多，因此绝大部分 I/O 引脚均具有复用功能，既可作为通用 I/O 引脚使用，当相应外设处于使能状态时，又可作为对应外设的输入/输出引脚。当系统中需要使用对应外设时，与外设复用的引脚一般不能作为通用引脚使用。

在 STM8S 系列 MCU 中，与外设输入/输出有关的 I/O 引脚大致如下：

● 与 TIM1 输入捕获/输出比较有关的引脚为 PC4～PC1(对应 TIM1_CH4～TIM1_CH1)引脚、PB3～PB0(对应 TIM1_ETR、TIM1_CHN3～TIM1_CHN1)引脚。

● 与 TIM2 输入捕获/输出比较有关的引脚为 PD4(TIM2_CH1)、PD3(TIM2_CH2)、PA3(TIM2_CH3)引脚。

● 与 TIM3 输入捕获/输出比较有关的引脚为 PD2(TIM3_CH1)、PD0(TIM3_CH2)引脚。

● 与通用串行总线 UART1 接口有关的引脚为 PA4(UART1_RX)、PA5(UART1_TX)、PA6(UART1_CK)引脚。

● 与通用串行总线 UART3 接口有关的引脚为 PD6(UART3_RX)、PD5(UART3_TX)引脚。

● 与 SPI 总线有关的引脚为 PC7(SPI_MISO)、PC6(SPI_MOSI)、PC5(SPI_SCK)、PE5(SPI_NSS)引脚。SPI 通信协议简单，作为主设备的 MCU，通过 I/O 引脚模拟 SPI 时序的方式实现 SPI 串行通信不难，但将 MCU 作 SPI 总线从设备时，最好保留 SPI 硬件接口的输入/输出引脚，以便通过中断方式接收 SPI 总线上的数据。

● 与 $I^2C$ 总线有关的引脚为 PE1($I^2C$_SCL)、PE2($I^2C$_SDA)。如果系统中存在 $I^2C$ 总线器件，即使不打算采用 MCU 内硬件 $I^2C$ 总线接口电路，即在采用软件模拟 $I^2C$ 总线的情况下，也建议使用这两个引脚作为 $I^2C$ 总线时钟线和数据线，原因是这两个引脚是 STM8S 系列芯片唯一的真正意义上的 OD 输出引脚。

- 与 ADC 有关的引脚为 PB 口引脚、PF 口引脚以及 PE7、PE6 引脚。

(3) PE1、PE2 引脚没有内置保护二极管，处于输出状态时，属于真正意义上的 OD 输出。

(4) 部分引脚可以承受 20 mA 灌电流。考虑到 MCU 功耗限制，当负载较重(拉电流或灌电流超过 2 mA)时，最好外接驱动芯片。

(5) 作为输出引脚使用时，并非所有引脚均可编程选择高速输出方式(即输出信号频率最高为 10 MHz)。实际上，STM8S 系列 MCU 大部分引脚仅支持 O1 输出特性(输出信号上限频率为 2 MHz，这类引脚输出高低电平驱动电流也不大)，也就是说，这类引脚在输出状态下 Px_CR2 寄存器位没有意义。在 STM8S 中，可以选择 O3(最高输出频率为 10 MHz)或 O1 输出特性的引脚为 TIM1～TIM3 的输出比较引脚、时钟输出引脚 CLK_CCO(即 PE0)、UART 发送及接收引脚、SPI 总线收发及时钟信号引脚、PH0 与 PH1 引脚等。因此，当需要从 MCU 引脚输出 2 MHz 以上的高速信号时，必须选择具有 O3、O4 输出特性的引脚(具有 O3、O4 输出特性的引脚也同时具有 HS 特性，高、低电平驱动能力很强，最高可达 20 mA)。

**2. 定时器资源分配**

STM8S 提供了 1 个 16 位高级定时器 TIM1 和两个通用定时器 TIM2 及 TIM3。尽管这三个 16 位定时器的基本功能相同或相似，但彼此之间还是有差别的。在实际应用系统中，必须根据具体情况选择，如按定时精度、待测量输入信号性质、输出信号特征等，从简单到复杂依次分配 TIM3、TIM2、TIM1，避免出现杀鸡用牛刀的现象。

**3. 外中断资源分配**

在 STM8S 系统中，处于输入方式的 PA～PE 口引脚均具有中断输入功能，且数量多，外中断资源分配容易，唯一需要注意的是：同一个 I/O 引脚外中断只能选择相同的触发方式。

在原理图设计阶段，只需确定非可选的硬件资源，如串行通信口、AD 转换器输入端等的分配，而对于可选择的资源只能随机分配。这是因为在 PCB 布局、布线过程中，应依据信号特征、连线交叉最少原则，在可选的引脚资源中重新调整。换句话说，控制系统中 MCU 外围接口单元电路系统信号的输入、输出引脚具体接 MCU 的哪一个引脚，只有在完成了 PCB 布线后才能最终确定。

### 11.1.2　硬件可靠性设计

单片机应用系统主要面向工业控制、智能化、自动化仪器仪表等，任何差错都可能造成非常严重的后果。此外，单片机应用系统的工作环境恶劣，个别系统甚至要求在无人值守的情况下工作。可见，系统对可靠性的要求高，而影响单片机应用系统可靠性的因素很多，如电磁干扰、电网电压波动、温度及湿度变化、元器件参数等，需要针对不同的使用条件及可靠性要求，在硬件、软件上采取相应的措施。

有关 STM8S 芯片未用引脚的处理方式参阅 2.3.2 节有关内容；电源供电与滤波方式参阅 2.4 节有关内容。

1) 抑制输入/输出通道的干扰

采用隔离和滤波技术抑制输入/输出通道可能出现的干扰。常用的隔离器件有：隔离变压器、光电耦合器、继电器和隔离放大器等，应根据传输信号的种类(模拟信号还是开关信号、频率、幅度)选择相应的隔离器件。例如，对于低速开关、电平信号，优先选用光电耦合器作为隔离器件；对于高频开关信号，采用脉冲变压器作为隔离器件；对微弱模拟信号，采用隔离放大器作为隔离器件。

2) 抑制供电系统干扰

单片机应用系统的供电线路是干扰的主要入侵途径，常采用下列措施进行抑制：

(1) 单片机系统的供电线路和产生干扰的用电设备分开供电。通常干扰源为各类大功率设备，如电机。对于小功率的单片机系统，在干扰严重的系统中，必要时采用 CMOS 器件，设计成低功耗系统，并用电池供电，干扰即可大大减少。

(2) 通过低通滤波器和隔离变压器接入电网。低通滤波器可以吸收大部分电网中的“毛刺”，隔离变压器在初级绕组和次级绕组之间多加了一层屏蔽层，并将它和铁芯一起接地，防止干扰通过初次级之间的寄生电容耦合进入单片机的供电系统。该屏蔽层也可用加绕的一层线圈来充当(一头接地，一层空置)。

(3) 整流元件上并接滤波电容，可以在很大程度上削弱高频干扰，滤波电容可选用容量在 1000 pF～0.1 μF 之间的无感瓷片电容或 CBB 电容。

(4) 数字信号采用负逻辑传输。如果定义低电平为有效电平，高电平为无效电平，就可以减少干扰引起的误动作，提高数字信号传输的可靠性。

3) 抑制电磁场干扰可采取的措施

抑制电磁场的干扰可采用屏蔽和接地两种措施。用金属外壳或金属屏蔽罩将整机或部分元器件包起来，再将金属外壳接地，起到屏蔽的作用。单片机系统中有数字地、模拟地、交流地、信号地、屏蔽地(机壳地)，应分别接不同性质的地。印制板中的地线应接成网状，而且其他布线不要形成回路，特别是环绕外周的环路，接地线最好根据电路通路逐渐加宽，而高频电路板多采用大面积接地连接方式。强信号地线和弱信号地线要分开。

4) 减小 CPU 芯片工作时产生的电磁辐射

如果 CPU 工作时产生的电磁辐射干扰了系统内的无线接收电路，则除了应对 CPU 芯片采取屏蔽措施外，还必须在满足速度要求的前提下，尽可能地降低系统时钟频率。其原因是系统时钟频率越低，晶振电路产生的电磁辐射量越小。

### 11.1.3　元器件选择原则

单片机应用系统中使用的各种元器件的种类繁多、功能各异、价格不等，这就为用户在元器件的功能、特性等方面进行选择提供了较大的自由度。用户必须对所设计的系统的要求及芯片的特性有充分了解后才能做出正确、合理的选择。

选择元器件的基本原则是选择那些满足性能指标、可靠性高、经济性好的元器件。选择元器件时应考虑下列因素。

1) 性能参数和经济性

在选择元器件时，必须按照器件手册所提供的各种参数，如工作条件、电源要求、逻辑特性等指标综合考虑，不能单纯追求超出系统指标要求的高速、高精度、高性能等。按工作条件分类，电子元器件分为民用级、工业级、汽车级、军用级四大类。例如，双 OC 输出比较器 LM393(民用级，工作温度范围为 0～70℃)、LM293(工业级，工作温度范围为 −25～+85℃)、LM2903(汽车级，工作温度范围为 −40～+85℃)、LM193(军用级，工作温度范围为 −55～+125℃)；又如 LM358 通用运放，对应的工业级型号为 LM258，对应的汽车级型号为 LM2904，对应的军用级型号为 LM158。尽管这些元器件功能相同、引脚兼容，甚至绝大部分的性能指标也非常相近，但价格差异却很大，因此应根据产品的实际工作环境、用途以及该元器件对系统性能指标的影响，来选择对应级别的芯片，使产品具有较高的性价比。

2) 通用性

在应用系统中，尽量采用通用的大规模集成电路芯片，这样能简化系统的设计、安装和调试，也有助于提高系统的可靠性。一般原则是：能用一块中大规模芯片完成的功能，不用多个中小规模电路芯片实现；能用 MCU 实现的功能，尽量避免用多块中小规模数字 IC 芯片实现。

3) 型号和公差

在确定元器件参数之后，还要确定元器件的型号，这主要取决于电路所允许元器件的公差范围。如电解电容器可满足一般的应用，但对于电容公差要求高的电路，电解电容就不宜采用。电路系统中限流、降压电阻，一般可选择 E24 系列普通精度电阻(误差为 5%)，而对于有源滤波器、振荡器中的参数电阻，须选择 E96 系列精密电阻(误差小于 1%)，甚至 E192(误差小于 0.5%)系列超高精密电阻。

4) 与系统速度匹配

单片机时钟频率一般可在一定的范围内选择，在不影响系统性能的前提下，选择较低的时钟频率，这样可降低系统内其他元器件对速度的要求，从而降低成本，提高系统的可靠性。另外，也将降低晶振电路潜在的电磁干扰。

5) 外围电路芯片类型

由于 TTL 数字 IC 芯片功耗大，已广泛被速度与之相近、逻辑及引脚与之兼容、功耗小得多的 74HC 系列所取代，因此无论系统对功耗有无要求，都尽可能不用 TTL 数字电路芯片。对于低功耗、慢速系统，应采用微功耗的 CMOS 系列数字电路，如 CD4000 系列或 CD4500 系列。

6) 元件封装方式的选择

为减小元件的体积，减小元件引脚的寄生电感和电阻，提高系统的工作速度，小功率元件尽量采用表面封装元件和芯片，如 SMC 封装电阻、电容(电源高频滤波电容应采用穿通封装 CBB 电容)；无引线封装二极管；各类贴片三极管、IC 芯片等。采用贴片元件，不仅减小了系统的体积，提高了系统的工作频率，方便了印制板加工，还提高了装配、焊接工艺的质量。

在贴片元件中，对于无源器件，在体积没有特殊要求情况下，应尽量选择 0805 封装尺寸的电阻、电容。对于中小规模 IC 芯片，尽量选择引脚间距较大的 SOP 封装形式。个别耗散功率较大的电阻，可选择 1206 封装规格，或用两个 0805 封装电阻并联扩大耗散功率代替一个 1206 封装电阻(依次类推，可用两个 1206 封装电阻并联以获得更大的耗散功率)。例如，某电路需要一个 1/4 W 的 510 Ω 电阻，可以选择 1206 封装的 510 Ω 电阻；也可以用两个 1 kΩ 的 0805 封装电阻并联来代替。

实践证明：元器件尺寸越小，印制板线条宽度与焊盘尺寸就越小，焊接工艺的可靠性就越低。

### 11.1.4　印制电路设计原则

单片机应用系统产品在结构上离不开用于固定单片机芯片及其他元器件的印制板。通常这类印制板布线密度高、焊点分布密度大，常需要双面(个别情况下可采用多层板)才能满足电路电磁兼容性的要求。此外，无论采用何种电路 CAD 软件完成 PCB 设计，都不宜采用自动布局、布线方式，必须通过手工方式进行。

在编辑印制板时，需要遵循下列原则：

(1) 晶振必须尽可能地靠近 MCU 晶振引脚，且晶振电路周围的元件面及焊锡面内不能走其他的信号线，最好在元件面内晶振电路的位置放置一个与地线相连的屏蔽层，必要时将晶振外壳和与地线相连的屏蔽层焊接在一起，如图 11-2 所示。

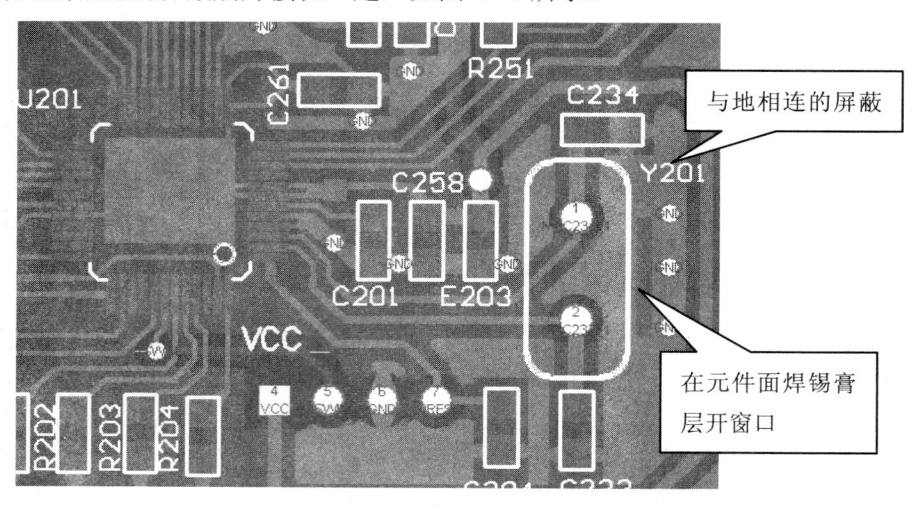


图 11-2　在 PCB 板上晶振与 MCU 位置关系

当两片 MCU 或其他器件通过小电容共用同一个晶振电路时，在 PCB 板上这两个元件必须尽量靠近，使时钟信号的走线尽量短，避免高频时钟信号干扰其他信号，如图 11-3 所示(U12 与 U16 共用晶振 Y1，即 U12 振荡信号通过 C56 接 U16 的外时钟信号输入端)。

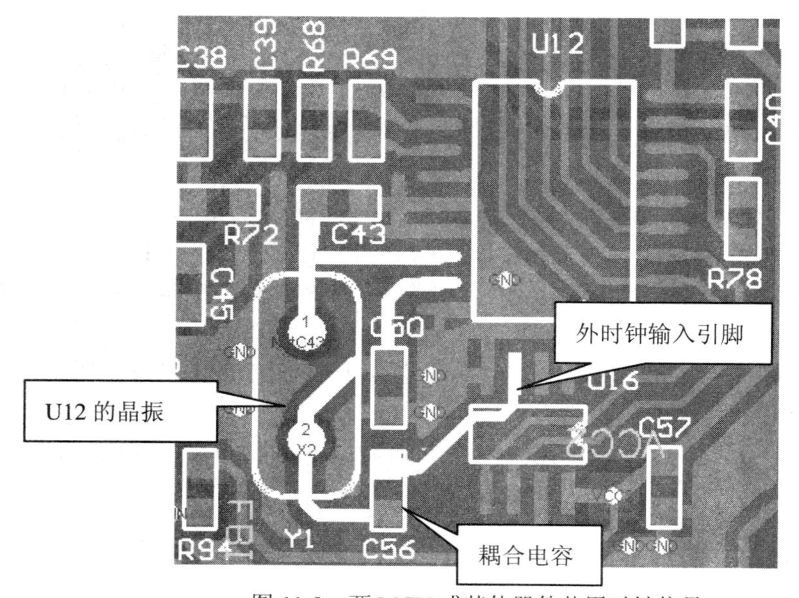


图 11-3　两 MCU 或其他器件共用时钟信号

(2) 对电源、地线的要求。在双面印制板上，电源线和地线应尽可能地安排在不同的面上，且平行走线，这样线间寄生电容将起滤波作用。对于功耗较大的数字电路芯片，如 MCU、驱动器等尽可能地采用单点接地方式，即这类芯片电源、地线应单独走线，并连到印制板电源、地线入口处。

电源线和地线宽度应尽可能地大一些，或采用微带走线方式，或采用大面积接地方式。

(3) 模拟信号和数字信号不能共地，即采用单点接地方式。

(4) 在中低频(晶振频率小于 20 MHz)应用系统中，走线转角可取 45°；在高频系统中，必要时可选择圆角模式，不宜采用 90° 转角模式。

(5) 在连线时，一般应按原理图中元件连接关系连线，但当电路中存在若干地位等同的单元电路时，可根据连线是否方便重新调整原理图中单元电路的位置。

例如，对于四单元模拟比较器 LM339 来说，假设原理图中局部电路 A 使用 1 单元，局部电路 B 使用 2 单元，局部电路 C 使用 3 单元。如果连线时发现，局部电路 A 使用 3 单元，局部电路 B 使用 1 单元，局部电路 C 使用 2 单元连接交叉最少，则立刻调整原理图中的连接关系，这是因为四单元比较器 LM339 内各单元的地位完全相同。

对于输入信号线，其走线应尽可能地短，必要时在信号线两侧放置地线屏蔽，防止可能出现的干扰。不同的信号线应避免平行走线，上下两面的信号线最好垂直或斜交叉走线，这样相互间的干扰可减到最小。

## 11.2 软 件 设 计

### 11.2.1 存储器资源分配

STM8S 系列 MCU 内嵌的 RAM 容量较大，在 1～6 KB 之间(具体数目与芯片型号有关)，地址在 0000H～17FFH 之间。尽管不同单元读写指令形式相同，但访问位于 00 页内的 RAM 存储单元(地址在 00H～FFH)时，指令代码短，因此常用变量应尽可能地安排在 00 页内的 RAM 空间内，并将地址标号定义为字节类型。

例如：

```
LD A, 00H            ；00 单元送累加器 A，该指令机器码为 B6、00，仅为 2 个字节
LD A, 0100H          ；0100 单元送累加器 A，该指令机器码为 C6、01、00，占 3 个字节
MOV 10H, 80H         ；把 00 页内 80H 单元的内容送到 00 页内的 10H 单元中，该指令为 3 个
                     ；字节
MOV 10H, 1080H       ；把 00 段内 1080H 单元的内容送到 00 页内的 10H 单元中，该指令为
                     ；5 个字节
```

表面上看，一条指令省下一两个字节存储空间似乎意义不大，但当系统控制程序中存在多条这样的指令时，节省的存储空间却非常可观。

Flash ROM 容量为 8～128 KB(地址在 8000H～27FFFH 之间)，其容量的大小与芯片的容量有关。但当程序代码、数表位于 00 段内(8000H～FFFFH，即前 32 KB)时，指令代码短，寻址方式多，可直接使用多分支散转指令，因此常用数表应尽量安排在 00 段内。

在 STM8 内核 CPU 中，算术/逻辑运算指令、算术/逻辑比较指令中源操作数的地址不能是 10000H 及其以上存储单元，位于 01 段内的数表只能通过 LDF 指令读出后才能处理。为提高编程效率，将不常用的数表放在 01 段内，且将数表首地址放在 00 段内的 Flash ROM 存储单元中，例如：

```
Tab_Data_ADR.W                          ；在 00 段内的 Flash ROM 中存放数表首地址
            DC.B {SEG Tab_Data}         ；数表首地址高 16 位
            DC.B {HIGH Tab_Data}        ；数表首地址高 8 位
            DC.B {LOW Tab_Data}         ；数表首地址低 8 位
；位于 01 段内的数表
Tab_Data.L
    DC.B   xxH, yyH…
```

这样通过间址、复合寻址方法访问前，无须初始化间址单元，例如：

```
LDF A, [Tab_Data_ADR.e]                 ；以间址方式访问
LDF A, ([Tab_Data_ADR.e],X)             ；以复合寻址方式访问
```

### 11.2.2 程序语言及程序结构选择

设计控制程序时，可以选择汇编语言，也可以根据特定 MCU 开发环境，选择相应的 C 语言。例如，开发基于 MCS-51 或 ARM 内核 MCU 芯片应用系统时，选择 Keil C；开发基于 STM8 内核 MCU 芯片应用系统，选择 IAR 或 Cosmic C、Raisonnace C 等。

选择 C 语言时，可充分利用芯片生产商或编译器开发商提供的所谓“标准”库函数，程序的编写、调试、维护相对容易，但编译后程序代码长，存储程序代码所需的存储空间大，执行速度慢，而采用汇编语言时情况正好相反。一个设计优良的单片机应用系统，应尽可能地采用汇编语言编写监控程序。单片机芯片程序存储空间较小，在某些应用系统中所用的 MCU 片内程序存储器容量只有几千字节(KB)，如 STM8S103F2 芯片，无法存放由特定 C 语言编写获得的代码。即使程序存储器容量不是问题，但 C 语言源程序编译效率低，相同的操作对应了多条指令，运行速度变慢，这意味着在速度相同的情况下，要采用更高频率的晶振——这在单片机应用系统中不可取。

此外，利用汇编语言编写控制程序时，可在源程序中增加与可靠性相关的指令，强化了系统的可靠性、稳定性。因此，在程序设计过程中，使用汇编语言并多花一些时间优化程序代码，以便使用更低的 MCU 主频和较小的程序存储空间。

根据系统的监控功能，正确、合理地选择程序结构——是串行多任务程序结构还是并行多任务程序结构。当系统中存在多个需要实时处理的任务时，必须选择并行多任务程序结构，否则系统的实时性将无法保证。

## 11.3 STM8 芯片提供的可靠性功能

为提高 STM8S 应用系统的可靠性，STM8S 系列 MCU 芯片内嵌了许多与可靠性相关的部件，如所有输入引脚与内部总线之间均有施密特触发器，对输入信号噪声具有一定的

抑制能力；内置了上电、掉电复位电路，保证了电源波动时 CPU 可靠复位；内置了双硬件看门狗计数器，在系统异常后能可靠复位；内置了时钟安全机制(CSS)，保证了晶振电路失效后系统能自动切换到内部高速 RC 振荡器继续工作；内置了存储写保护机制(UBC)，避免了保护区内代码、数据被意外改写；内置了非法指令码检查机制，在一定程度上避免了因拆分重组指令造成的失控。

### 11.3.1　提高晶振电路的可靠性

在对定时精度要求很高的系统中，一般均使用稳定性好、精度高的晶体振荡器，然而不幸的是：晶振电路往往比较脆弱——强烈振动、碰撞等原因可能会造成晶振损坏，严重干扰也可能使晶振停振。为此，STM8S 提供了 CSS(时钟安全机制)，当 CSS 有效时，一旦晶振停振，STM8 芯片会自动使用内部高速 HSI 振荡器的 8 分频(频率为 2 MHz)作主时钟信号，继续运行。只要外晶振频率为 2 MHz、4 MHz、8 MHz 或 16 MHz 之一，那么 MCU 检测到晶振失效后，在时钟中断服务程序中，重新设定 HSI 时钟的分频系数，获得相同频率的主时钟信号，以保证系统继续运行。

### 11.3.2　使用存储器安全机制保护程序代码不被意外改写

STM8 芯片复位以后，Flash 区、DATA 区、选项字节就自动处于写保护状态，避免意外写入造成数据丢失。对这些区域进行写操作前，需要按特定的步骤进行解锁操作方能写入。

此外，在定义 UBC 存储区后，就不能通过 IAP 方式向 UBC 存储区写入信息，这在一定程度上避免了代码的意外丢失。

### 11.3.3　硬件看门狗

STM8 内核 MCU 具有独立硬件看门狗计数器和窗口看门狗计数器，在启动后，若未能在特定时刻前刷新，则看门狗计数器溢出，触发芯片复位，有效地提高了系统的可靠性。

## 11.4　软件可靠性设计

单片机主要面向工业控制、智能化仪器仪表以及家用电器，这对单片机应用系统的可靠性提出了很高的要求。

在数字系统中，总会存在这样或那样的干扰。导致计算机系统不可靠的因素很多，无论是 TTL，还是 CMOS 数字电路芯片，在逻辑转换瞬间，电源电流 $I_{CC}$ 存在尖峰现象；继电器吸合，尤其是断开瞬间会在电源线上出现尖峰干扰脉冲；外界雷电干扰脉冲、接在同一个相线上的大功率电机启动，尤其是关闭瞬间形成的干扰脉冲也会通过电源线串入控制系统中。此外，环境温度的波动、湿度的变化等因素也可能影响数字系统输入/输出信号的幅度，甚至造成程序计数器 PC“跑飞”、内部 RAM、EEPROM、Flash ROM 存储单元数据丢失等不可预测的后果。这些干扰信号除了借助硬件低通滤波器、施密特触发器，以及良好的 PCB 布局与布线等措施消除外，在单片机控制系统中还必须借助软件方式提高系统的可靠性，以降低系统的硬件成本。此外，仅依靠硬件方式并不能完全解决单片机控制系统的可靠性问题，因此，软件可靠性设计技术在单片机控制系统中得到了广泛应用。

### 11.4.1 PC“跑飞”及其后果

CPU 的工作过程总是不断地重复“取操作码→译码→取操作数→执行”过程。在正常情况下，程序计数器 PC 按程序员的意图递增或跳转。但当系统受到干扰时，程序计数器 PC 出错，致使 CPU 不按程序员的意图执行程序中的指令系列，脱离正常轨道而“跑飞”，这可能会导致下列后果。

1) 跳过部分指令或程序段的执行

一般来说，跳过程序中任何一条有效指令都会影响程序的执行结果，进而影响系统的可靠性，只是严重程度不同而已。例如，跳过的指令系列正好是数据输入指令，则随后的数据处理结果将不正确；跳过子程序返回指令 RET 或中断服务程序返回 IRET 指令时将无法返回，除引起堆栈错误外，对中断服务程序来说还阻止了 CPU 响应同级及低优先级的中断请求。

2) 拆分指令

在复杂指令集(CISC)计算机系统(如 MCS-51、STM8 内核)中，CPU 受到干扰后，可能将指令操作数当成操作码执行而引起混乱。当程序计数器 PC 弹飞到某一个单字节指令时，会自动纳入正轨(最多跳过某些指令)。在取指阶段，PC“跑飞”落到双字节或多字节指令操作数上，多字节指令必然被拆分，即把指令的操作数当“操作码”取出，如图 11-4 所示。如果操作数对应的“指令码”属于多字节指令，又有可能继续拆分紧随其后的多字节指令，会再出错，如图 11-4(a)所示。除非被拆分的指令后为 m－1 条单字节指令(m 是 CPU 最长指令字节数，MCS-51 内核 CPU 最长指令码为 3 字节；STM8 内核 CPU 最长指令码为 5 个字节)，如图 11-4(b)所示。

对于图 11-4(a)来说，不论“跑飞”的 PC 指针落入当前指令操作数中的首字节还是最后一个字节，情况都非常糟糕。当拆分点不是当前指令的最后一个字节时，无论拆分点对应的“操作码”是单字节指令还是多字节指令，都有可能再拆分(或跳过)随后的第 n＋1 条指令。除非拆分点为当前指令的最后一个字节，且对应的“操作码”为单字节指令时，才不再拆分(包括跳过)随后的第 n＋1 条指令。

对于图 11-4(b)来说，不论“跑飞”的 PC 指针落入当前指令操作数中的首字节还是最后一个字节，也不论拆分重组指令是单字节还是多字节，均不会再拆分第 n＋4 条指令后的指令系列，即执行到第 n＋5 条指令时，PC 一定能纳入正轨。不过，当拆分重组“指令码”为多字节指令时，可能会跳过第 n＋1 条指令后的一条或多条单字节指令的执行。

在 CISC 指令集 CPU 芯片中，多字节指令不因其以上的多字节指令拆分而被拆分的条件是该指令前为 m－1 条单字节指令；多字节指令被拆分而不再拆分紧随其后指令的条件是其后为 m－1 条单字节指令。

PC“跑飞”的后果不能预测，原因是无法预料 PC 将从何处“飞入”何处，也就无法预测会跳过哪些指令，也不能预测将会拆分哪一指令，更无法预测拆分重组后获得的“指令”的功能。也许，会因为改写 RAM 存储单元的内容造成数据丢失；改写外设控制寄存器的内容，造成外设工作异常；关闭中断(如在 STM8S 中系统执行了 SIM 指令对应的机器码 9B)或异常返回(执行 RET 指令对应的机器码 81H、IRET 指令对应的机器码 80H)，造成堆栈混乱；或进入死循环(如执行了 JRT $指令对应的机器码 20FE)；执行停机(执行了 Halt

的机器码)等。

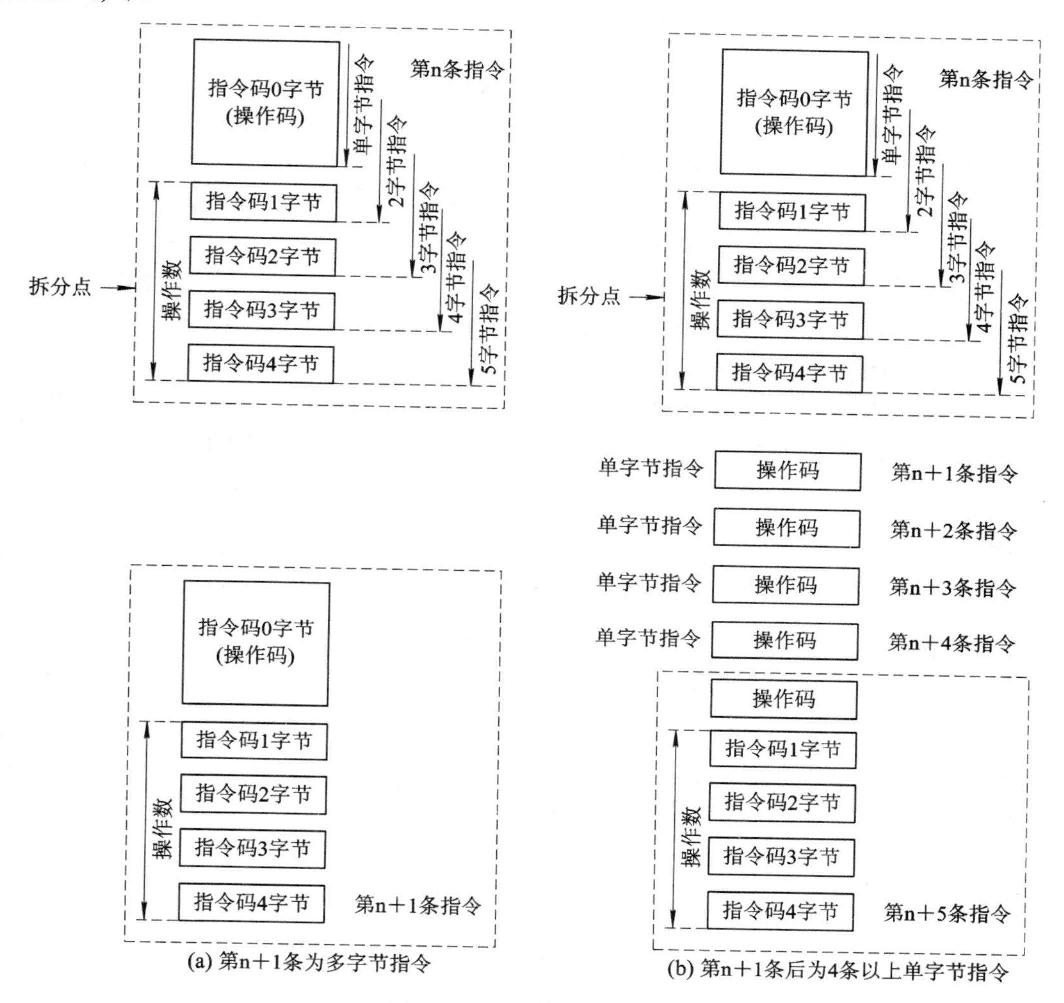


图 11-4　指令拆分示意图

3) 跳到数据区，把数据当指令执行

PC“飞入”数据区，把数据当指令执行的后果也同样不能预料，原因是不能限定数表中各数据项的内容。

为减小 PC“跑飞”，拆分重组指令造成的破坏，STM8 系列芯片引入了非法指令码检查机制——当执行到非法指令码时将强迫系统复位，但希望拆分重组后获得的指令码为非法指令码的概率也不会很大，原因是不能够限定每条指令中操作数的编码，且非法指令码数量毕竟有限。

## 11.4.2　降低 PC“跑飞”对系统的影响

在计算机系统中，理论上 PC“跑飞”不可避免，“跑飞”的后果无法预测。因此只能在软件设计时，采取适当措施尽可能地减小 PC“跑飞”对系统造成的影响，提高系统的可靠性。

### 1．指令冗余

为避免拆分多字节指令时跳过的指令不影响程序的执行结果，可在多字节指令的前、后分别插入 n－1 条单字节的空操作指令 NOP。此外，为防止 PC“跑飞”时，跳过某些对系统有重要影响的指令，在可靠性要求较高的系统中，在速度与存储器空间许可的情况下重写特定操作指令，如输出信号控制指令、外设工作方式设置指令、中断控制指令、中断优先级设置指令等。这就是所谓的“指令冗余”方式。

采用“指令冗余”方式会增加程序代码的存储量、降低系统的运行效率。在实践中不可能在所有双字节、多字节指令的前后分别插入 n－1 条空操作指令，只在对程序流向起决定作用的指令前后插入。对 MCS-51 系统来说，在 LJMP、SJMP、LCALL、JC、JNC、JB、JNB、CJNE、DJNZ 等多字节指令前，插入 2 条 NOP 指令；在 RET、RETI 等单字节指令前，增加 1～2 条冗余指令。对 STM8 系统来说，在 JP、JRT、CALL、JRNE、JREQ、JRNC、JRC、BTJT、BTJF 等多字节指令前，插入 4 条 NOP 指令；在 RET、IRET 等单字节指令前，增加 1～4 条冗余指令(返回指令前多一条单字节指令，可少增加一条返回指令)。这样系统在可靠性、速度、代码存储量三者之间可达到较好的平衡。

例如，多字节指令冗余方式为

```
NOP
NOP
NOP
NOP              ；防止其以上的指令被拆分而受到影响，正常时会影响系统的效率
JRNC NEXT
```

例如，单字节指令冗余方式为

```
RET
RET
RET
RET              ；增加 1～4 条冗余指令，防止其以上的指令被拆分而跳过
RET              ；正常时不影响系统的速度，仅多占用 4 个单元的存储空间
```

为防止“PC”跑飞，拆分重组指令关闭中断、禁止定时/计数器工作，尤其是软件类看门狗定时器。为此，在主程序的适当地方，如并行多任务程序结构中的任务调度处或作业调度处，插入重开中断、重复启动定时/计数器、软件看门狗计数器等冗余指令。

尽管在 RISC 指令集计算机系统中，每条指令长度都相同，不存在指令被拆分的问题，但 PC“跑飞”同样存在跳过某些指令或程序段的风险，在程序中重复书写关键操作指令的方式依然必要。

### 2．增加数据可靠性的方法

为防止 PC“跑飞”时跳过数据输入指令系列，造成随后的数据处理不正确，可在数据输入处理指令后设置接收标志(如 55H、5AH、A5H 或 AAH)，在数据处理前先检查接收标志是否正确，待数据处理结束后再清除正确接收标志。一旦发现接收标志异常，几乎可以肯定 PC 已“跑飞”，视情况采取相应的对策。

由于无法预测 PC“跑飞”拆分重组指令的功能，因此对存放在 RAM 中的重要数据应

增加校验信息字节，可根据需要选择“和”校验、某特征值倍数校验，甚至 CRC 校验方式。当存储空间允许时，除了采用某种校验方式外，还可采用备份方式来进一步提高数据的可靠性。

一旦发现校验错，就可以肯定 PC 已“跑飞”，视情况采取相应的对策。

### 11.4.3　PC“跑飞”拦截技术

在 CISC 指令系统中，采用指令冗余技术只保证了 PC“跑飞”后迅速将其纳入正轨，避免错误扩大化而已，但依然跳过了被拆分指令，可视为重组指令操作数的指令码的执行，更为严重的是无法预测拆分重组指令执行后对系统造成的危害。此外，无论是 CISC 指令系统，还是 RISC 指令系统，PC“跑飞”均可能跳过若干指令系列。在理论上，在做好重要数据、系统状态备份或保护的情况下，采用有效的软件拦截技术，在感知 PC“跑飞”后，利用软件复位功能或进入循环等待看门狗计数器溢出方式强迫系统复位，避免系统带病运行，才能彻底解决 PC 指针“跑飞”带来的可靠性问题。

所谓拦截技术是指将“跑飞”的 PC 指针引向指定位置，进行出错处理后，再强迫系统复位的方法。常用的拦截手段包括传统的软件陷阱拦截和远程拦截两种方式。

**1．软件陷阱**

所谓软件陷阱，就是一条引导指令，强行将捕获的程序引向一个指定的地址，在那里有一段专门对程序出错进行处理的指令。对于 STM8 系统来说，软件陷阱就是一条软件中断 TRAP 指令。为了增强捕获效果，一般需要 5 条 TRAP 指令，保证软件不因其以上多字节指令被拆分而失效。在 STM8 系统中，真正的软件陷阱由 5 条单字节指令 TRAP 构成：

```
        TRAP
        TRAP
        TRAP
        TRAP
        TRAP                            ；软件中断指令
```

在软件中断服务程序中，完成了相应的错误处理(如数据保护、设置相关标志)后，执行非法指令码，如 05H(STM8 具有 05H、0BH、71H、75H 四个单字节非法指令码)，强迫 MCU 芯片复位。软件中断服务程序结构如下：

```
        Interrupt TRAP_Service
TRAP_Service.L
        ⋮                               ；错误处理
        DC.B 05H,05H,05H,05H,05H        ；用非法指令码代替软件中断服务返回指令
        ;IRET                    ；为增强捕获效果使用了多条 TRAP 指令，完成相应操作后只能复位
```

在 PC“跑飞”后，不需要进行数据保护，可直接使用 STM8 系统的单字节非法指令码构成 STM8 系统的软件陷阱。在这种情况下，软件陷阱为 5 个单字节非法指令码(用 5 个单字节非法指令码构成软件陷阱的原因也是为了增强捕获效果)。

```
        DC.B 05H,05H,05H,05H,05H        ；用非法指令码代替软件中断指令，形成软件陷阱
```

软件陷阱可安排在无条件跳转指令之后，未使用的中断服务区、未使用的大片 Flash

ROM 存储区以及数表的前后等正常程序执行不到的地方，这样做不影响程序的执行效率。

(1) 在跳转指令之后，插入软件陷阱指令系列，如下所示：

```
    NOP
    NOP
    NOP
    NOP                 ；根据需要，增加冗余指令，防止跳转指令被拆分
    JRT   NEXT          ；在无条件跳转 JRT、JP、JPF 指令后，加软件陷阱指令系列
    TRAP
    TRAP
    TRAP
    TRAP
    TRAP                ；软件中断指令
NEXT:
    ⋮
```

(2) 在数表的前、后插入软件陷阱指令系列，如下所示：

```
    TRAP                ；在数表前插入软件陷阱指令系列
    TRAP
    TRAP
    TRAP
    TRAP                ；软件中断指令
DATATAB:
    DC.B 23H, …         ；数表
    TRAP                ；在数表后插入软件陷阱指令系列
    TRAP
    TRAP
    TRAP
    TRAP                ；软件中断指令
```

(3) 在子程序及中断返回指令之后，插入软件陷阱指令系列，如下所示：

```
    RET
    TRAP                ；在子程序、中断返回指令后插入软件陷阱指令系列
    TRAP
    TRAP
    TRAP
    TRAP                ；软件中断指令
```

(4) 在未用的中断服务区内，插入软件陷阱指令系列，如下所示：

```
    interrupt NonHandledInterrupt
NonHandledInterrupt.l
    TRAP
```

```
TRAP
TRAP
TRAP
TRAP                    ；软件中断指令
iret
```

(5) 在未用的 Flash ROM 存储空间，用软件陷阱指令码(83H)或单字节非法指令码 05H 填充。

擦除操作后，STM8 未用的存储单元为 00H。写片时，未用存储单元最好用软件中断指令码“83H”(PC“跑飞”后需要进行数据保护时)或非法指令码，如 05H、0BH 填充(无须进行保护数据时)，原因是 STM8 内核 CPU“NOP”指令码为 9DH 而不是 00H。其实，在 STM8 指令系统中，00H 对应“NEG (XX,SP)”指令的操作码。如果不用软件中断指令机器码 83H 或单字节非法指令码，如 05H、0BH 填充，则当 PC“飞”入未用程序存储区时，不仅不能返回正常的操作状态，还可能因执行了“NEG (xx.SP)”指令改写了 RAM 存储单元的内容。

设置了软件陷阱后，一旦 PC“跑飞”掉入陷阱内，在完成了相应的错误处理，如保护数据、设置复位标志后，执行非法指令码，触发系统进入复位状态。

软件陷阱方式对 PC 在模块内“跑飞”、模块间“跑飞”均有效，但它拦截的成功率并不高，原因是：第一，程序中无条件跳转指令、子程序或中断返回指令的数目毕竟有限。第二，由于受 MCU 存储空间的限制，因此未必能在每一条无条件跳转指令后插入软件陷阱指令系列，换句话说，陷阱的个数有限。第三，上述软件陷阱的尺寸太小，仅由 5 个字节组成，结果“跑飞”的 PC 刚好落入数量有限的小陷阱中的概率不大。

### 2．远程拦截技术

对于采用模块化程序结构的 MCU 控制系统程序，可采用具有远程拦截功能的模块结构检测 PC 是否从其他模块“飞”入。

1) 拦截原理

MCU 控制系统程序，在进入每一个模块后执行其他指令前，先保存模块入口地址，再执行模块实体内的指令系列。离开时，算出模块出口地址与入口地址的差，并与模块长度比较。如果相同，则说明进入本模块时 PC 未“跑飞”，可复位看门狗定时器(简称喂狗)，并按正常步骤退出；反之，说明 PC 指针异常飞入，可根据需要执行错误处理，如数据、系统状态保护等操作后，再执行软件复位或关闭中断后执行循环指令，等待看门狗计数器溢出，强迫系统复位。如图 11-5 所示。

2) 模块结构举例

下列分别给出具有远程拦截功能的几种典型模块结构。

(1) 通过堆栈保护入口地址低 16 位的模块结构。

当堆栈深度较大时，将模块入口地址压入堆栈保存，即可获得适用于主程序、子程序以及中断服务程序的具有 PC“跑飞”检测功能的通用模块结构，如下所示：

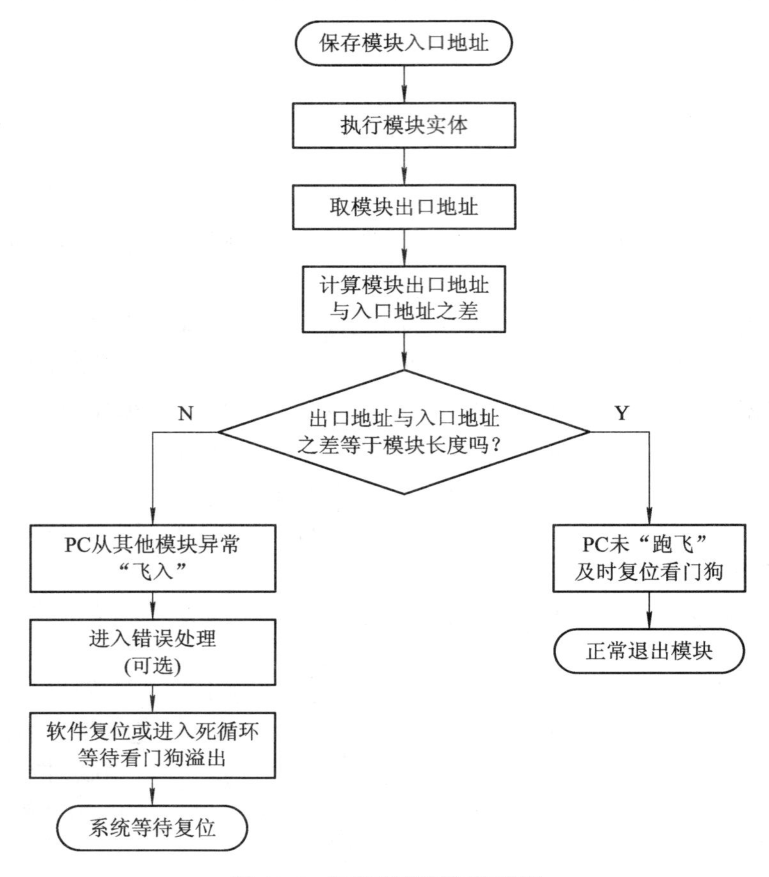


图 11-5　远程拦截判别流程图

```
Model_Name.w                              ; 模块名(子程序名)
    ;PUSH A                               ; 保护现场
    ;PUSH CC
    ;PUSHW X
    ;PUSHW Y
Model_Name_IN_Adr.w                       ; 模块入口地址
    PUSH #{LOW Model_Name_IN_Adr}         ; 先把模块入口地址低 8 位压入堆栈
    PUSH #{HIGH Model_Name_IN_Adr}        ; 再把模块入口地址高 8 位压入堆栈
    ⋮                                     ; 模块实体指令系列
Model_Name_OUT_Adr.w                      ; 模块出口地址
    POPW X                                ; 从堆栈中弹出模块入口地址
    SUBW X, #{OFFSET Model_Name_OUT_Adr}      ; 减去模块出口地址低 16 位
    NEGW X                                ; 求补获得模块出口地址与入口地址的差
    CPW X, #{OFFSET Model_Name_OUT_Adr-OFFSET Model_Name_IN_Adr}
                                          ; 与模块长度低 16 位比较
    JREQ Model_Name_RIGHT                 ; 相同，说明正常进入本模块，PC 没有“跑飞”
```

```
    ;不同，说明由其他模块飞入，进入软件陷阱
    ;DC.B 05H                  ; 不需进行数据保护时用非法指令码，如用 05H 代替 TRAP
    ;DC.B 05H
    ;DC.B 05H
    ;DC.B 05H
    ;DC.B 05H
    TRAP
Model_Name_RIGHT.W             ; 正常返回
    ;POPW Y
    ;POPW X
    ;POP CC
    ;POP A
    RET
```

(2) 通过堆栈保护入口地址低 8 位的模块结构。

当堆栈深度有限时，也可以仅保存模块入口地址的低 8 位，离开时仅计算模块出口地址与入口地址低 8 位之差，并与模块长度低 8 位比较。可见，这种结构是上述模块的简化，尽管在理论上拦截的准确性有所下降，但实践表明其效果也不错，原因是实际应用程序中两模块低位地址差相同的概率不大。

```
Model_Name.L                          ; 模块名(子程序名)
    ;PUSH A                           ; 保护现场
    ;PUSH CC
    ;PUSHW X
    ;PUSHW Y
Model_Name_IN_Adr.L                   ; 模块入口地址
    PUSH #{LOW Model_Name_IN_Adr}     ; 仅把模块入口地址低 8 位压入堆栈
    ⋮                                 ; 模块实体指令系列
Model_Name_OUT_Adr.L                  ; 模块出口地址
    POP A                             ; 从堆栈中弹出模块入口地址低 8 位
    SUB A, #{LOW Model_Name_OUT_Adr}  ; 减去模块出口地址低 8 位
    NEG A                             ; 求补获得模块出口地址与入口地址差
    CP A, #{LOW Model_Name_OUT_Adr-LOW Model_Name_IN_Adr} ; 与模块长度低 8 位比较
    JREQ Model_Name_RIGHT             ; 相同，说明正常进入本模块，PC 没有“跑飞”不同，
                                      ; 说明由其他模块飞入，进入软件陷阱
    ;DC.B 05H                         ; 无须进行数据保护时用非法指令码，如 05H 代替 TRAP
    TRAP
Model_Name_RIGHT.L                    ; 正常返回
    ;POPW Y
    ;POPW X
    ;POP CC
```

```
    ;POP A
    RETF
```

以上模块结构不仅适用于子程序、中断服务程序，而且适用于多任务程序结构中的任务模块、任务内的作业模块。由于在地址标号前加入了 OFFSET、LOW、HIGH 等操作符，因此与模块入/出口地址标号类型无关，即模块可以位于 00 段内(地址标号类型为 .W)，也可以位于 01 段及其以上段内(地址标号类型为 .L)。

在 STM8 系统中，对于中断服务程序或不需要保护现场的子程序来说，模块入口地址 Model_Name_IN_Adr 就是模块名 Model_Name，即不必设置模块入口地址标号 Model_Name_IN_Adr。

可见，为检查 PC“跑飞”增加的指令不多，保护低 16 位入口地址时，每一模块仅需要额外的 15 个字节存储空间(当只保护低 8 位入口地址时，仅需 11 个字节)，对运行速度影响也很小。当模块代码规模较大时，对运行效率的影响几乎可忽略不计(因此不推荐在代码长度短或实时性要求高的模块中采用)；每一模块也只额外占用 1～2 个字节堆栈，对堆栈深度要求不高。不过当堆栈深度有限时，尤其是嵌套层次较多时，要特别注意堆栈溢出问题(所幸的是 STM8 系统堆栈深度较大，一般不会出现堆栈溢出问题)。

(3) 直接保护入口地址的模块结构。

当堆栈深度有限时，可直接将模块入口地址保存到内部 RAM 单元中，其模块结构如下所示：

```
Model_Name_INAdr_ram  ds.w  1            ; 在 RAM 段定义模块入口地址保存单元
Model_Name.w                             ; 模块名(子程序名)
    ;PUSH A
    ;PUSH CC
    ;PUSHW X
    ;PUSHW Y
Model_Name_IN_Adr.w
    LDW X, #{OFFSET Model_Name_IN_Adr}   ; 取模块入口地址低 16 位
    LDW Model_Name_INAdr_ram, X          ; 把模块入口地址低 16 位送
                                         ; Model_Name_INAdr_ram 字单元
    ⋮                                    ; 模块程序实体
Model_Name_OUT_Adr.w
    LDW X, #{LOW Model_Name_OUT_Adr)     ; 取模块出口地址低 16 位
    SUBW X, Model_Name_INAdr_ram         ; 减去模块入口地址低 16 位
    CPW X, #{OFFSET Model_Name_OUT_Adr-OFFSET Model_Name_IN_Adr} ;与模块长度比较
    JREQ Model_Name_RIGHT                ; 相同，说明正常进入模块，PC 没有“跑飞”
                                         ; 不同，说明由其他模块飞入，进入软件陷阱
    TRAP
Model_Name_RIGHT.W
    CLRW Model_Name_INAdr_ram            ; 清除模块入口地址保存单元
    ;POPW Y
```

```
;POPW X
;POP CC
;POP A
RET
```

需要注意的是：直接保护模块入口地址拦截方式不支持嵌套操作，即它在主程序模块中使用后，就不能在子程序模块、中断服务程序模块中使用；在低优先级中断服务程序中使用后，就不能在高优先级中断服务程序中使用，除非每一个优先级使用不同的内部 RAM 单元存放各自的入口地址(由于同优先级中断不能嵌套，因此同优先级中断服务程序可以使用同一单元记录入口地址)。

3) 拦截效果

远程拦截结构模块能有效地拦截模块间(远距离)“跑飞”现象。显然，模块规模越小，拦截的成功率就越高(为使拦截可靠性与效率之间取得一定的平衡，实践表明，模块长度控制在 0.5～2 KB 为宜)。它不仅能准确感知 PC 是否正常进入本模块，还可以从模块入口地址单元中判断出从哪一模块飞入，为失控后的系统恢复提供了有价值的线索(如可根据模块功能，将模块入口地址装入 PC，重新执行“跑飞”的模块)。

这种具有远程拦截功能的模块程序经编译后，模块入口地址和出口地址固定，还能有效地阻止非授权用户通过反汇编方式在模块内添加或删除指令，在一定程度上增加了代码的安全性。

### 11.4.4　检查并消除 STM8 指令码中不需要的关键字节

如果在 STM8 内核 MCU 指令码中出现以下 4 个关键字节，则一旦 PC“跑飞”，落入包含这些关键字节的指令码，并将这些关键字节作为指令的操作码时，后果可能非常严重。

- 8EH, HALT 指令机器码，强迫 MCU 进入低功耗模式。当它在主程序中出现，将停止运行，直到能唤醒的中断出现，或看门狗计数器溢出，强迫系统复位；在中断服务程序中出现，则会改变中断优先级而造成混乱。
- 8FH, WFI 指令机器码，等待一个中断事件产生指令。当它在主程序中出现，问题还不是很大，但在中断服务程序中出现，就会改变中断优先级，造成中断嵌套混乱。
- 82H, INT 指令机器码，仅用来跳转到一个中断子程序入口的指令。
- 8BH, SWBRK 指令机器码，在调试模式时停止 CPU 的软件断点指令。

在计算一个相对或者绝对寻址模式中时的分支指令(如条件跳转指令、无条件跳转指令或 CALL)的目标地址时，通过链接器连接后可能会出现这些关键字节。当这些指令运行的最后一个机器码为 82H、8BH、8FH 时，可在目标地址之前插入一条 NOP 指令消除；当最后一个机器码为 8EH 时，可在目标地址之前插入两条 NOP 指令消除。

如果 CALL 指令调用的子程序首地址位于 8200H～82FFH(256B)、8B00H～8BFFH(256 B)、8E00H～8FFFH(512 B)之间，则对应的 CALL 指令倒数第二个字节肯定为 82H、8BH、8EH、8FH 之一，解决办法是调整子程序存放的位置，使其首地址在上述空间之外。

当 JP 指令、JPF 指令的目标地址在 8200H～82FFH、8B00H～8BFFH、8E00H～8FFFH 之间时，对应指令机器码倒数第二字节也包含 82H、8BH、8EH、8FH 之一，解决方法也是调整程序的存放位置。

待程序调试结束后，在列表文件(.LST)中查找上述关键字节，按规则修改源程序，重新编译、连接后即可消除这些关键字节。

## 11.4.5 提高信号输入/输出的可靠性

### 1. 提高电平(变化缓慢)信号输入/输出的可靠性

1) 提高输入信号的可靠性

读取变化缓慢的电平信号，如判别某个按键是否被按下，交流电源是否存在时，可采用“定时读取、多数判决”的方式来消除寄生的低频与高频干扰。

为消除低频干扰可采用定时读取方法。定时读取方法是每隔特定时间读取输入信号状态，并用 3 个寄存器位记录最近 3 次获取的状态信息，然后根据状态编码确定输入信号的当前状态。至于定时间隔取多少合适与输入信号的性质有关。例如，对于经全波整流、电容滤波后的交流信号，根据全波整流、电容滤波输出信号特征(周期为 10 ms)，可每隔 5 ms 读一次输入信号状态，于是最近 3 个状态编码的含义为

- 111：表示交流存在。
- 110：表示交流可能不存在，但尚不能准确判定。
- 100：表示交流消失。
- 000：表示无交流。
- 001：表示可能属于交流恢复状态。
- 011：表示交流恢复。
- 010：受到正脉冲干扰，应判定为“000”态。
- 101：受到负脉冲干扰，应判定为“111”态。

为消除高频干扰，定时时间到可用“3 中取 2”或“5 中取 3”的方式代替“一读”方式。假设交流输入信号接 PD1 引脚，则“3 中取 2”判别方式指令系列为

```
    CLR A
    BTJF PD_IDR, #1, PD1_AC_NEXT1
    INC A                          ; PD1 引脚为高电平，A 加 1
PD1_AC_NEXT1:
    NOP                            ; 插入 NOP 指令延迟，再读一次
    BTJF PD_IDR, #1, PD1_AC_NEXT2
    INC A                          ; PD1 引脚为高电平，A 加 1
PD1_AC_NEXT2:
    NOP                            ; 插入 NOP 指令延迟，再读一次
    BTJF PD_IDR, #1, PD1_AC_NEXT3
    INC A                          ; PD1 引脚为高电平，A 加 1
PD1_AC_NEXT3:
    CP A, #2
; 结果在进行标志 C 中
; 在 3 次连续读操作中，如果读到高电平次数≥2，则 C 标志为 0；反之为 1
```

2) 提高输出信号的可靠性

采用冗余指令方式，及多次输出同一数据的方法，来避免因 PC“跑飞”可能改变输出信号的状态。

### 2. 模拟输入通道抗干扰软件方式

采用数字滤波的方法来消除作用于模拟输入通道上的干扰，如算术平均、滑动平均值、一阶 RC 数字低通滤波法等(或去掉最大、最小值后求平均)。

## 11.4.6 选择合适的判别条件提高软件的可靠性

假设在定时中断服务程序对 PW_TIME1 变量进行加 1 处理，而在主程序或中断优先级比定时中断服务程序更低的中断服务程序中，对 PW_TIME1 变量进行判别——不小于 100，则清 0。那么使用如下判别指令可能会出现意外：

```
    LD A, PW_TIME1
    CP A, #100
    JRNE PW_NEXT1                  ; 不等于 100，则跳转
    CLR PW_TIME1
PW_NEXT1:
```

改进方法如下：

```
    LD A, PW_TIME1
    CP A, #100
    JRC PW_NEXT1                   ; 用 C 标志判别，即<100 跳转
    CLR PW_TIME1
PW_NEXT1:
```

例如，在定时中断服务程序对 PW_TIME1 变量进行减 1 处理，而在主程序或中断优先级比定时中断服务程序更低的中断服务程序中对 PW_TIME1 变量进行“是否回 0”判别，那么使用如下判别指令可能会出现意外：

```
    LD A, PW_TIME1
    JRNE PW_NEXT1                  ; 不等于 0，则跳转
    ; 等于 0
      ⋮
PW_NEXT1:
```

改进方法一，如下所示：

```
    LD A, PW_TIME1
    CP A, #00
    JRUGT PW_NEXT1                 ; 该指令用 C 与 Z 标志，即大于 0 跳转
    ; 不大于 0
      ⋮
PW_NEXT1:
```

改进方法二，如下所示：

```
    ; 在定时器中断服务程序，先判别后减 1
    LD A, PW_TIME1
    JREQ PW_NEXT1                    ; 等于 0，不减 1
    ; 不等于 0，减 1
    DEC PW_TIME1
PW_NEXT1:
```

### 11.4.7 增加芯片硬件自检功能

通常在上电复位后，应增加 RAM 存储单元读写可靠性验证及 AD 转换精度的校验。

对 STM8 芯片来说，上电复位后，增加 RAM 存储单元读写可靠性验证不难，可以结合 RAM 清 0 操作进行，一旦发现 RAM 可靠性错误，可通过系统 LED 指示灯或蜂鸣器给出相应的提示信息。

下面给出 RAM0 段清 0 与读写可靠性校验的参考程序段：

```
    #ifdef RAM0
    ; clear RAM0
ram0_start.b EQU $ram0_segment_start
ram0_end.b EQU $ram0_segment_end
    LDW X,#ram0_start
clear_ram0.l
    LD A, #$FF
    LD (X), A                        ; 向存储单元写入 1
    LD A, (X)
    CP A, #$FF                       ; 比较
    JRNE clear_ram0_ERR              ; 不同，则说明存储单元某位不能写入 1

    CLR(X)                           ; 清 0
    LD A, (X)                        ; 读出
    JRNE clear_ram0_ERR              ; 指定存储单元某位不能清 0
    INCW X
    CPW X,#ram0_end
    JRULE clear_ram0
    JRT clear_ram0_END
clear_ram0_ERR:
; 读写可靠性错误，可通过特定 I/O 引脚驱动 LED 或蜂鸣器常亮或响
; 这里假设 PG1 引脚接低电平驱动 LED
; BSET PG_DDR, #1                   ; 1(输出), PG1(接 LED 指示灯)输出
; BRES PG_CR1, #1                   ; 0(OD 输出)
; BRES PG_CR2, #1                   ; 0(低速)
; BRES PG_ODR, #1                   ; 0(输出低电平，使 LED 常亮)
```

```
    JRT *                          ; 进入死循环
clear_ram0_END:
#endif
```

RAM1 段及堆栈段读写可靠性与清 0 程序操作相似，这里不再赘述。

## 习　题　11

11-1　在 STM8S 系统中，程序中对未用 I/O 引脚不作初始化可以吗？为提高系统的可靠性、降低系统功耗应如何对未用 I/O 引脚作初始化？

11-2　STM8S 采用了哪些可靠性措施？

11-3　PC 指针“跑飞”的含义是什么？分别简述 CISC、RISC 指令系统中 PC 指针“跑飞”造成的后果。

11-4　在 CISC 指令系统中，用什么方式可防止 PC 指针“跑飞”时拆分多字节指令？

11-5　软件陷阱的含义是什么？写出 STM8 内核 MCU 软件陷阱指令系列。

11-6　简述 PC 指针“跑飞”拦截方式。

# 参 考 文 献

[1] http://www.st.com/. STM8S207xx, STM8S208xx datasheet (Doc ID 14733 Rev 10). September 2010.

[2] http://www.st.com/. ST Assembler-Linker(UM0144),Rev3,2008.

[3] http://www.st.com/. STM8 CPU programming manual (PM0044),Rev2,2008.

[4] http://www.st.com/. RM0016 Reference manual STM8S microcontroller families Rev4(中文版), 2009.

[5] http://www.st.com/. RM0016 Reference manual STM8S and STM8A microcontroller families (Doc ID 14587 Rev 7), February 2011.

[6] 余永权，李小青．单片机应用系统的功率接口技术．北京：北京航空航天大学出版社，1992.

[7] 潘永雄．新编单片机原理与应用．2 版．西安：西安电子科技大学出版社，2007.

[8] 潘永雄，胡敏强．基于模块入口出口地址的 PC 指针跑飞拦截技术[J]．计算机应用与软件，2009，26(9): 177-179，182.

[9] 杨文龙．单片机原理与应用．西安：西安电子科技大学出版社，1999.